机械设计手册

第6版

单行本

机器人与机器人装备

主　编　闻邦椿

副主编　鄂中凯　张义民　陈良玉　孙志礼
　　　　宋锦春　柳洪义　巩亚东　宋桂秋

机 械 工 业 出 版 社

《机械设计手册》第6版 单行本共26分册，内容涵盖机械常规设计、机电一体化设计与机电控制、现代设计方法及其应用等内容，具有系统全面、信息量大、内容现代、突显创新、实用可靠、简明便查、便于携带和翻阅等特色。各分册分别为：《常用设计资料和数据》《机械制图与机械零部件精度设计》《机械零部件结构设计》《连接与紧固》《带传动和链传动　摩擦轮传动与螺旋传动》《齿轮传动》《减速器和变速器》《机构设计》《轴　弹簧》《滚动轴承》《联轴器、离合器与制动器》《起重运输机械零部件和操作件》《机架、箱体与导轨》《润滑　密封》《气压传动与控制》《机电一体化技术及设计》《机电系统控制》《机器人与机器人装备》《数控技术》《微机电系统及设计》《机械系统概念设计》《机械系统的振动设计及噪声控制》《疲劳强度设计　机械可靠性设计》《数字化设计》《工业设计与人机工程》《智能设计　仿生机械设计》。

本单行本为《机器人与机器人装备》，主要介绍机器人与机器人装备概述、串联机器人、并联机器人、轮式机器人、机器人驱动系统、机器人用传感器、机器人视觉、机器人控制系统、机器人人工智能、机器人工装夹具及变位机、工业机器人的典型应用、服务机器人技术的新讲展等内容。

本书供从事机械设计、制造、维修及有关工程技术人员作为工具书使用，也可供大专院校的有关专业师生使用和参考。

图书在版编目（CIP）数据

机械设计手册．机器人与机器人装备/闻邦椿主编．—6版．—北京：机械工业出版社，2020.1（2025.1重印）

ISBN 978-7-111-64749-2

Ⅰ.①机…　Ⅱ.①闻…　Ⅲ.①机械设计-技术手册②机器人-设计-技术手册　Ⅳ.①TH122-62②TP242-62

中国版本图书馆CIP数据核字（2020）第024361号

机械工业出版社（北京市百万庄大街22号　邮政编码100037）
策划编辑：曲彩云　责任编辑：曲彩云　高依楠
责任校对：徐　强　封面设计：马精明
责任印制：常天培
固安县铭成印刷有限公司印刷
2025年1月第6版第2次印刷
184mm×260mm · 13.25印张 · 328千字
标准书号：ISBN 978-7-111-64749-2
定价：48.00元

电话服务
客服电话：010-88361066
010-88379833
010-68326294

网络服务
机　工　官　网：www.cmpbook.com
机　工　官　博：weibo.com/cmp1952
金　　书　　网：www.golden-book.com
机工教育服务网：www.cmpedu.com

出版说明

《机械设计手册》自出版以来，已经进行了5次修订，2018年第6版出版发行。截至2019年，《机械设计手册》累计发行39万套。作为国家级重点科技图书，《机械设计手册》深受广大读者的欢迎和好评，在全国具有很大的影响力。该书曾获得中国出版政府奖提名奖、中国机械工业科学技术奖一等奖、全国优秀科技图书奖二等奖、中国机械工业部科技进步奖二等奖，并多次获得全国优秀畅销书奖等奖项。《机械设计手册》已成为机械设计领域的品牌产品，是机械工程领域最具权威和影响力的大型工具书之一。

《机械设计手册》第6版共7卷55篇，是在前5版的基础上吸收并总结了国内外机械工程设计领域中的新标准、新材料、新工艺、新结构、新技术、新产品、新的设计理论与方法，并配合我国创新驱动战略的需求编写而成的。与前5版相比，第6版无论是从体系还是内容，都在传承的基础上进行了创新。重点充实了机电一体化系统设计、机电控制与信息技术、现代机械设计理论与方法等现代机械设计的最新内容，将常规设计方法与现代设计方法相融合，光、机、电设计融为一体，局部的零部件设计与系统化设计互相衔接，并努力将创新设计的理念贯穿其中。《机械设计手册》第6版体现了国内外机械设计发展的新水平，精心诠释了常规与现代机械设计的内涵、全面荟萃凝练了机械设计各专业技术的精华，它将引领现代机械设计创新潮流、成就新一代机械设计大师，为我国实现装备制造强国梦做出重大贡献。

《机械设计手册》第6版的主要特色是：体系新颖、系统全面、信息量大、内容现代、突显创新、实用可靠、简明便查。应该特别指出的是，第6版手册具有较高的科技含量和大量技术创新性的内容。手册中的许多内容都是编著者多年研究成果的科学总结。这些内容中有不少依托国家“863计划”“973计划”“985工程”“国家科技重大专项”“国家自然科学基金”重大、重点和面上项目资助项目。相关项目有不少成果曾获得国际、国家、部委、省市科技奖励、技术专利。这充分体现了手册内容的重大科学价值与创新性。如仿生机械设计、激光及其在机械工程中的应用、绿色设计与和谐设计、微机电系统及设计等前沿新技术；又如产品综合设计理论与方法是闻邦椿院士在国际上首先提出，并综合8部专著后首次编入手册，该方法已经在高铁、动车及离心压缩机等机械工程中成功应用，获得了巨大的社会效益和经济效益。

在《机械设计手册》历次修订的过程中，出版社和作者都广泛征求和听取各方面的意见，广大读者在对《机械设计手册》给予充分肯定的同时，也指出《机械设计手册》卷册厚重，不便携带，希望能出版篇幅较小、针对性强、便查便携的更加实用的单行本。为满足读者的需要，机械工业出版社于2007年首次推出了《机械设计手册》第4版单行本。该单行本出版后很快受到读者的欢迎和好评。《机械设计手册》第6版已经面市，为了使读者能按需要、有针对性地选用《机械设计手册》第6版中的相关内容并降低购书费用，机械工业出版社在总结《机械设计手册》前几版单行本经验的基础上推出了《机械设计手册》第6版单行本。

《机械设计手册》第6版单行本保持了《机械设计手册》第6版（7卷本）的优势和特色，依据机械设计的实际情况和机械设计专业的具体情况以及手册各篇内容的相关性，将原手册的7卷55篇进行精选、合并，重新整合为26个分册，分别为：《常用设计资料和数据》《机械制图与机械零部件精度设计》《机械零部件结构设计》《连接与紧固》《带传动和链传动　摩擦轮传动与螺旋传动》《齿轮传动》《减速器和变速器》《机构设计》《轴　弹簧》《滚动轴承》《联轴器、离合器与制动器》《起重运输机械零部件和操作件》《机架、箱体与导轨》《润滑　密封》《气压传动与控制》《机电一体化技术及设计》《机电系统控制》《机器人与机器人装备》《数控技术》《微机电系统及设计》《机械系统概念设计》《机械系统的振动设计及噪声控制》《疲劳强度设计　机械可靠性设计》《数字化设计》《工业设计与人机工程》《智能设计　仿生机械设计》。各分册内容针对性强、篇幅适中、查阅和携带方便，读者可根据需要灵活选用。

《机械设计手册》第6版单行本是为了助力我国制造业转型升级、经济发展从高增长迈向高质量，满足广大读者的需要而编辑出版的，它将与《机械设计手册》第6版（7卷本）一起，成为机械设计人员、工程技术人员得心应手的工具书，成为广大读者的良师益友。

由于工作量大、水平有限，难免有一些错误和不妥之处，殷切希望广大读者给予指正。

机械工业出版社

前　言

本版手册为新出版的第6版7卷本《机械设计手册》。由于科学技术的快速发展，需要我们对手册内容进行更新，增加新的科技内容，以满足广大读者的迫切需要。

《机械设计手册》自1991年面世发行以来，历经5次修订，截至2016年已累计发行38万套。作为国家级重点科技图书的《机械设计手册》，深受社会各界的重视和好评，在全国具有很大的影响力，该手册曾获得全国优秀科技图书奖二等奖（1995年）、中国机械工业部科技进步奖二等奖（1997年）、中国机械工业科学技术奖一等奖（2011年）、中国出版政府奖提名奖（2013年），并多次获得全国优秀畅销书奖等奖项。1994年，《机械设计手册》曾在我国台湾建宏出版社出版发行，并在海内外产生了广泛的影响。《机械设计手册》荣获的一系列国家和部级奖项表明，其具有很高的科学价值、实用价值和文化价值。《机械设计手册》已成为机械设计领域的一部大型品牌工具书，已成为机械工程领域权威的和影响力较大的大型工具书，长期以来，它为我国装备制造业的发展做出了巨大贡献。

第5版《机械设计手册》出版发行至今已有7年时间，这期间我国国民经济有了很大发展，国家制定了《国家创新驱动发展战略纲要》，其中把创新驱动发展作为了国家的优先战略。因此，《机械设计手册》第6版修订工作的指导思想除努力贯彻“科学性、先进性、创新性、实用性、可靠性”外，更加突出了“创新性”，以全力配合我国“创新驱动发展战略”的重大需求，为实现我国建设创新型国家和科技强国梦做出贡献。

在本版手册的修订过程中，广泛调研了厂矿企业、设计院、科研院所和高等院校等多方面的使用情况和意见。对机械设计的基础内容、经典内容和传统内容，从取材、产品及其零部件的设计方法与计算流程、设计实例等多方面进行了深入系统的整合，同时，还全面总结了当前国内外机械设计的新理论、新方法、新材料、新工艺、新结构、新产品和新技术，特别是在现代设计与创新设计理论与方法、机电一体化及机械系统控制技术等方面做了系统和全面的论述和凝练。相信本版手册会以崭新的面貌展现在广大读者面前，它将对提高我国机械产品的设计水平、推进新产品的研究与开发、老产品的改造，以及产品的引进、消化、吸收和再创新，进而促进我国由制造大国向制造强国跃升，发挥出巨大的作用。

本版手册分为7卷55篇：第1卷　机械设计基础资料；第2卷　机械零部件设计（连接、紧固与传动）；第3卷　机械零部件设计（轴系、支承与其他）；第4卷　流体传动与控制；第5卷　机电一体化与控制技术；第6卷　现代设计与创新设计（一）；第7卷　现代设计与创新设计（二）。

本版手册有以下七大特点：

一、构建新体系

构建了科学、先进、实用、适应现代机械设计创新潮流的《机械设计手册》新结构体系。该体系层次为：机械基础、常规设计、机电一体化设计与控制技术、现代设计与创新设计方法。该体系的特点是：常规设计方法与现代设计方法互相融合，光、机、电设计融为一体，局部的零部件设计与系统化设计互相衔接，并努力将创新设计的理念贯穿于常规设计与现代设计之中。

二、凸显创新性

习近平总书记在2014年6月和2016年5月召开的中国科学院、中国工程院两院院士大会上分别提出了我国科技发展的方向就是“创新、创新、再创新”，以及实现创新型国家和科技强国的三个阶段的目标和五项具体工作。为了配合我国创新驱动发展战略的重大需求，本版手册突出了机械创新设计内容的编写，主要有以下几个方面：

（1）新增第7卷，重点介绍了创新设计及与创新设计有关的内容。

该卷主要内容有：机械创新设计概论，创新设计方法论，顶层设计原理、方法与应用，创新原理、思维、方法与应用，绿色设计与和谐设计，智能设计，仿生机械设计，互联网上的合作设计，工业通信网络，面向机械工程领域的大数据、云计算与物联网技术，3D打印设计与制造技术，系统化设计理论与方法。

（2）在一些篇章编入了创新设计和多种典型机械创新设计的内容。

“第11篇 机构设计”篇新增加了“机构创新设计”一章，该章编入了机构创新设计的原理、方法及飞剪机剪切机构创新设计，大型空间折展机构创新设计等多个创新设计的案例。典型机械的创新设计有大型全断面掘进机（盾构机）仿真分析与数字化设计、机器人挖掘机的机电一体化创新设计、节能抽油机的创新设计、产品包装生产线的机构方案创新设计等。

（3）编入了一大批典型的创新机械产品。

“机械无级变速器”一章中编入了新型金属带式无级变速器，“并联机构的设计与应用”一章中编入了数十个新型的并联机床产品，“振动的利用”一章中新编入了激振器偏移式自同步振动筛、惯性共振式振动筛、振动压路机等十多个典型的创新机械产品。这些产品有的获得了国家或省部级奖励，有的是专利产品。

（4）编入了机械设计理论和设计方法论等方面的创新研究成果。

1）闻邦椿院士团队经过长期研究，在国际上首先创建了振动利用工程学科，提出了该类机械设计理论和方法。本版手册中编入了相关内容和实例。

2）根据多年的研究，提出了以非线性动力学理论为基础的深层次的动态设计理论与方法。本版手册首次编入了该方法并列举了若干应用范例。

3）首先提出了和谐设计的新概念和新内容，阐明了自然环境、社会环境（政治环境、经济环境、人文环境、国际环境、国内环境）、技术环境、资金环境、法律环境下的产品和谐设计的概念和内容的新体系，把既有的绿色设计篇拓展为绿色设计与和谐设计篇。

4）全面系统地阐述了产品系统化设计的理论和方法，提出了产品设计的总体目标、广义目标和技术目标的内涵，提出了应该用IQCTES六项设计要求来代替QCTES五项要求，详细阐明了设计的四个理想步骤，即“3I调研”“7D规划”“1+3+X实施”“5（A+C）检验”，明确提出了产品系统化设计的基本内容是主辅功能、三大性能和特殊性能要求的具体实现。

5）本版手册引入了闻邦椿院士经过长期实践总结出的独特的、科学的创新设计方法论体系和规则，用来指导产品设计，并提出了创新设计方法论的运用可向智能化方向发展，即采用专家系统来完成。

三、坚持科学性

手册的科学水平是评价手册编写质量的重要方面，因此，本版手册特别强调突出内容的科学性。

（1）本版手册努力贯彻科学发展观及科学方法论的指导思想和方法，并将其落实到手册内容的编写中，特别是在产品设计理论方法的和谐设计、深层次设计及系统化设计的编写中。

（2）本版手册中的许多内容是编著者多年研究成果的科学总结。这些内容中有不少是国家863、973计划项目，国家科技重大专项，国家自然科学基金重大、重点和面上项目资助项目的研究成果，有不少成果曾获得国际、国家、部委、省市科技奖励及技术专利，充分体现了本版手册内容的重大科学价值与创新性。

下面简要介绍本版手册编入的几方面的重要研究成果：

1）振动利用工程新学科是闻邦椿院士团队经过长期研究在国际上首先创建的。本版手册中编入了振动利用机械的设计理论、方法和范例。

2）产品系统化设计理论与方法的体系和内容是闻邦椿院士团队提出并加以完善的，编写者依据多年的研究成果和系列专著，经综合整理后首次编入本版手册。

3）仿生机械设计是一门新兴的综合性交叉学科，近年来得到了快速发展，它为机械设计的创新提供了新思路、新理论和新方法。吉林大学任露泉院士领导的工程仿生教育部重点实验室开展了大量的深入研究工作，取得了一系列创新成果且出版了专著，据此并结合国内外大量较新的文献资料，为本版手册构建了仿生机械设计的新体系，编写了“仿生机械设计”篇（第50篇）。

4）激光及其在机械工程中的应用篇是中国科学院长春光学精密机械与物理研究所王立军院士依据多年的研究成果，并参考国内外大量较新的文献资料编写而成的。

5）绿色制造工程是国家确立的五项重大工程之一，绿色设计是绿色制造工程的最重要环节，是一个新的学科。合肥工业大学刘志峰教授依据在绿色设计方面获多项国家和省部级奖励的研究成果，参考国内外大量较新的文献资料为本版手册首次构建了绿色设计新体系，编写了“绿色设计与和谐设计”篇（第48篇）。

6）微机电系统及设计是前沿的新技术。东南大学黄庆安教授领导的微电子机械系统教育部重点实验室多年来开展了大量研究工作，取得了一系列创新研究成果，本版手册的“微机电系统及设计”篇（第28篇）就是依据这些成果和国内外大量较新的文献资料编写而成的。

四、重视先进性

（1）本版手册对机械基础设计和常规设计的内容做了大规模全面修订，编入了大量新标准、新材料、新结构、新工艺、新产品、新技术、新设计理论和计算方法等。

1）编入和更新了产品设计中需要的大量国家标准，仅机械工程材料篇就更新了标准126个，如GB/T 699—2015《优质碳素结构钢》和GB/T 3077—2015《合金结构钢》等。

2）在新材料方面，充实并完善了铝及铝合金、钛及钛合金、镁及镁合金等内容。这些材料由于具有优良的力学性能、物理性能以及回收率高等优点，目前广泛应用于航空、航天、高铁、计算机、通信元件、电子产品、纺织和印刷等行业。增加了国内外粉末冶金材料的新品种，如美国、德国和日本等国家的各种粉末冶金材料。充实了国内外工程塑料及复合材料的新品种。

3）新编的“机械零部件结构设计”篇（第4篇），依据11个结构设计方面的基本要求，编写了相应的内容，并编入了结构设计的评估体系和减速器结构设计、滚动轴承部件结构设计的示例。

4）按照GB/T 3480.1～3—2013（报批稿）、GB/T 10062.1～3—2003及ISO 6336—2006等新标准，重新构建了更加完善的渐开线圆柱齿轮传动和锥齿轮传动的设计计算新体系；按照初步确定尺寸的简化计算、简化疲劳强度校核计算、一般疲劳强度校核计算，编排了三种设计计算方法，以满足不同场合、不同要求的齿轮设计。

5）在“第4卷　流体传动与控制”卷中，编入了一大批国内外知名品牌的新标准、新结构、新产品、新技术和新设计计算方法。在“液力传动”篇（第23篇）中新增加了液黏传动，它是一种新型的液力传动。

（2）“第5卷　机电一体化与控制技术”卷充实了智能控制及专家系统的内容，大篇幅增加了机器人与机器人装备的内容。

机器人是机电一体化特征最为显著的现代机械系统，机器人技术是智能制造的关键技术。由于智能制造的迅速发展，近年来机器人产业呈现出高速发展的态势。为此，本版手册大篇幅增加了“机器人与机器人装备”篇（第26篇）的内容。该篇从实用性的角度，编写了串联机器人、并联机器人、轮式机器人、机器人工装夹具及变位机；编入了机器人的驱动、控制、传感、视角和人工智能等共性技术；结合喷涂、搬运、电焊、冲压及压铸等工艺，介绍了机器人的典型应用实例；介绍了服务机器人技术的新进展。

（3）为了配合我国创新驱动战略的重大需求，本版手册扩大了创新设计的篇数，将原第6卷扩编为两卷，即新的“现代设计与创新设计（一）”（第6卷）和“现代设计与创新设计（二）”（第7卷）。前者保留了原第6卷的主要内容，后者编入了创新设计和与创新设计有关的内容及一些前沿的技术内容。

本版手册“现代设计与创新设计（一）”卷（第6卷）的重点内容和新增内容主要有：

1）在“现代设计理论与方法综述”篇（第32篇）中，简要介绍了机械制造技术发展总趋势、在国际上有影响的主要设计理论与方法、产品研究与开发的一般过程和关键技术、现代设计理论的发展和根据不同的设计目标对设计理论与方法的选用。闻邦椿院士在国内外首次按照系统工程原理，对产品的现代设计方法做了科学分类，克服了目前产品设计方法的论述缺乏系统性的不足。

2）新编了“数字化设计”篇（第40篇）。数字化设计是智能制造的重要手段，并呈现应用日益广泛、发展更加深刻的趋势。本篇编入了数字化技术及其相关技术、计算机图形学基础、产品的数字化建模、数字化仿真与分析、逆向工程与快速原型制造、协同设计、虚拟设计等内容，并编入了大型全断面掘进机（盾构机）的数字化仿真分析和数字化设计、摩托车逆向工程设计等多个实例。

3）新编了“试验优化设计”篇（第41篇）。试验是保证产品性能与质量的重要手段。本篇以新的视觉优化设计构建了试验设计的新体系、全新内容，主要包括正交试验、试验干扰控制、正交试验的结果分析、稳健试验设计、广义试验设计、回归设计、混料回归设计、试验优化分析及试验优化设计常用软件等。

4）将手册第5版的“造型设计与人机工程”篇改编为“工业设计与人机工程”篇（第42篇），引入了工业设计的相关理论及新的理念，主要有品牌设计与产品识别系统（PIS）设计、通用设计、交互设计、系统设计、服务设计等，并编入了机器人的产品系统设计分析及自行车的人机系统设计等典型案例。

（4）“现代设计与创新设计（二）”卷（第7卷）主要编入了创新设计和与创新设计有关的内容及一些前沿技术内容，其重点内容和新编内容有：

1）新编了“机械创新设计概论”篇（第44篇）。该篇主要编入了创新是我国科技和经济发展的重要战略、创新设计的发展与现状、创新设计的指导思想与目标、创新设计的内容与方法、创新设计的未来发展战略、创新设计方法论的体系和规则等。

2）新编了“创新设计方法论”篇（第45篇）。该篇为创新设计提供了正确的指导思想和方法，主要编入了创新设计方法论的体系、规则，创新设计的目的、要求、内容、步骤、程序及科学方法，创新设计工作者或团队的四项潜能，创新设计客观因素的影响及动态因素的作用，用科学哲学思想来统领创新设计工作，创新设计方法论的应用，创新设计方法论应用的智能化及专家系统，创新设计的关键因素及制约的因素分析等内容。

3）创新设计是提高机械产品竞争力的重要手段和方法，大力发展创新设计对我国国民经济发展具有重要的战略意义。为此，编写了“创新原理、思维、方法与应用”篇（第47篇）。除编入了创新思维、原理和方法，创新设计的基本理论和创新的系统化设计方法外，还编入了29种创新思维方法、30种创新技术、40种发明创造原理，列举了大量的应用范例，为引领机械创新设计做出了示范。

4）绿色设计是实现低资源消耗、低环境污染、低碳经济的保护环境和资源合理利用的重要技术政策。本版手册中编入了“绿色设计与和谐设计”篇（第48篇）。该篇系统地论述了绿色设计的概念、理论、方法及其关键技术。编者结合多年的研究实践，并参考了大量的国内外文献及较新的研究成果，首次构建了系统实用的绿色设计的完整体系，包括绿色材料选择、拆卸回收产品设计、包装设计、节能设计、绿色设计体系与评估方法，并给出了系列典型范例，这些对推动工程绿色设计的普遍实施具有重要的指引和示范作用。

5）仿生机械设计是一门新兴的综合性交叉学科，本版手册新编入了“仿生机械设计”篇（第50篇），包括仿生机械设计的原理、方法、步骤，仿生机械设计的生物模本，仿生机械形态与结构设计，仿生机械运动学设计，仿生机构设计，并结合仿生行走、飞行、游走、运动及生机电仿生手臂，编入了多个仿生机械设计范例。

6）第55篇为“系统化设计理论与方法”篇。装备制造机械产品的大型化、复杂化、信息化程度越来越高，对设计方法的科学性、全面性、深刻性、系统性提出的要求也越来越高，为了满足我国制造强国的重大需要，亟待创建一种能统领产品设计全局的先进设计方法。该方法已经在我国许多重要机械产品（如动车、大型离心压缩机等）中成功应用，并获得重大的社会效益和经济效益。本版手册对该系统化设计方法做了系统论述并给出了大型综合应用实例，相信该系统化设计方法对我国大型、复杂、现代化机械产品的设计具有重要的指导和示范作用。

7）本版手册第7卷还编入了与创新设计有关的其他多篇现代化设计方法及前沿新技术，包括顶层设计原理、方法与应用，智能设计，互联网上的合作设计，工业通信网络，面向机械工程领域的大数据、云计算与物联网技术，3D打印设计与制造技术等。

五、突出实用性

为了方便产品设计者使用和参考，本版手册对每种机械零部件和产品均给出了具体应用，并给出了选用方法或设计方法、设计步骤及应用范例，有的给出了零部件的生产企业，以加强实际设计的指导和应用。本版手册的编排尽量采用表格化、框图化等形式来表达产品设计所需要的内容和资料，使其更加简明、便查；对各种标准采用摘编、数据合并、改排和格式统一等方法进行改编，使其更为规范和便于读者使用。

六、保证可靠性

编入本版手册的资料尽可能取自原始资料，重要的资料均注明来源，以保证其可靠性。所有数据、公式、图表力求准确可靠，方法、工艺、技术力求成熟。所有材料、零部件、产品和工艺标准均采用新公布的标准资料，并且在编入时做到认真核对以避免差错。所有计算公式、计算参数和计算方法都经过长期检验，各种算例、设计实例均来自工程实际，并经过认真的计算，以确保可靠。本版手册编入的各种通用的及标准化的产品均说明其特点及适用情况，并注明生产厂家，供设计人员全面了解情况后选用。

七、保证高质量和权威性

本版手册主编单位东北大学是国家211、985重点大学、“重大机械关键设计制造共性技术”985创新平台建设单位、2011国家钢铁共性技术协同创新中心建设单位，建有“机械设计及理论国家重点学科”和“机械工程一级学科”。由东北大学机械及相关学科的老教授、老专家和中青年学术精英组成了实力强大的大型工具书编写团队骨干，以及一批来自国家重点高校、研究院所、大型企业等30多个单位、近200位专家、学者组成了高水平编审团队。编审团队成员的大多数都是所在领域的著名资深专家，他们具有深广的理论基础、丰富的机械设计工作经历、丰富的工具书编纂经验和执着的敬业精神，从而确保了本版手册的高质量和权威性。

在本版手册编写中，为便于协调，提高质量，加快编写进度，编审人员以东北大学的教师为主，并组织邀请了清华大学、上海交通大学、西安交通大学、浙江大学、哈尔滨工业大学、吉林大学、天津大学、华中科技大学、北京科技大学、大连理工大学、东南大学、同济大学、重庆大学、北京化工大学、南京航空航天大学、上海师范大学、合肥工业大学、大连交通大学、长安大学、西安建筑科技大学、沈阳工业大学、沈阳航空航天大学、沈阳建筑大学、沈阳理工大学、沈阳化工大学、重庆理工大学、中国科学院长春光学精密机械与物理研究所、中国科学院沈阳自动化研究所等单位的专家、学者参加。

在本版手册出版之际，特向著名机械专家、本手册创始人、第1版及第2版的主编徐灏教授致以崇高的敬意，向历次版本副主编邱宣怀教授、蔡春源教授、严隽琪教授、林忠钦教授、余俊教授、汪恺总工程师、周士昌教授致以崇高的敬意，向参加本手册历次版本的编写单位和人员表示衷心感谢，向在本手册历次版本的编写、出版过程中给予大力支持的单位和社会各界朋友们表示衷心感谢，特别感谢机械科学研究总院、郑州机械研究所、徐州工程机械集团公司、北方重工集团沈阳重型机械集团有限责任公司和沈阳矿山机械集团有限责任公司、沈阳机床集团有限责任公司、沈阳鼓风机集团有限责任公司及辽宁省标准研究院等单位的大力支持。

由于编者水平有限，手册中难免有一些不尽如人意之处，殷切希望广大读者批评指正。

主编 闻邦椿

目　录

第26篇　机器人与机器人装备

第1章　概　　述

第2章　串联机器人

第3章 并联机器人

第4章 轮式机器人

第5章 机器人驱动系统

第6章 机器人用传感器

第7章　机器人视觉

第8章　机器人控制系统

第9章　机器人人工智能

第10章　机器人工装夹具及变位机

第11章 工业机器人的典型应用

第12章 服务机器人技术的新进展

第 26 篇　机器人与机器人装备

主　编　宋伟刚
编写人　宋伟刚　汪　博
审稿人　柳洪义　赵明扬

第 5 版
工业机器人技术

主　编　宋伟刚　赵明扬
编写人　宋伟刚　赵明扬
审稿人　柳洪义

第1章 概 述

机器人技术涉及机构学、控制理论和技术、计算机、传感技术、人工智能、仿生学、机械工程学等领域，是一门多学科的综合性高新技术。机器人的应用情况标志着一个国家工业自动化的水平。为适应我国工矿企业设计与应用机器人的需要，本篇主要介绍机器人设计与应用的基本知识与资料、机器人应用所需的变位与夹持工具，以及服务机器人的进展与应用，供设计与选用机器人时参考。按国际标准体系，本篇还介绍了机器人与机器人装备的相关内容。

1 机器人与机器人系统

1.1 机器人

机器人是指具有两个或两个以上可编程的轴，具有一定的自主能力，可在其环境内运动以执行预期任务的执行机构。机器人包括控制系统和控制系统接口，按照机器人的用途可将机器人划分为工业机器人和服务机器人两大类。一般可将机器人理解为一种可编程的通过自动控制去完成某些操作和移动作业的机器。人们力图把这种机器设计成具有仿人或动物的某些局部功能，并使这些功能扩大和延伸以替代人去工作。机器人的一般结构框图如图 26.1-1 所示。机器人系统是指由机器人、末端执行器和为使机器人完成其任务所需的任何机械、设备、装置或传感器构成的系统。

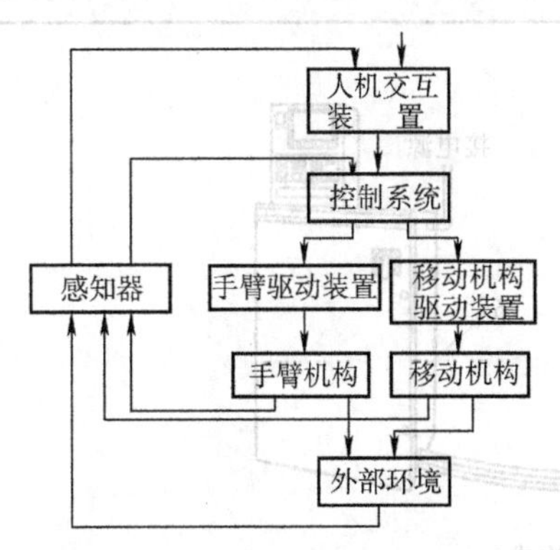

图 26.1-1 机器人的一般结构框图

机器人系统基本上由两部分组成，即机器人本体和控制装置。机器人本体包括机座、驱动器或驱动单元、手臂、手腕、末端执行器（操作机构）、移动机构以及安装在机器人本体上的感知器（传感器）等，控制装置一般包括计算机控制系统、伺服驱动系统、电源装置以及人机交互设备（如键盘、显示器、示教盒、操纵杆）等。

驱动器或驱动单元是机器人的动力执行机构，根据动力源的类别不同，一般可分为电动驱动、液压驱动和气压驱动三类。电动驱动器多数情况下用直流、交流伺服电动机，也可用力矩电动机、步进电动机等。伺服电动机与位置检测传感器、速度检测传感器、制动器或减速器等各元部件组成的整体部件称为驱动单元。液压驱动器在机器人中应用最多的是液压缸（直线式或摆动式），液压缸和伺服阀或比例阀也可组成液压伺服机构。气动驱动器主要是气缸和气动马达。

通常操作机构中的基本部件是手臂和手腕，它由旋转运动和往复运动的机构组成。其结构型式一般为空间或平面机构。多数机器人的手臂和手腕是由关节和杆件构成的空间机构，一般有 3~10 个自由度，工业机器人一般为 2~6 个自由度。由于机器人具有多自由度手臂、手腕的机构，故使操作运动具有通用性和灵活性。

末端执行器是机器人手腕末端机械接口所连接的直接参与作业的机构，如夹持器、焊钳、焊枪、喷枪或其他作业工具、传感器等。

移动机构分为轮式、履带式和步行式等几种，也可用如螺旋桨式的其他形式的推进机构。工业领域应用的机器人多采用轮式机构。

感知器可分为两种主要类型，即感知机器人内部运动状态的内部传感器，以及外界环境状态信息的装置。感知器基本上由各类传感器组成。因此，机器人所用传感器可分为内部信息传感器和外部信息传感器。机器人的内部信息传感器主要用于检测机器人运动状态的位置、速度和加速度等信息，并与控制系统形成反馈回路，形成闭环或半闭环控制。外部信息传感器是感受外界环境状态、性质和参数的传感器，如视觉、触觉、力觉传感器等。这类传感器应用在机器人上可提高机器人的适应性、控制水平和机器人自治能力。

控制系统一般由包括计算机控制系统和伺服驱动系统、电源装置等硬件，以及运动控制及作业控制的各种软件组成。

1.2 工业机器人

工业机器人（Industrial Robot）是一种能自动控制、可重复编程、多用途的操作机，可对 2 个或 2 个以上的轴进行编程，可以是固定式或移动式，广泛应用于工业自动化。工业自动化应用包括（但不限于）制造、检验、包装和装配。工业机器人包括操作机（含驱动器）和控制器，包含示教盒和任何通信接口（硬件和软件）。操作机是指用来抓取和（或）移动物体、由运动副将多个构件组合而成的多自由度机器。操作机可由操作员、可编程控制器或某些逻辑系统（如凸轮装置、线路）来控制。工业机器人系统是由（多）工业机器人、（多）末端执行器和为使机器人完成其任务所需的任何机械、设备、装置、外部辅助轴或传感器构成的系统。

工业机器人的控制功能和结构特点以及自治能力各有差异，但必须具备三个基本要求：采用以 CPU 为核心的控制器进行控制，如工业控制计算机、NC 控制器、PLC 等；能按输入指令进行记忆和再现；能独立地按给定指令在三维空间内进行操作。

工业机器人的应用非常广泛，制造业和非制造业各领域都可以采用。目前常用的工业机器人有喷涂机器人、点焊机器人、弧焊机器人、搬运机器人、装配机器人、冲压及压铸上下料机器人等，还有在特殊作业环境下采用的机器人。

一台工业机器人一般由机器人本体、控制装置和驱动单元三部分构成。工业机器人具有和人手臂相似的动作功能，可在空间抓、放物体或进行其他操作，有些机器人还带有使操作机构移动的机械装置——移动机构和行走机构。工业机器人的构成见表 26.1-1 和图 26.1-2。机器人系统除包括机器人的各构成部分外，还包括机器人进行作业所要求的外围设备（如焊接机器人的变位机）。

表 26.1-1 工业机器人的构成

构成		说明
工业机器人本体	机座	为平台或构架，操作机第一个杆件的原点置于其上
	手臂	操作机上一组相互连接的杆件和主动关节，用以定位手腕，也称为机器人手臂或主关节轴
	手腕	操作机上的手臂和末端执行器之间的一组相互连接的杆件和主动关节，用以支撑末端执行器并确定其位置和姿态，也称为机器人手腕或副关节轴
	末端执行器	为使机器人完成其任务而专门设计并安装在机械接口处的装置（如夹持器、扳手、焊枪、喷枪等）
	机械接口	位于操作机末端，用于安装末端执行器的安装面
控制装置		由人操作起动、停机及示教机器人的一种装置。机器人控制装置由计算机控制系统、伺服驱动系统、电源装置及操作装置（如操作面板、显示器、示教盒和操纵杆等）组成
驱动单元	驱动器	将电能或流体能等转换成机械能的动力装置。按动力源的类别可分为电动驱动、液压驱动和气压驱动三类
	减速器	所采用的传动减速机构与一般的机械传动机构相类似，常用的有谐波齿轮减速器、摆线针轮减速器、蜗杆减速器、滚珠丝杠、链条、同步齿形带、钢带及钢丝绳等
	检测元件	检测机器人自身运动状态的元件，包括位置传感器（位移和角度）、速度传感器、加速度传感器及平衡传感器等

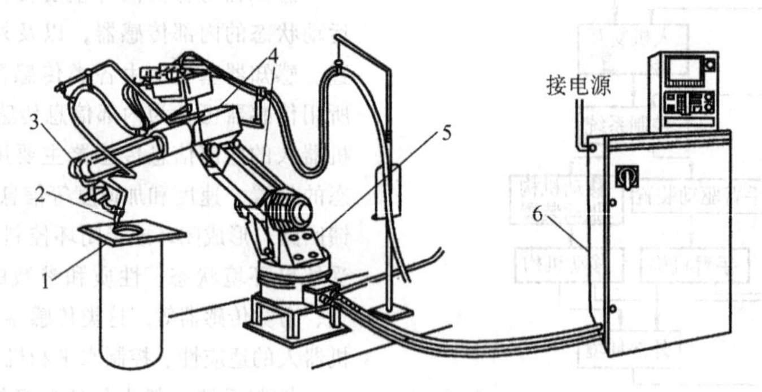

图 26.1-2 工业机器人的构成

1—工件 2—末端执行器 3—手腕 4—手臂 5—机器人本体 6—控制系统

1.3 服务机器人

服务机器人是指除工业自动化应用外，能帮助人类或设备完成有用任务的机器人。用于生产线的关节机器人是工业机器人，而类似的关节机器人用于供餐的就是服务机器人。个人服务机器人是用于非营利性任务的，一般是由非专业人士使用的服务机器人，如家政服务机器人、自动轮椅、个人移动助理机器人和小型健身机器人。专用服务机器人是用于营利性任务的、一般由培训合格的操作员操作的服务机器人，如用于公共空间的清洁机器人、办公室或医院的运送机器人、消防机器人、康复机器人和外科手术机器人。服务机器人不同于工业机器人，工业机器人工作于工业环境，结构型式单一，构型基本固定，多进行重复性操作任务；而服务机器人多工作于非结构化环境，种类繁多，形态各异，其结构构型和功能具有多样化特征，如家用服务机器人，其移动方式可以是腿式也可以是轮式，特种服务机器人更是形态各异。

2 机器人专用术语

参照国家标准 GB/T 16977—2005、GB/T 12642—2013 和 GB/T 12643—2013，本篇所涉及的机器人专用术语，部分见本章第1节，其余列于本节。

2.1 有关机械结构、几何学和运动学的术语

有关机械结构和性能的术语见表 26.1-2，有关机器人几何学和运动学的术语见表 26.1-3。

2.2 有关编程、控制和安全、性能、感知与导航的术语

有关编程、控制和安全的术语见表 26.1-4，有关性能的术语见表 26.1-5，有关感知与导航的术语见表 26.1-6。

表 26.1-2 有关机械结构和性能的术语

术语	定义
致动器(Actuator;Robot Actuator;Machine Actuator)	用于实现机器人运动的动力机构，如把电能、液压能、气动能转换成使机器人运动的动力源，也称机器人致动器或机器致动器
腿(Leg)	通过往复运动和行走面的周期性接触来支撑及推进移动机器人的杆件机构，也称为机器人腿
构型(Configuration)	在任何时刻能完全确定机器人形状的所有关节的一组位移值
杆件(Link)	用于连接相邻关节的刚体
棱柱关节或滑动关节(Prismatic Joint;Sliding Joint)	两杆件间的组件，能使其中一个杆件相对于另一杆件做直线运动
回转关节或旋转关节(Rotary Joint;Revolute Joint)	两杆件间的组件，能使其中一个杆件相对于另一杆件绕固定轴线转动
圆柱关节(Cylindrical Joint)	两杆件间的组件，能使其中一个杆件相对于另一杆件移动并绕移动轴线转动
球关节(Spherical Joint)	两杆件间的组件，能使其中一个杆件相对于另一杆件在三自由度上绕一固定点转动
夹持器(Gripper)	供抓取和握持用的末端执行器

表 26.1-3 有关机器人几何学和运动学的术语

术语	定义
绝对坐标系(World Coordinate System)	与机器人的运动无关，参照大地的不变坐标系
机座坐标系(Base Coordinate System)	参照机座安装平面的坐标系
机械接口坐标系(Mechanical Interface Coordinate System)	参照机械接口的坐标系
关节坐标系(Joint Coordinate System)	参照关节轴的坐标系，每个关节坐标是相对于前一个关节坐标或其他某坐标系来定义的
工具坐标系 TCS(Tool Coordinate System)	参照安装在机械接口上的工具或末端执行器的坐标系
移动平台坐标系(Mobile Platform Coordinate System)	参照移动平台某一部件的坐标系。对于移动机器人，典型的移动平台坐标系为前进方向为 X 轴正向，朝上的方向为 Z 轴正向，Y 轴正向按右手定则确定
指令位姿(Command Pose)	由任务程序给定的姿态，也称编程位姿
实到位姿(Attained Pose)	机器人响应指令位姿时实际达到的位姿
校准位姿(Alignment Pose)	为对机器人设定一个几何基准所给定的位姿
最大空间(Maximum Space)	由制造厂定义的机器人活动部分所能掠过的空间，加上由末端执行器和工件运动时所能掠过的空间。对于移动平台，这个空间可以认为是移动时理论上能到达的全部空间
限定空间(Restricted Space)	由限位装置限制的最大空间中不可超出的部分。对于移动平台，这个空间可以通过墙和地板上的特定标记或定义在内存地图上的软件界限限定

（续）

操作空间（Operational Space；Operating Space）	当实施由任务程序指令的所有运动时，实际用到的那部分限定空间
工作空间（Working Space）	由手腕参考点所能掠过的空间，它是由手腕各关节平移或旋转的区域附加于手腕参考点的。工作空间小于操作机所有活动部件所能掠过的空间
安全防护空间（Safeguarded Space）	由周边安全保护（装置）确定的空间
协同工作空间（Collaborative Workspace）	在安全防护空间内，工业机器人与人在生产活动中可同时在其中执行任务的工作空间
工具中心点 TCP（Tool Center Point）	参照机械接口坐标系，为一定用途而设定的点
手腕参考点（Wrist Reference Point）	手腕中的两根最内侧副关节轴的交点；若无此交点，可在手腕最内侧副关节轴上指定一点。也称手腕中心点或手腕原点
移动平台原点（Mobile Platform Origin）	移动平台坐标系的原点。也称移动平台参考点或移动平台坐标系原点

表 26.1-4　有关编程、控制和安全的术语

任务程序（Task Program）	为定义机器人或机器人系统特定的任务所编制的运动和辅助功能的指令集。此类程序通常是机器人安装后生成的，并可在规定的条件下由通过培训的人员修改
控制程序（Control Program）	定义机器人或机器人系统的能力、动作和响应度的固有控制指令集。此类程序通常是在安装前生成的，并且以后仅能由制造厂修改
任务编程（Task Programming）	编制任务程序的行为
人工数据输入编程（Manual Input Programming）	通过开关、插塞盘或键盘生成程序并直接输入到机器人控制系统
示教编程（Teaching Programming）	通过人工导引末端执行器，或手工引导一个机械模拟装置，或用示教盒来移动机器人，逐步通过期望位置的方式实现编程
离线编程（Off-line Programming）	在机器人分离装置上编制任务程序后再输入到机器人中的编程方法
目标编程（Goal-directed Programming）	一种只规定要完成的任务而不规定机器人路径的编程方法
点位（PTP）控制（Pose-to-pose Control）	用户只将指令位姿加于机器人，而对位姿间所遵循的路径不做规定的控制步骤
连续路径（CP）控制（Continuous Path Control）	用户将指令位姿间所遵循的路径加于机器人的控制步骤
轨迹控制（Trajectory Control）	包含速度规划的连续路径控制
主从控制（Master-slave Control）	从设备（从）复现主设备（主）运动的控制方法。主从控制通常用于遥操作
传感控制（Sensory Control）	按照外感受传感器输出信号来调整机器人运动或力控制的方式
适应控制（通常称为自适应控制）（Adptive Control）	控制系统的参数由过程中检测到的状况进行调整的控制方式
学习控制（Learning Control）	能自动地利用先前循环中获得的经验来改变控制参数和（或）算法的控制方式
运动规划（Motion Control）	按照所选插补类型、机器人的控制程序确定用户编程的指令位姿间机械结构各关节如何运动的过程
柔顺性（Compliance）	机器人或某辅助工具响应外力作用时的柔性
操作方式（模式）（Operating Mode）	机器人控制系统的状态
自动方式（Automatic Mode）	机器人控制系统按照作业程序进行的操作方式
手动方式（Manual Mode）	机器人通过诸如按钮或操作杆等进行操作的方式
伺服控制（Servo-control）	机器人控制系统控制机器人的致动器以使实到位姿尽可能符合指令位姿的过程
自动操作（Automatic Operation）	机器人按需要执行其任务程序的状态
停止点（Stop-point）	一个示教或编程的指令位姿。机器人各轴到达该位姿时速度指令为零且定位无偏差
路径点（Fly-by Ooint；Via Point）	一个示教或编程的指令姿态。机器人各轴到达该位姿时将有一定的偏差，其大小取决于到达该位姿时各轴速度的连接曲线和路径给定的规范（速度、位置偏差）

（续）

示教盒（器）(Pendant；Teach Pendant)	与控制系统连接，用以对机器人编程或使机器人运动的手持装置
操作杆（Joystick）	能测出其位置和作用力的变化并将结果形成指令输入机器人控制系统的一种手动控制装置
遥操作（Teleoperation）	由人从远地实时控制机器人或机器人装置的运动，如炸弹拆除、空间站装配、水下观测和外科手术的机器人操作
示教再现操作（Playback Operation）	可以重复执行示教编程输入任务程序的一种机器人操作
用户接口（User Interface）	在人-机器人交互过程中，人和机器人间交流信息和动作的装置，如麦克风、扬声器、图形用户接口、操作杆和力/触觉装置
机器人语言（Robot Language）	用于描述任务程序的编程语言
联动（Simultaneous Motion）	在单个控制站的控制下，两台或多台机器人同时运动。它们可用共有的数学关系实现协调或同步。协调可以按主-从方式实现
限位装置（Limiting Device）	通过停止或导致停止机器人的所有运动来限制最大空间的装置
程序验证（Program Verification）	为确认机器人路径和工艺性能而执行一个任务程序。验证可包括任务程序执行中工具中心点跟踪的全部路径和部分路径。可以执行单个指令或连续指令序列。程序验证用于新的程序和调整/编辑原有程序
保护性停止（Protective Stop）	为安全防护目的而允许运动停止并保持程序逻辑以便重启的一种操作中断类型
安全适用（Safety-rated）	其特征是具有安全功能，该安全功能含有特定的安全相关性能，如安全适用的慢速、安全适用的监测速度、安全适用的输出
单点控制（Single Point of Control）	操作机器人的能力，以使机器人运动的起动仅能来自一个控制源，而不能被其他控制源所覆盖
慢速控制（Reduced Speed Control；Slow Speed Control）	运动速度限制在 0.25m/s 以下的工业机器人运动控制方式。慢速用于保证人有足够时间脱离危险运动或停机

表 26.1-5　有关机器人性能的术语

正常操作条件（Normal Operating Conditions）	正常操作条件包括（但不限于）：对电源、液压源和气压源的要求，电源波动和干扰，最大安全操作极限等
负载（Load）	在规定的速度和加速度条件下，沿着运动的各个方向，机械接口或移动平台处可承受的力和（或）扭矩
额定负载（Reted Load）	正常操作条件下作用于机械接口或移动平台且不会使机器人性能降低的最大负载。额定负载包括末端执行器、附件、工件的惯性作用力
极限负载（Limiting Load）	由制造厂指明的、在限定操作条件下可作用于机械接口或移动平台，且机器人机构不会损坏或失效的最大负载
附加负载（Additional Load）	机器人能承载的附加于额定负载上的负载，它并不作用在机械接口，而作用在操作机的其他部分，通常是在手臂上
最大（推）力（Maximum Force；Maximum Thrust）	除惯性作用外，可连续作用于机械接口或移动平台而不会造成机器人机构持久损伤的力（推力）
最大力矩（扭矩）（Maximum Moment；Maximum Torque）	除惯性作用外，可连续作用于机械接口或移动平台而不会造成机器人机构持久损伤的力矩（扭矩）
单关节（轴）速度（Individual Joint（axis）Velocity）	单关节运动时指定点所产生的速度
路径速度（Path Velocity）	沿路径每单位时间内位置的变化
单关节（轴）加速度（Individual Joint（axis）Acceleration）	单个关节运动时指定点所产生的加速度
路径加速度（Path Acceleration）	沿路径每单位时间内速度的变化
位姿准确度（Pose Accuracy）	从同一方向趋近指令位姿时，指令位姿和实到位姿均值间的偏差
位姿重复性（Pose Repeatability）	同一指令位姿从同一方向重复响应 n 次后实到位姿的一致程度
多方向位姿准确度变动（Multidirectional Pose Accuracy Variation）	从三个相互垂直方向对同一指令位姿响应 n 次时，各平均实到位姿间的偏差
距离准确度（Distance Accuracy）	指令距离和实到距离均值间位置和姿态的偏差

（续）

距离重复性(Distance Repeatability)	在同一方向上重复同一指令距离时,各实到距离间的一致程度
位置稳定时间(Pose Stabilization Time)	用于衡量机器人停止在实到位姿快慢程度的性能
位置超调量(Pose Overshoot)	机器人第一次进入门限带再超出门限带后瞬时位置与实到稳定位置的最大距离
位姿准确度漂移(Drift Pose Accuracy)	经过一规定时间位姿准确度的变化
位姿重复性漂移(Drift of Pose Repeatability)	经过一规定时间位姿重复性的变化
轨迹(路径)准确度(Track Accuracy)	机器人在同一方向上沿指令轨迹 n 次移动其机械接口的能力
轨迹速度准确度(Track Velocity Accuracy)	指令速度与沿轨迹进行 n 次重复测量所获得的实到速度均值间的差值
轨迹速度重复性(Track Velocity Repeatability)	对于给定的指令速度所得实到速度的一致程度
轨迹速度波动(Track Velocity Fluctuation)	每次再现一种指令速度的过程中速度的最大变化量
最小定位时间(Minimum Posing Time)	机器人在点位控制方式下从静止状态开始移动一预定距离和(或)摆动一预定角度,到达稳定状态所经历的最少时间(包括稳定时间)
静态柔顺性(Static Compliance)	作用于机械接口的每单位负载下机械接口的最大位移
分辨力(率)(Resolution)	机器人每轴或关节所能达到的最小位移增量
循环(Cycle)	执行一次任务程序(某些任务程序不必是循环的)
循环时间(Cycle Time)	完成循环所需的时间
标准循环(Standard Cycle)	在规定条件下机器人完成(作为参考)典型任务时的运动顺序

表 26.1-6 有关机器人感知与导航的术语

环境地图(模型)(Environment Map; Environment Model)	利用可分辨的环境特征来描述环境的地图或模型,如栅格地图、几何地图、拓扑地图和语义地图
定位(Localization)	在环境地图上识别或分辨移动机器人的位姿
地标(Landmark)	用于移动机器人定位的、在环境地图上可辨别的人工或自然物体
障碍(Obstacle)	位于地面、墙或顶棚上的阻碍预期运动的静态或动态物体、装置。地面障碍包括台阶、坑、不平地面等
绘制地图(Maping)	利用环境中几何的和可探测的特征、地标和障碍建立环境地图来描述环境,也称地图构建(Map Building)或地图生成(Map Generation)
导航(Navigation)	依据定位和环境地图决定控制行走方向。导航包括了为实现从位姿点到位姿点的运动和整片区域覆盖的路径规划
行走面(Travel Surface)	移动机器人行走的地面
航位(迹)推算法(Dead Reckoning)	从已知初始位姿,移动机器人仅利用内部测量值获取自身位姿的方法
传感器融合(Sensor Fusion)	通过融合多个传感器的信息以获得更完善信息的过程
任务规划(Task Planning)	通过生成由子任务和运动组成的任务序列来解决要完成的任务的过程。任务规划包括自主生成和用户生成
机器人传感器(Robot Sensor)	用于获取机器人控制所需内部和外部信息的传感器(转换器)
内部状态传感器(Internal State Sensor)	用于测量内部状态的机器人传感器,如码盘、测速发电机、加速度计和陀螺仪等惯性传感器,也称本体感受传感器(Proprioceptive Sensor)
外部状态传感器(External State Sensor)	用于测量机器人所处环境状态或机器人与环境交互状态的机器人传感器,如全球定位系统、视觉传感器、距离传感器、力传感器、触觉传感器、声传感器,也称外感受传感器(Exteroceptive Sensor)

2.3 机器人的分类

机器人的分类目前尚无统一的国际标准。根据国家标准 GB/T 12643、国际机器人联盟（IFR）和日本标准 JIS B0134—1998 做如下分类（服务机器人见本篇第 12 章）：

1）工业机器人的一般分类见表 26.1-7。

2）机器人的机械结构类型见表 26.1-8，表 26.1-9 为移动机器人的机械结构类型。

3）机器人根据控制方式分类见表 26.1-10。

表 26.1-7 工业机器人的一般分类

分类名称	含义
操作型机器人(Manipulator)	是一种能自动控制、可重复编程、多功能、具有几个自由度的操作机器人,可固定在某处或可移动,用于工业自动化系统中
顺控型机器人(Sequenced Robot)	按预先要求的顺序及条件对机械动作依次进行控制的机器人
示教再现型机器人(Playback Robot)	是一种按示教编程输入工作程序,自动重复地进行工作的机器人
数控型机器人[Numerically Controlled(NC)Robot]	通过数值、语言等示教其顺序、条件、位置及其他信息,根据这些信息进行作业的机器人
智能机器人(Intelligent Robot)	具有依靠感知其环境、和(或)与外部资源交互、调整自身执行任务的能力的机器人,如具有视觉传感器用来拾放物体的工业机器人、避碰的移动机器人、不平地面行走的腿式机器人
感觉控制型机器人(Sensory Controlled Robot)	利用感觉信息进行动作控制的机器人
适应控制型机器人(Adaptive Controlled Robot)	具有适应控制功能的机器人。所谓适应控制是指适应环境变化控制等特性,以满足所需要的条件
学习控制型机器人(Learning Controlled Robot)	具有学习控制功能的机器人。所谓学习控制是指反映作业经验,进行适当地作业控制

表 26.1-8 机器人的机械结构类型

分类名称	含义
直角(笛卡尔)坐标机器人(Rectangular Robot 或 Cartesian Robot)	手臂具有3个棱柱关节、其轴按直角坐标配置的机器人,如龙门机器人
圆柱坐标机器人(Cylindrical Robot)	手臂至少有一个回转关节和一个棱柱关节、其轴按圆柱坐标配置的机器人
球(极)坐标型机器人(Polal Robot; Spherical Robot)	手臂有两个转动关节和一个棱柱关节、其轴按极坐标配置的机器人
摆动式机器人(Pendular Robot)	机械结构包含一个万向节转动组件的极坐标机器人
关节机器人(Articulated Robot)	手臂具有三个或更多回转关节的机器人
SCARA 机器人(SCARA Robot)	具有两个平行的回转关节,以便在所选择的平面内提供柔顺性的机器人
脊柱式机器人(Spine Robot)	手臂由两个或更多个球关节组成的机器人
并联(并联杆式)机器人(Parallel Robot; Parallel Link Robot)	手臂含有组合闭环结构杆件的机器人,如 Stewart 平台

表 26.1-9 移动机器人的机械结构类型

分类名称	含义
轮式机器人(Wheeled Robot)	利用轮子实现移动的移动机器人
腿式机器人(Legged Robot)	利用一条或多条腿实现移动的移动机器人
双足机器人(Biped Robot)	利用两条腿实现移动的腿式机器人
履带式机器人(Crawler Robot;Tracked Robot)	利用履带实现移动的移动机器人
仿人机器人(Humanoid Robot)	具有躯干、头和四肢,外观和动作与人类相似的机器人
移动平台(Mobile Platform)	能使移动机器人实现运动的全部部件的组装件。移动平台包含一个用于支承负载的底盘
全向移动机构(Omni-directional Mobile Mechanism)	能使移动机器人实现朝向任一方向即时移动的轮式机构
自动导引车(AGV——Autometed Guided Vehicle)	沿标记或外部命令指示的、沿预设路径移动的移动平台。一般应用在工厂

表 26.1-10 机器人根据控制方式分类

分类名称	含义
伺服控制型机器人(Servo-Controlled Robot)	通过伺服机构进行控制的机器人。有位置伺服、力伺服、软件伺服等
非伺服控制型机器人(Nonservo-Controlled Robot)	通过伺服以外的手段进行控制的机器人
连续轨迹控制机器人(Continuous Trick Controlled Robot)	不仅要控制行程的起点和终点,而且控制其轨迹的机器人
点位控制机器人[Pose to Pose(PTP)Controlled Robot]	只控制运动所达到的位姿而不控制其路径的机器人

3　工业机器人性能规范和测试方法

工业机器人的测试通常是指性能规范的测试。按照国家标准 GB/T 12642—2013 的规定，工业机器人的性能规范包括位姿特性、距离准确度和重复性、轨迹特性、最小定位时间、静态柔顺性和面向应用的特殊性能规范。

3.1　工业机器人性能指标

工业机器人性能指标见表 26.1-11。

表 26.1-11　工业机器人性能指标

1)位姿准确度和重复性	4)位置稳定时间、位置超调量	7)重定向轨迹重复度	10)最小定位时间
2)多方向位姿准确度变动	5)互换性	8)拐角偏差	11)静态柔顺性
3)距离准确度和重复性	6)轨迹准确度和重复性	9)轨迹速度特性	12)摆动偏差

表 26.1-12 中比较全面地列出了工业机器人各项规范、功能和特性参数，对一般产品说明和有关位姿特性的轨迹特性内容可参照该表适当增列。必须给出工作空间图。

表 26.1-12　工业机器人的特性数据表

名　称		型　号		用　途	
制造单位		结构类型		自由度	
外形尺寸		机器人本体	控制装置	液压源	其　他
(长×宽×高)/mm					
质量/kg					
额定负载/N		附加质量/kg			
极限负载/N		安装位置			
驱动方式		环境条件	温度/℃		
动力源	容　量		相对湿度(%)		
	参　数		海拔高度/m		
	允许波动范围		其他		
	额定速度 /mm·s^{-1}				
	单轴最大工作范围 /mm 或(°)		最大单轴速度 /mm·s^{-1}或(°)·s^{-1}		
1					
2					
3					
4					
5					
6					
工作空间图					

控制特性	控制装置种类			插补方式		
	程序存储容量			检测方式		
	动作控制类型			外存形式		
	运动控制方式			编程方法		
	输入输出接口					
	数据网络接口					
位姿特性	位置精度	位置精度 ΔL		位姿偏差	位置偏差 r	
		姿态精度	ΔL_a		姿态偏差	r_a
			ΔL_b			r_b
			ΔL_c			r_c
	多方向位姿精度	位置偏差 ΔR				
		角度偏差	ΔR_a			
			ΔR_b			
			ΔR_c			
	距离精度	位置距离精度 ΔB		距离重复精度	位置距离重复精度 RB	
		姿态距离精度	ΔB_a		姿态距离重复精度	RB_a
			ΔB_b			RB_b
			ΔB_c			RB_c
	位置稳定时间					
	位置超调量					
	位姿精度漂移					
	轨迹精度	位置轨迹精度 ΔLP				
		位置轨迹精度	ΔLP_a			
			ΔLP_b			
			ΔLP_c			
	轨迹精度	位置轨迹精度 RP				
		姿态轨迹精度	RP_a			
			RP_b			
			RP_c			
	拐角偏差	拐角圆角偏差 CR				
		拐角超调量 CO				
	稳定轨迹长度 SPL					
	轨迹速度精度 VA					
	轨迹速度精度 VR					
最小定位时间						
备注						

3.2 工业机器人测试方法

在测试工业机器人时，必须是在额定负载下按国家标准 GB/T 12642—2013 所规定的测试环境、测试速度、测试次数、测试步骤以及按规定设置的测试点和测试轨迹进行。

工业机器人性能规范的测试方法和测试设备仍在不断地开发中，就目前而言，测试方法可归纳为以下6类，即末端执行器具有简单几何形状的测量法、轨迹比较法、三边法、极坐标测量法、三角法和坐标测量法，见表 26.1-13。

选择测试方法时，除考虑能否满足性能规范的测试外，还必须考虑到测试系统的维数、准确度、重复性、分辨力、测试空间大小、适应范围和采样速率等。

表 26.1-13 工业机器人测试方法

测试方法	说明
末端执行器具有简单几何形状的测量法	工业机器人的末端执行器是规则的立方体或球体。测试系统的测试支架上安装有6个接触式或非接触式位移传感器。机器人的操作机从基准位置按机座坐标系的 X、Y 或 Z 方向进行运动，逼近或接触位移传感器。由位移传感器检测到的数值进行计算，便可得到末端执行器的测试位姿
轨迹比较法	采用标准的机械梁或激光束作为参考标准，在机器人的末端执行器上安装有传感器，当机器人的末端执行器沿机械梁或激光束运行时，即可得到两者之间的距离偏差值，从而可计算出位姿或轨迹的准确度和重复性
三边法（距离-距离）	用几台激光干涉仪的3条或6条激光束瞄准机器人末端执行器上的反射器（一个或三个），当机器人的操作机运动时，激光干涉仪跟踪测量，即可测得距离数据，从而计算出位姿或轨迹准确度和重复性 采用带有电位器装置的机械式钢丝绳测距系统测试机器人的位置亦属此类
极坐标测量法（距离-方位角）	机器人的腕部安装有反射器作为目标，用具有跟踪系统的激光干涉仪瞄准机器人的目标镜，从而得到距离数值和两个轴的方位角数值，由此计算出机器人的位置和姿态 另一种测量系统则是采用直线规和一对回转编码器。直线规的顶端安装在机器人上，另一端与编码器夹持在一起。当机器人操作机运动时，由直线规可得到距离数值，由编码器可得到两个方位角数值，由此可计算出机器人的位置和轨迹
三角法（方位角-方位角）	在机器人的腕部安装反射器，两套两轴光学扫描器对其进行扫描，即可测得两组方位角的数据，从而可得到机器人的位置
坐标测量法	机器人的腕部安装有光笔，当机器人操作机的端部在一套图形输入板的板面上运行时，就能观察到机器人运行的 X-Y、Y-Z、Z-X 的坐标值。或者采用坐标测量机来测量机器人的位置。其他还有作图法等

4 机器人的新发展与发展趋势

从机器人诞生到20世纪80年代初，机器人技术经历了一个长期缓慢的发展过程。到了90年代，随着计算机技术、微电子技术和网络技术等的快速发展，机器人技术也得到了飞速发展。除了工业机器人水平不断提高外，各种用于非制造业的先进机器人系统也有了长足的进展。目前国际机器人界都在加大科研力度，进行机器人共性技术的研究，并朝着智能化和多样化方向发展。机器人技术发展的重点方面见表 26.1-14。

表 26.1-14 机器人技术发展的重点方面

1）工业机器人操作机结构的优化设计技术	探索新的高强度轻质材料，进一步提高负载/自重比，同时机构向着模块化、可重构方向发展。通过有限元分析、模态分析及仿真设计等现代设计方法的运用，机器人操作机已实现了优化设计。以德国 KUKA 公司为代表的机器人公司已将机器人并联平行四边形结构改为开链结构，拓展了机器人的工作范围，加之轻质铝合金材料的应用，大大提高了机器人的性能。此外采用先进的 RV 减速器及交流伺服电动机，使机器人操作机几乎成为免维护系统
2）并联机器人	采用并联机构，利用机器人技术实现高精度测量及加工，是机器人技术向数控技术的拓展，其为将来实现机器人和数控技术一体化奠定了基础。ABB、意大利 COMAU 公司、日本 FANUC 等公司已开发出了此类产品
3）机器人控制技术	控制系统的性能进一步提高，已由过去控制标准的6轴机器人发展到现在能够控制21轴甚至27轴，并且实现了软件伺服和全数字控制。人机界面更加友好，基于图形操作的界面也已问世。编程方式仍以示教编程为主，但在某些领域的离线编程已实现实用化。微软开发了 Microsoft Robotics Studio，以期提供廉价的开发平台，让机器人开发者能够轻而易举地把软件和硬件整合到机器人的设计中。重点研究开放式、模块化控制系统，人机界面更加友好，语言、图形编程界面正在研制之中。机器人控制器的标准化和网络化，以及基于 PC 机网络式控制器已成为研究热点。编程技术除进一步提高在线编程的可操作性之外，离线编程的实用化将成为研究重点

（续）

4)多传感系统	为进一步提高机器人的智能化和适应性,多种传感器的使用是解决问题的关键。其研究热点在于有效可行的多传感器融合算法,特别是在非线性及非平稳、非正态分布的情形下的多传感器融合算法。另一问题就是传感系统的实用化
5)小型化	机器人的结构灵巧,控制系统越来越小。随着智能手机的普及,摄像头、重力传感器等已经实现微型化。驱动、控制、传动等部件正朝着一体化方向发展
6)机器人遥控及远程监控技术	机器人半自主和自主技术,多机器人和操作者之间的协调控制,通过网络建立大范围内的机器人遥控系统,在有时延的情况下建立预先显示进行遥控等。日本YASKAWA和德国KUKA公司的最新机器人控制器已实现了与Canbus、Profibus总线及一些网络的连接,使机器人由过去的独立应用向网络化应用迈进了一大步,也使机器人由过去的专用设备向标准化设备有了进一步发展
7)虚拟机器人技术	基于多传感器、多媒体和虚拟现实以及临场感技术,实现机器人的虚拟遥操作和人机交互。目前已经实现了通过遥操作完成远程病人的手术
8)多智能体(Multi-Agent)协同控制技术	是目前机器人研究的一个崭新领域。主要是对多智能体的群体体系结构、相互间的通信与磋商机理、感知与学习方法、建模和规划、群体行为控制等方面进行研究
9)微型和微小型机器人技术(Micro/Miniature Robotics)	微小型机器人技术的研究主要集中在系统结构、运动方式、控制方法、传感技术、通信技术以及行走技术等方面
10)软机器人技术(Soft Robotics)	主要用于医疗、护理、休闲和娱乐场合。传统机器人设计未考虑与人紧密共处,因此其结构材料多为金属或硬性材料,软机器人技术要求其结构、控制方式和所用传感系统在机器人意外地与环境或人碰撞时是安全的,机器人对人是友好的
11)仿人和仿生技术	是机器人技术发展的最高境界,目前仅在某些方面进行了一些基础研究,研制出了一些著名的仿人机器人,但实用化还需要进一步拓展研究领域
12)可靠性	由于微电子技术的快速发展和大规模集成电路的应用,使机器人系统的可靠性有了很大提高。过去机器人系统的可靠性MTBF一般为几千小时,而现在已达到5万小时,几乎可以满足任何场合的需求
13)机器人学与互联网技术的结合	机器人可以通过互联网获取海量的知识,基于云计算、智能空间等技术辅助机器人的感知和决策将极大提升机器人的系统性能

第2章　串联机器人

1　串联机器人的结构与坐标形式

广义地，凡是应用在工业领域的机器人都是工业机器人，包括串联结构的机器人、并联结构机器人、自动导引小车以及堆垛机等。然而最初出现的工业机器人是串联结构的机器人，当时各国所编制的相关标准也仅限于此类机器人。

1.1　串联机器人的结构

工业机器人本体的重要特征是在三维空间运动的空间机构，这也是其区别于数控机床的原因。空间机构（包括并联机构、串联机构以及串联并联混合机构）大多由低副机构组成。常见的低副机构有转动副（关节）（R-Revolute joint）、移动副或棱柱副（关节）（P-Prismatic joint）、螺旋副（关节）（H-Helix joint）、圆柱副（关节）（C-Cylindrical joint）、平面副（关节）（E-Plane joint）、球面副（关节）（S-Spherical joint）以及虎克铰（Hooke joint）或通用关节（U-Universal joint），如图 26.2-1。转动副（R）、移动副（P）和螺旋副（H）是最基本的低副机构，其自由度 $d=1$。为了分析方便，当运动副的自由度数大于 1 时，将运动副用单自由度的运动副等效合成。各种低副机构的自由度 d 和用多个单自由度等效的形式见表 26.2-1。

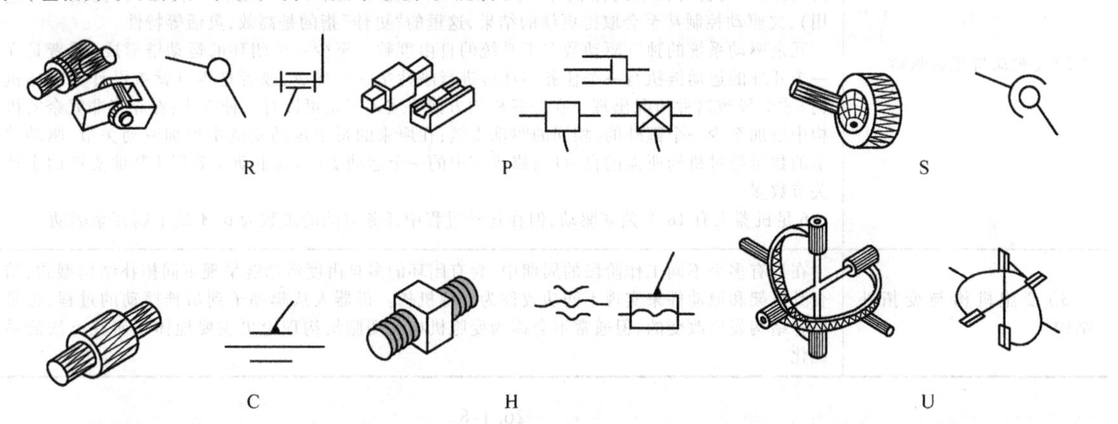

图 26.2-1　常用的运动副

表 26.2-1　低副机构的自由度和等效的形式

低副机构	转动副 R	棱柱副 P	螺旋副 H	圆柱副 C	平面副 E	球面副 S	通用关节 U
自由度 d	1	1	1	2	3	3	2
等效的单自由度关节形式				PR	PPR	RRR	RRR

串联结构是杆之间串联，形成一个开运动链，除了两端的杆只能和前或后连接外，每一个杆和前面或后面的杆通过关节连接在一起。所采用的关节为转动和移动两种，前者称为旋转副，后者称为棱柱关节。工业机器人本体的功能类似人的手臂。一个典型的工业机器人 P-100 如图 26.2-2 所示。

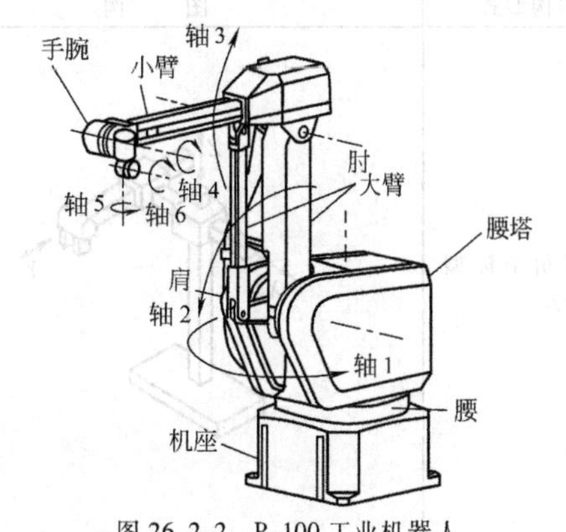

图 26.2-2　P-100 工业机器人

1.2　自由度

1）刚体的自由度。刚体能够对坐标系进行独立运动的数目称为刚体的自由度。

2）机器人的自由度。GB/T 12643 中给出的自由度的定义为：指用以确定物体在空间独立运动的变量，并建议在描述机器人的运动时最好不采用“自由度”以避免与“轴”的定义混淆。但是，在描述机器人的运动时，习惯上还是采用自由度的说法，即机器人机构能独立运动的关节的数目称为机器人机构的运动自由度。换句话说，机器人的自由度等于关节空间维数 n。机器人的任务空间维数是机器人工作时所需的末端位置和姿态参数数目 m。位于三维空间的刚体需要6个独立参数确定其姿态，因此，机器人的任务空间最多只要有6个自由度。平面两维空间运动最多只需要3个自由度。系统的驱动数（控制输入）为机器人系统中独立驱动的数量。表26.2-2为相关自由度与驱动的关系。

表 26.2-2　自由度与驱动的关系

1）少自由度与冗余自由度	工业机器人的自由度是根据其用途而设计的，可能小于6个自由度，也可能大于6个自由度。少于6个自由度的机器人称为少自由度机器人。应该在满足功能的前提下尽量减少自由度的数量以降低系统的复杂性。例如，A4020装配机器人具有4个自由度，可以在印刷电路板上接插电子器件；PUMA562机器人具有6个自由度，可以进行复杂空间曲面的弧焊作业。三维空间运动的机器人自由度多于6个的时候称为冗余自由度机器人，它可以克服一般机器人灵活性差、避障能力低、关节超限以及动力性能差等缺点
2）欠驱动与冗余驱动	欠驱动机械系统是指控制输入量（独立驱动数）少于系统任务空间的维数的机械系统。如移动机器人、太空机器人和欠驱动机械臂等都属于此类。多级倒立摆是典型欠驱动系统。尽管欠驱动机械系统的控制比全驱动机械系统要复杂，但欠驱动机械系统具有一系列优点，如节约能源、节约材料和空间体积等，并且在一些特定情况下（如双足行走机器人、机械手等应用），欠驱动控制甚至会取得更佳的结果，这里的“更佳”指的是高效，灵活等特性 冗余驱动系统的独立驱动数多于系统的自由度数。至少一个闭环的运动链形成（或者是在一个开环的运动链执行一个任务与环境进行刚性接触时形成，或者是本身就被设计为闭环机构）才会导致这种情况出现。在并联机构方面要实现冗余可以有三种方式：在原来非冗余的机构中增加至少一个额外的、相同的驱动支链；在原来的每个运动支链中增加驱动关节，驱动关节的数量超过机构所需的自由度；修改其中的一个运动支链，其主动关节数比其他支链的主动关节数多 6足机器人有18个独立驱动，但在运动过程中任务空间的维数为6，本质上属冗余驱动
3）变胞机构与变拓扑结构	在具有多个不同工作阶段的周期中，含有闭环的多自由度运动链呈现不同拓扑结构型式，结合其机架和原动件来实现不同功效称为变胞机构。机器人从爬梯子到吊挂摆动的过程，也是拓扑结构发生改变的，但通常不会称为变胞机构。变胞机构理论更主要地体现研究方法的系统化

1.3　工业机器人运动的坐标形式

按工业机器人末端执行器定位方式的不同，工业机器人的运动常采用直角坐标、圆柱坐标、球坐标、关节型和水平关节（SCARA）五种坐标形式，见表26.1-8。

2　串联机器人的结构型式及其特点

串联机器人的结构根据坐标形式的不同而有所不同，其主要结构型式和特点见表26.2-3。

表 26.2-3　串联机器人的主要结构型式和特点

结构型式	图　例	特　点
直角坐标型机器人	Z　Y　X	这类机器人在空间三个相互垂直的方向 X、Y、Z 上做移动运动，运动是独立的。其控制简单，易达到高精度，但操作灵活性差，运动速度较慢，操作范围较小

（续）

结构型式	图　例	特　点
圆柱坐标型机器人		这类机器人在水平转台上装有立柱，水平臂可沿立柱上下运动并可在水平方向伸缩。其操作范围较大，运动速度较快，但随着水平臂沿水平方向伸长，其线位移分辨精度越来越低
球坐标型机器人		也称极坐标型机器人，工作臂不仅可绕垂直轴旋转，还可绕水平轴做俯仰运动，且能沿手臂轴线做伸缩运动。其操作比圆柱坐标型更为灵活，但旋转关节反映在末端执行器上的线位移分辨力是一个变量
关节型机器人		这类机器人由多个关节联结的机座、大臂、小臂和手腕等构成，大小臂既可在垂直于机座的平面内运动，也可实现绕垂直轴的转动。其操作灵活性最好，运动速度较快，操作范围大，但精度受手臂姿态的影响，实现高精度运动较困难
水平关节型机器人		SCARA（Selective Compliance Assembly Robot Arm 选择顺应性装配机器手臂）是一种圆柱坐标型的特殊类型的工业机器人。1978年，日本山梨大学牧野洋发明 SCARA，该机器人具有4个轴和4个运动自由度（包括 X,Y,Z 方向的平动自由度和绕 Z 轴的转动自由度）。该系列的操作手在其动作空间的4个方向具有有限刚度，而在剩下的其余两个方向上具有无限大刚度。SCARA 系统在 X,Y 方向上具有顺从性，而在 Z 轴方向具有良好的刚度，此特性特别适合于装配工作；SCARA 的另一个特点是其串接的两杆结构，类似人的手臂，可以伸进有限空间中作业然后收回，适合于搬动和取放物件，如集成电路板等

3　机器人运动学与动力学

3.1　基本定义

有关机器人运动学与动力学的基本定义见表26.2-4。

在进行机器人系统的运动学分析时，需要建立若干个坐标系。GB/T 16977—2005/ISO 9787：1999 定义了四种坐标系，全部坐标系由正交的右手定则来确定。绝对坐标系是与机器人的运动无关，以地球为参照系的固定坐标系（world coordinate system），也称为世界坐标系；机座坐标系是以机器人机座安装平面为参照系的坐标系；机械接口坐标系是以机械接口为参照系的坐标系；工具坐标系是以安装在机械接口上的末端执行器为参照系的坐标系。图 26.2-3 所示为工业机器人插销的操作的坐标系。

表 26.2-4　有关机器人运动学与动力学的基本定义

位姿（Pose）	空间位置和姿态的合称。操作机的位姿通常指末端执行器或机械接口的位置和姿态；移动机器人的位姿可包括绝对坐标系下的移动平台及和安于其上的任一操作机的位姿组合
机器人运动学	主要研究机器人相对机座坐标系的运动与时间的关系，重点研究关节变量与机器人末端执行器位置和姿态的关系
机器人动力学	主要研究机器人各关节输入力、力矩与输出运动之间的关系

（续）

运动学正解（Forward Kinematics）	已知一机械杆系关节的各坐标值，求该杆系内两个空间坐标系间的数学关系，对于操作机来说，运动学正解一般指求取的工具坐标系和机座坐标系之间的数学关系
运动学逆解（Inverse Kinematics）	已知一机械杆系内两个部件坐标系间的关系，求该杆系关节各坐标值的数学关系。对于操作机来说，运动学逆解一般指求取的工具坐标系和机座坐标系间关节各坐标值的数学关系
轴（Axis）	用于定义机器人以直线或回转方式运动的方向线
自由度（Degree of Freedom）	用于确定物体在空间中独立运动的变量（最大数为6）
路径（Path）	一组有序的位姿
轨迹（Trajectory）	基于时间的路径
坐标变换（Coordinate Transformation）	将位姿坐标从一个坐标系转换到另一个坐标系的过程
D-H坐标系	由Denavit和Hartenberg于1955年提出的一种建立杆件坐标系的方法，包括参考和附体坐标系
A矩阵	表示相邻两杆件在空间相互位置和姿态关系的4阶方阵，可通过相应的平移和旋转齐次变换得到
T矩阵	表示不相邻的两杆件之间在空间相互位置和姿态关系的4阶方阵，由若干个**A**矩阵相乘而得
奇异（Singularity）	在雅可比矩阵不满秩时出现。从数学角度讲，在奇异构形中，为保持笛卡尔空间中的速度，关节空间中的关节速度可以无限大。在实际操作中，笛卡尔空间内的运动奇异点附近将产生操作员无法预料的高转速

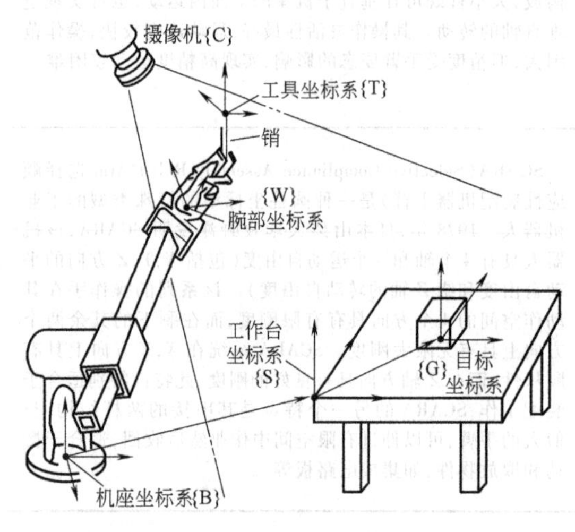

图 26.2-3 工业机器人插销的操作的坐标系

以转动关节连接的杆系为例建立D-H坐标系，如图26.2-4所示。定义a_n为关节n的轴线与关节n+1的轴线间公垂线的长度；α_n为垂直于a_n的平面内上述两轴线间的夹角；d_n为关节轴n与n+1的公垂线及轴n与n+1的公垂线之间沿轴n的距离；θ_n为垂直于关节轴n的平面内上述两公垂线的夹角。按D-H法，取坐标系n的z_n轴与关节轴n+1重合；X_n轴沿a_n从关节n指向关节n+1；Y_n轴可按右手法则确定，图中一般不画出；n系的原点a_n与关节轴n+1的交点处。根据附体坐标系与杆件的关系可分为将坐标系固定在驱动关节和固定在杆件末端两种方式。

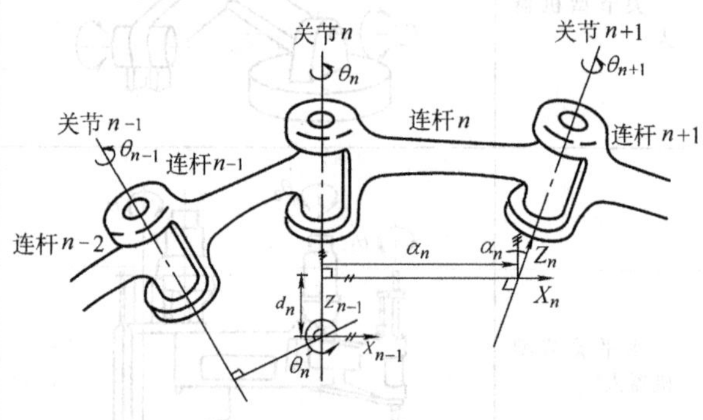

图 26.2-4 D-H坐标系

3.2 机器人运动学正问题

机器人运动学正问题指已知机器人杆件的几何参数和关节变量，求末端执行器相对于机座坐标系的位置和姿态。

机器人运动学方程的建立步骤如下：

1）根据D-H法建立机器人的机座坐标系和各杆件坐标系。

2）确定D-H参数和关节变量。

3）从机座坐标系出发，根据各杆件尺寸及相互位置参数，逐一确定**A**矩阵。

4）根据需要将若干个**A**矩阵连乘起来，即得到不同的运动方程。对6自由度机器人，手部相对于机座坐标系的位姿变化为

$$\boldsymbol{T}_6=\boldsymbol{A}_1\cdot\boldsymbol{A}_2\cdot\boldsymbol{A}_3\cdot\boldsymbol{A}_4\cdot\boldsymbol{A}_5\cdot\boldsymbol{A}_6 \quad (26.2\text{-}1)$$

此即手部的运动方程。

3.3 机器人运动学逆问题

运动学逆问题是在已知末端的齐次变换（位置和姿态）矩阵下求出$^{j-1}\boldsymbol{A}_j$中所包含的关节变量。旋转矩阵中只有3个独立的参数，式（26.2-1）为具有6个独立的标量方程，因而问题转化为用6个标量方程求出n个关节变量。当$n>6$时，未知数多于方程数，有无穷多组解；当$n<6$时，未知数少于方程数，无法得出精确解；当$n=6$时，未知数与方程数相同，可以定解。然而，由于所得到的方程组为非线性的超越方程，当采用消元法求解方程时非常困难。在研究过程中，提出了反变换、旋量代数、对偶矩阵、对偶四元数、图解法和半图解法等方法。我国的李宏友和梁崇高采用透析消元方法导出16次的单变量多项式，得出一般结构的6个自由度串联结构机器人共有16组解。对于具有多组解的机器人系统，实际控制机器人的运动只能选用其中的一组解，这就存在解的选择问题，较为合理的选择应当是取“最短行程”解。

只有满足下列两个充分条件之一，才可获得显式解析解。①3个相邻关节轴交于一点。②3个相邻关节轴平行。

求解机器人运动学逆问题的解析法又称为代数法和变量分离法。在运动方程两边乘以若干个$\boldsymbol{A}$矩阵的逆阵，如

$$\boldsymbol{A}_1^{-1}\boldsymbol{T}_6 = \boldsymbol{A}_2\cdot\boldsymbol{A}_3\cdot\boldsymbol{A}_4\cdot\boldsymbol{A}_5\cdot\boldsymbol{A}_6 = {}^1\boldsymbol{T}_6$$

$$\boldsymbol{A}_2^{-1}{}^1\boldsymbol{T}_6 = \boldsymbol{A}_3\cdot\boldsymbol{A}_4\cdot\boldsymbol{A}_5\cdot\boldsymbol{A}_6 = {}^2\boldsymbol{T}_6$$

$$\vdots$$

$$\boldsymbol{A}_5^{-1}{}^4\boldsymbol{T}_6 = \boldsymbol{A}_6 = {}^5\boldsymbol{T}_6$$

3.4 变换方程

对于图26.2-3所示的坐标系，设工具坐标系与腕部坐标系的变换矩阵为${}^W\boldsymbol{T}_T$，腕部坐标系与机座坐标系的变换矩阵为${}^B\boldsymbol{T}_W$；工具坐标系与目标坐标系的变换矩阵为${}^G\boldsymbol{T}_T$，目标坐标系与工作台坐标系的变换矩阵为${}^S\boldsymbol{T}_G$，工作台坐标系与机座坐标系的变换矩阵为${}^B\boldsymbol{T}_S$，则工具坐标系相对于机座坐标系的变换可表示为

$${}^B\boldsymbol{T}_T = {}^B\boldsymbol{T}_W{}^W\boldsymbol{T}_T$$

$${}^B\boldsymbol{T}_T = {}^B\boldsymbol{T}_S{}^S\boldsymbol{T}_G{}^G\boldsymbol{T}_T$$

从而，可得

$${}^B\boldsymbol{T}_W{}^W\boldsymbol{T}_T = {}^B\boldsymbol{T}_S{}^S\boldsymbol{T}_G{}^G\boldsymbol{T}_T \tag{26.2-2}$$

式（26.2-2）为变换方程，若其中只有一个变换未知，可从变换方程中求出。例如，求工具坐标系与目标坐标系的变换矩阵为

$${}^G\boldsymbol{T}_T = {}^S\boldsymbol{T}_G^{-1}{}^B\boldsymbol{T}_S^{-1}{}^B\boldsymbol{T}_W{}^W\boldsymbol{T}_T$$

同样地，摄像机相对于工作台坐标系的变换矩阵为${}^S\boldsymbol{T}_C$、摄像机相对于目标坐标系的变换矩阵为${}^G\boldsymbol{T}_C$，有

$${}^S\boldsymbol{T}_C = {}^S\boldsymbol{T}_G{}^G\boldsymbol{T}_C$$

目标坐标系与工作台坐标系的变换矩阵为

$${}^S\boldsymbol{T}_G = {}^G\boldsymbol{T}_C^{-1}{}^S\boldsymbol{T}_C$$

3.5 微分关系式

机器人作微小运动时，其位置及姿态的微小变化与微分变换有关。

3.5.1 微分平移变换

微分平移变换为

$$\mathrm{Tran}(d) = \begin{pmatrix} 1 & 0 & 0 & d_x \\ 0 & 1 & 0 & d_y \\ 0 & 0 & 1 & d_z \\ 0 & 0 & 0 & 1 \end{pmatrix} \tag{26.2-3}$$

3.5.2 微分旋转变换

对绕任意轴k的微分旋转$\mathrm{d}\theta$来说，微分旋转变换为

$$\mathrm{Rot}(k,\mathrm{d}\theta) = \begin{pmatrix} 1 & -k_z\mathrm{d}\theta & k_y\mathrm{d}\theta & 0 \\ k_z\mathrm{d}\theta & 1 & -k_x\mathrm{d}\theta & 0 \\ -k_y\mathrm{d}\theta & k_x\mathrm{d}\theta & 1 & 0 \\ 0 & 0 & 0 & 1 \end{pmatrix} \tag{26.2-4}$$

3.5.3 动系与固定系之间的微分变换关系

$$d_{xT} = \boldsymbol{n}\cdot[(\boldsymbol{\delta}\times\boldsymbol{p})+\boldsymbol{d}] \quad \delta_{xT} = \boldsymbol{n}\cdot\boldsymbol{\delta}$$

$$d_{yT} = \boldsymbol{o}\cdot[(\boldsymbol{\delta}\times\boldsymbol{p})+\boldsymbol{d}] \quad \delta_{yT} = \boldsymbol{o}\cdot\boldsymbol{\delta}$$

$$d_{zT} = \boldsymbol{a}\cdot[(\boldsymbol{\delta}\times\boldsymbol{p})+\boldsymbol{d}] \quad \delta_{zT} = \boldsymbol{a}\cdot\boldsymbol{\delta}$$

式中 $\boldsymbol{d}$——固定系微分平移矢量；

$\boldsymbol{\delta}$——固定系微分旋转矢量；

$\boldsymbol{n}$、$\boldsymbol{o}$、$\boldsymbol{a}$、$\boldsymbol{p}$——微分坐标变换T的列矢量。

3.6 雅可比（Jacobian）矩阵

3.6.1 雅可比矩阵（简称J阵）

雅可比矩阵是关节速度到直角空间速度曲线性变换，它反映了关节微小转动$\mathrm{d}\theta$与手部微小运动$\mathrm{d}x$的关系，即

$$\mathrm{d}x = \boldsymbol{J}\cdot\mathrm{d}\theta \tag{26.2-5}$$

对6自由度机器人，其$\boldsymbol{J}$阵可由每个关节坐标的微分旋转和微分平移组成的6阶方阵表示

$$J=\begin{pmatrix} d_{1x},T_6 & d_{2x},T_6 & d_{3x},T_6 & d_{4x},T_6 & d_{5x},T_6 & d_{6x},T_6 \\ d_{1y},T_6 & d_{2y},T_6 & d_{3y},T_6 & d_{4y},T_6 & d_{5y},T_6 & d_{6y},T_6 \\ d_{1z},T_6 & d_{2z},T_6 & d_{3z},T_6 & d_{4z},T_6 & d_{5z},T_6 & d_{6z},T_6 \\ \delta_{1x},T_6 & \delta_{2x},T_6 & \delta_{3x},T_6 & \delta_{4x},T_6 & \delta_{5x},T_6 & \delta_{6x},T_6 \\ \delta_{1y},T_6 & \delta_{2y},T_6 & \delta_{3y},T_6 & \delta_{4y},T_6 & \delta_{5y},T_6 & \delta_{6y},T_6 \\ \delta_{1z},T_6 & \delta_{2z},T_6 & \delta_{3z},T_6 & \delta_{4z},T_6 & \delta_{5z},T_6 & \delta_{6z},T_6 \end{pmatrix}$$

3.6.2　雅可比逆阵

雅可比逆阵是直角空间速度到关节速度的线性变换。当 J^{-1} 存在时，可由手部微分旋转和平移确定各关节变量的微小变化，即

$$\mathrm{d}\theta=J^{-1}\cdot\mathrm{d}x$$

当 J 阵奇异时，J^{-1} 不存在，对应的手臂位姿为奇异位姿，手部中心点所占据的空间点为该机器人工作空间中的奇异点。

对于在三维空间运动的 n 关节机器人，其雅可比矩阵的阶数为 $6\times n$。当 $n=6$ 时，J 是 6×6 方阵，可直接求其逆。当 $n\neq6$ 时，J 不是方阵，此时若用雅可比矩阵的逆就用其伪逆，用 J^{+} 表示伪逆。

$$J^{+}=J^{\mathrm{T}}(JJ^{\mathrm{T}})^{-1} \tag{26.2-6}$$

3.7　机器人动力学问题的常用分析方法

3.7.1　拉格朗日法

拉格朗日法推导简单，系统性强，能得到封闭形式的方程，结构紧凑；方程中不包含约束力，便于分析和上机计算，但计算效率较低，实时性差。

（1）拉格朗日方程的一般形式

设 T 为刚体系统的动能，U 为系统势能，定义拉格朗日函数 L 为

$$L(q_i,\ \dot{q}_i)=T-U$$

式中　q_i——第 i 个广义坐标；

$\dot{q}_i$——对应的广义速度。

由刚体系统动力学第二类拉格朗日方程，刚体系统动力学方程为

$$\frac{\mathrm{d}}{\mathrm{d}t}\frac{\partial L}{\partial\dot{q}_i}-\frac{\partial L}{\partial q_i}=Q_i\quad i=1,2,\cdots,n \tag{26.2-7}$$

式中　Q_i——第 i 个广义力；

n——机器人自由度。

（2）机器人的拉格朗日方程

从拉格朗日方程的一般形式出发，通过计算机器人杆件的速度、动能和势能，建立拉格朗日函数并求导，即可导出机器人的拉格朗日方程为

$$\sum_{j=1}^{n}D_{ij}\ddot{q}_j+\sum_{j=1}^{n}\sum_{k=1}^{n}D_{ijk}\dot{q}_j\dot{q}_k+D_i=Q_i\quad i=1,2,\cdots,n \tag{26.2-8}$$

式中　$D_{ii}\ddot{q}_j$——第 i 个关节处的等效惯性力矩；

$D_{ij}\ddot{q}_j$——第 i 个关节和第 j 个关节之间的耦合惯性力矩（$j\neq i$）；

$D_{iii}\dot{q}_j^2$——第 i 个关节的速度在第 i 个关节处产生的离心力矩；

$D_{ijk}\dot{q}_j\dot{q}_k$——第 j、k 个关节的速度在第 i 个关节处产生的科氏（coriolis）力矩（$j\neq k$）；

D_i——重力力矩。

3.7.2　牛顿-欧拉法

牛顿-欧拉法常用迭代方程的形式，计算速度快，实时性好，但方程中含有约束力，且不能直接得到动力学模型的封闭形式，可以通过变换得出封闭形式的动力学方程。

（1）牛顿-欧拉基本方程

$$f_{i-1,i}-f_{i,i+1}+m_i g-m_i\dot{v}_{ci}=0\quad i=1,2,\cdots,n \tag{26.2-9a}$$

$$N_{i-1,i}-N_{i,i+1}+r_{i,ci}\times f_{i,i+1}-r_{i-1,ci}\times f_{i-1,i}-I_i\omega_i-\omega_i\times(I_i\omega_i)=0\quad i=1,2,\cdots,n \tag{26.2-9b}$$

式中　$f_{i-1,i}$——杆件 L_{i-1} 作用在杆件 L_i 上的力；

$f_{i,i+1}$——杆件 L_i 作用在杆件 L_{i+1} 上的力；

$N_{i-1,i}$——杆件 L_{i-1} 作用在杆件 L_i 上的力矩；

$N_{i,i+1}$——杆件 L_i 作用在杆件 L_{i+1} 上的力矩；

$r_{i,ci}$——从第 i 个杆系的原点到质心 c_i 的位置矢量；

$r_{i-1,ci}$——从第 $i-1$ 个杆系的原点到质心 c_i 的位置矢量；

m_i——杆件 L_i 的质量；

$\dot{v}_{ci}$——杆件 L_i 质心的线加速度矢量；

I_i——杆件 L_i 在固定系中绕质心的惯性张量；

ω_i——杆件 L_i 质心的角速度矢量。

上述各量参见如图 26.2-5 所示。

（2）牛顿-欧拉方程的迭代形式

$$f_{i-1,\ i}=f_{i,\ i+1}+m_i\dot{v}_{ci}-m_i g$$

$$N_{i-1,\ i}=N_{i,\ i+1}-r_{i,\ ci}\times f_{i,\ i+1}+r_{i-1,\ ci}\times f_{i-1,\ i}+I_i\omega_i+\omega_i\times(I_i\omega_i)$$

关节力矩

$$\tau_i=\begin{cases} z_{i-1}^{\mathrm{T}}N_{i-1,\ i} & \text{对旋转关节} \\ z_{i-1}^{\mathrm{T}}N_{i-1,\ i} & \text{对移动关节} \end{cases}$$

式中，z_{i-1}^{T} 为第 $i-1$ 系 z 轴的单位矢量。

（3）速度和加速度迭代公式

$$v_{i+1}=\begin{cases}v_i+\boldsymbol{\omega}_{i+1}\times\boldsymbol{r}_{i,\ i+1} & \text{对旋转关节}\\ v_i+\boldsymbol{\omega}_i\times\boldsymbol{r}_{i,\ i+1}+\dot{q}_{i+1}z_i & \text{对移动关节}\end{cases}$$

$$\dot{v}_{i+1}=\begin{cases}\dot{v}_i+\dot{\boldsymbol{\omega}}_{i+1}\times\boldsymbol{r}_{i,\ i+1}+\boldsymbol{\omega}_{i+1}\times(\boldsymbol{\omega}_{i+1}\times\boldsymbol{r}_{i,\ i+1}) \\ \qquad\text{对旋转关节}\\ \dot{v}_i+\ddot{q}_{i+1}z+\dot{\boldsymbol{\omega}}_i\times\boldsymbol{r}_{i,\ i+1}+2\dot{\boldsymbol{\omega}}_i\times \\ \dot{q}_{i+1}z_i+\boldsymbol{\omega}_i\times(\boldsymbol{\omega}_i\times\boldsymbol{r}_{i,\ i+1}) \\ \qquad\text{对移动关节}\end{cases}$$

（4）用迭代方程求解动力学逆问题

1）计算牛顿-欧拉方程所需的所有运动量。用上述速度和加速度迭代公式，从机座开始向手部计算，根据已知的 $\boldsymbol{q}_1$、$\dot{\boldsymbol{q}}_1$ 和 $\ddot{\boldsymbol{q}}_1$，算出杆件 1 的 v_{c1}、$\dot{v}_{c1}$、$\boldsymbol{\omega}_1$ 和 $\dot{\boldsymbol{\omega}}_1$，再根据已知的 $\boldsymbol{q}_2$、$\dot{\boldsymbol{q}}_2$ 和 $\ddot{\boldsymbol{q}}_2$，利用求出的 v_{c1}、$\dot{v}_{c1}$、$\boldsymbol{\omega}_1$ 和 $\dot{\boldsymbol{\omega}}_1$，算出杆件 2 的 v_{c2}、$\dot{v}_{c2}$、$\boldsymbol{\omega}_2$ 和 $\dot{\boldsymbol{\omega}}_2$，如此迭代直到求出手部的运动量。

2）从手部开始将算出的量代入牛顿-欧拉迭代方程，可逐一算出所有的 $\boldsymbol{f}_{i-1,i}$ 和 $\boldsymbol{N}_{i-1,i}$，将它们代入关节力矩计算式，即可求出关节力矩 $\boldsymbol{\tau}_i$。

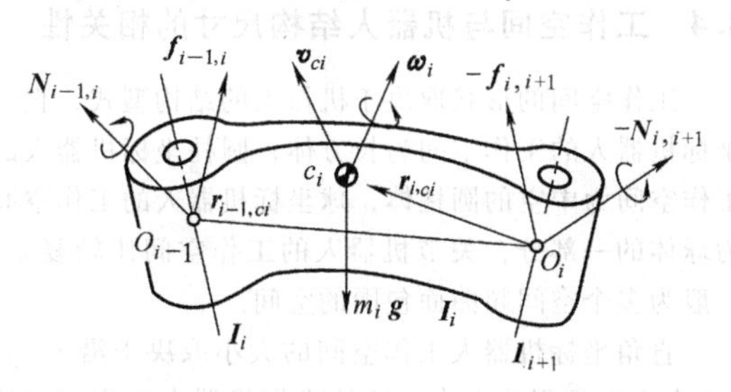

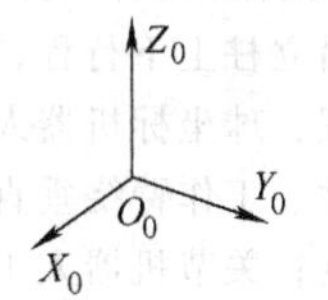

图 26.2-5　杆件 L_i 受力图

3.7.3　机器人动力学的正问题

将式（26.2-8）写成矩阵形式为

$$\boldsymbol{H}(\boldsymbol{q})\ddot{\boldsymbol{q}}+\boldsymbol{C}(\boldsymbol{q},\dot{\boldsymbol{q}})\dot{\boldsymbol{q}}+\boldsymbol{g}(\boldsymbol{q})=\boldsymbol{\tau}\quad(26.2\text{-}10)$$

式中，$\boldsymbol{H}(\boldsymbol{q})$ 为质量矩阵，它是关节变量的函数；$\boldsymbol{C}(\boldsymbol{q},\dot{\boldsymbol{q}})$ 为哥氏力和离心力系数矩阵，它是关节变量和关节速率的函数；$\boldsymbol{g}(\boldsymbol{q})$ 是重力项，也是关节变量的函数；$\boldsymbol{\tau}$ 为关节上的驱动力（矩）矢量。

机器人动力学正问题研究机器人手臂在关节力矩作用下的动态响应，它主要用于机器人系统的动力学仿真。若仿真的时间区间为 $[t_0,\ t_f]$，可将时间区间分为若干小区间 Δt。从 $t=t_0$ 开始，在已知 $\boldsymbol{q}(t)$、$\dot{\boldsymbol{q}}(t)$ 和 $\boldsymbol{\tau}(t)$ 时，用式（26.2-10）计算出 $\ddot{\boldsymbol{q}}(t)$，即

$$\ddot{\boldsymbol{q}}=\frac{1}{\boldsymbol{H}(\boldsymbol{q})}[\boldsymbol{\tau}-\boldsymbol{C}(\boldsymbol{q},\dot{\boldsymbol{q}})\dot{\boldsymbol{q}}-\boldsymbol{g}(\boldsymbol{q})]$$

当已知 t 时刻的 $\ddot{\boldsymbol{q}}(t)$ 后，采用近似积分法计算下一时刻的关节位置和速率，即

$$\dot{\boldsymbol{q}}(t+\Delta t)=\dot{\boldsymbol{q}}(t)+\ddot{\boldsymbol{q}}(t)\Delta t$$

$$\boldsymbol{q}(t+\Delta t)=\boldsymbol{q}(t)+\dot{\boldsymbol{q}}(t)\Delta t+\frac{1}{2}\ddot{\boldsymbol{q}}(t)\Delta t$$

通过迭代计算，可求出时间区间 $[t_0,t_f]$ 机器人的运动。

为了提高计算精度，可以通过缩短积分步长或采用 Runge-Kutta 等微分方程的数值求解方法进行，在求解时需要关注求解方法的数值稳定性。

4　工业机器人的工作空间及与结构尺寸的相关性

4.1　机器人的工作空间

工作空间是评价机器人工作能力的一个重要指标，工作空间分析是机构设计的重要基础，工作空间的大小决定了串联机构的活动空间。因此，在一定的总体尺寸的约束下，希望机构能得到尽可能大的工作空间。工作空间的求法分两类：一类是解析法，一类是数值法。

根据机器人学理论，机器人的工作空间是操作臂末端抓手能够到达的空间范围与能够到达的目标点集合。工作空间可以分为两类：

1）灵巧工作空间。指机器人抓手能以任意方位到达的目标点集合。

2）可达工作空间。指机器人抓手至少在某一个方位上能够到达的目标点集合。

灵巧工作空间是可达工作空间的子集，对于平面机器人，灵巧工作空间是可能存在的，但是对于空间机器人或空间机构，由于受到结构限制，旋转关节的活动范围一般不可能达到 360°，因此其灵巧工作空间往往为零。Kumar 在对空间机构工作空间分类时提出了 3 种分类，即可达工作空间、灵巧工作空间和固定姿态工作空间。

描述工作空间的手腕参考点可以选在手部中心、手腕中心或手指指尖，参考点不同，工作空间的大小、形状也不同。图 26.2-6 所示为机器人的结构型式、结构简图和工作空间。

4.2　确定工作空间的几何法

采用改变某个关节变量而固定其他关节变量的方

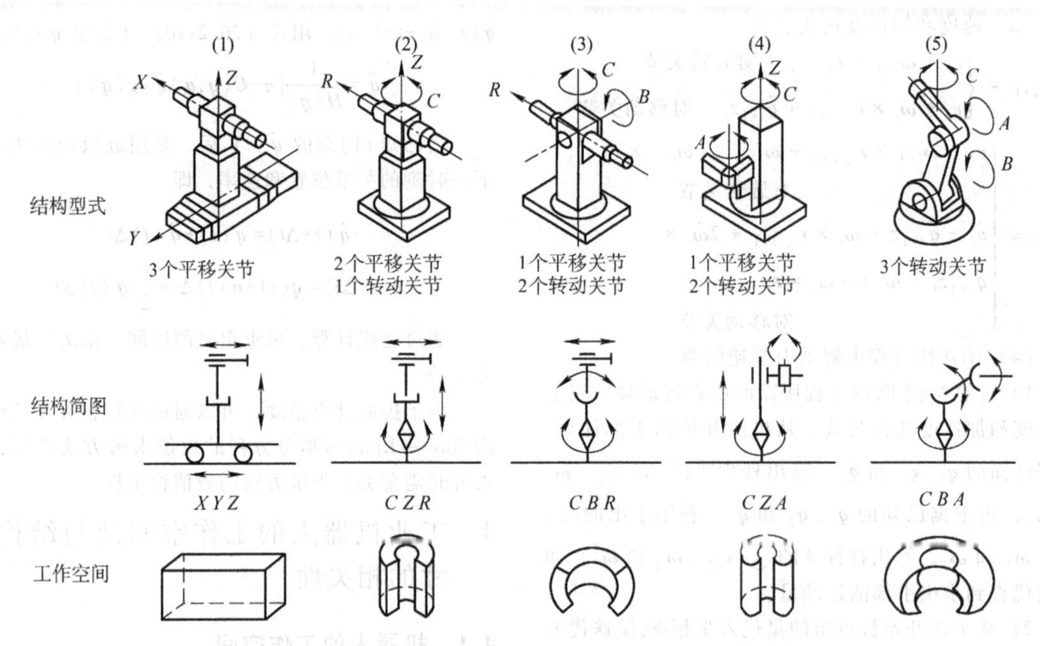

图 26.2-6 机器人的结构型式、结构简图和工作空间

法，用几何作图可画出工作空间的部分边界，然后改变其他关节变量，又可得到部分边界。重复此方法，可得到完整的工作空间边界。

对于具有一个垂直关节、两个水平关节的机器人，将机器人的大臂和小臂伸展到奇异位置上，如图26.2-7所示。改变 θ_2 可获得工作空间在子午截面中的前后边界，改变 θ_3 可获得上下边界，改变 θ_1（θ_1 为垂直关节的旋转角）可获得整个工作空间。

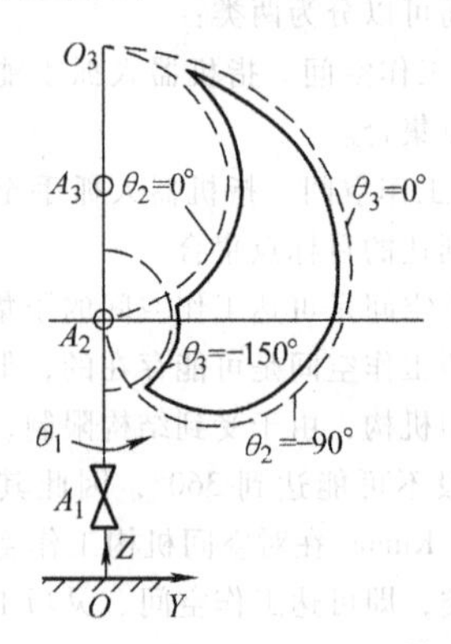

图 26.2-7 工作空间边界形成图

4.3 包容正方体

包容正方体是设置于工作空间内应用得最多的一部分空间中的正方体。其边平行于机座坐标系而体积为最大。该正方体的大小直接反映了工作空间中可用部分的大小，对一定的机器人，其包容正方体是唯一的。

4.4 工作空间与机器人结构尺寸的相关性

工作空间的形状取决于机器人的结构型式，直角坐标机器人的工作空间为长方体；圆柱坐标机器人的工作空间为中空的圆柱体，球坐标机器人的工作空间为球体的一部分，关节机器人的工作空间比较复杂，一般为多个空间超曲面包围的空间。

直角坐标机器人工作空间的大小取决于沿 x、y、z 三个方向行程的大小；圆柱坐标机器人工作空间的大小取决于立柱的尺寸和水平臂沿立柱上下行程，还取决于水平臂尺寸及水平伸缩行程；球坐标机器人工作空间的大小取决于工作臂的尺寸、工作臂绕垂直轴转动的角度及绕水平轴俯仰的角度；关节机器人工作空间大小取决于大小臂的尺寸、大小臂关节转角的角度以及大臂绕垂直轴转动的角度。

5 机器人尺度规划中的优化设计及关键尺寸的选定

尺度规划有两类问题：其一为给定一组工作点，优化结构参数，使工作空间能包络所有工作点，且体积最小；其二为给定一组工作点及机器人总长度，优化设计使工作空间能包络所有工作点，且体积最大。

5.1 位置结构的优化设计

3个以上自由度的机器人的位置主要由从机座出发的前3个自由度决定，故尺度规划主要针对前3杆进行，称前3杆为位置结构。下面以前3个关节均为旋转关节的 RRR 结构为例，讲述有关尺度规划中的优化设计及关键尺寸的选定。

5.1.1　要求使工作空间最小的优化设计

典型的 RRR 位置结构优化如图 26.2-8 所示。

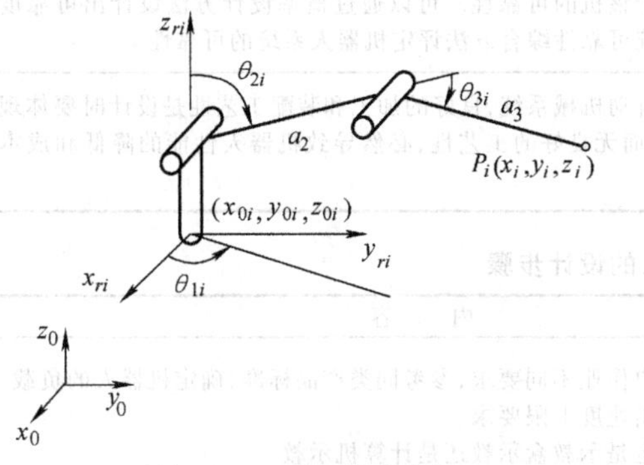

图 26.2-8　位置结构优化

1）设参考坐标系 $o_rx_ry_rz_r$ 的原点为（x_0，y_0，z_0），给定的工作点 P_i 在固定系中的坐标为（x_i，y_i，z_i），则工作点在参考系内的坐标为

$$\begin{cases} x_{ri}=x_i-x_{ci} \\ y_{ri}=y_i-y_{ci} \\ z_{ri}=z_i-z_{ci} \end{cases}$$

2）设机器人的长度为

$$L=\max_{1\leqslant i\leqslant n}\{l_i\}$$

且设　$a_2=\dfrac{L}{k+1}$　　$a_3=ka_2$

式中　a_2、a_3——第 2、3 杆的长度；

k——两臂不等长系数，一般 $k\geqslant 1$。

3）将以上数值代入下列式中求出 $\theta_{1i}\sim\theta_{3i}$：

$$\theta_{1i} = \arctan(y_n/x_n)$$

$$\theta_{1i} = \arctan(z_n/l_i) - \arccos[(l_i^2+a_2^2-a_3^2)/(2a_2l_i)]$$

$$\theta_{3i} = \arccos[(l_i^2-a_2^2-a_3^2)/(2a_2a_3)]$$

4）将 $\theta_{1i}\sim\theta_{3i}$、$a_2$ 及 a_3 代入下列式中，则

$$V = \Delta\theta A\bar{x}$$

$$A = 2a_2a_3\Delta\theta_2\sin\bar{\theta}_3\sin\left(\frac{\Delta\theta_3}{2}\right)$$

$$A\ddot{x} = a_2a_3^2\Delta\theta_3\sin\left(\frac{\Delta\theta_2}{2}\right)\cos\bar{\theta}_2 + 4a_2^2a_3\sin\left(\frac{\Delta\theta_2}{2}\right)\sin\left(\frac{\Delta\theta_3}{2}\right)\sin\bar{\theta}_2\sin\bar{\theta}_3 - a_2a_3^2\Delta\theta_3\sin\left(\frac{\Delta\theta_2}{2}\right)\sin\Delta\theta_3\cos(\bar{\theta}_2+2\bar{\theta}_3)$$

$$\Delta\theta_i = \theta_{i\max} - \theta_{i\min}$$

$$\bar{\theta}_i = (\theta_{i\max}+\theta_{i\min})/2$$

式中　V——工作空间体积；

A——工作空间在子午截面内的面积；

$\bar{x}$——工作空间截面形心的横坐标。

5）以 V 为优化目标函数求极小值，以 x_{0i}、y_{0i}、z_{0i} 及 a_2、a_3 为设计变量，优化后求得所需的位置结构。

5.1.2　要求使工作空间最大的优化设计

1）同 5.1.1 步骤 1）。

2）取 a_2、a_3 值同上，但保证约束条件 $\max\limits_{1\leqslant i\leqslant n}\{l_i\}\leqslant L$ 恒成立，若不成立，重新选择 x_0，y_0，z_0。

3）同 5.1.1 步骤 3）。

4）计算 V 值。

5）以 V 为目标函数，优化求其最大值。

5.2　尺度规划时关键尺寸的选定

对关节型机器人来说，当给定大小臂总长度时，要使工作空间最大，一般应使 $k=1$，即 $a_2=a_3$，大小臂等长最好。而从增加机器人的灵巧性角度，$a_2=\sqrt{2}a_3$。

6　机器人整机设计原则和设计方法

6.1　机器人整机设计原则

机器人整机设计原则见表 26.2-5。

6.2　机器人本体的设计步骤

机器人的设计过程可参考图 26.2-9。机器人的设计步骤见表 26.2-6。

表 26.2-5　机器人整机设计原则

最小运动惯量原则	由于机器人运动部件多，运动状态经常改变，必然产生冲击和振动，采用最小运动惯量原则，可增加机器人运动平稳性，提高机器人动力学特性。为此，在设计时应注意在满足强度和刚度的前提下，尽量减小运动部件的质量，并注意运动部件对转轴的质心配置
尺度规划优化原则	当设计要求满足一定工作空间要求时，通过尺度优化以选定最小的臂杆尺寸，这将有利于机器人刚度的提高，使运动惯量进一步降低
高强度材料选用原则	由于机器人从手腕、小臂、大臂到机座是依次作为负载起作用的，选用高强度材料以减轻零部件的质量是十分必要的

（续）

刚度设计的原则	机器人设计中,刚度是比强度更重要的问题,要使刚度最大,必须恰当地选择杆件截面形状和尺寸,提高支承刚度和接触刚度,合理地安排作用在臂杆上的力和力矩,尽量减少杆件的弯曲变形
可靠性原则	机器人因机构复杂,环节较多,可靠性问题显得尤为重要。一般来说,元器件的可靠性应高于部件的可靠性,而部件的可靠性应高于整机的可靠性。可以通过概率设计方法设计出可靠度满足要求的零件或结构,也可以通过系统可靠性综合方法评定机器人系统的可靠性
工艺性原则	机器人是一种高精度、高集成度的自动机械系统,良好的加工和装配工艺性是设计时要体现的重要原则之一。仅有合理的结构设计而无良好的工艺性,必然导致机器人性能的降低和成本的提高

表 26.2-6 机器人的设计步骤

序号	设计步骤	内　　容
1	确定设计要求	1)负载。根据用户作业不同要求,参考同类产品标准,确定机器人的负载 2)速度。一般给出速度上限要求 3)示教方式。确定是示教盒示教还是计算机示教 4)工作空间。根据作业要求确定工作空间的大小和形状 5)附加运动。确定机器人是否需要整体移动或工具是否需要直线运动、螺旋运动等 6)环境要求。是否需要防爆、防电磁干扰、防射线等
2	运动学构型设计	根据作业的内容和复杂性的不同,确定采用直角坐标、圆柱坐标、球坐标或关节坐标。目前关节坐标型用得较多。在满足作业的情况下,应使运动轴数最少。有利于简化结构,提高控制精度,降低制造成本。根据对工作空间的要求,对机器人臂杆长度尺寸和臂杆转角进行优化,使其具有最小尺寸
3	选定驱动方式	根据不同的作业,可选定不同的机器人驱动方式。气压驱动适用于快速运动场合,产生的冲击力大,所需费用低,但负载能力较小,精度较难控制;液压驱动负载能力较大,运动平稳,定位精度高,能防火防爆,但费用较高;电动驱动控制灵活方便,负载能力适中,定位精度较高。目前,交流伺服驱动已很普遍,直流伺服驱动的应用正在逐渐减少,电动机直接驱动方式也开始逐渐采用
4	整机及部件配置设计	1)腰关节的支承结构和各轴电缆的通道尺寸决定了机器人机座的容积和尺寸 2)肩关节对腰关节的偏置,可以增大工作空间 3)肘关节的传动可优先考虑大臂内的双连杆传动形式,其传动刚度大,结构紧凑,有发展前途 4)腕关节传动可采用链式传动、轴传动等 5)平衡机构在尺寸允许的情况下,最好装入机器人内部 6)末端执行器接口方式可根据作业和负载不同选定
5	传动系统设计	1)减速器可选用传动刚度大、质量小的减速器,如行星减速器和谐波减速器等 2)按需要设置必需的复合关节,可采用齿形带、链、齿轮、轴等传递力矩和运动
6	臂的强度和刚度校核	在初步设计后,考虑负载、末端执行器重量及各杆惯性力,对大小臂进行强度和动刚度校核。为简化计算,可将大小臂视为等截面梁,增加一定的裕度即可
7	关节运动的耦合和解耦	对大多数非直接驱动的机器人而言,前面关节的运动会引起后面关节的附加运动,产生运动耦合效应。此耦合附加运动的大小和方向随传动形式和传动比的不同而不同。在运动学计算时,可对其反向补偿达到解耦的目的
8	工艺性设计	鉴于机器人结构不同于一般机械装置,对其关键件要审慎处理好加工工艺,使机器人不仅易于装配,而且易于调整,以有利于消除某些可能消除的系统误差,从而提高机器人的再现精度和运动平稳性

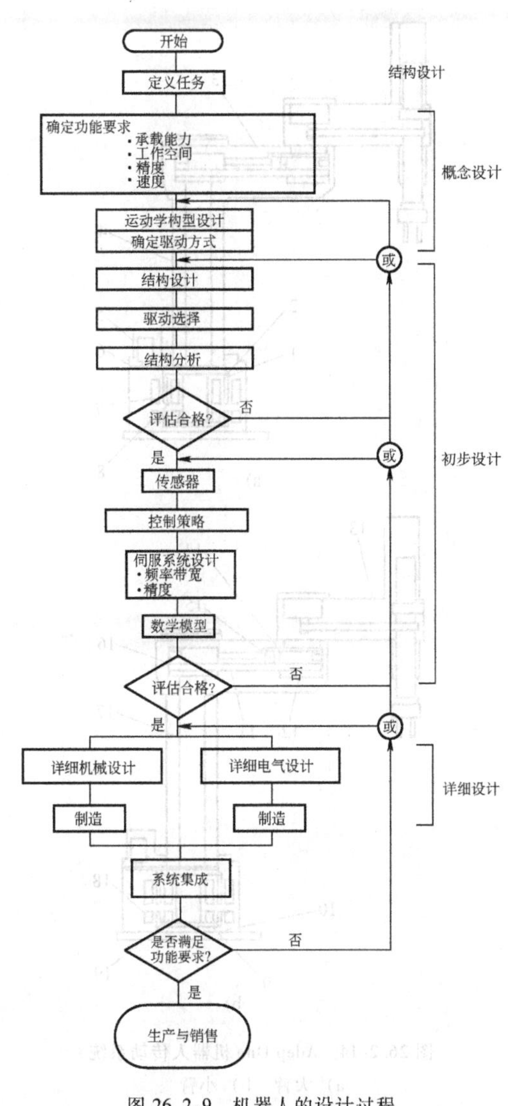

图 26.2-9　机器人的设计过程

7　机器人腰部、臂部和腕部结构

7.1　腰部结构

机器人腰部包括机座和腰关节。机座承受机器人全部重量，要有足够的强度和刚度，一般用铸铁或铸钢制造；机座要有一定的尺寸以保证机器人的稳定，并满足驱动装置及电缆的安装。腰关节是负载最大的运动轴，对末端执行器运动精度影响最大，故设计精度要求高。腰关节的轴可采用普通轴承的支承结构，PUMA 机器人腰部结构如图 26.2-10 所示。其优点是结构简单，安装调整方便，但腰部高度较高。为了减少腰部高度，可采用单列十字交叉滚子轴承。环形十字交叉轴承精度高、刚度大、负载能力高、装配方便，可以承受径向力、轴向力及倾覆力矩，许多机器人的腰关节都采用环形轴承支承腰，但这种轴承的价格较高。环形交叉滚子轴承的安装方式如图 26.2-11 所示。

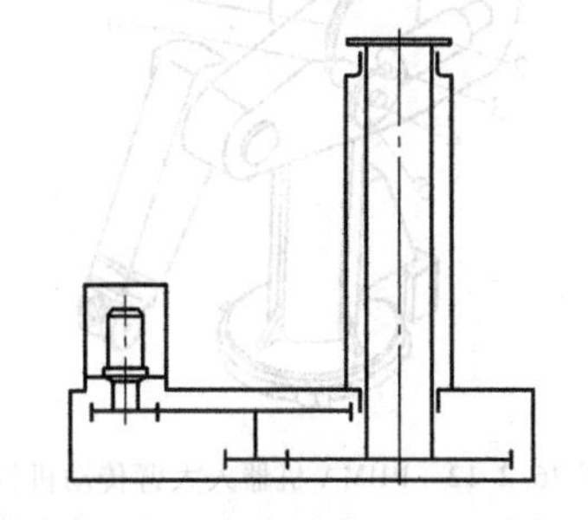

图 26.2-10　PUMA 机器人腰部结构

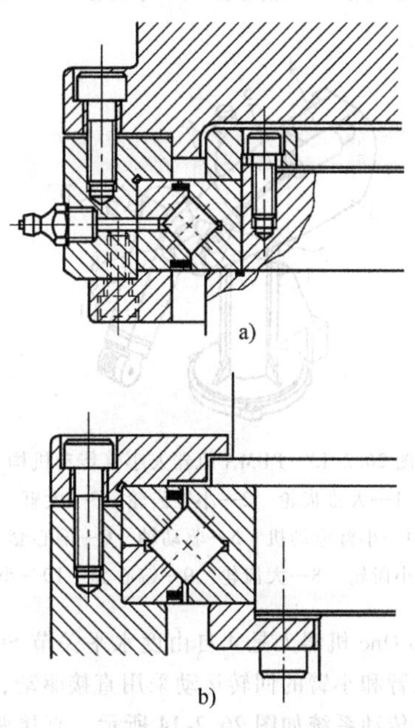

图 26.2-11　环形交叉滚子轴承的安装方式
a）轴承外环回转　b）轴承内环回转

7.2　臂部结构

臂部的作用是连接腰部和腕部，实现机器人在空间里的运动。手臂的尺寸要满足工作空间的要求，各关节轴线应尽量平行，垂直的关节轴线尽量交汇于一点。由于手臂是腰部的负载且要灵活运动，故应尽可能选用高强度轻质材料，减小其质量。手臂结构可分为伸缩型结构、旋转伸缩型结构和屈伸型结构。

PUMA562 机器人是直流伺服电动机驱动的 6 自由度机器人，其大臂和小臂是用高强度铝合金制成的薄壁框形结构，大臂和小臂的运动采用齿轮传动，传动刚度较大，其结构如图 26.2-12 和图 26.2-13

所示。

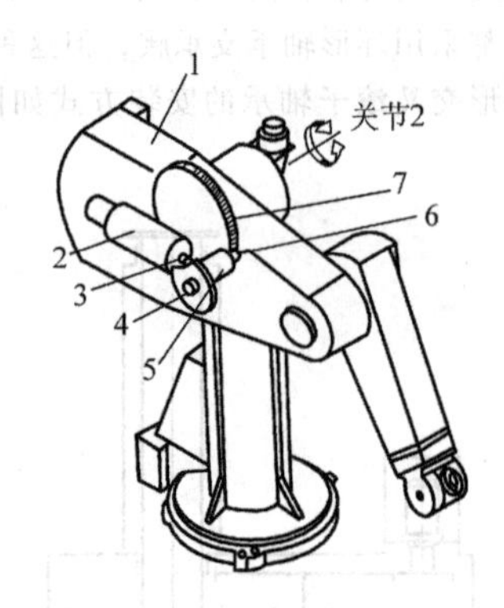

图 26.2-12　PUMA 机器人大臂传动机构
1—大臂　2—大臂电动机　3—小锥齿轮
4—大锥齿轮　5—偏心套　6—小齿轮　7—大齿轮

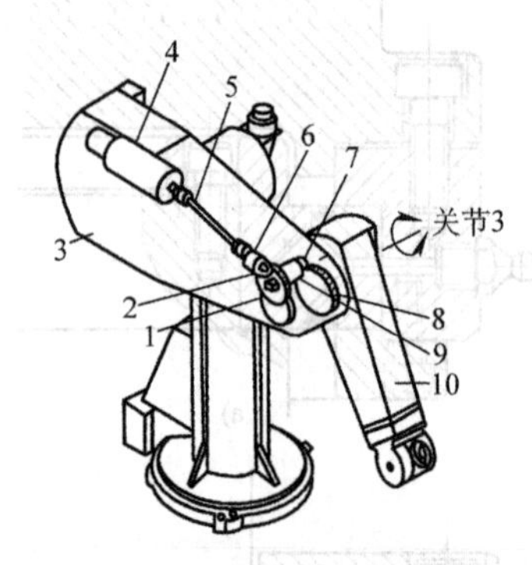

图 26.2-13　PUMA 机器人小臂传动机构
1—大锥齿轮　2—小锥齿轮　3—大臂
4—小臂电动机　5—驱动轴　6—偏心套
7—小齿轮　8—大齿轮　9—偏心套　10—小臂

Adep One 机器人是 4 自由度水平关节 SCARA 机器人，大臂和小臂的回转运动采用直接驱动，没有减速器，其传动系统如图 26.2-14 所示。直接驱动电动机的转子 3 直接安装在大臂的回转轴（轴 1）上，电动机转子直接带动大臂回转。大臂驱动方式如图 26.2-14a 所示，大臂通过齿轮带动大臂的编码器 5 旋转，给出大臂回转角度反馈信号。小臂驱动方式如图 26.2-14b 所示，直接驱动电动机安装在轴 2 上，轴 2 通过安装在其上的驱动鼓轮 16 与被动鼓轮 12 上的钢带，将运动传递到小臂的编码器上，小臂的编码器给出小臂回转的角度反馈信号。Adep One 机器人大臂的结构如图 26.2-15 所示，Adep One 机器人小臂的结构如图 26.2-16 所示。

GMF M300 型机器人是圆柱坐标机器人，如图 26.2-17 所示。手臂的升降运动 2 及伸缩运动 3 都是直线运动，这两个直线运动均采用双圆柱导轨及直流伺服电动机与滚珠丝杠驱动。

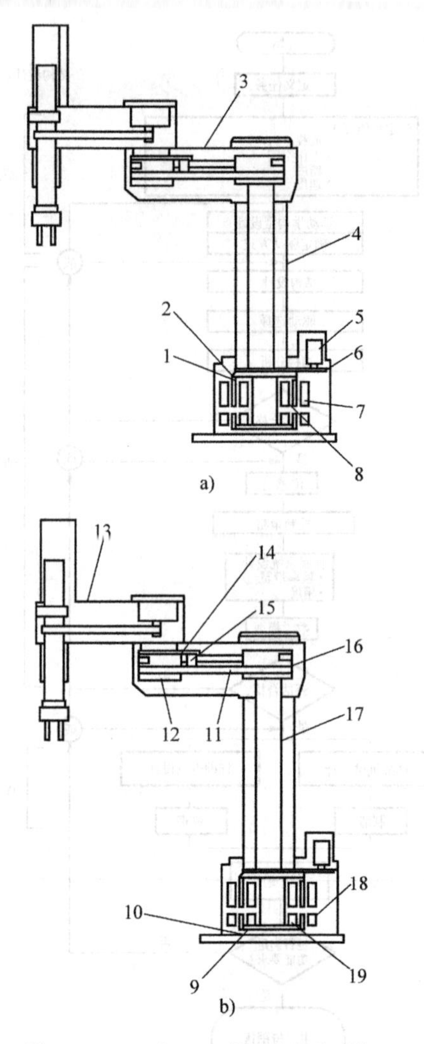

图 26.2-14　Adep One 机器人传动系统
a）大臂　b）小臂
1—转子　2—制动器及标定环　3—大臂　4—轴 1
5—编码器　6—编码器齿轮　7—外定子　8—内定子
9—转子　10—标定环　11—钢带　12—被动鼓轮
13—小臂　14—编码器齿轮　15—编码器　16—驱动鼓轮
17—轴 2　18—外定子　19—内定子

7.3　腕部结构

腕部用来连接机器人手臂和末端执行器，并决定末端执行器在空间里的姿态。腕部一般应有 2～3 个自由度，结构要紧凑，质量要小，各运动轴采用分离传动。图 26.2-18a 所示的 P-100 机器人腕部结构（其中轴 1～轴 3 为手臂轴，未画出）是一种典型的 3 轴分立形式。图 26.2-18b 所示为 JRS-80 机器人的手腕原理图，本图是类似 P-100 典型手腕的实际结构的一种形式。

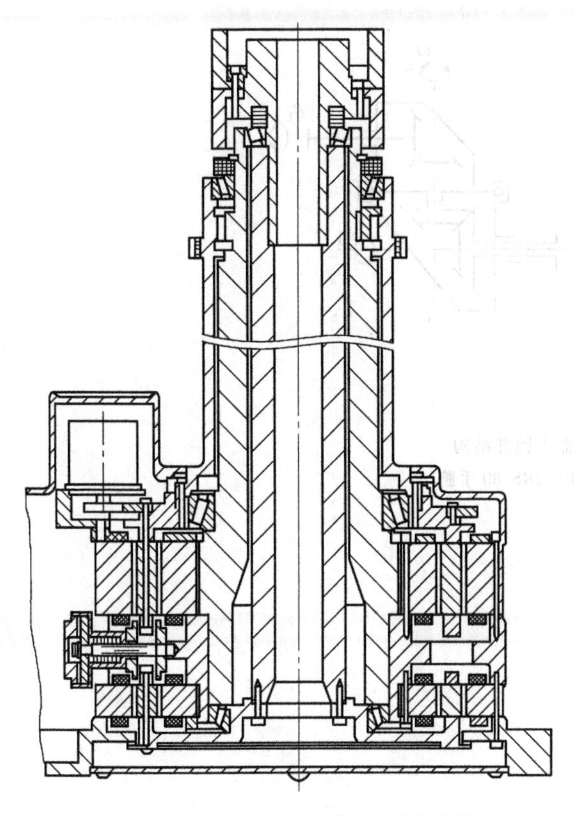

图 26.2-15　Adep One 机器人大臂的结构

PUMA562 机器人的手腕有 3 个自由度，如图 26.2-19 所示。手腕的 3 个驱动电动机安装在机器人小臂的后部，电动机的重量可以作为配重，起到一定的平衡作用。3 个电动机通过柔性联轴器和驱动轴将运动传递到腕部各轴齿轮，经过关节 4 齿轮减速，将运动传递到关节 4，实现腕转运动 α；经过关节 5 齿轮减速传递到关节 5 轴，实现腕摆运动 β；经过关节 6 齿轮减速将运动传递到关节 6 轴，实现腕捻运动 γ。

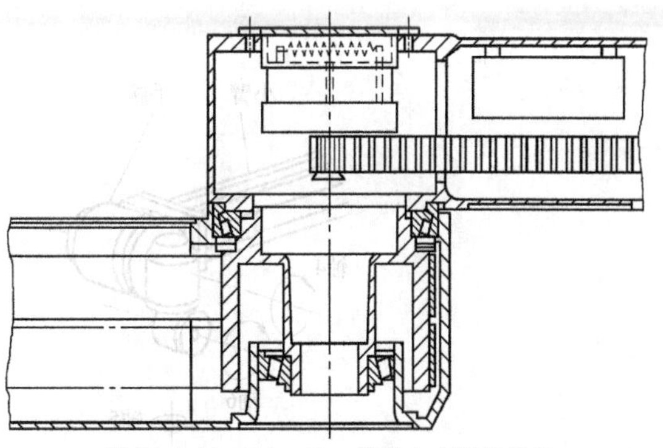

图 26.2-16　Adep One 机器人小臂的结构

7.4　工业机器人末端执行器的结构

工业机器人的末端执行器是安装在机器人手腕上用于进行某种操作的附加装置。末端执行器可根据机器人的操作与作业要求选用。

末端执行器可分为吸附式和夹持式，典型的结构见表 26.2-7。

图 26.2-20 所示为不同运动学构型下的抓取运动方式。

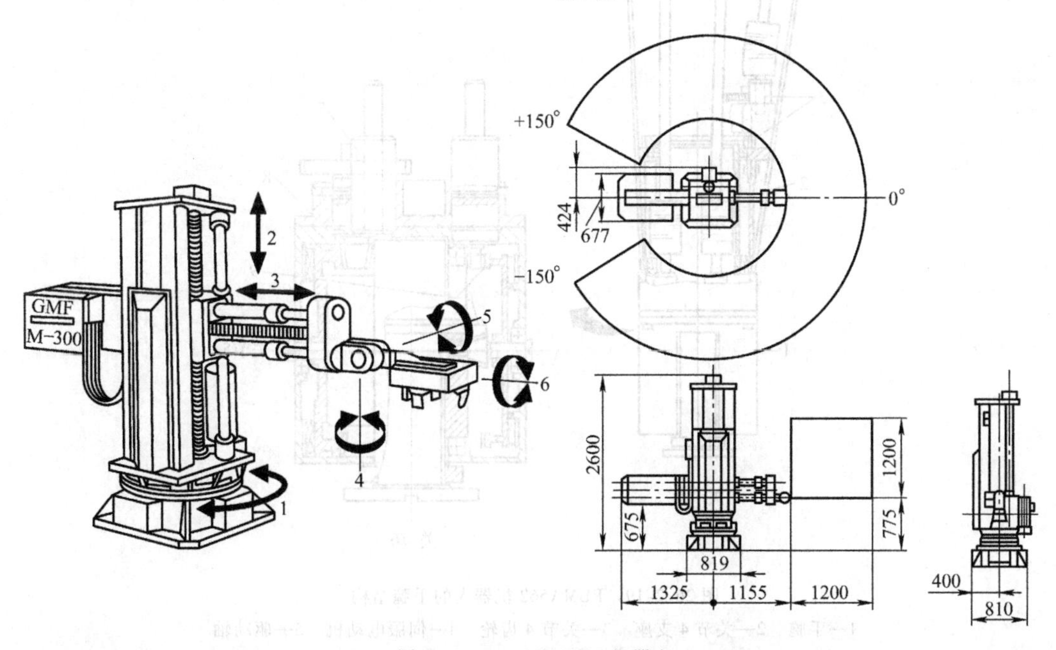

图 26.2-17　GMF M300 机器人

1—腰转　2—大臂升降　3—大臂伸缩　4—腕捻　5—腕摆　6—腕转

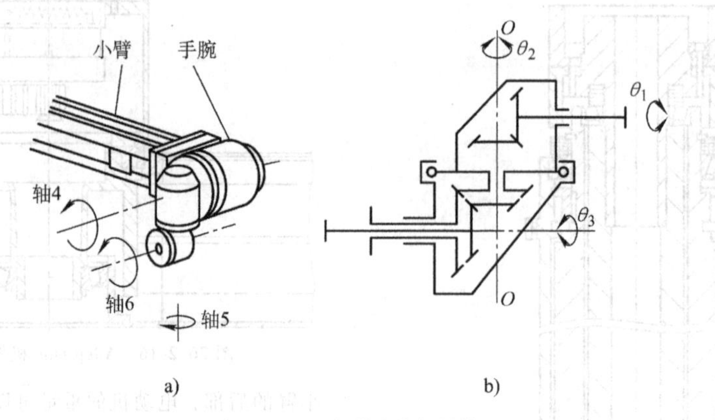

图 26. 2-18 机器人腕部结构
a) P-100 手腕 b) JRS-80 手腕

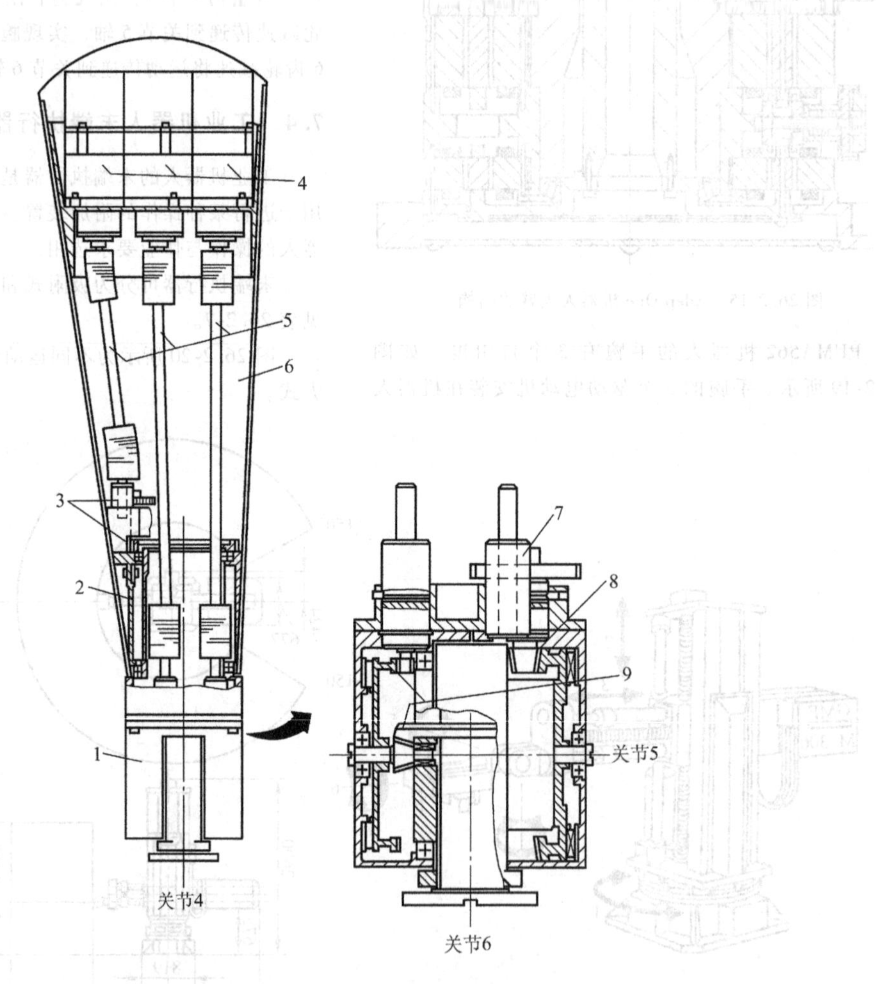

图 26. 2-19 PUMA562 机器人的手腕结构
1—手腕 2—关节 4 支座 3—关节 4 齿轮 4—伺服电动机 5—驱动轴
6—小臂 7、8—关节 5 齿轮 9—关节 6 齿轮

表 26.2-7　典型的末端执行器的吸附和夹持结构

种类	形式	简　图	说　明
吸附式	气体吸盘	1 2	根据被搬运物品的重量和每只吸嘴的吸力,在一个吸盘上可装不同数量的吸嘴。由于生产车间常备有压力气源,常用的吸盘采用压力气源,而不采用真空源。具有一定压力的气体经电磁控制阀以很高的速度流过孔1,橡胶碗内的空气经孔2被抽出,在橡胶碗内形成负压,吸住被搬运物。显然,吸盘只适合搬运表面平整的物品。为了增加吸盘与物品接触时的柔顺性,在吸盘上安装有弹簧
	电磁式	电磁线圈 工件	适合表面平整的铁磁性物品搬运的电磁吸盘。对于具有固定表面的工件,可根据其表面形状设计专门的电磁吸盘
		磁铁 磁极 电磁线圈 N S 口袋 磁粉 工件	该吸盘的磁性吸附部分为内装磁粉的口袋。在励磁前将口袋压紧在异形物品的表面上,然后给电磁线圈通电。电磁铁励磁后,口袋中的磁粉就变成有固定形状的块状物。这种吸盘可适应不同形状表面的物品
夹持式	圆弧开闭式	拉杆 指座 滑块 导轨 中间连杆 手指支点 手指 定心导杆 工件	气缸或液压缸活塞杆的上、下运动使手指产生开闭运动,手指绕其支点的运动为圆弧运动。其对被抓取物品夹持力的大小由活塞杆上的力决定
	平行开闭式	滑块 中间连杆 手指支点 平行连杆 手指	此手部利用转动副构成平行连杆机构,从相对手指来看,它们完成的是平行开闭运动。其对被抓取物品夹持力的大小也由活塞杆上的力决定

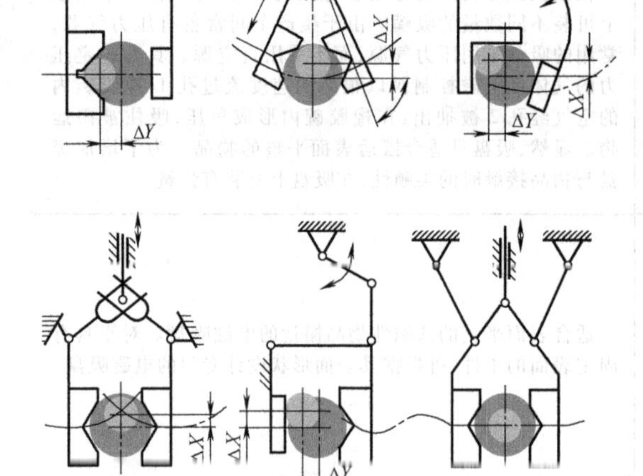

图 26.2-20　不同运动学构型下的抓取运动方式

8　刚度、强度计算及误差分配

8.1　机器人刚度计算

机器人刚度指机器人在外力的作用下抵抗变形的能力，既包括臂部的刚度，也包括关节刚度和传动刚度。

就手臂而言，由于结构上多采用悬臂梁型，故刚度很差。为此，应尽可能选用封闭型空心截面等抗弯、抗扭刚度较高的截面形状来设计手臂，以提高支承刚度，减小支承间的距离，合理布置作用力的位置和方向，这样可减小变形。

对于有两处支承的臂杆可以简化成图 26.2-21 所示的双支点悬臂梁，若设外力合力 F 作用在 C 点处，臂杆将产生弯曲变形，则臂端 D 处的最大挠度 $y_{\max}$ 和 C 处截面的转角 θ_C 分别为

$$y_{\max}=\frac{Fb^2}{3EI}(a+b)-(l-b)\tan\theta_C$$

$$\theta_C=\frac{Pb}{6EI}(2a+3b)$$

式中　E——臂杆材料的弹性模量；

I——臂杆截面二次矩。

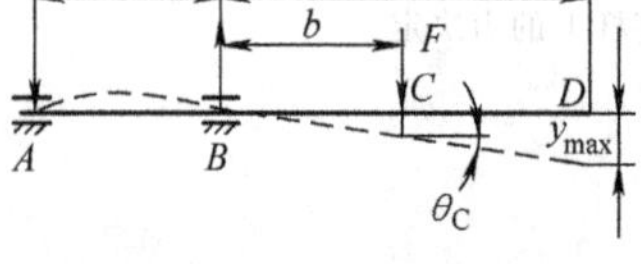

图 26.2-21　双支点悬臂梁

8.2　机器人本体强度计算

机器人本体的强度计算可按材料力学和机械设计中的公式进行，根据负载情况，一般按许用弯曲应力方法计算。对于负载很小的机器人，强度计算不是主要问题。

8.3　机器人本体连杆参数的误差分配

精度是机器人的主要性能指标之一。由加工和装配等引起的误差对机器人的精度有较大的影响，通过选择合理的连杆参数公差和关节变量公差，可以使所产生的手部绝对位姿误差和重复位姿误差满足相应的精度要求。一般采用优化方法，如以公差成本为目标函数求最小，确定最优连杆参数公差及关节变量公差。

优化的结果表明，对设计精度期望值（绝对位置精度和重复精度）不同及满足这一精度要求的概率水平要求不同，连杆参数和关节变量公差的最优值也不同，可以根据情况选择。此外，分析表明，批量生产的连杆参数公差值可比单件生产时放宽一些，对连杆长度相等的杆件，其公差值不一定一样。

9　平衡机构的计算

为克服关节机器人大小臂自重和负载引起的不平衡状态，以减小驱动功率，使人工示教更灵活轻便，需设置平衡机构。

9.1　配重平衡机构

机器人配重平衡机构原理图如图 26.2-22a 所示。设手臂质量 m_1 与配重质量 m_2 及关节中心在同一直线上，则不平衡力矩为

$$M_1=m_1gl\cos\gamma$$

配重产生的力矩为

$$M_2=m_2gl'\cos\gamma$$

静力平衡条件为

$$M_1=M_2$$

即

$$m_1l=m_2l'$$

这种平衡机构简单，平衡效果好，易于调整，工作可靠，但增加了手臂的惯量和关节的负荷，适用于不平衡力矩较小的情况。

9.2　弹簧平衡机构

弹簧平衡机构原理图如图 26.2-22b 所示，臂的不平衡力矩为

$$M_1=M_{11}-M_{12}=mgl\cos\gamma-Ja$$

式中　M_{11}——静不平衡力矩；

M_{12}——惯性力矩；

J——手臂对关节轴的转动惯量；

a——臂运动平均加速度。

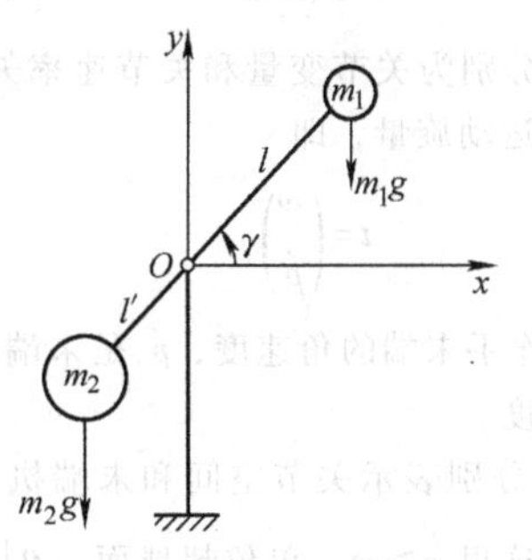

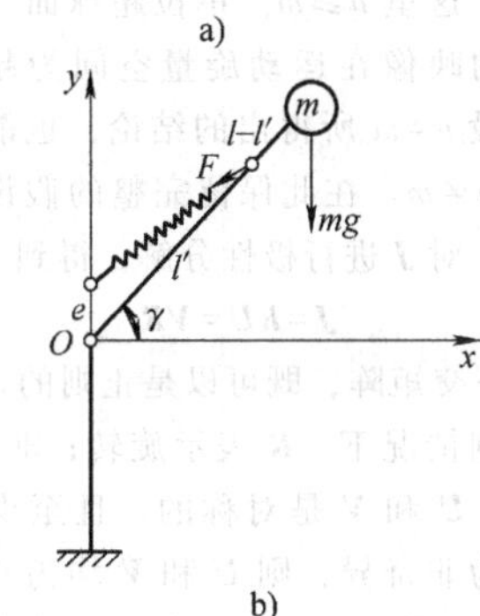

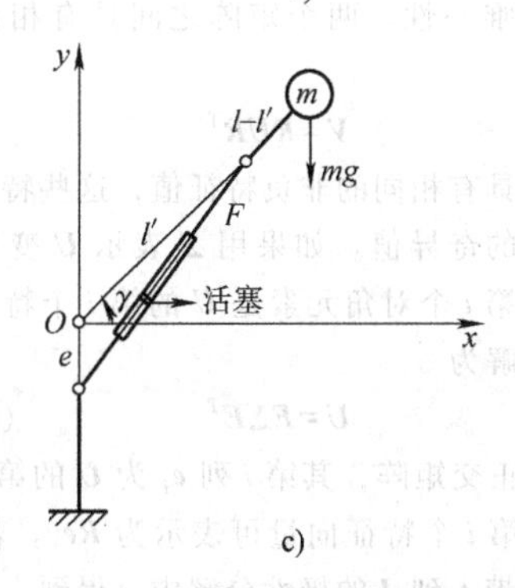

图 26. 2-22　机器人平衡机构原理图

a）配重平衡机构　b）弹簧平衡机构　c）气缸平衡机构

弹簧产生的平衡力矩为

$$M_2=kl'e\left(1-\frac{R}{\sqrt{e^2+l'^2-2el'\sin\gamma}}\right)\cos\gamma$$

式中　k——弹簧刚度；

l'——弹簧在手臂上安装点到关节轴的距离；

e——弹簧另一端安装点到关节轴的距离；

R——弹簧自由长度。

静力平衡条件为

$$M_2=M_{11}$$

动平衡条件为

$$M_2=M_{11}+M_{12}$$

这种平衡机构结构简单，平衡效果也较好，工作可靠，适用于中小负载，但平衡范围相对较小。

9.3　气缸平衡机构

气缸平衡机构原理图如图 26. 2-22c 所示。手臂不平衡力矩为

$$M_1=M_{11}+M_{12}=mgl\cos\gamma+Ja$$

气缸产生的平衡力矩为

$$M_2=Fl'e\frac{1}{\sqrt{(l'\cos\gamma)^2+(l'\sin\gamma-e)^2}}\cos\gamma$$

式中　F——气缸活塞推力；

其余参数同上。

静力平衡条件为

$$M_2=M_{11}$$

动平衡条件为

$$M_2=M_{11}+M_{12}$$

气缸平衡机构多用在重载搬运和点焊机器人上，液压的体积小，平衡力大；气动的具有很好的阻尼作用，但体积较大。

10　终端刚度计算

设第 i 个关节的刚度为 K_i，关节轴的挠度为 Δq_i，关节力矩为 τ_i，则有

$$\tau_i=K_i\Delta q_i$$

写成矩阵形式，有

$$\boldsymbol{\tau}=\boldsymbol{K}\Delta\boldsymbol{q}$$

其中

$$\boldsymbol{K}=\begin{pmatrix}K_1 & & & \\ & K_2 & & \\ & & \ddots & \\ & & & K_4\end{pmatrix}$$

故当 $K_i\neq 0$ 时，$\boldsymbol{K}^{-1}$存在，有

$$\Delta\boldsymbol{q}=\boldsymbol{K}^{-1}\boldsymbol{\tau}$$

由 $\boldsymbol{J}$ 阵定义（参见本章 3.6 节），有

$$\Delta\boldsymbol{p}=\boldsymbol{J}\Delta\boldsymbol{q}$$

这里 $\Delta\boldsymbol{p}$ 表示手臂端点（即机械接口处）挠度。从上两式得

$$\Delta\boldsymbol{p}=\boldsymbol{J}\boldsymbol{K}^{-1}\boldsymbol{\tau}$$

又由端点力 $\boldsymbol{F}$ 与关节力矩 $\boldsymbol{\tau}$ 的关系，有矩阵方程

$$\boldsymbol{\tau}=\boldsymbol{J}^{\mathrm{T}}\boldsymbol{F}$$

将此式代入 $\Delta\boldsymbol{p}=\boldsymbol{J}\boldsymbol{K}^{-1}\boldsymbol{\tau}$ 式中，于是有

$$\Delta\boldsymbol{p}=\boldsymbol{J}\boldsymbol{K}^{-1}\boldsymbol{J}^{\mathrm{T}}\boldsymbol{F}=\boldsymbol{C}\boldsymbol{F}$$

式中，$\boldsymbol{C}$ 为手臂端点柔度矩阵。若 $\boldsymbol{J}$ 为满秩方阵，$\boldsymbol{C}^{-1}$存在，则有

$$\boldsymbol{F}=\boldsymbol{C}^{-1}\Delta\boldsymbol{p}$$

这里 $\boldsymbol{C}^{-1}$即为机器人手臂端点刚度矩阵。

11 关节驱动力矩计算

11.1 移动关节驱动力的计算

关节驱动力 F_a 为

$$F_a = F_m + F_g \pm W$$

式中 F_m——各支承处的摩擦力；

F_g——起动时的惯性力；

第三项为运动部件总重力，当关节向上移动时取 $+W$，反之取 $-W$。

惯性力可估算如下：

$$F_g = \frac{Wv}{gt}$$

式中 v——臂部运动速度；

t——起动所需时间，一般为 0.01~0.05s；

g——重力加速度。

11.2 转动关节驱动力矩的计算

关节驱动力矩 M_q 为

$$M_q = 1.3(M_m + M_g)$$

式中，M_m 为各支承处的摩擦力矩，M_g 为起动时的惯性力矩，系数 1.3 是考虑到起动时非匀加速等因素加上的。

惯性力矩可按下式计算：

$$M_g = J\frac{\omega}{t}$$

式中 J——臂部对转轴的转动惯量；

ω——手臂转动角速度；

t——起动所需时间。

12 灵巧性指标

机器人的性能指标很多，其中灵巧性指标是最重要的性能指标之一，本节仅讨论串联机器人的灵巧性指标，并联机构的灵巧性见本篇第 3 章。

12.1 开链结构的局部灵巧性

灵巧性可以定义为沿任意方向同样容易地运动并施加力和力矩的能力，这个概念属于运动静力学的范畴，即研究多体机械系统中静态保守条件下，运动旋量和力旋量之间的相互作用关系。运动旋量 t 是 6 维的刚体速度矢量，包括参考点的 3 个速度分量和刚体的 3 个角速度分量。力旋量是作用在刚体上的 6 维静态矢量，包括作用在参考点的合力的 3 个分量和作用在物体上的力矩的 3 个分量。

Salisbury 和 Craig 给出了关节手臂设计过程中的灵巧性概念，将其视为自输入关节速度误差到机器人末端的输出速度之间的传递关系。为说明这一概念，用 $\boldsymbol{J}(\boldsymbol{\theta})$ 表示为正运动学映射的雅可比矩阵，即

$$\boldsymbol{t} = \boldsymbol{J}(\boldsymbol{\theta})\dot{\boldsymbol{\theta}} \tag{26.2-11}$$

式中，$\boldsymbol{\theta}$ 和 $\dot{\boldsymbol{\theta}}$ 分别为关节变量和关节速率矢量，t 为操作手末端的运动旋量，即

$$\boldsymbol{t} = \begin{pmatrix} \omega \\ \dot{p} \end{pmatrix}$$

式中，$\boldsymbol{\omega}$ 为操作手末端的角速度，$\dot{\boldsymbol{p}}$ 是末端执行器的操作点 $\boldsymbol{p}$ 的速度。

以 n 和 m 分别表示关节空间和末端执行器构型空间的维数，这里 $n \geqslant m$。单位超球面 $\{\boldsymbol{\theta} \mid \|\dot{\boldsymbol{\theta}} = 1\|\}$ 经过 $\boldsymbol{J}(\boldsymbol{\theta})$ 的映像在运动旋量空间为超椭球。事实上，即使假设 $n = m$ 所得出的结论，也能适用于通用的情况，即 $n \neq m$。在此保留完整的假设是为了以后讨论的简化。对 $\boldsymbol{J}$ 进行极性分解，得到

$$\boldsymbol{J} = \boldsymbol{R}\boldsymbol{U} = \boldsymbol{V}\boldsymbol{R}$$

式中，$\boldsymbol{R}$ 是正交矩阵，既可以是正则的，也可以是非正则的。正则情况下，$\boldsymbol{R}$ 表示旋转；非正则情况下，$\boldsymbol{R}$ 表示镜像。$\boldsymbol{U}$ 和 $\boldsymbol{V}$ 是对称的，且至少为半正定矩阵，如果 $\boldsymbol{J}$ 为非奇异，则 $\boldsymbol{U}$ 和 $\boldsymbol{V}$ 均为正定矩阵，且此分解具有唯一性。两个矩阵之间具有相似变换的关系

$$\boldsymbol{V} = \boldsymbol{R}\boldsymbol{U}\boldsymbol{R}^{\mathrm{T}}$$

即两个矩阵具有相同的非负特征值，这些特征值同时也是矩阵 $\boldsymbol{J}$ 的奇异值。如果用 $\boldsymbol{\Sigma}$ 表示 $\boldsymbol{U}$ 变换为对角形式，其中第 i 个对角元素是 $\boldsymbol{U}$ 的第 i 个特征值，则 $\boldsymbol{U}$ 的特征分解为

$$\boldsymbol{U} = \boldsymbol{E}\boldsymbol{\Sigma}\boldsymbol{E}^{\mathrm{T}} \tag{26.2-12}$$

式中，$\boldsymbol{E}$ 为正交矩阵，其第 i 列 $\boldsymbol{e}_i$ 为 $\boldsymbol{U}$ 的第 i 个特征向量，$\boldsymbol{V}$ 的第 i 个特征向量可表示为 $\boldsymbol{R}\boldsymbol{e}_i$。若将 $\boldsymbol{U}$ 的特征值分解带入到 $\boldsymbol{J}$ 的极性分解中，得到

$$\boldsymbol{J} = \boldsymbol{R}\boldsymbol{E}\boldsymbol{\Sigma}\boldsymbol{E}^{\mathrm{T}}$$

也就是 $\boldsymbol{J}$ 的奇异值分解，$\boldsymbol{\Sigma}$ 的各对角线元素也就是 $\boldsymbol{J}$ 的奇异值。

可以给出正运动学映射，式（26.2-11）的几何解释，为此将其改写为

$$\boldsymbol{t} = \boldsymbol{R}\boldsymbol{U}\dot{\boldsymbol{\theta}}$$

对于一个非奇异姿态，雅可比矩阵式可逆，因此 $\boldsymbol{U}$ 也可逆，由上式可得到

$$\dot{\boldsymbol{\theta}} = \boldsymbol{U}^{-1}\boldsymbol{R}^{\mathrm{T}}\boldsymbol{t} \tag{26.2-13}$$

进一步，如果假定运动旋量数组 $\boldsymbol{t}$ 和关节速度向量 $\boldsymbol{\theta}$ 的所有元素都有同样的物理量纲，即纯平动或纯转动机器人的情况，则可以对式（26.2-13）的两端取欧几里德范数，得到

$$\|\dot{\boldsymbol{\theta}}\|^2 = \boldsymbol{t}^{\mathrm{T}}\boldsymbol{R}\boldsymbol{U}^{-2}\boldsymbol{R}^{\mathrm{T}}\boldsymbol{t}$$

将 $\boldsymbol{U}$ 用它的特征值分解，式（26.2-12）替换，得到

$$\|\dot{\boldsymbol{\theta}}\|^2 = \boldsymbol{t}^{\mathrm{T}}\boldsymbol{R}\boldsymbol{E}\boldsymbol{\Sigma}^{-2}\boldsymbol{E}^{\mathrm{T}}\boldsymbol{R}^{\mathrm{T}}\boldsymbol{t}$$

如果定义

$$v = \boldsymbol{E}^{\mathrm{T}}\boldsymbol{R}^{\mathrm{T}}\boldsymbol{t}$$

则上式变为

$$v^{\mathrm{T}}\boldsymbol{\Sigma}^{-2}v = \|\dot{\boldsymbol{\theta}}\|^2 \qquad (26.2\text{-}14)$$

如果 v 的第 i 个元素记作 v_i，$i=1, 2, \cdots, n$，关节空间映像为单位球 $\|\dot{\boldsymbol{\theta}}\|^2=1$，式（26.2-14）变为

$$\frac{v_1}{\sigma_1^2}+\frac{v_2}{\sigma_2^2}+\cdots+\frac{v_n}{\sigma_n^2}=1$$

即，在末端执行器构型空间或笛卡尔空间中的速度或运动旋量的椭球正则方程的半轴为 $\{\sigma\}_1^n$。该椭球只有在特定的坐标系内才能表述为正则形式，即坐标轴的方向与 $\boldsymbol{U}$ 的特征向量的方向一致。椭球在笛卡尔空间内的原始轴上的表达式为

$$\boldsymbol{t}^{\mathrm{T}}\boldsymbol{R}\boldsymbol{E}\boldsymbol{\Sigma}^{-2}\boldsymbol{E}^{\mathrm{T}}\boldsymbol{R}^{\mathrm{T}}\boldsymbol{t}=1$$

关节空间的单位球由逆雅可比矩阵 $\boldsymbol{J}^{-1}$ 映射为椭球，其半轴长度是 $\boldsymbol{J}$ 的奇异值，即 $\boldsymbol{J}$ 将关节速度空间的单位球变形为末端执行器运动旋量空间的椭球。这种变形可以作为由机器人结构决定的运动和力变换量的度量；变形越小，变换的量越高。

由雅可比矩阵导致的变形的度量还可以定义为 $\boldsymbol{J}$ 的最大奇异值 σ_M 和最小奇异值 σ_m 的比值，也称为 $\boldsymbol{J}$ 的条件数，利用矩阵 $\boldsymbol{J}$ 的 2 阶范数，得到条件数 κ_2 为

$$\kappa_2 = \frac{\sigma_M}{\sigma_m} \qquad (26.2\text{-}15)$$

实际上，式（26.2-15）只是计算 $\boldsymbol{J}$ 或任意 $m\times n$ 阶矩阵的条件数的可能方法之一，而不是效率最高的。此定义中要求已知雅可比矩阵的奇异值。而奇异值和特征值的计算量都很大，再加上极性分解的计算量，计算量只是略小子奇异值分解的计算量，对于一个 $n\times n$ 阶的矩阵，条件数的更通用的定义是

$$\kappa(\boldsymbol{A}) = \|\boldsymbol{A}\|\|\boldsymbol{A}^{-1}\| \qquad (26.2\text{-}16)$$

如上所述，式（26.2-15）是在（26.2-16）式中采用矩阵 2 阶范数获得的。矩阵的 2 阶范数定义为

$$\|\boldsymbol{A}\|_2 \equiv \max_i\{\sigma_i\}$$

可以采用矩阵的加权 Frobenius 范数，定义如下

$$\|\boldsymbol{A}\|_F \equiv \sqrt{\frac{1}{n}\mathrm{tr}(\boldsymbol{A}\boldsymbol{A}^{\mathrm{T}})} \equiv \sqrt{\frac{1}{n}\mathrm{tr}(\boldsymbol{A}^{\mathrm{T}}\boldsymbol{A})}$$

采用 Frobenius 范数，避免了奇异值的计算。如果在定义中忽略权值 $\frac{1}{n}$，可得到标准形式的 Frobenius 范数。在工程中，加权 Frobenius 范数应用更为广泛，因为它不取决于矩阵的行和列数。加权 Frobenius 范数实际上得到奇异值的均方根值（rms）。

基于矩阵的 Frobenius 范数，可以得到雅可比矩阵 $\boldsymbol{J}$ 的 Frobenius 条件数 $\boldsymbol{\kappa}_F(\boldsymbol{J})$

$$\boldsymbol{\kappa}_F(\boldsymbol{J}) \equiv \frac{1}{n}\sqrt{\mathrm{tr}(\boldsymbol{J}\boldsymbol{J}^{\mathrm{T}})}\sqrt{\mathrm{tr}(\boldsymbol{J}\boldsymbol{J}^{\mathrm{T}})^{-1}}$$

$$= \frac{1}{n}\sqrt{\mathrm{tr}(\boldsymbol{J}^{\mathrm{T}}\boldsymbol{J})}\sqrt{\mathrm{tr}(\boldsymbol{J}^{\mathrm{T}}\boldsymbol{J})^{-1}}$$

计算矩阵的条件数的 $\boldsymbol{\kappa}_2(\cdot)$ 和 $\boldsymbol{\kappa}_F(\cdot)$ 方法之间的重要差别是：$\boldsymbol{\kappa}_F(\cdot)$ 是它的自变量矩阵的解析函数，$\boldsymbol{\kappa}_2(\cdot)$ 则不是。因此，基于 Frobenius 范数得到的条件数在机器人结构设计中拥有巨大的优势。$\boldsymbol{\kappa}_F(\cdot)$ 是可微的，可用于基于梯度的优化方法，计算速度远远快于仅依靠函数评价的直接方法。在要求实时计算的机器人控制中，$\boldsymbol{\kappa}_F(\cdot)$ 也体现出优势，因为在计算过程中不需要计算奇异值，只需要进行矩阵求逆，所以速度更快。

注意：条件数的概念来源于自线性系统方程（26.2-11）求解 $\dot{\boldsymbol{\theta}}$ 的过程，这有助于更好地理解条件数在机器人设计和控制中的重要性。$\boldsymbol{J}$ 是结构参数和姿态变量 $\boldsymbol{\theta}$ 的函数，其中必然包含已知的误差。结构参数，也就是 Denavit-Hartenberg 参数中的常数，它包含在向量 $\boldsymbol{p}$ 中。$\boldsymbol{p}$ 和 $\boldsymbol{\theta}$ 中必然包括各自的误差 $\delta\boldsymbol{p}$ 和 $\delta\boldsymbol{\theta}$。此外，机器人控制软件的输入，运动旋量也不可避免地含有误差 $\delta\boldsymbol{t}$。

采用浮点数求解式（26.2-11）得到 $\dot{\boldsymbol{\theta}}$ 的过程中，必然包含截断误差 $\delta\dot{\boldsymbol{\theta}}$。$\dot{\boldsymbol{\theta}}$ 中的相对误差受结构参数和姿态变量的相对误差影响

$$\frac{\|\delta\dot{\boldsymbol{\theta}}\|}{\|\dot{\boldsymbol{\theta}}\|} = \kappa(J)\left(\frac{\|\delta\boldsymbol{p}\|}{\|\boldsymbol{p}\|}+\frac{\|\delta\boldsymbol{\theta}\|}{\|\boldsymbol{\theta}\|}+\frac{\|\delta\boldsymbol{t}\|}{\|\boldsymbol{t}\|}\right)$$

式中，$\boldsymbol{p}$ 和 $\boldsymbol{\theta}$ 为各自（未知的）实际值；$\boldsymbol{t}$ 为运动旋量的名义值。然而，上述讨论中的任务包括位置或姿态要求，但不同时包括两者。现实中，大多机器人任务既包括位置要求，又包括姿态要求，这样雅可比矩阵的不同元素具有不同的量纲，其奇异值也具有不同的量纲。和位置相关的奇异值具有长度量纲，和姿态相关的是无量纲的，从而不可能对所有奇异值排序或求和。

为处理此问题，提出了在计算雅可比矩阵的条件数时特征长度的概念。特征长度 L 定义为在某个最优姿态下，将雅可比矩阵的带有长度量纲的元素分离出来，使得雅可比矩阵的条件数达到最小值的长度。因为定义的方式非常抽象，缺乏清晰的几何意义，使其在机器人领域的应用非常困难。为提供明确的几何意

义，提出了齐次空间的概念。利用这个概念，机器人结构在无量纲空间中设计，所有点的坐标都是无量纲实数。这样做，直线的 6 个 Plücker 坐标也都是无量纲的。机器人的雅可比矩阵的每一列对应转动轴线的 Plücker 坐标是无量纲的，雅可比矩阵的奇异值也是无量纲的，则可以定义其条件数。对应最小条件数，确定机器人的结构时，若满足若干几何约束，如杆件长度比例和相邻关节轴线间的角度，就可以得到机器人的最大可达范围。最大可达范围 r 是无量纲数，将其与规定的拥有长度单位的最大可达范围 R 相比较，特征长度就是比例 $L=R/r$。

12.2 基于动力学的局部性能评价

运动是由力或力矩作用在刚体上造成的，自然的想法是定义机构的惯性特性的性能指标。Asada 定义了广义惯量椭球（GIE），即对应 $\boldsymbol{G}=\boldsymbol{J}^{(-1)\mathrm{T}}\boldsymbol{M}\boldsymbol{J}^{-1}$ 的椭球，其中，$\boldsymbol{M}$ 是机械手的惯性矩阵。椭球的半轴是前面的奇异值。吉川定义了相应的动态操作性度量为 $\det[\boldsymbol{J}\boldsymbol{M}^{-1}(\boldsymbol{J}\boldsymbol{M}^{-1})^{T}]$。从物理角度看，这些概念对应两种现象。若将机器人视为输入-输出设备，即给定关节力矩，产生末端执行器处的加速度。吉川的指标反映这种力矩-加速度增益的一致性。Asada 的广义惯量椭球在表征这个增益的逆。如果操作者握住机器人的末端执行器尝试移动机器人，广义惯量椭球将反映机器人对这种末端执行器运动的阻抗。

其他将机器人的性能视为动力学的函数的度量包括 Voglewede 和 Ebert-Uphoff，提出的基于关节刚度和杆件惯量的性能指标，其目的是确定出机器人的任意姿态到奇异状态之间的距离。Bowling 和 Khatib 提出了使用广义坐标系来评价广义机械手的动态能力，其中包括了末端操作手的速度和加速度，还考虑了力矩和执行器所受的速度限制。

12.3 全局灵巧性度量

上述度量值都只具有局部意义，因为它们都只针对给定的姿态。局部度量对很多应用具有意义，如冗余求解和工件定位。为了设计目的，更需要一种全局的度量。将局部度量推广到全局的直观方法是将局部度量在整个可行的关节空间积分。Gosselin 和 Angeles 将雅可比条件数在整个工作空间上积分来定义一种全局度量，称为全局条件指标。对于简单的情况，如平面定位和球形机械手，全局条件指标和对应的局部度量完全吻合。

第3章 并联机器人

广义的并联操作手定义为末端执行器由几个独立的运动支链连接到机座的闭环运动链机构。其定义非常开放，如在协同操作时，驱动器数量多于末端执行器自由度数的冗余机构。并联机器人定义为由具有 n 个自由度的末端执行器（运动平台）和固定机座（平台）组成，它们通过至少两个独立的运动支链连接。n 个简单驱动器实现对机器人的驱动。必备的要素为：①末端执行器必须具有运动自由度。②末端执行器通过几个相互关联的运动链或分支与机架相连接。③每个分支或运动链由唯一的移动副或转动副驱动。并联机构多具有 2~6 个自由度。支链数量等于末端执行器自由度的并联机器人称为全并联操作手。

相对于串联机构，并联机构由分布的多分支支撑，结构刚度大，在相同自重与体积下承载能力更高；没有对末端执行器误差传递的累积，误差小、精度高；可以将电动机安装在机座上，减小了运动的惯性，提高了系统的动力性能；由于其运动学逆问题求解计算量小，便于实现实时控制。并联机器人的主要缺点是工作空间较小，且工作空间内存在奇异位形。

并联机构的应用。Gough 于 1947 年展示了具有闭环运动构型机构的基本原理以实现检测轮胎磨损，并于 1955 年制造了一台原型机，该机构的运动平台为六边形，每个顶点均通过球关节与 1 条支链相连，支链的另一端通过通用关节连接到机座平台。该机构是由 6 个直线驱动器驱动的闭环运动链组成，直线驱动器可以改变连杆的长度。

Stewart 于 1965 年提出将并联机构用于飞行模拟器，该机构的运动平台为三角形，其顶点全部由球关节连接到下部机构。下部机构由两个呈三角形放置的滑杆组成。两个滑杆的一端通过旋转关节连接到一根垂直杆，且旋转关节绕垂直杆的轴线旋转。

当 Gough 平台大量应用时，Stewart 平台似乎仍然没有任何实际的应用。早于 Stewart 平台出现的 Gough 平台，通常被人们误认为是 Stewart 平台。

为避免与本手册第 11 篇的第 8 章重复，这里仅讲述并联机器人分析与设计方法的概要。

1 并联机器的构型

1.1 并联机器人的型综合

针对串联结构机器人的缺点，Minsky 和 Hunt 分别于 1972 年和 1978 年提出并联构型用于机器人的机构。串联机器人只有数量有限的机械构型，与之相反，闭环的并联机构可能的构型数量非常多。并联机构构型的拓扑通常会影响机器人的整体性能，给定自由度后的机构综合是并联机器人的关键问题。机构综合包括型综合和运动综合。型综合方法分为三类，见表 26.3-1。

表 26.3-1 并联机器人型综合方法

1）基于图论的方法	列举出具有一定数目自由度的可能的构型是基于运动副的种类和数目，是有限的，因此，可能构型的数量尽管很大但也是有限的。可以采用经典的自由度计算公式，如 Chebychev-Grübler-Kutzbach 公式计算构型的自由度数目。Freudenstein 首先将图论方法应用到构型综合，设计了一种表示机构连杆、边表示的关节图。图论法是对这些图进行运算的有力工具。Earl 最先利用图论法设计了新的并联机器人机构。图论法难以避免机构的组合爆炸问题。且存在很多现实的空间机构不符合现有自由度（移动度）计算式。因此，严格基于图论的型综合方法只能得到有限结果，其基本上已被其他两种方法所取代
2）基于群论的方法	刚体的运动具有位移群的独特结构。位移群的子群，如平移或绕平行于矢量所定义的轴线的平移和旋转运动（Schönflies 运动）都是很重要的，因为当子群中的元素作用于同一刚体上时，利用取交集运算可将其合并。型综合主要就是确定可用作机器人“腿”的不同的支链所属的所有可能的子群，且这些子群的交集就是期望的运动平台的运动模式。这种基于群论的型综合方法发现了许多可能的构型。由运动学链生成李（Lie）群位移称为运动群生成器。但是，位移群的某些特性并不能仅通过群的结构来反映，且这种方法仅适用于能被位移群所描述的运动模式。基于群论的并联机器人型综合基本原理为：①确定末端执行器应该属于哪一个期望自由度的子群 S；②确定构成机器人腿不同运动支链的所有可能子群，且它们的交集属于 S；③确定这些子群的所有运动生成器，它们将成为机器人的运动学链
3）基于螺旋理论的方法	该方法的第一步是确定期望的与运动平台运动螺旋互易的力螺旋系 S，然后就可得到运动支链的力旋量，这些力旋量的并集可以张成螺旋系 S（根据力螺旋系所有可能的对应相应力螺旋的支链结构），确定产生相应力旋量的运动学支链的所有可能构型。运动旋量和力旋量都是瞬时的，因而有必要核实运动平台的运动是否为全周期而不是瞬时的。这种方法的缺点是很难实现自动化处理。目前，已经利用螺旋理论与群论相结合的方法，设计了大量少于 6 自由度的机器人构型

1.2 并联机器人的腿结构

目前，尚没有统一的符号描述并联机器人的构型。例如，Gough平台或者表示为6-6机器人（即腿在机座和平台上均有6个连接点的机器人），或者表示为6-UPS机器人（即具有6条UPS腿的机械构型），或者3T-3R机器人（即具有3平移和3旋转自由度），而且沿参考坐标系中固定的轴平移或绕其旋转。采用这些表示方法具有一定的缺陷，不易实现并联机器人自动性能分析的软件开发。习惯上，用R表示旋转关节，P表示移动关节，C表示圆柱关节，U表示通用关节，S表示球关节。Pa、Ps、P^{P} 和 P^{5R} 分别表示包含S关节或U关节的平面平行四边形、空间平行四边形，以及机构分别由UU链和平面5R组成的并联机构，对驱动关节加下划线。典型并联机构的单腿结构见表26.3-2。

1.3 2~6自由度并联操作手示例

理论上，并联机构的组合是无穷的，目前仅对部分并联机构进行结构综合与分类，且可能在并联机器人中应用的并联机构仅是其中的极少部分，这里仅列出了已经进行研究的2~6自由度操作手的示例，见表26.3-3~表26.3-7。

表26.3-2 典型并联机构的单腿结构

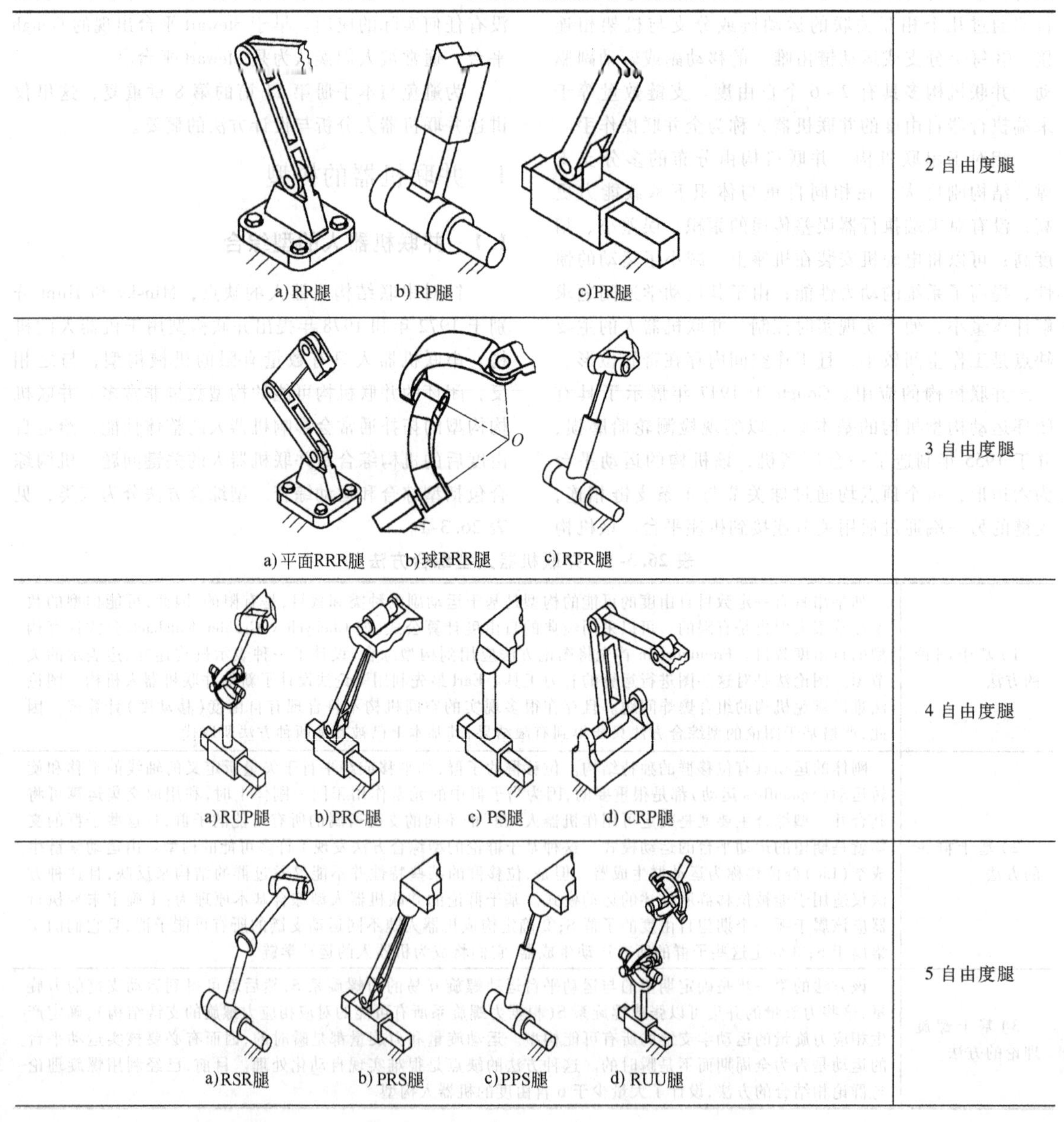

（续）

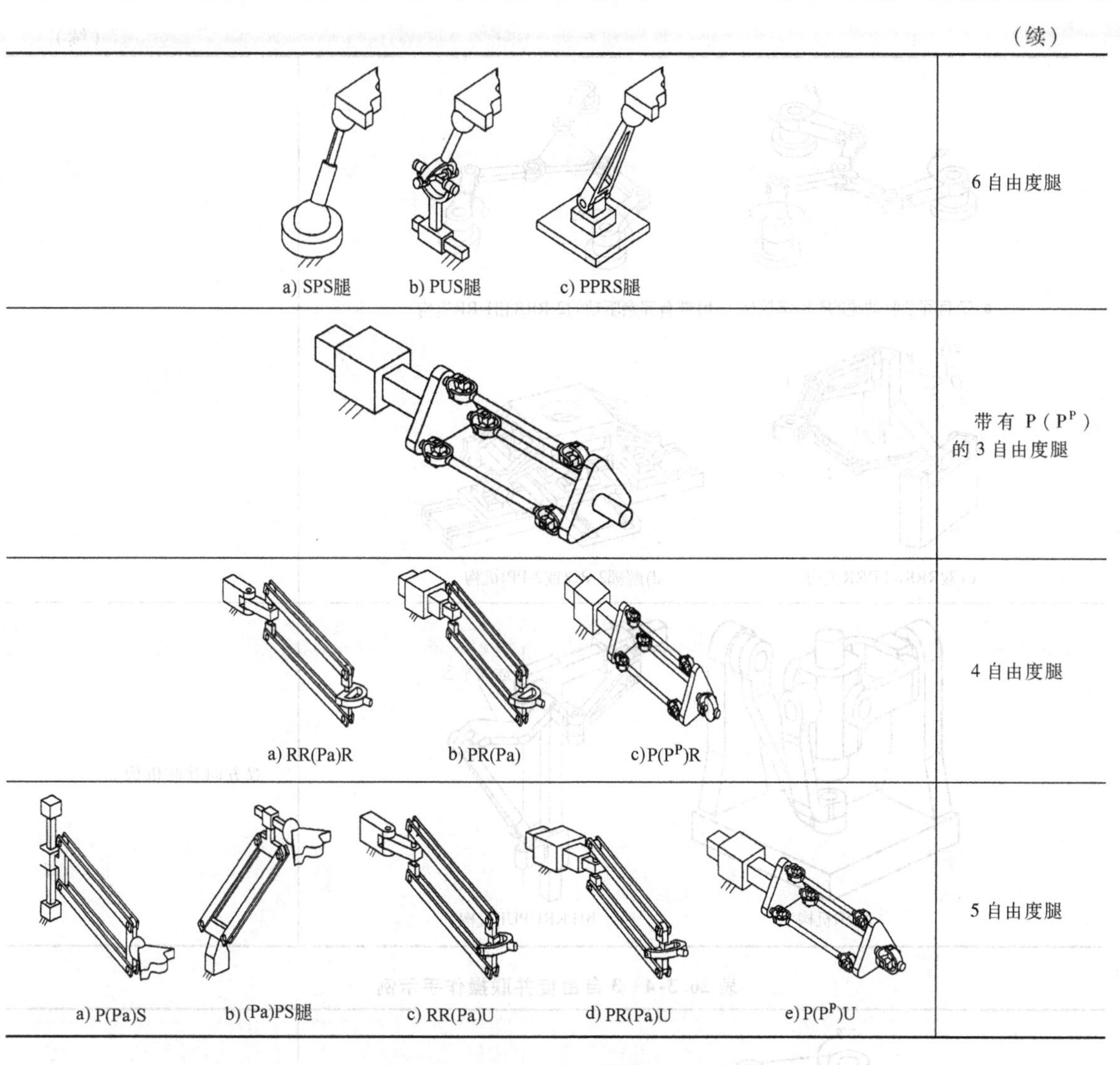

a) SPS腿 b) PUS腿 c) PPRS腿	6自由度腿
	带有 $P(P^P)$ 的3自由度腿
a) RR(Pa)R b) PR(Pa) c) $P(P^P)R$	4自由度腿
a) P(Pa)S b) (Pa)PS腿 c) RR(Pa)U d) PR(Pa)U e) $P(P^P)U$	5自由度腿

表 26.3-3 2自由度并联操作手示例

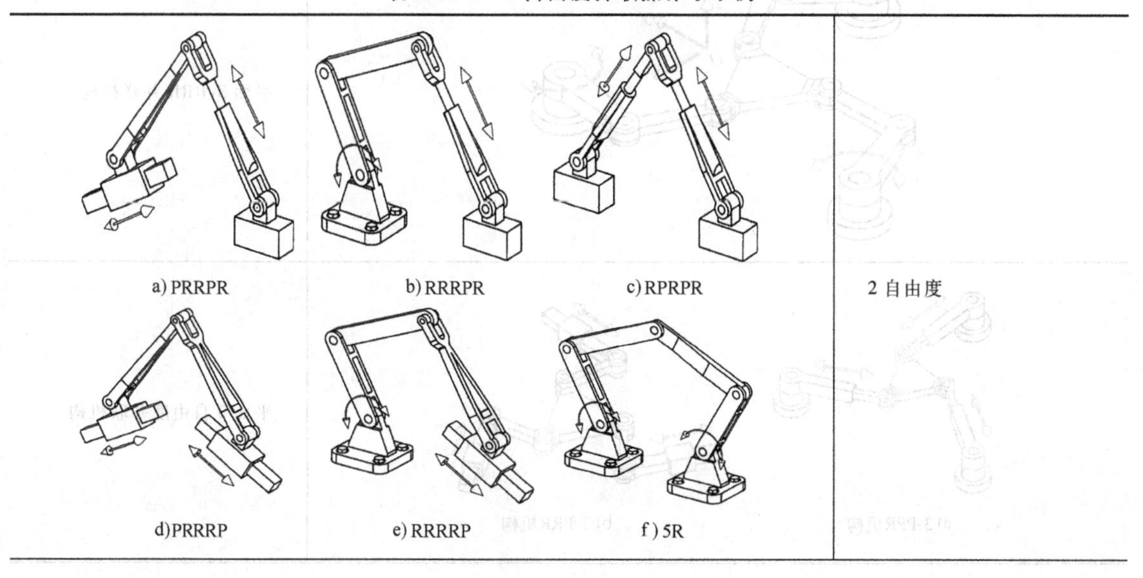

a) PRRPR b) RRRPR c) RPRPR d) PRRRP e) RRRRP f) 5R	2自由度

（续）

图例	说明
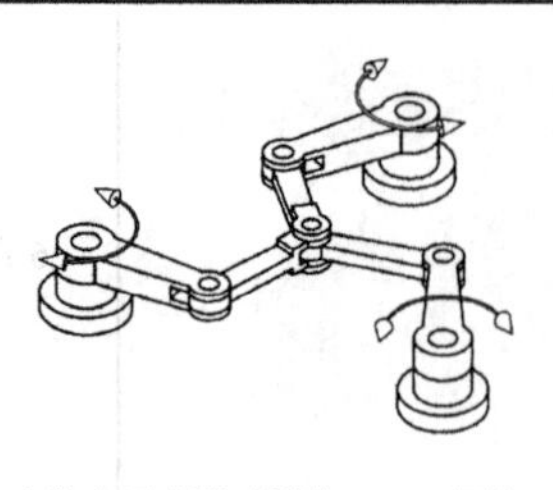 a) 带有冗余驱动腿的3-RRR机构 b) 带有冗余驱动的2-RRR和1-RR机构 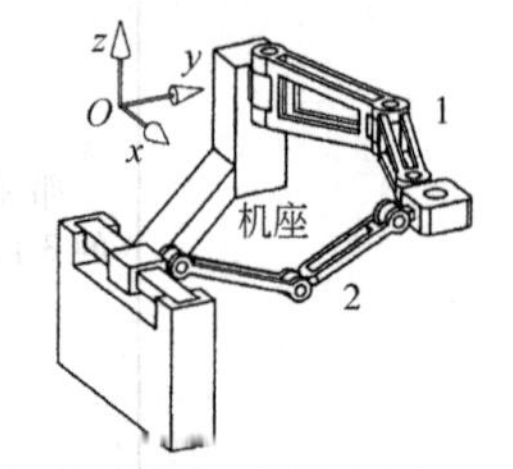 c) 双RRR&PRRR机构 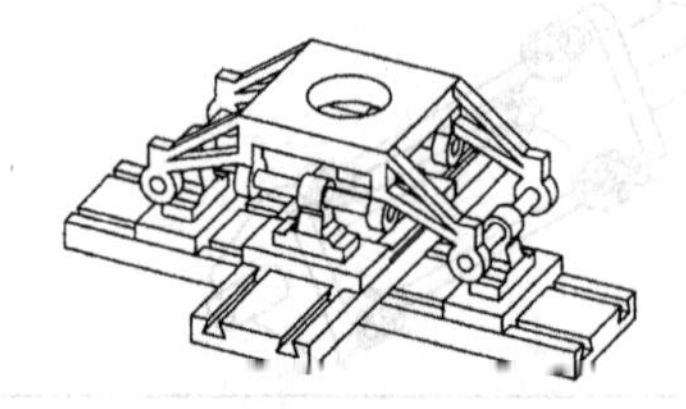 d) 解耦2-PC(或2-PP)机构	
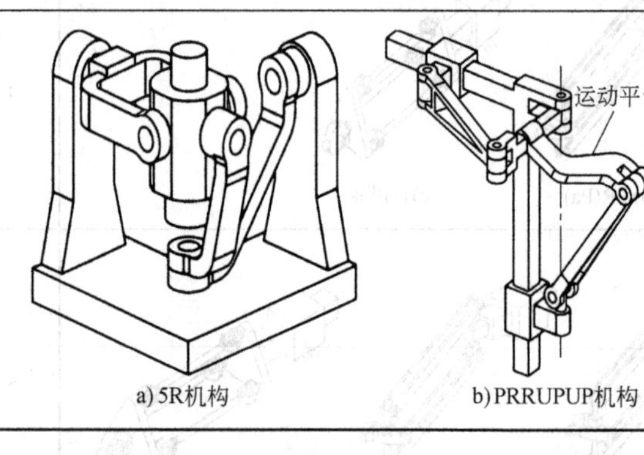 a) 5R机构 b) PRRUPUP机构	双方向并联机构

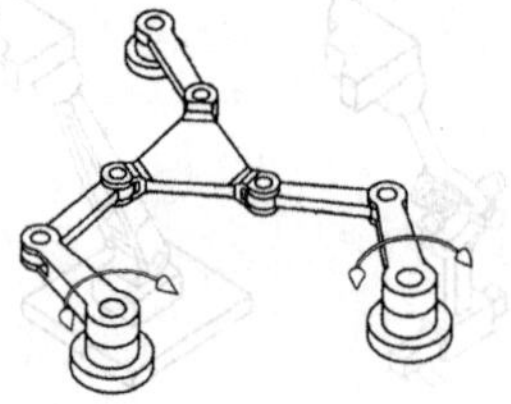

表 26.3-4 3 自由度并联操作手示例

图例	说明
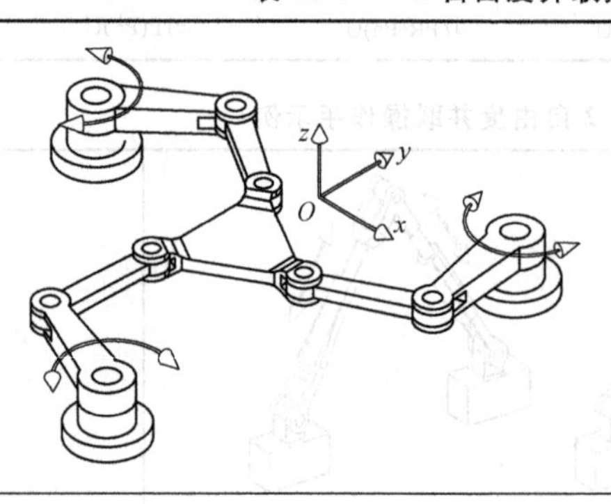	平面 3-RRR 并联机构
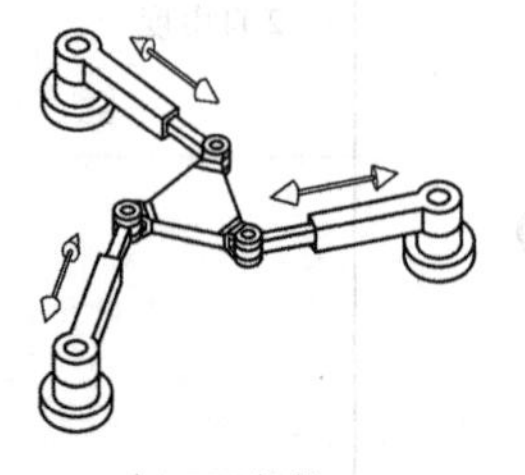 a) 3-PPR机构 b) 3-PRR机构	平面 3 自由度并联机构

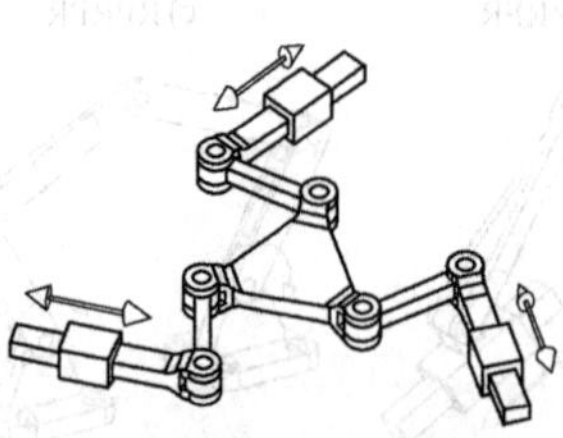

（续）

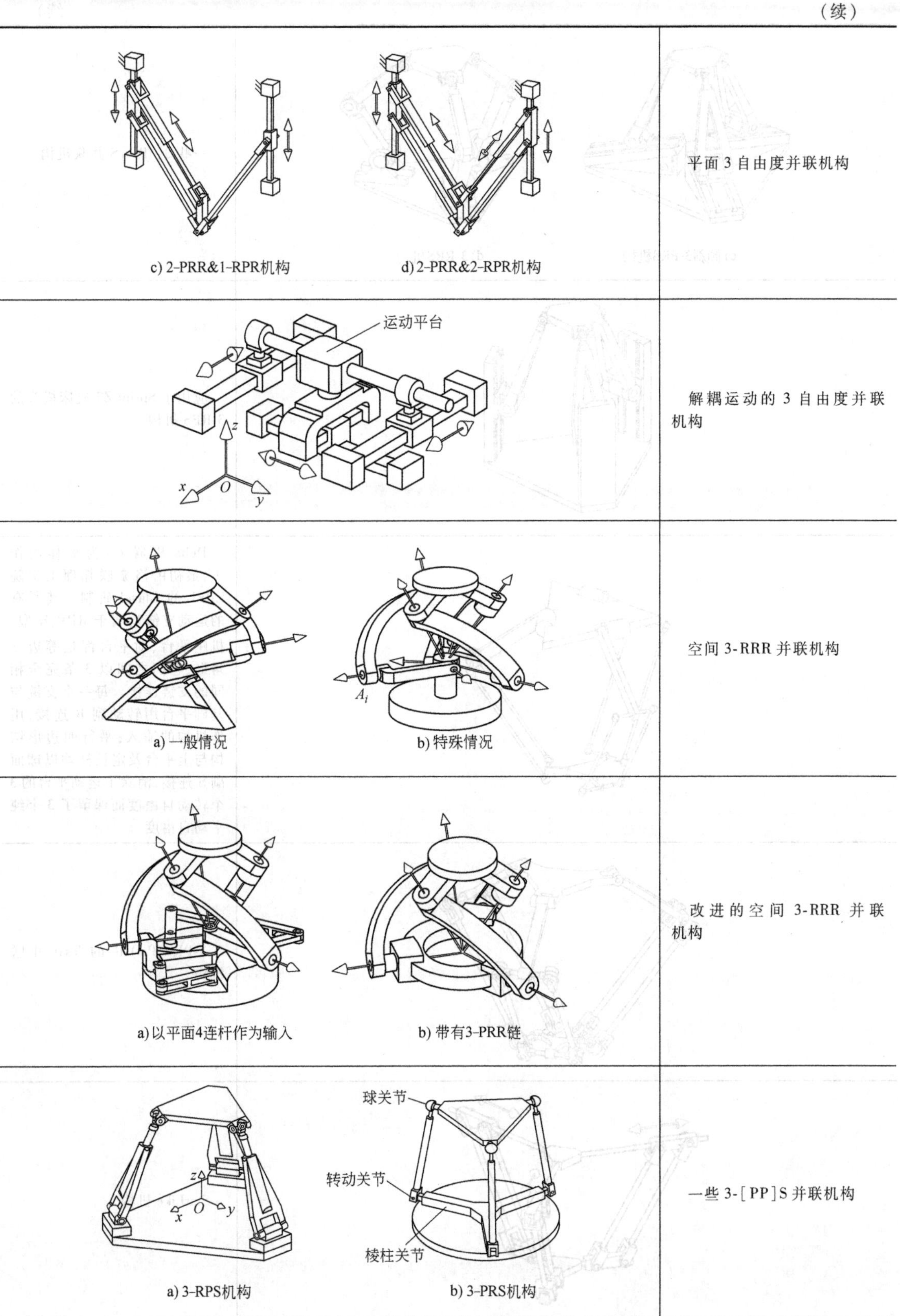

c) 2-PRR&1-RPR机构　d) 2-PRR&2-RPR机构

平面3自由度并联机构

解耦运动的3自由度并联机构

a) 一般情况　b) 特殊情况

空间3-RRR并联机构

a) 以平面4连杆作为输入　b) 带有3-PRR链

改进的空间3-RRR并联机构

a) 3-RPS机构　b) 3-PRS机构

一些3-[PP]S并联机构

（续）

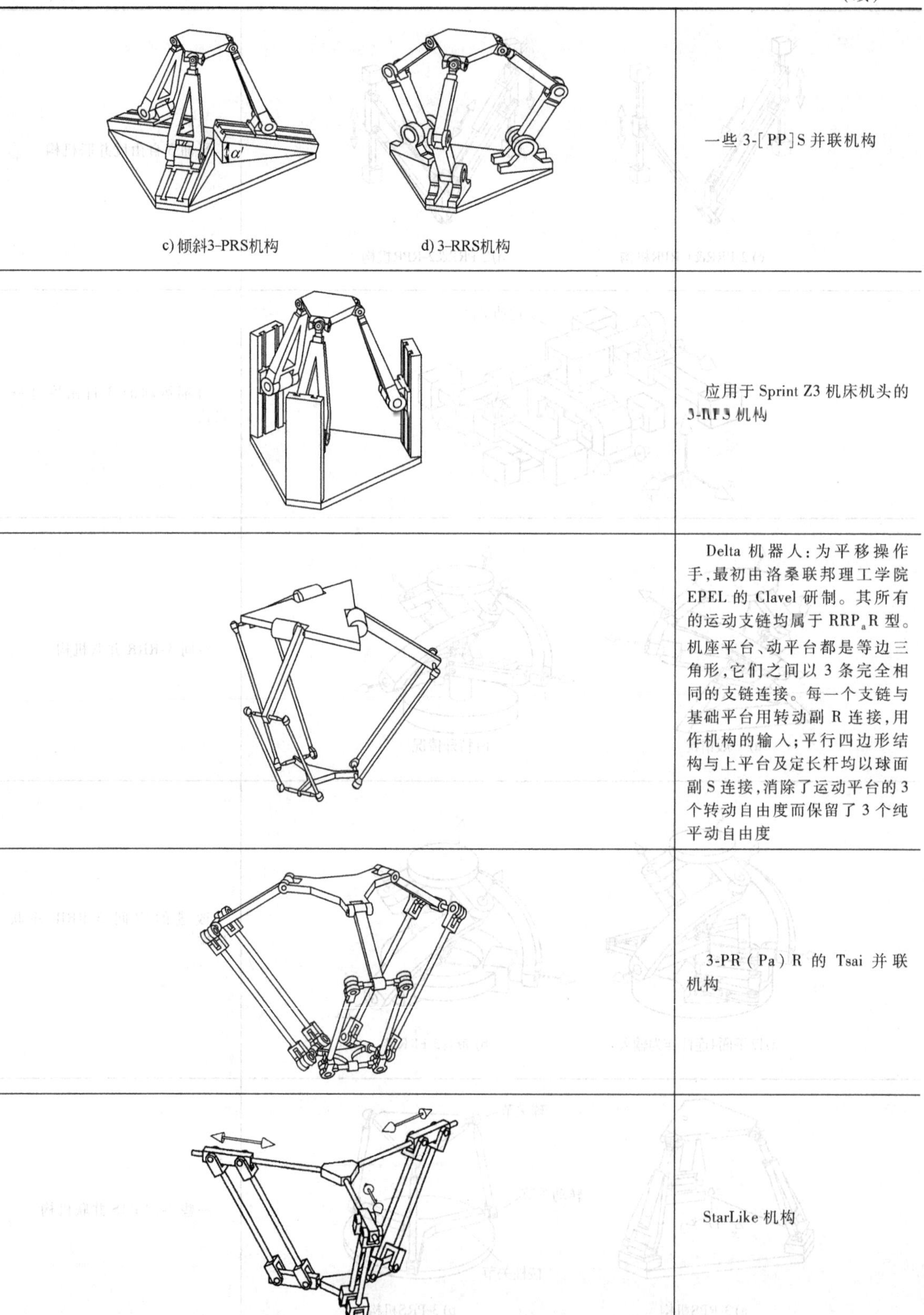

c) 倾斜3-PRS机构　　d) 3-RRS机构	一些3-[PP]S并联机构
	应用于Sprint Z3机床机头的3-RPS机构
	Delta机器人：为平移操作手，最初由洛桑联邦理工学院EPEL的Clavel研制。其所有的运动支链均属于RRP_aR型。机座平台、动平台都是等边三角形，它们之间以3条完全相同的支链连接。每一个支链与基础平台用转动副R连接，用作机构的输入；平行四边形结构与上平台及定长杆均以球面副S连接，消除了运动平台的3个转动自由度而保留了3个纯平动自由度
	3-PR(Pa)R的Tsai并联机构
	StarLike机构

（续）

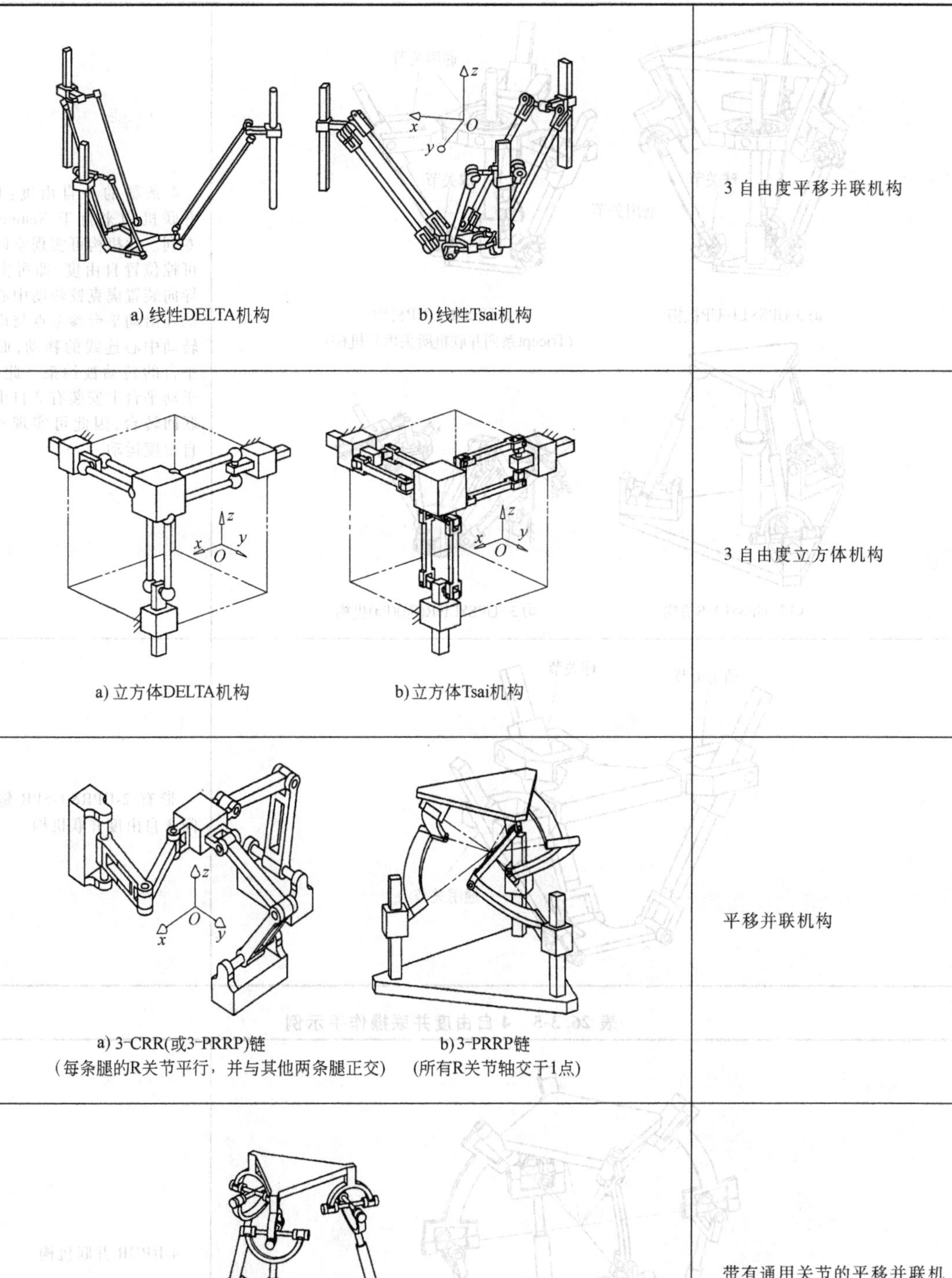

a) 线性DELTA机构　b) 线性Tsai机构	3 自由度平移并联机构
a) 立方体DELTA机构　b) 立方体Tsai机构	3 自由度立方体机构
a) 3-CRR(或3-PRRP)链 (每条腿的R关节平行，并与其他两条腿正交) b) 3-PRRP链 (所有R关节轴交于1点)	平移并联机构
	带有通用关节的平移并联机构 3-UPU

（续）

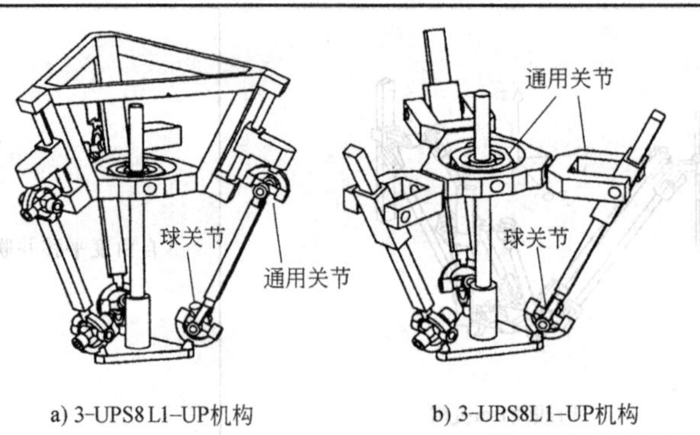 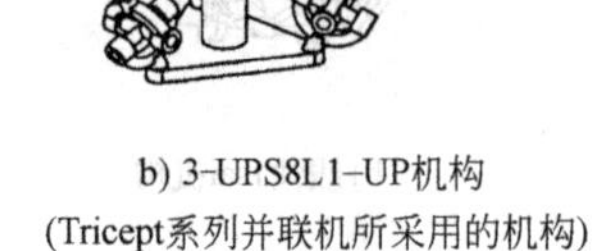 a) 3-UPS8 L1-UP机构　　b) 3-UPS8L1-UP机构 (Tricept系列并联机所采用的机构) 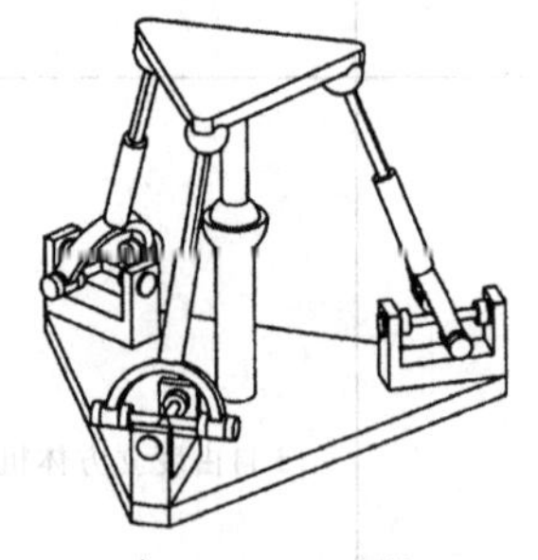 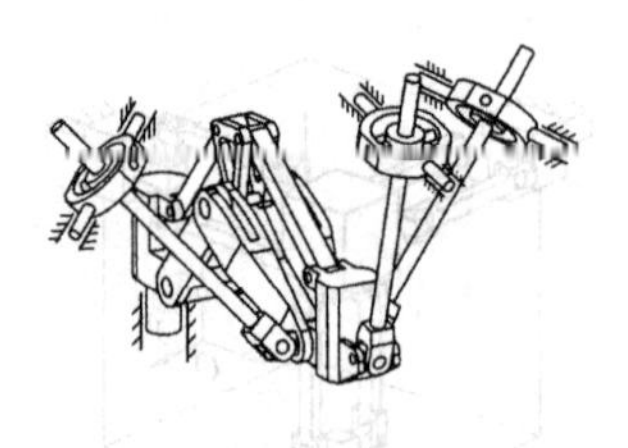 c) 3-UPS8L1-S机构　　d) 3-UPS8L1-R(Pa)(Pa)机构	4条腿的3自由度：Tricept并联机构来自于Neumann的专利。此机构可实现空间3个可控位置自由度，即可实现绕导向装置虎克铰转动中心的转动和沿动平台参考点与虎克铰转动中心连线的移动，而绕动平台的转动被约束。此外，由于动平台上安装有2自由度串联回转台，因此可实现空间5自由度运动
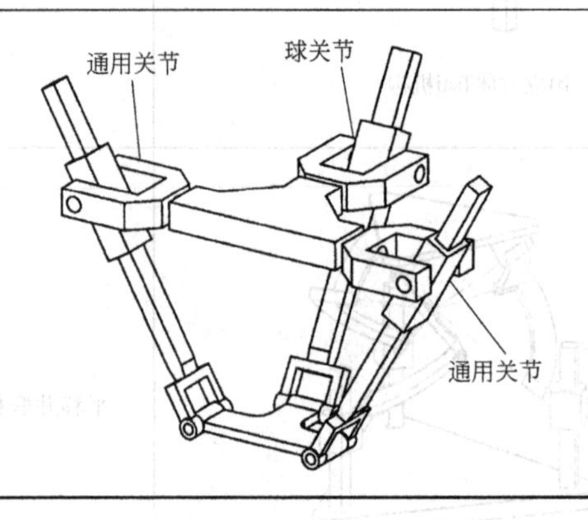	带有2-UPR&1-SPR链的空间3自由度并联机构

表26.3-5　4自由度并联操作手示例

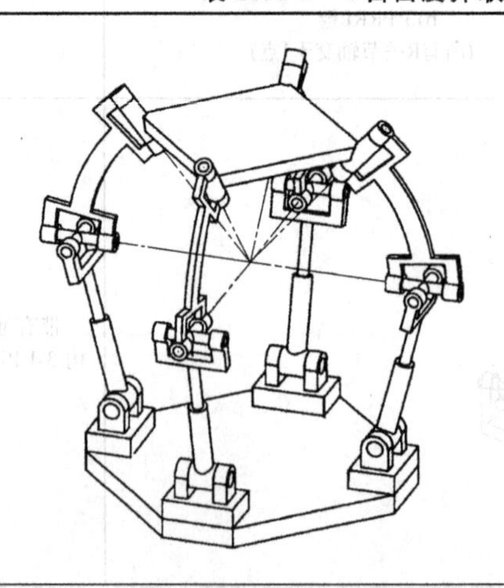	4-RPUR并联机构

（续）

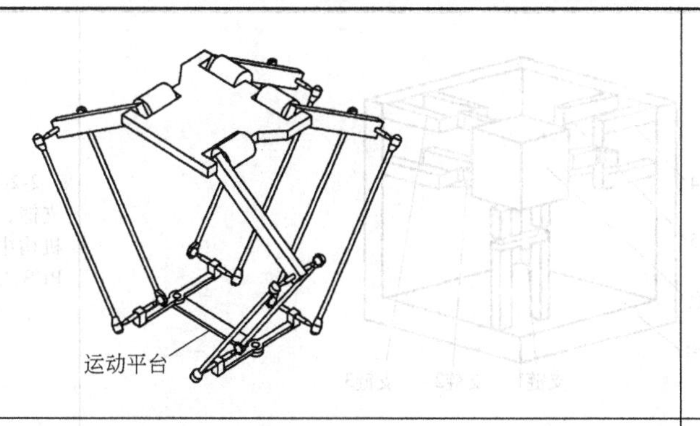	H4 并联机构
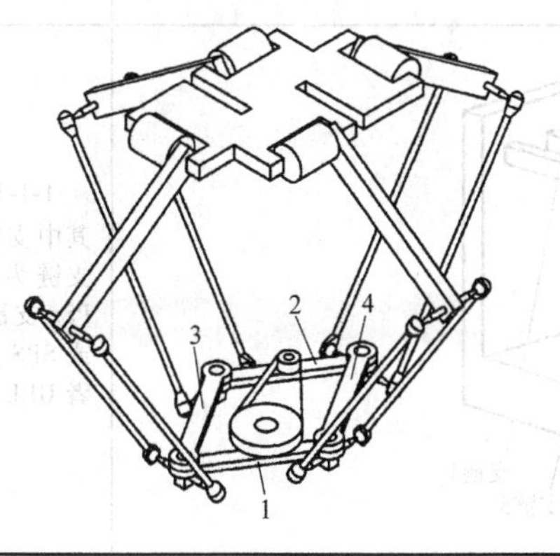	改进的 H4 并联机构

表 26.3-6 5自由度并联操作手示例

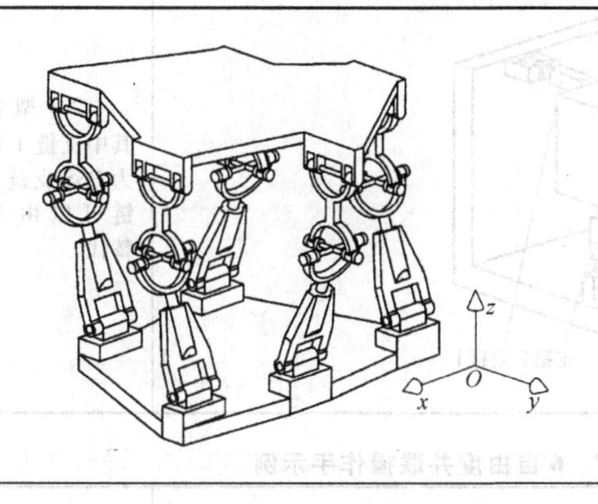	5-RPUR 机构
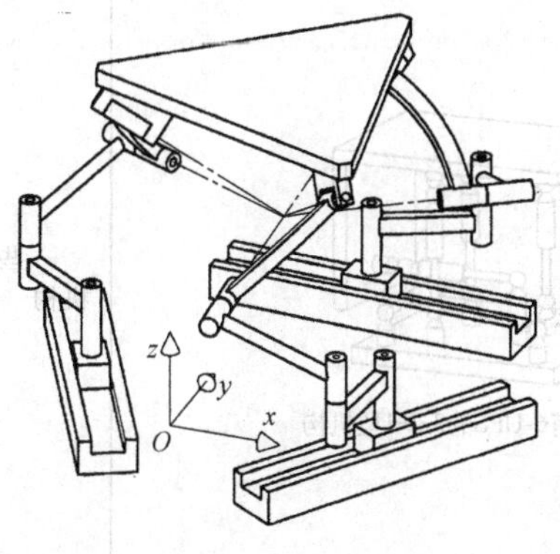	3-PRRRR 并联机构

(续)

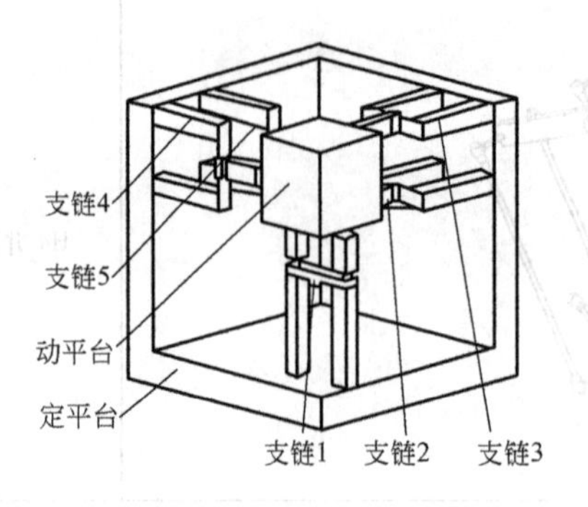	2-2-1 型。其中支链 1 为 PP^S 支链,其他支链为 PSS 支链。机构中的 PSS 支链可以替换为 PUS、USP 或 SPS 支链
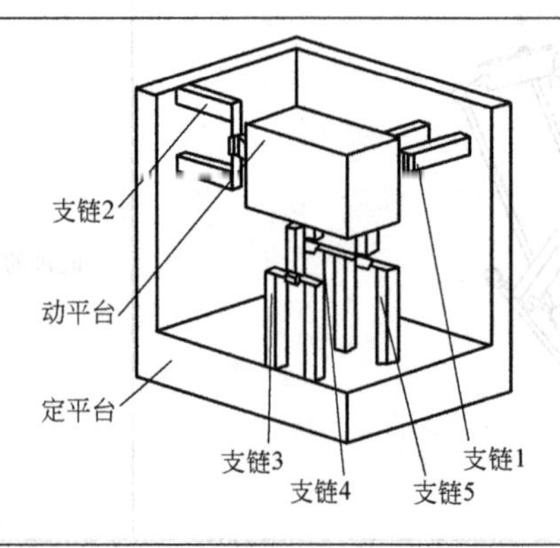	1-1-3 型 ($4\text{-}PSS\&1\text{-}PP^R$)。其中支链 1 为 PP^S 支链,其他支链为 PSS 支链。机构中的 PSS 支链可以替换为 PUS、USP 或 SPS 支链,也可以用 PUU 或者 UPU 替代
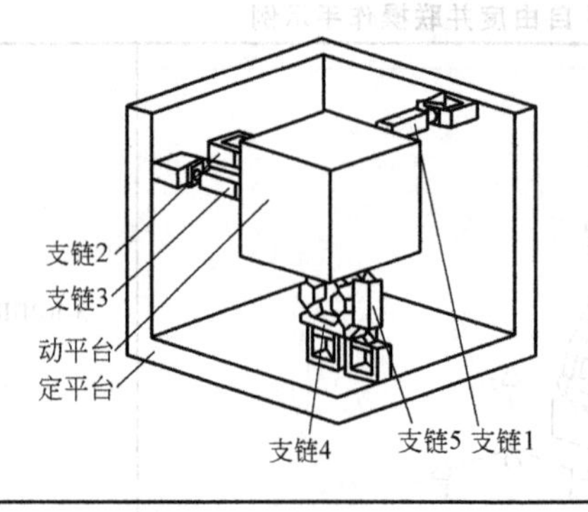	1-2-2 型 ($4\text{-}PSS\&1\text{-}PP^RS$)。其中支链 1 是 PP^RS,其他支链为 PSS 支链。机构中的 PSS 支链可以由 PUS、UPS 或 SPS 替代

表 26.3-7 6 自由度并联操作手示例

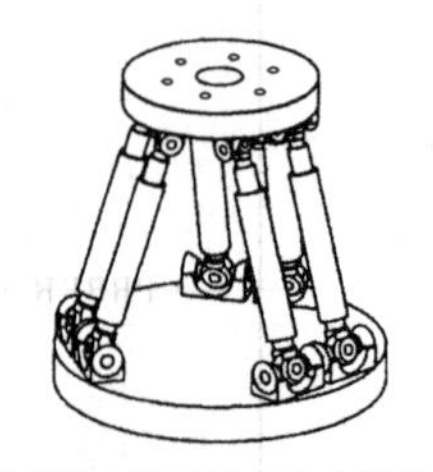 a)带有两条可调整其他各条腿的初始构型的6-UPS机构 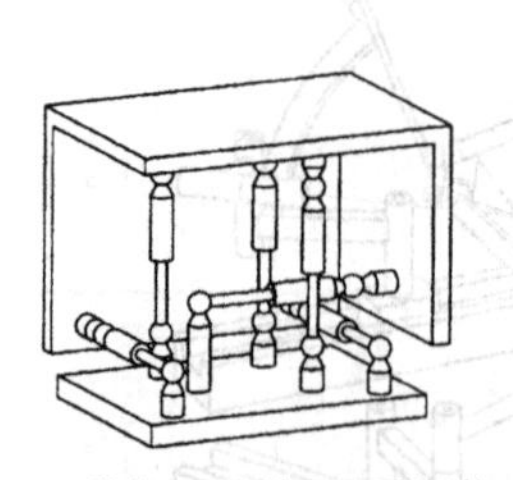 b) 带有6-UPS的3-2-1型机构	一些典型的 6 自由度并联机构

（续）

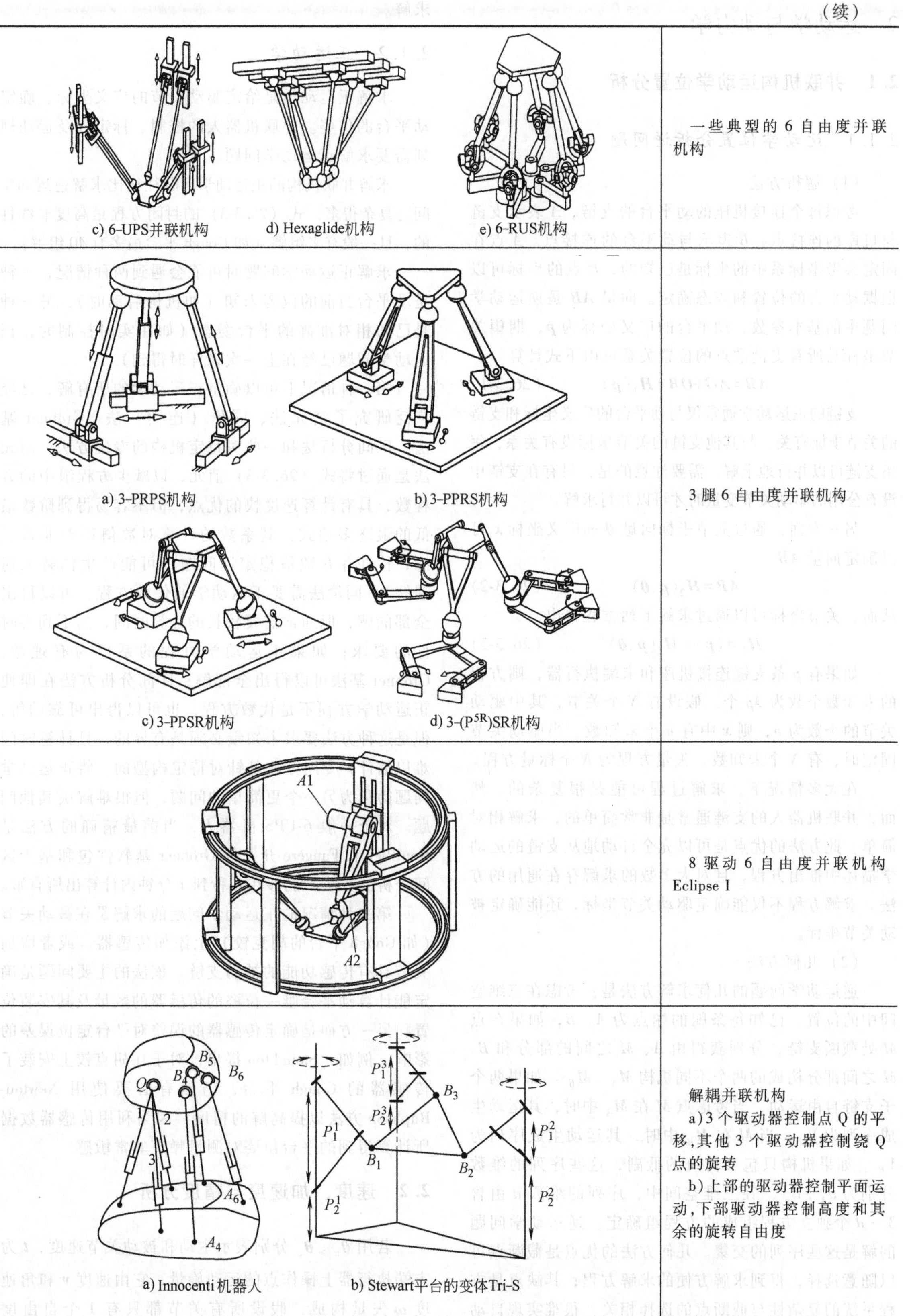

简图	说明
c) 6-UPS并联机构　d) Hexaglide机构　e) 6-RUS机构	一些典型的 6 自由度并联机构
a) 3-PRPS机构　b) 3-PPRS机构 c) 3-PPSR机构　d) 3-(P^{5R})SR机构	3 腿 6 自由度并联机构
	8 驱动 6 自由度并联机构 Eclipse I
a) Innocenti机器人　b) Stewart平台的变体Tri-S	解耦并联机构 a) 3 个驱动器控制点 Q 的平移，其他 3 个驱动器控制绕 Q 点的旋转 b) 上部的驱动器控制平面运动，下部驱动器控制高度和其余的旋转自由度

2　运动学与动力学

2.1　并联机构运动学位置分析

2.1.1　运动学位置分析逆问题

（1）解析方法

考虑每个连接机座的动平台的支链，A 表示支链与机座的连接点，B 表示与动平台的连接点。A 点在固定参考坐标系中的坐标是已知的，B 点的坐标可以根据动平台的位置和姿态确定。向量 $\boldsymbol{AB}$ 是逆运动学问题中的基本参数，动平台的广义坐标为 $\boldsymbol{p}$，期望关节坐标与所有支链端点的位置关系可由下式计算

$$\boldsymbol{AB}=\boldsymbol{AO}+\boldsymbol{OB}=\boldsymbol{H}_1(\boldsymbol{p}) \tag{26.3-1}$$

支链的正运动学通常仅与动平台的广义坐标和支链的关节坐标有关，与其他支链的关节坐标没有关系，每条支链可以并行地求解。需要注意的是，只有在支链中没有公用的驱动关节变量时才可以并行求解。

另一方面，通过关节坐标向量 $\boldsymbol{\theta}$ 和广义坐标 $\boldsymbol{x}$ 可以确定向量 $\boldsymbol{AB}$

$$\boldsymbol{AB}=\boldsymbol{H}_2(\boldsymbol{p},\boldsymbol{\theta}) \tag{26.3-2}$$

从而，关节坐标可以通过求解下列方程得出

$$\boldsymbol{H}_1=(\boldsymbol{p})=\boldsymbol{H}_2(\boldsymbol{p},\boldsymbol{\theta}) \tag{26.3-3}$$

如果有 p 条支链连接机座和末端执行器，则方程的未知数个数为 $3p$ 个。假设有 N 个关节，其中驱动关节的个数为 n，则 $\boldsymbol{x}$ 中有 n 个未知数。当驱动关节固定时，有 N 个未知数，矢量方程为 N 个标量方程。

在大多情况下，求解过程可能是很复杂的。然而，并联机器人的支链通常是非常简单的，求解相对简单。此方法的优点是可以完全自动地从支链的运动学描述中推出方程，且对大多数的求解存在通用的方法。求解方程不仅能确定驱动关节坐标，还能确定被动关节坐标。

（2）几何方法

逆运动学问题的几何求解方法是：考虑在三维空间中的位置，已知每条腿的端点为 A、B，如果在点 M 处截断支链，分别获得由 A、M 之间的部分和 B、M 之间部分构成的两个不同机构 M_A 、M_B 。如果两个子支链自由运动，当考虑点 M 在 M_A 中时，其运动生成序列为 V_A ；当 M 在 M_B 中时，其运动生成序列为 V_B 。如果机构只包含传统的低副，这些序列的维数分别为 d_A ，d_B 。在三维空间中，序列的维数 d 由含 $3-d$ 个独立方程组成的方程组确定。逆运动学问题的解是这些序列的交集。几何方法的优点是截断点可以随意选择，得到求解方便的求解方程；其缺点是方程系统的复杂性与截断点的选择相关，很难实现自动求解。

2.1.2　正运动学

求解正运动学是给定驱动关节的广义坐标，确定动平台的位姿。并联机器人的控制、标定以及运动规划需要求解正运动学问题。

求解并联机构的正运动学问题往往比求解逆运动学问题复杂得多，式（26.3-3）的封闭方程是高度非线性的，且一般有多组解（如 Gough 平台最多有 40 组解）。

求解正运动学问题时可能会遇到两种情况，一种是动平台当前的位姿未知（如机构启动时），另一种是已知相对准确的平台姿态（如在实时控制时，正运动学问题已经在上一次采样时得到）。

第一种情况下可以确定正运动学的所有解，已经广泛研究了消元法、同伦（连续）法、Gröbner 基法、区间分析法和一些对特定机构的专用方法。消元法是通过将式（26.3-3）消元，以减少方程组中的方程数，具有计算速度快的优点，但不容易得到阶数最低的最终多项式，其系数的计算对数值误差非常敏感，往往存在数值稳定性问题（可能产生伪解或遗漏解）；同伦法需要正运动学的代数方程，可以得出全部的解，但通常需要较长的计算时间，达不到实时性的要求；如果正运动学方程的系数为有理数，Gröbner 基法可以得出全部解；区间分析方法在即使正运动学方程不是代数方程，也可以得出可靠的解，但是这种方法要求未知量必须是有界的，且计算时间难以估计；专用方法是针对特定构型的，将正运动学问题简化为另一个更简单的问题，但很难解决其他问题。对于一般 6-UPS 机器人，当前最精确的方法是 Rouillier 和 Faugère 开发的 Gröbner 基软件包和基于区间分析的方法，能够在几秒到 1 分钟内计算出所有解。

第二种情况的正运动学问题的求解是在被动关节（如 Gough 平台的胡克铰）上添加传感器，或者增加关节具有传感功能的被动支链。该法的主要问题是确定能计算动平台唯一位姿的传感器的数量及其安装位置，另一方面是确定传感器的误差对平台定位误差的影响。例如，Stoughton 提出，对于在胡克铰上安装了传感器的 Gough 平台，仍然有必要使用 Newton-Raphson 方法以提高解的精度，因为利用传感器数据所计算得到的平台位姿对测量噪声非常敏感。

2.2　速度、加速度与精度分析

若用 $\dot{\boldsymbol{\theta}}_{\mathrm{a}}$ 、$\dot{\boldsymbol{\theta}}_{\mathrm{p}}$ 分别表示主动和被动关节速度，$\boldsymbol{t}$ 为末端执行器上操作点的运动旋量，它由速度 $\boldsymbol{v}$ 和角速度 $\boldsymbol{\omega}$ 矢量构成，假设所有关节都只有 1 个自由度

（高副关节可分解为1个自由度关节的组合），速度分析的正问题是已知主动关节的速度 $\dot{\boldsymbol{\theta}}_a$，确定被动关节的速度 $\dot{\boldsymbol{\theta}}_p$ 和末端执行器的运动旋量 $\boldsymbol{t}$；逆问题是已知末端的运动旋量 $\boldsymbol{t}$，确定主动关节和被动关节的速度 $\dot{\boldsymbol{\theta}}_a$，$\dot{\boldsymbol{\theta}}_p$。

考虑具有 n 个自由度和 N 个关节变量的非冗余并联机器人，系统中有 N 个关节变量，其中 n 个为主动关节变量 $\boldsymbol{\theta}_a$。关节坐标和广义坐标的关系为

$$\boldsymbol{H}_2(\boldsymbol{p},\boldsymbol{\theta}) - \boldsymbol{H}_1(\boldsymbol{p}) = 0 \quad (26.3\text{-}4)$$

将式（26.3-4）对时间求导，可得出以下形式的关系

$$\boldsymbol{A}(\boldsymbol{p},\boldsymbol{\theta})\dot{\boldsymbol{\theta}}_a + \boldsymbol{B}(\boldsymbol{p},\boldsymbol{\theta})\dot{\boldsymbol{p}} + \boldsymbol{C}(\boldsymbol{p},\boldsymbol{\theta})\dot{\boldsymbol{\theta}}_p = 0 \quad (26.3\text{-}5)$$

其中，$\boldsymbol{A}$、$\boldsymbol{B}$、$\boldsymbol{C}$ 分别是 $N\times n$、$N\times n$、$N\times(N-n)$ 阶矩阵，且它们是位姿参数和关节变量的函数。

方程（26.3-5）不是唯一的，它随 $\boldsymbol{p}$ 和 $\boldsymbol{\theta}$ 的不同而改变。当消除被动关节变量时，方程（26.3-5）变为

$$\boldsymbol{A}\dot{\boldsymbol{\theta}}_a + \boldsymbol{B}\dot{\boldsymbol{p}} = 0 \quad (26.3\text{-}6)$$

此方程表示了末端执行器操作点的运动旋量与驱动关节速度之间的关系。$\boldsymbol{A}$、$\boldsymbol{B}$ 均为 $N\times n$ 方阵。如果矩阵 $\boldsymbol{A}$ 是可逆的，则

$$\dot{\boldsymbol{\theta}}_a = \boldsymbol{A}^{-1}\boldsymbol{B}\dot{\boldsymbol{p}} = \boldsymbol{J}^{-1}\dot{\boldsymbol{p}} \quad (26.3\text{-}7)$$

式中，$\boldsymbol{J}^{-1}$ 为雅可比矩阵的逆。

式（26.3-7）可用于速度分析逆问题的求解。而速度分析的正问题求解可表示为

$$\dot{\boldsymbol{p}} = \boldsymbol{J}\dot{\boldsymbol{\theta}}_a \quad (26.3\text{-}8)$$

对于并联机构来说，封闭形式的雅可比矩阵的 $\boldsymbol{J}^{-1}$ 往往是可以写出的，但要写出封闭形式的雅可比矩阵却困难得多。例如，在Gough平台的静力学分析时，雅可比矩阵的逆矩阵 $\boldsymbol{J}^{-1}$ 的第 i 行 $\boldsymbol{j}_i^{-1}$ 可写作

$$\boldsymbol{j}_i^{-1} = \boldsymbol{n}_i^{\mathrm{T}}(\boldsymbol{c}_i\times\boldsymbol{n}_i)^T \quad (26.3\text{-}9)$$

式中，$\boldsymbol{n}_i$ 为沿支链 i 方向的单位矢量，$\boldsymbol{c}_i$ 为固连在动平台上运动坐标系的原点与动平台上第 i 个支链连接点之间的矢量。

雅可比矩阵的逆的确定方法通常是形式上的，是通过速度分析推导雅可比矩阵的逆。考虑在末端执行器上的第 i 条腿的连接点 B_i 的速度，它可以表示为

$$\boldsymbol{v}_{B_i} = \boldsymbol{v}_C + \boldsymbol{BC}\times\boldsymbol{\omega} \quad (26.3\text{-}10)$$

方程（26.3-10）可以表示为末端执行器的运动旋量的函数

$$\boldsymbol{v}_{B_i} = \boldsymbol{j}_{p_i}\boldsymbol{t}$$

令 $\boldsymbol{\omega}_i$ 是腿 i 的关节（主动和被动）速度矢量，则 $\boldsymbol{B}_i$ 的速度可以表示为

$$\boldsymbol{v}_{B_i} = \boldsymbol{j}_{\theta_i}\boldsymbol{\omega}_i$$

上述两个式子相等，可以得到

$$\boldsymbol{j}_{p_i}\boldsymbol{t} = \boldsymbol{j}_{\theta_i}\boldsymbol{\omega}_i \quad (26.3\text{-}11)$$

用关于所有腿的方程组合推出的雅可比矩阵，线性地表示末端执行器运动旋量 $\boldsymbol{t}$ 与所有主动和被动关节速度矢量之间的关系。如果仅对逆运动学雅可比矩阵感兴趣，则必须从式（26.3-11）中消去被动关节速度。

加速度关系可以通过将式（26.3-7）对时间求导得出

$$\ddot{\boldsymbol{\theta}}_a = \boldsymbol{J}^{-1}\ddot{\boldsymbol{p}} + \dot{\boldsymbol{J}}^{-1}\dot{\boldsymbol{p}} \quad (26.3\text{-}12)$$

关节传感误差 $\Delta\boldsymbol{\theta}_a$ 和定位误差 $\Delta\boldsymbol{p}$ 的影响同样可表示为雅可比矩阵的映射，即

$$\Delta\boldsymbol{\theta}_a = \boldsymbol{J}(\boldsymbol{\theta})\Delta\boldsymbol{q}$$

因为雅可比矩阵的封闭形式很难得到，并联机构的精度分析（即在给定的工作空间内由关节传感误差确定最大的定位误差）的难度比串联机构大得多。除了测量误差之外，并联机构中还有一些误差源，如被动关节的间隙、制造误差、热误差以及重力引起的动态误差。研究表明：不可能确定几何误差的影响的一般趋势，因为影响程度高度依赖于机构的结构、尺寸以及工作空间，所以需要对特定机构进行具体分析。

标定是提高并联机构精度的另一种方法。但是，并联机构的标定方法与串联机构略有不同，因为对并联机构，只有逆运动学方程是已知的，而且并联机构的定位精度对几何误差的敏感程度也远没有串联机构那样高。而标定时产生的测量噪声影响可能非常大。例如，即使考虑了测量噪声，经典的最小二乘法可能会得不到满足某些约束方程的参数。一些实验数据还表明，经典的并联机构模型会导致约束方程不存在任何与测量噪声无关的解；此外，标定时还会对位姿十分敏感。感性上，位于工作空间边界上的位姿是标定时的最佳选择，因为工作空间边界上的位姿精度最差。

3 并联机构的性能评价指标与奇异分析

3.1 通用公式

并联机构的奇异分析最早是由Gosselin和Angeles开始研究的，所给出的关节速度 $\dot{\boldsymbol{\theta}}_a$ 和 n 维运动旋量 $\boldsymbol{t}_n$ 间的关系为

$$\boldsymbol{A}\dot{\boldsymbol{\theta}}_a + \boldsymbol{B}\boldsymbol{t}_n = 0$$

由此可定义3种奇异：

① 矩阵 $\boldsymbol{B}$ 奇异（称为串联奇异）。

② 矩阵 $\boldsymbol{A}$ 奇异（称为并联奇异）。

③ 矩阵 $\boldsymbol{A}$ 和矩阵 $\boldsymbol{B}$ 同时奇异。

发生串联奇异时，驱动关节的输出不为零，但动平台处于静止状态；发生并联奇异时，驱动关节的输出为零，但动平台可能处于运动状态。在奇异位姿的邻域内，锁定所有驱动器时，动平台还可能会有微小的运动。当驱动器被锁定时，末端执行器的自由度本应该为零，但机构处于奇异位姿时，就好像又获得了一些无法被控制的自由度，这是一个大问题。

Zlatanov 对奇异位形进行了更为广泛的研究。他应用了包含末端执行器的全部运动旋量以及所有关节（主动关节和被动关节）速度的速度方程来进行研究。利用这种方法不仅提出了更详细的奇异分类，后来采用此方法发现了特殊奇异（称作约束奇异）。

上述的奇异分析都是一阶的，Liu 和 Wohlhart 提出了二阶奇异性的更精细划分，但很难实际使用。n 阶奇异性定义为奇异运动对时间的第 n 阶导数不为零，而驱动关节变量直到 n 阶的时间导数均为 0。由于逆运动学方程描述的变体阶数有限，存在有限的 n 使得所有的 n 次时间导数均不为 0，此时机构存在有限的奇异运动，称为永久奇异。

3.2 并联奇异分析

这种奇异对并联机构来说特别重要，因为此时将失去对机器人的控制。在奇异位形的邻域内，关节力/力矩还可能会变得很大，有可能会造成机器人的损坏。本节拟讨论的主要问题是：

① 奇异的特性。

② 表征位姿接近奇异的程度的性能指标定义。

③ 在给定工作空间内或运动轨迹上，判断是否存在奇异位姿的算法的研究进展。

当 6×6 阶的雅可比矩阵的逆矩阵［动平台的运动旋量与主动关节（最终还包括被动关节的输出速度之间的映射矩阵）奇异时］，即其行列式 $\det(\boldsymbol{J}_f)=0$ 时，并联机构将发生奇异。之所以有时必须要考虑被动关节的输出速度的原因是仅限于考虑主动关节的输出速度可能会导致无法确定机器人所有的奇异位姿。通常进行恰当的速度分析后便可得到封闭形式的矩阵，但计算其行列式的值却有可能是很困难的，即使是使用软件的符号求解功能。这种方法的优势在于，一旦得到了矩阵行列式的解析表达式，就可画出工作空间内奇异位姿的轨迹，而且图形化的表示方法有助于机构的设计。然而，行列式的解析表达式，往往本身就很复杂，以至于无法通过它得到机构发生奇异的几何条件。

另一种方法是利用 Grassmann 几何学：对于部分并联机构（尽管不是全部），$\boldsymbol{J}_f$ 的行元素对应 1 个由定义在机构连杆上的某条直线的 Plücker 坐标所确定的矢量。比如 Gough 平台，$\boldsymbol{J}_f$ 的行元素就对应于支链相关联的直线的规格化 Plücker 坐标。仅在这些矢量所对应的直线满足某种独特的几何约束时，才会发生奇异（比如 3 个 Plücker 矢量所对应的相交且共面的直线，当且仅当它们交于一点时才会线性相关），而矩阵 $\boldsymbol{J}_f$ 的奇异就意味着这些矢量之间线性相关（它们组成了一个线性线丛）。Grassmann 已给出了 3、4、5、6 个矢量相关的几何约束。由此，奇异分析就蜕变成了判定位姿参数是否满足了一些约束条件，并绘出奇异簇的几何信息。封闭形式的奇异条件可被代入雅可比矩阵，并通过计算矩阵的核来判定奇异运动。

判别某一位姿与奇异位姿的接近程度是一个难题。目前，还没有任何可定义某一位姿与给定的奇异位姿之间距离的数学度量。因此，在定义与奇异位姿的距离时就难免会有些主观，已有的指标也均不完美。比如，将矩阵 $\boldsymbol{J}_f$ 的行列式值作为指标，其不妥之处在于当动平台既平动又转动时，如果旋转变换矩阵的量纲不一致，则行列式的值将会依据描述机器人几何参数的物理单位的不同而发生变化。

大多数基于以上指标的分析都是局部的，也就是说仅对某一位姿是有效的，但实际应用中却需要在给定的工作空间内或路径上判定是否会发生奇异。幸运的是，有一种算法可做到这一点，即使机器人的几何模型并不确定。但也需要指出，对并联机器人来说，无奇异的工作空间并不总是最优的。其他的性能要求可能会在工作空间内引入奇异，或者机器人的部分工作空间内无奇异点（比如其实际工作区域），而奇异点仅出现在工作区域之外。因此，规划一条避免奇异同时又靠近给定路径的运动轨迹是可行的，针对此问题也已提出了不同的方法。

最后要注意的是，在某些场合，机器人的位姿接近于奇异位形时反而可能是有利的。例如，提高工作空间狭小的并联机器人的定位精度以及提高被用作力传感器的并联机器人，在某一测量方向上的灵敏度时，末端执行器与主动关节的速度之比越大越有利。还需注意的是，长期处于奇异位姿的并联机构非常有趣，因为它们仅用一个驱动器就能产生复杂的运动。

4 工作空间的确定

并联机构主要的缺点之一就是工作空间较小。相对串联机构，并联机构的工作空间分析也要复杂得多，尤其是在动平台的自由度数目大于 3 时。动平台的运动常常存在耦合，这更加剧了简单图形化表示工作空间的困难，尽管已设计出解耦并联机构，但它们的承载能力不如传统并联机构。一般地，并联机构的工作空间受到以下因素的限制：

① 驱动关节变量的限制。比如，Gough 平台的支链长度必有一个范围。

② 被动关节的运动范围限制。比如，Gough 平台的球铰和通用关节都会限制平台的转动范围。

③ 机器人内部（支链、静平台和动平台）的干涉限制。

工作空间可进一步划分定义为灵巧工作空间（平台上某一参考点可以从任何方向到达的点的集合）、最大可达工作空间（平台上某一参考点可以达到的所有点的集合）以及定向工作空间（动平台在固定位姿时执行器端点可达的点的集合）。

确定自由度大于3的并联机器人的工作空间的一个方法是：固定 n-3个位姿参数而只绘制剩余的3个自由度所确定的工作空间。如果所剩余的3个自由度均为移动自由度，则利用几何方法可快速地绘制出工作空间。因为，几何的方法往往便于研究工作空间边界的特性（如固定平台姿态后对 Gough 平台工作空间的计算）。该方法的另一个优点是在计算工作空间的表面积与体积时非常节省存储空间。然而一旦涉及转动，几何方法就会变得相当复杂。此时替代方法有：

① 离散化方法。检验若干个 n 维点对应的位姿，如果该位姿满足所有运动约束，则该点对应一个工作空间内的位姿。该方法计算量很大是因为随着检测点的增多所需要的机时将呈现指数级的增加，同时还将要具备较大的存储空间。但另一方面，离散化方法具有简单可行的优点，且便于考虑所有的约束，因为对某一确定的平台位姿来说，运动约束往往是容易确定的。

② 可确定工作空间边界的数值计算方法。

③ 基于区间算法的数值计算方法，可以任何精度来确定工作空间的体积。该方法也适用于解决运动规划问题。

奇异可将利用运动学约束计算得到的工作空间分隔成基本的单元，Wenger 称其为片（aspect）。然而对于空间并联机构来说，如何确定片仍未得到解决。并联机构也并不是总能从某一片移动到另一片（至少没考虑机构的动力学特性），因此，有效的工作空间会变小。

与工作空间分析相关的一个问题是运动规划问题，而并联机器人的运动规划问题与串联机器人还是有些不同。对于并联机器人来说，规划问题并不是在工作空间中避障，而是要确定某条路径是否完全位于工作空间内，或者确定两位姿之间的路径上是否不存在奇异位形。检查路径是否可行的算法是现成的，但确定这样的路径却很困难。经典串联机器人的运动规划是在关节空间内进行的，并假定关节空间与作业空间之间存在一一对应的关系。基于该假定，就有可能在关节空间内确定一个不发生干涉碰撞的点集，进而再规划出连接两位姿的不发生干涉碰撞的路径。然而这个假定对并联机器人来说并不适用，因为关节空间与作业空间之间的映射并不是一对一的：关节空间的一个点既有可能对应作业空间中的多个点，也有可能因为封闭方程得不到满足而不存在对应的点。对并联机器人来说，最有效的运动规划方法看起来应该是考虑或在一定程度考虑封闭方程的随机运动规划的自适应算法。

并联机器人的另一个运动规划问题是只使用部分自由度完成作业。例如，当一台6自由度的并联机器人在进行加工作业时，绕刀具轴线转动的平台运动就不必参与其中，因为驱动输出轴的转动可确保刀具的转动。因此不参与作业的自由度便可用于扩大作业空间、避开奇异位形，或者优化机构的某些性能指标，进而可定义部件定位问题，即在机器人的工作空间内确定部件的位姿以便部件的位姿满足某些约束。例如，部件应整体位于工作空间之内，且在其表面上的每一点上机器人都具有一定的转动能力。

5　静力学分析和静平衡

与串联机器人类似，利用雅可比矩阵易实现并联机器人的静力学分析。主动关节的驱动力/力矩 $\boldsymbol{\tau}$ 与施加在动平台上的力旋量 $\boldsymbol{f}$ 之间的映射为

$$\boldsymbol{\tau}=\boldsymbol{J}^{\mathrm{T}}\boldsymbol{f} \tag{26.3-13}$$

式中，$\boldsymbol{J}^{\mathrm{T}}$ 是机器人雅可比矩阵的转置矩阵。

式（26.3-13）可用于多种场合：

1）在设计过程中可确定驱动力/力矩（以完成驱动器选型）。此时，设计者感兴趣的是寻找机器人在整个工作空间内所需的最大驱动力/力矩。然而这是一个复杂的问题，因为并不知道封闭形式的 $\boldsymbol{J}^{\mathrm{T}}$。

2）当机器人设置力传感器时，如果 $\boldsymbol{\tau}$ 已被检测出且动平台的位姿是已知的，则据式（26.3-13）即可算出 $\boldsymbol{f}$，这样机器人既是运动平台也是传感平台。

与串联机器人类似，并联机器人的刚度矩阵 $\boldsymbol{K}$ 定义为

$$\boldsymbol{K} = \boldsymbol{J}^{(-1)\mathrm{T}}\boldsymbol{K}_j\boldsymbol{J}^{-1} \tag{26.3-14}$$

式中，$\boldsymbol{K}_j$ 是驱动关节刚度组成的对角矩阵。但 Duffy 指出，该式在普遍意义上并不完整。例如，对于 Gough 平台，该式假设连杆的弹性元件上的初始载荷为零。假设未施加载荷连杆的长度为 q_i^0，则

$$\Delta\boldsymbol{f}=\sum_{i=1}^{6}k\Delta q_i\,\boldsymbol{n}_i+k_i(q_i-q_i^0)\Delta\,\boldsymbol{n}_i$$

$$\Delta\boldsymbol{m}=\sum_{i=1}^{6}k\Delta q_i\,c_i\times\boldsymbol{n}_i+k_i(q_i-q_i^0)\Delta(\boldsymbol{c}_i\times\boldsymbol{n}_i)$$

式中，k_i 为支链的轴向刚度；$\boldsymbol{n}_i$ 为沿第 i 条支链方向的单位矢量；$\boldsymbol{c}_i$ 为运动坐标系的原点和动平台上第 i 个连接点之间的矢量；$\boldsymbol{f}$ 和 $\boldsymbol{m}$ 分别为施加在动平台上的外力和外力矩。因此，式（26.3-14）中的刚度矩阵仅在 $q_i = q_i^0$ 时才是正确的，故称为被动刚度。通过添加主动刚度项，包括预紧项的影响，即

$$\boldsymbol{K}_C = \boldsymbol{J}^{(-1)\mathrm{T}} \boldsymbol{K}_j \boldsymbol{J}^{-1} + \left[\frac{\partial \boldsymbol{J}^{\mathrm{T}} \boldsymbol{\tau}}{\partial \boldsymbol{p}}\right]$$

此计算式已经通过实验结果验证优于式（26.3-14）。

静力计算还用于静平衡问题。几十年来，有关机器人静平衡的研究一直都是重要的内容。只要连杆的重力在静止状态下不产生作用力/力矩于驱动器上，则不论并联机器人处于任何位姿，其都被认为会处于静平衡，这一条件也称为重力补偿。Dunlop 在研究并联机器人的重力补偿时，曾建议使用配重来平衡一个用于调整天线方向的 2 自由度并联机器人，Jean 则研究了平面并联机器人的重力补偿问题，并提出了简单有效的平衡条件。

一般来说，可利用配重或弹簧来实现静平衡。如果使用弹簧，则静平衡可定义为任何位姿时机构中势能之和（包括重力势能和弹簧中储存的弹性势能）保持常数的一组条件；如果不用弹簧或其他储存弹性势能的元件，则机器人保持静平衡的条件是无论机器人如何运动，其重心位置均保持在同一水平高度。

考虑有 n 个自由度的普通的空间并联机器人，其包含有 n_b 个运动部件和一个固定的机座。若用 $\boldsymbol{c}_i$ 表示第 i 个活动部件的重心相对固定坐标系的位置矢量，用 m_i 表示第 i 个活动部件的质量，用 $\boldsymbol{c}$ 表示机器人总重心中相对固定坐标系的位置矢量，则有

$$\boldsymbol{c} = \frac{1}{m} \sum_{i=1}^{n_b} m_i \boldsymbol{c}_i$$

式中，m 为所有运动部件的质量总和，即

$$m = \sum_{i=1}^{n_b} m_i$$

一般来说，矢量 $\boldsymbol{c}$ 是机器人位姿的函数。若机器人未使用弹性元件，则平衡条件为

$$\boldsymbol{e}_z^{\mathrm{T}} \boldsymbol{c} = C_t$$

式中，C_t 为任意常数；$\boldsymbol{e}_z$ 为沿重力方向的单位矢量。

如果机器人使用了弹性元件，则系统的势能和弹性能的和为

$$V = g \boldsymbol{e}_z^{\mathrm{T}} \sum_{i=1}^{n_b} m_i \boldsymbol{c} + \frac{1}{2} \sum_{j=1}^{n_s} k_j (s_j - s_j^0)^2$$

式中，g 为重力加速度；n_s 为弹性元件的数量；k_j 为第 j 个弹性元件的刚度；s_j^0 为弹性元件的原始长度；s_j 为第 j 个弹性元件变形后的长度。其静平衡的条件是总的储存能量之和为常数，即

$$V = V_C$$

式中，V_C 为任意常数。

利用上面给出的通式可获得机器人处于静平衡的条件。尽管利用该方程一般均可得到充分的静平衡条件，但对于空间并联机器人来说，求解静平衡条件的过程往往十分烦琐。一些研究指出，仅使用配重是无法保证 6-UPS 并联机器人在任何位姿下都能实现静平衡的，推荐一些仅使用弹簧即可实现静平衡的替代构型（含有平行四边形）。

静平衡的后续研究自然是动平衡。动平衡的研究目的是实现机座在机器人工作过程中不会受到运动部件的冲击。动平衡问题可分为平面并联机器人的动平衡问题以及空间并联机器人的动平衡问题。文献认为，可对自由度数目不多于 6 的并联机器人进行型综合以实现动平衡，尽管最终得到的构型可能会很复杂。

6 动力学分析

动力学在并联机器人控制中发挥重要作用：

① 快速和（或）重载机器人。它们以某一速度运行在相对较大的工作空间内，因而动力学效应对末端执行器的运动产生重要影响。应用实例为飞行模拟器或码垛机器人。

② 高带宽机器人。这种机器人以高频响应运行在非常小的工作空间内。这种机器人的典型应用为振动模拟器。

③ 结构敏感机器人。即使在低速运行时，这些机器人的结构也使得动力学效应可以显著地改变它们的行为。这个分类中典型的例子是绳索机器人和柔性机器人。Pritschow 也注意到，对高速机械加工而言，动态误差的影响远比静态误差要大。

第一个必须提出的问题是，是否有必要为满足于控制目的而建立机器人的动力学模型？实际上，有一个学派认为，由于建模误差太多（虽然已经提出了在线估计方法，但出现在动态关系中的某些参数确实很难被估计出来），所以不应该使用动力学模型。于是，代替从整个系统的角度考虑问题，有人建议使用比简单的 PID，更好地控制律单独地控制每个驱动器。另外，当建立基于动力学关系的实用控制律时，碰到的困难不仅有动力学关系的复杂性，还有处理正运动学的困难。在动力学关系中，总是避不开正运动学。然而，这些争论实际上是针对类型①机器人，对其他类型机器人并不适用。

理论上，并联机器人的动力学方程具有类似的形式，它仍然由惯性力项、哥氏力和离心力项、重力项和广义力（主动关节力/力矩）所构成。

计算闭链动力学模型的经典方法是，首先形成一个等价树结构，然后利用拉格朗日（Lagrange）乘子法或达朗贝尔（d' Alembert）原理处理系统的约束。业已证明，达朗贝尔原理可以有效地对并联机器人动力学建模。其他动力学模型的建立方法还有虚功原理、拉格朗日型、哈密尔顿原理、牛顿-欧拉方程、凯恩方程等。

文献讨论了如何利用动力学模型来辅助实现对机器人的控制，多是在自适应控制过程中在线地利用跟踪误差来修正动力学方程中的参数。虽然在普通的 6 自由度并联机器人和振动平台上也有一些应用，但控制律主要还是用于平面并联机器人以及 Delta 机器人。对 6 自由度并联机器人，利用动力学模型来提高运动速度的做法往往收效甚微，因为动力学模型的计算量太大。

并联机器人能以比串联机器人快得多的速度和加速度进行作业。例如，有些 Delta 机器人的加速度可达 $500m/s^2$，而绳索驱动机器人的加速度甚至会更大。另外，减小工作空间内机器人的惯量的波动将有助于优化并联机器人的动力学性能。

7　并联机器人设计问题

机器人的机构设计可分为两个主要的阶段：

① 结构综合，确定机器人所要采用的构型。

② 尺寸综合，确定构型的几何参数值（此处的几何参数是广义的，如可能涉及的质量和惯量）。

除了运动形式以外还要在设计阶段考虑性能要求。串联机器人的优势在于可能的构型数量相对较少，而其中的一些构型在某些性能方面又比其他构型具有明显的优势（如 3 个转动副串联而成的关节式机器人的工作空间就比外形尺寸差不多的直角坐标式机器人的工作空间大得多）。

并联机器人不仅存在大量可能的构型设计方案，而且构型的性能还对几何参数十分敏感。比如说在指定的工作空间内，平台半径 10% 的变化就可能使 Gough 平台的极值刚度变为原来的 700%。因此，结构综合与尺寸综合密不可分。事实上，构型不是最优但参数设计合理的机器人完成任务时的表现一般也会比看起来构型优异但参数设计不合理的机器人要好。

几何综合的第一种方法是试凑法，手动地修改机构的几何尺寸，每次修改后利用仿真软件评估新机构的性能，直至获得满足设计要求的机构。试凑法依赖于高效仿真系统。通用机械仿真软件不能真正有效地分析闭环机构。另外，由于并联机器人可能构型的多样性，很难设计出通用的并联机器人仿真系统。目前，仅有几种通用仿真系统，基于键合图的运动学仿真或者 Map 动力学仿真器，有些仿真系统项目正在研究之中，如 Synthetica 软件。有人认为，开发一种高效通用仿真软件的任务是如此巨大和紧迫，需要世界范围内的合作努力才能完成。即使对特定的机器人构型，也只有少数几个仿真系统，平面机器人一个、3 自由度球形机器人及适用于各种机械臂的 RT4PM 软件。还有一个在线网上服务可以进行工作空间、误差及条件数分析。由于定义并联机器人几何形状所需的参数数量庞大，无论在什么情况下，试凑法都很难实际应用。其实，关节配置、连杆长度、被动关节运动能力等几何参数对机器人性能有非常重要的影响。设计参数的数量也导致不能使用简单的经验方法，即对每个设计参数进行采样，然后对参数的所有组合测试机器人性能是行不通的。

设计过程常被看作是优化问题。每一个特定的性能要求均与某一项性能指标相关联，该指标会随着性能要求不被满足程度的加剧而升高。这些性能指标全都被归纳在一个加权的且被称作成本函数的实数函数里，该函数本质上是几何参数的函数，然后利用一个数值计算的优化程序寻找使函数取极小值的几何参数值（该法就是优化设计）。但此法也有很多缺陷：成本函数中的权重系数的大小和效果很难确定，必要的要求很难被导入函数且会使优化过程非常复杂，定义性能指标也很重要等。以上仅列举几项，主要的问题可表述如下：

① 对于最终设计中的不确定因素，就不能不考虑使用成本函数而得到的设计方案的鲁棒性。因为存在制造误差以及一些机械系统内在的不确定因素，最终的样机总会与原理设计方案有所差异。

② 性能要求有时也是互相矛盾的（如工作空间和精度），优化设计也仅能采取折中，而权重系数的调整又很难把握。

优化设计的一个替代方法是适当设计（appropriate design），它不考虑最优化，而是确保期望的性能要求都得到满足。该法的基础是参数空间的概念，空间的每一维都与一个设计参数相关联。设计时，依次考虑每一个性能要求并计算满足要求的空间大小，最终所得到的设计方案就是若干个空间的交集。

由于制造总是存在误差，因此很难制造出与靠近区域边界的值一致的机器人。所以，在实际操作中，仅仅需要确定大概的空间区域即可。在实际计算中，区间算法已成功应用于很多不同的应用中。

适当设计方法的应用比成本函数方法要复杂得多，但它的优势在于，它能够得到所有的可行方案，包括考虑了制造误差进而能够确保机器人满足所有期望要求的设计方案。

第4章 轮式机器人

机器人的移动可以通过轮式、腿式、履带式等机构实现，也可以通过在空中的飞行、水中的游行等实现。空中机器人包括空中无人机、无人飞艇等；水中机器人包括无人水面艇和无人潜航器等。本章仅讨论轮式机器人的相关技术。

1 轮式移动机构概述

轮式移动机构在地面等移动环境中控制轮的滚动运动，使移动体本体相对于移动面产生相对运动。该机构的特征是，在平坦的移动环境下，它比履带式移动机构或腿式移动机构行进的速度和效率都更高，它的机械结构也比较简单，控制性能好。

车轮的历史可以说是从自滚轮开始的。伴随着铁路机车和汽车的出现，为了解决这些交通工具所面临的各种问题，通过研究开发，车轮得到了不断的发展。该领域研究的特点是通过实验将经验上升到理论，再从不断寻求理论根据的实践活动中加以积累。轮式移动机构应用在各种各样的领域中，在移动机器人中也占有重要地位。

将轮子作为移动机构的装置有很多，例如铁路机车、汽车、自行车、轮椅等，它们在我们的生活中都不可或缺。在工业领域中，轮式移动机构被广泛地应用于农业机械、建筑机械、叉车、装卸搬运机械。1991年发射的火星表面探测器——火星漫游者（rover）为6轮车。

1.1 汽车

汽车的定义是使用原动机而不依靠轨道或架设线缆运行的车辆。但是，自行车、带原动机的自行车、残疾人用轮椅、步行辅助车等按照法规属于其他小型车的车辆（以下称为“代步辅助车等”不属此列“汽车”的定义）的范围很广泛。

汽车的研究开发主要涉及高速移动、安全、环境保护，包括智能道路交通系统（Intelligent Transport System，ITS），范围极其广泛。“汽车自动驾驶系统”的研究始于20世纪50年代，其目的在于使汽车安全地移动至指定的场所，随着计算机技术的提高和普及，这项技术得到了长足的发展。为了实现自动驾驶，它必须有下面两种功能：① 道路检测和沿道路的行驶控制；② 障碍物检测和回避，这些功能与移动机器人有共同点。

1.2 工业车辆

工业车辆分为有动力的搬运车（蓄电池搬运车、包括托盘搬运车）、内燃机搬运车、无人搬运车、铲车（蓄电池式、内燃机式）、汽车挖掘机、厂内作业车（手推车、起重车）等。相关的标准包括ISO—3691《工业车辆—安全要求和验证》等。

自动导引车（Automatic Guided Vehicle，AGV）根据转向方式，分为前轮转向方式、双轮差速方式、独立转向方式三种，如图26.4-1所示。此外，还有一种形式与独立转向方式类似，称为前后独立转向方式，它是将两个前轮及两个后轮分别进行机械耦合，它们能同时控制转向。

GB/T 20721—2006《自动导引车—通用技术条件》，对路面设置有明确规定的技术要求，包括地面的起伏程度、路面坡度、台阶高度、沟宽幅度和地面构造等，如图26.4-2所示。在一些应用场合，轮式移动机器人的移动机构与自动导引车具有相同的结构。因此，在设计时也有必要依据同样的条件对其加以考虑。

1.3 建筑机械及农业机械等特殊车辆

在农业和土木建筑领域中，要求机械能在柔软地面或不平整的地面上移动，或者在移动中同时进行耕作或挖掘等作业。移动系统必须具有足够的牵引力。为了更好地解决这样的问题，人们正在开展有关土质与机械相互作用的研究，即所谓土质机械学（terramechanics）领域的研究。车辆的控制，在多数情况下都采用机械式，即直接由驾驶员施加力来进行操作，但如果是大型机械，需要的操作力很大，可以借助于电动式，即将驾驶员的操作变换为信号，输入到伺服机构中。

1.4 医疗康复机器

为了拓宽运动残障者的活动，有人利用汽车作为医疗康复车辆。例如，医疗康复机器有面向高龄者的电动轮椅（前轮有一个或两个轮子，后轮有两个轮子的踏板车型结构）、身体残障者的轮椅等。一般的轮椅在多数情况下都将前面的两个轮子作为脚轮，而电动轮椅的车轮配置有各种形式，如图26.4-3所示。

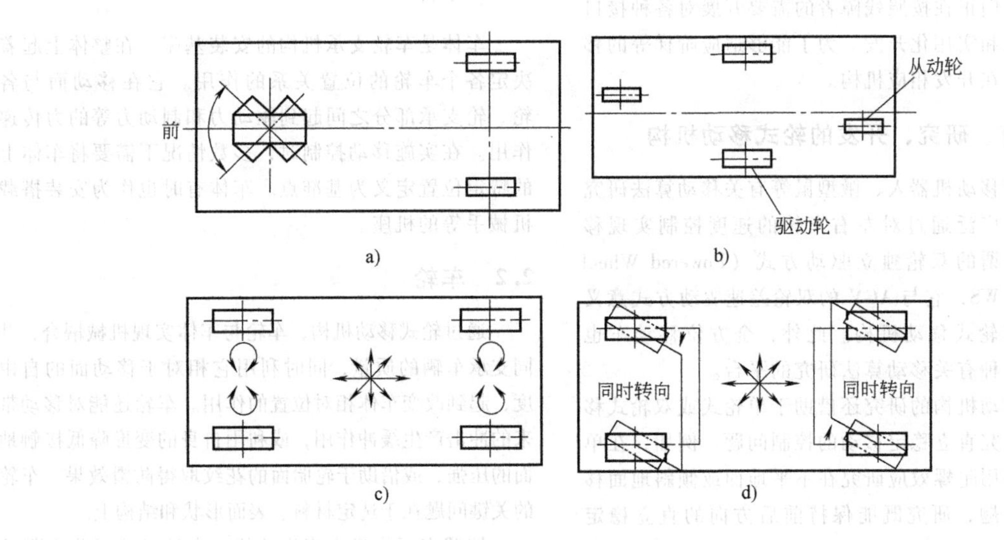

图 26.4-1　AGV 的转向方式

a）前轮转向方式　b）双轮差速方式　c）独立转向方式　d）前后独立转向方式

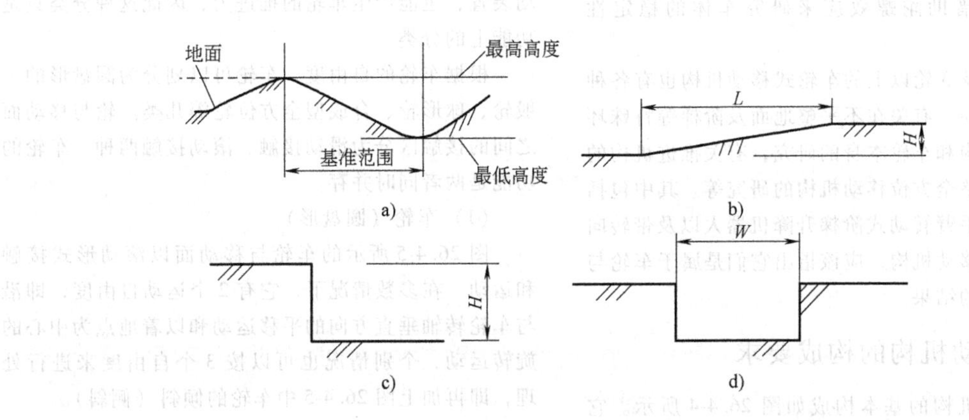

图 26.4-2　移动路面的状况

a）地面的起伏程度　b）路面坡度　c）台阶高度　d）沟宽幅度

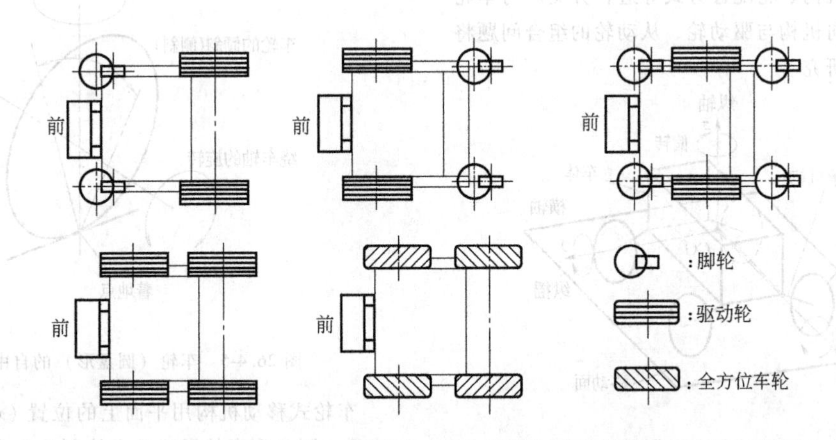

图 26.4-3　电动轮椅的车轮配置形式（平面图）

对于电动轮椅的控制问题，除了涉及操纵杆控制器以外，人们正在按照残障者的需要开展对各种接口装置的研究和实用化开发。为了能够适应阶梯等的移动环境，还在开发相应机构。

1.5 教育、研究、开发的轮式移动机构

在自律移动机器人、微型鼠等有关移动算法研究的平台中，广泛通过对左右车轮的速度控制实现移动，此即所谓的双轮独立驱动方式（Powered Wheel Steerring，PWS，它与AGV的双轮差速驱动方式意义相同）的车轮式移动机构。此外，全方位移动车也用来作为一种有关移动算法研究的平台。

轮式移动机构的研究还借助于单轮式或双轮式移动机构来研究直立稳定移动的控制问题。例如，在单轮机构上利用陀螺效应研究在不平地面或倾斜地面移动及旋转问题，研究既能保持前后方向的直立稳定性，又能沿规定路径移动的控制问题等。对于双轮机构，包括对同轴双轮车进行姿态控制研究，搭载陀螺和电机，以便借助陀螺效应来研究车体的稳定性问题。

对于3轮及3轮以上的车轮式移动机构也有各种研究成果。例如，有关在不平整地面及阶梯等特殊环境下的移动机构和车轮本身的研究，有关推进机构的研究，以及完整全方位移动机构的研究等。其中包括后面将涉及的手臂转动式阶梯升降机器人以及带转向的4履带方式移动机构，应该指出它们是属于车轮与其他机构组合的结果。

2 轮式移动机构的构成要求

轮式移动机构的基本构成如图26.4-4所示。它由车体、车轮、将车轮-车体之间两者结合起来的支承机构、车轮驱动机构等组成。轮式移动机构可以按照轮数、转向机构、轮配置方式等进行分类。与车轮配置有关的转向机构与驱动轮、从动轮的组合问题将在机构学中去研究。

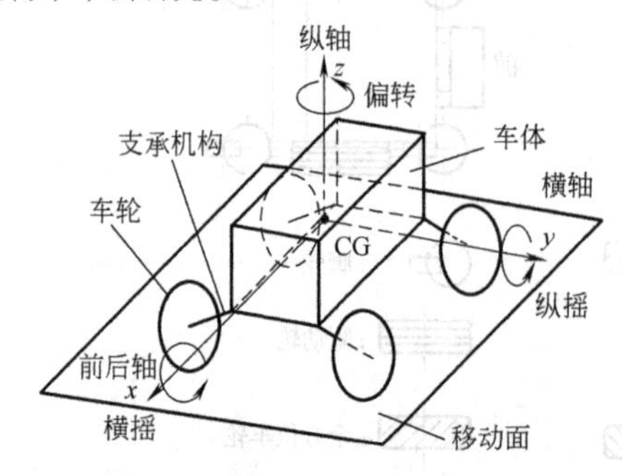

图26.4-4 轮式移动机构的基本构成（以4轮为例）

2.1 车体

车体是车轮支承机构的安装基座，在整体上起着决定各个车轮的位置关系的作用。它在移动面与各轮、轮支承部分之间起到驱动力和制动力等的力传递作用。在实施移动控制时，多数情况下需要将车体上的特定位置定义为基准点。车体有时也作为安装搭载机械手等的机座。

2.2 车轮

通过轮式移动机构，车轮与车体实现机械耦合，共同支承车辆的质量，同时利用它相对于移动面的自由度，起到改变车体相对位置的作用。车轮还能对移动带来的冲击产生缓冲作用，或利用自身的变形降低接触地面的压强，或借助于轮胎面的花纹取得防滑效果。车轮的关键问题在于选定材料、表面形状和结构上。

按照有无推进力产生功能，车轮又可以分为驱动轮、从动轮两大类。有些车轮，即使车轴上不安装驱动装置，也能产生车轮的推进力，因此这种分类只是功能上的分类。

根据车轮的自由度，车轮可以划分为圆盘形的一般轮、球形轮、合成型全方位轮等几类。轮与移动面之间的接触区分为滑动接触、滚动接触两种。车轮的功能是两者同时并存。

（1）车轮（圆盘形）

图26.4-5所示的车轮与移动面以滚动形式接触和运动。在多数情况下，它有2个运动自由度，即沿与车轮转轴垂直方向的平移运动和以着地点为中心的旋转运动，个别情况也可以按3个自由度来进行处理，即再加上图26.4-5中车轮的倾斜（侧斜）。

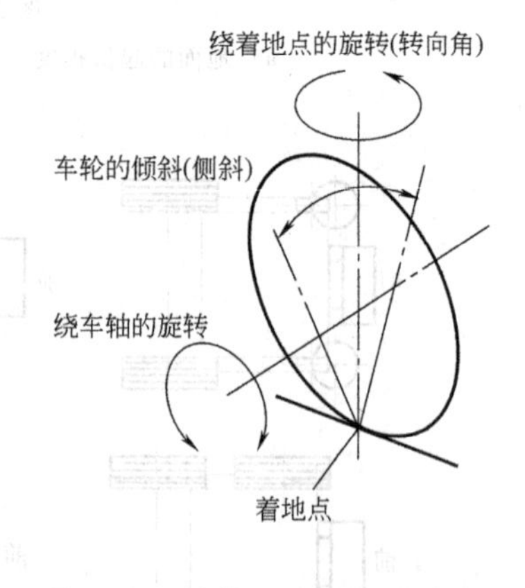

图26.4-5 车轮（圆盘形）的自由度

车轮式移动机构用平面上的位置（x，y）和姿态θ表示。圆盘形车轮无法独立控制这3个量。对于这

样的 3 个自由度的位置坐标，如果用来控制的驱动数量不够，此约束关系被称为非完整约束，圆盘形车轮具有该特征。

（2）球形轮

球形轮有 3 个自由度，即平面两个方向的平移运动和围绕着地点的旋转运动，它本质上属于全方位车轮。然而，尽管其外形呈球形，但靠车轴来支承车轮。因而从功能上看，其仍然属于圆盘形轮，不能算是球形轮。球形轮能构成完整的移动机构，向球形车轮传递驱动力的机构形式很多，实现两个方向平移运动的机构比起圆盘车轮来说要复杂得多。

图 26.4-6 所示的球形车轮通常作为从动轮，对

图 26.4-6　球形车轮

移动施加的阻力是全方位的，与脚轮不同。为了提高球形车轮的承载能力，必须增大它的直径，由于车轮的质量与直径的立方成比例，加上在点接触部分出现的载荷集中很容易破坏表面等原因，因此要采用大载荷球形车轮有一定的难度。

（3）合成型全方位轮

麦克纳姆轮（瑞典轮，mecanum），这类轮的结构与轮的配置有密切的关系。圆盘形车轮沿着车轮平行方向的平移运动受到摩擦力的约束。如果在轮毂外周配置小直径辊子组装成全方位车轮，通过辊子滚动接触的组合，能得到 3 个自由度，因此它属于完整的移动机构。设计实例有万向车轮、mecanum 车轮、vuton 履带以及 vuton2 等，虽然它们彼此在位置关系（如辊子和轮毂所成角度等），以及相当于轮毂的机械部分结构等方面均存在区别，但它们的基本原理相同，因此统称为“合成型全方位移动车轮”，如图 26.4-7 所示。

在合成型全方位车轮的车轮式移动机构中，各个车轮的辊子必须配置在限制其他车轮辊子自由旋转的

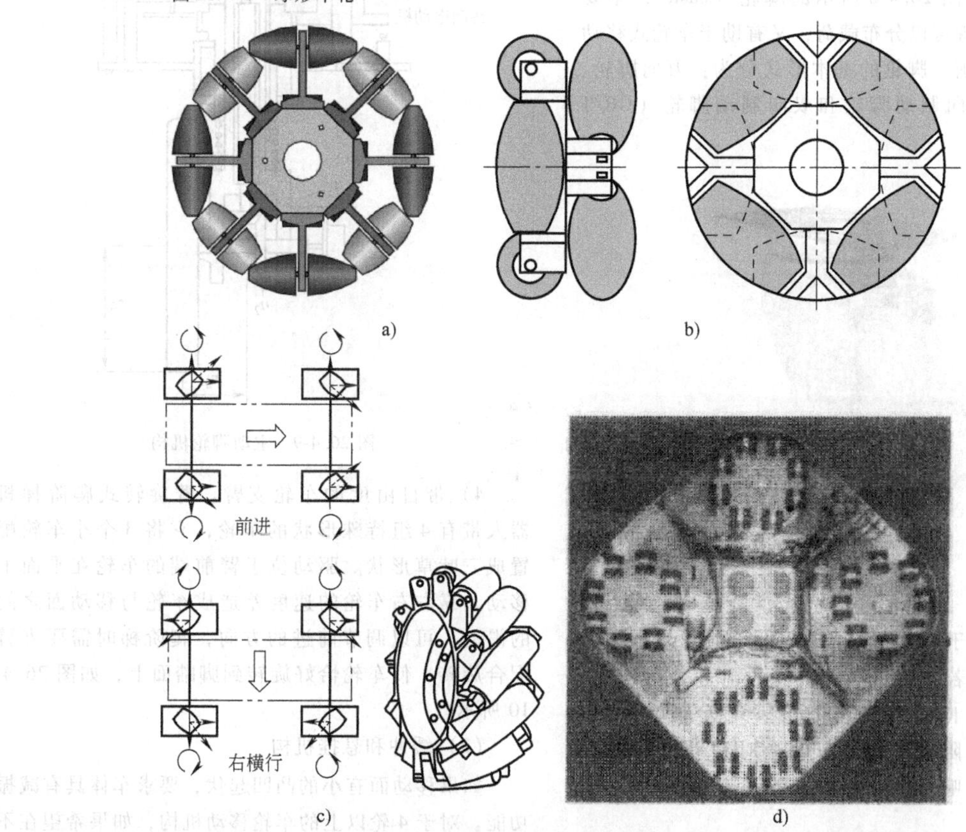

图 26.4-7　合成型全方位移动车轮

a）瑞典轮　b）万向车轮　c）车轮的移动方法　d）vuton2 移动机构

方向上。因此，车轮数必须是3个或3个以上。由于与移动面接触的车轮的直径较小，车轮承载力是有限的，实际上，是由轮毂周边的辊子起到支承的作用。车轮的承载力还受到辊子等的支承轴强度的限制。总之，与相同直径的圆盘形车轮相比，合成型全方位车轮的允许载荷比较低。由于移动方向与辊子旋转方向之间的夹角大，从而产生附加的运行阻力，合成型全方位车轮所需要的驱动力也比传统轮大。

2.3　车轮支承机构

车轮支承机构位于轮和车体之间，确定了两者在空间上的关系，包括自由度在内。车轮支承机构承载车轮以上部分的载荷，并将它传递到各个车轮上。悬挂装置、缓冲装置也应该考虑包含在车轮支承机构之内。

（1）车轮在车体上固定和自由度

1）固定支架。固定支架起到将车轮固定到车体上，并限制方向和位置的作用。这种支承形式的车轮称为固定车轮。许多车轮都属于这种支承方法，包括合成型全方位车轮。

2）脚轮。图26.4-8所示的脚轮（caster）主要用作从动轮，既可以分布载荷，又有助于车轮式移动机构的静态平衡。脚轮的基本形式分为：万向脚轮、定向脚轮、单向制动脚轮和双向制动脚轮（GB/T 14687—2011）。

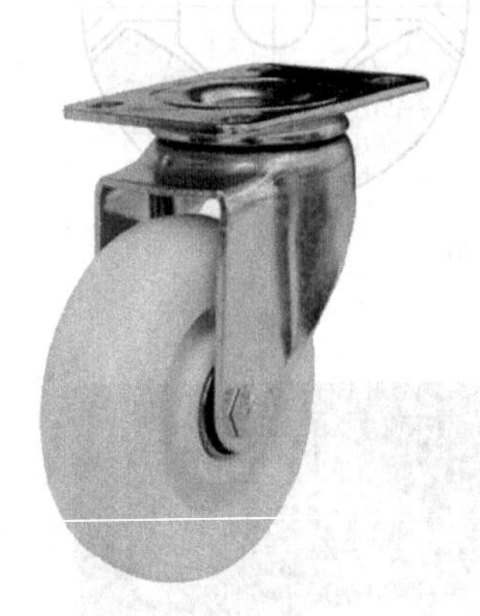

图26.4-8　脚轮

脚轮相当于在移动面与车体的接合点处设置了一根连杆。若脚轮与移动机构的前进方向相反，而它的轮叉方向将与前进方向呈现近似垂直时，会产生很大的阻力，甚至有时会对移动机构的路径控制产生影响。因而，要求脚轮转动部分有较大的间隙。

3）转向机构。转向机构的作用是改变车轮相对于车体的方向。如果包含车轮和移动面着地中心在内的垂直线与转向轴一致，则车轮的相对位置不变，仅改变方向；如果因为受到各种限制，两者无法保持一致，此时转向时车体的位置与车轮的方向将一起发生变化。

在低速车轮的移动机构中，转向轴多数沿铅垂方向布置。但是，自行车或自动两轮车为了提高前进中的稳定性，转向轴与移动面之间保持一定的后倾角，该后倾角将影响转向时车体的姿态。

图26.4-9所示为一个4轮准全方位移动机构中采用的主动脚轮机构，它是由转向机构和车轮驱动机构组合而成，驱动电动机的输出通过锥齿轮向车轮传递，转向电动机使整个车轮机构旋转，调节车轮本身的姿态。设锥齿轮的齿数为 n_1 和 n_2，偏距 r_0 以及车轮半径 R 之间存在 $n_1/n_2=R/r_0$ 的关系，从而使车轮在着地点处无滑动，滚动的同时统转向轴的投影点转动。

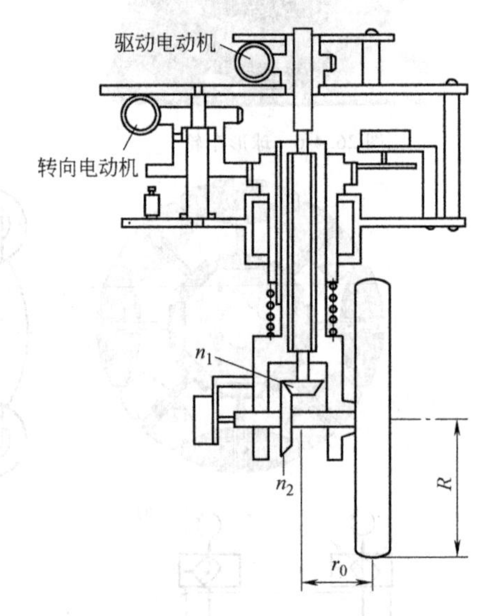

图26.4-9　主动脚轮机构

4）带自由度的车轮支臂。臂旋转式爬阶梯机器人带有4组特殊形状的车轮，它将3个小车轮配置成三叶草形状。驱动位于臂前端的车轮在平面上移动，靠左右车轮的速度差造成车轮与移动面之间的滑动，可以调节前进的方向，爬阶梯时需要支臂配合旋转，使车轮恰好旋转到脚踏面上，如图26.4-10所示。

（2）缓冲和悬挂机构

如果移动面有小的凸凹起伏，要求车体具有减振功能。对于4轮以上的车轮移动机构，如果希望在不平整的地面上或强度低的松软地面上实现稳定的移动，必须保持车轮随时与地面接触。

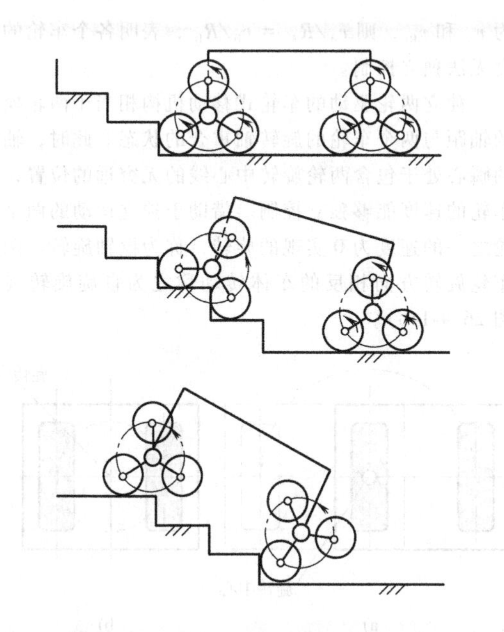

图 26.4-10　臂旋转式爬阶梯机器人

加大轮胎本身的变形量是一种解决的途径。但是轮胎的变形毕竟是有限的，同时会产生较大的移动阻力。因此，在多数情况下，都是将缓冲装置（吸收振动、冲击）和悬挂装置（保证车轮着地）组合起来应用。悬挂装置可分为主动式和被动式机构两种。主动式需要施加相应的控制，常用的是被动式机构，表 26.4-1 列出了各种被动式车轮悬挂机构。

表 26.4-1　各种被动式车轮悬挂机构

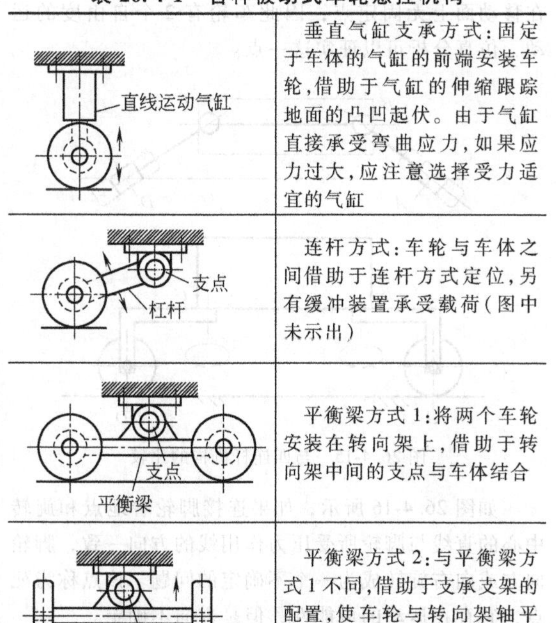

图示	说明
	垂直气缸支承方式：固定于车体的气缸的前端安装车轮，借助于气缸的伸缩跟踪地面的凸凹起伏。由于气缸直接承受弯曲应力，如果应力过大，应注意选择受力适宜的气缸
	连杆方式：车轮与车体之间借助于连杆方式定位，另有缓冲装置承受载荷（图中未示出）
	平衡梁方式 1：将两个车轮安装在转向架上，借助于转向架中间的支点与车体结合
	平衡梁方式 2：与平衡梁方式 1 不同，借助于支承支架的配置，使车轮与转向架轴平行，利用中间支承轴与车体结合以分布载荷

图 26.4-11 所示为 NASA 的漫游者火星探测机器人（Rover Sojourner）采用的摇臂转向架悬挂机构，Rover 用平衡梁将两个前车轮耦合起来，再利用平衡梁耦合该杆与后车轮。如果左右地面出现凹凸差，则空间连杆机构能保证 6 个轮子始终着地。前轮与中轮平衡梁的支承点设计在靠近中轮附近，其目的在于减轻施加于前轮的载荷，以增强越障的爬坡能力。

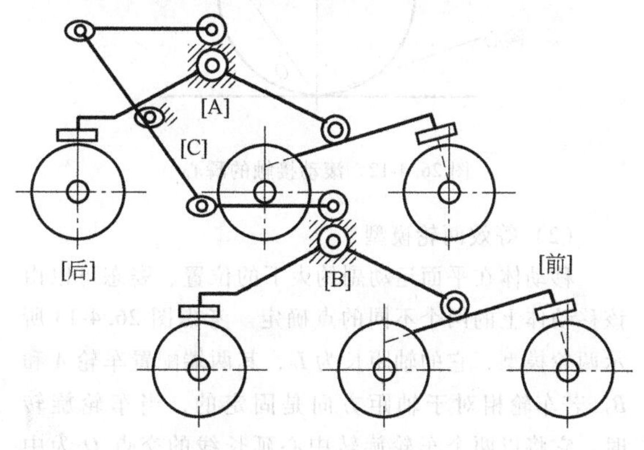

图 26.4-11　漫游者 Rover Sojourner（NASA/JPL）的悬挂机构

2.4　驱动机构

最常见的车轮驱动方式是用电动机经过减速器直接驱动车轮的车轴。在汽车中，差动齿轮的作用就是吸收车辆转弯时各个车轮之间的速度差。车轮移动式机器人在多数场合中都是每个车轮有各自的驱动装置，对它们分别进行速度控制。

实际上与移动面接触的车轮，即使它本身不直接被驱动旋转，也是能够产生驱动力的，例如前面的合成型全方位车轮的车式移动机构。

3　机构学

轮式移动机构属于不完全的机构，只有当车轮和地面接触之后它才具有了移动机构的功能。轮式移动机构不能像其他机构那样从机构学的观点来确定位姿。因此，需要从运动学角度来进行分析。

3.1　车轮机构分析

（1）车轮

当轮与水平移动面发生滚动接触时，接触点 P 是没有相对运动的点，即瞬心。接触点在移动面上移动，所以固定中心的轨迹是一条直线（见图 26.4-12）。假设车轮与移动面为刚体，发生滚动接触时，车轮的旋转运动和平移运动同时进行，且车轮的前进方向与旋转中心轴垂直。

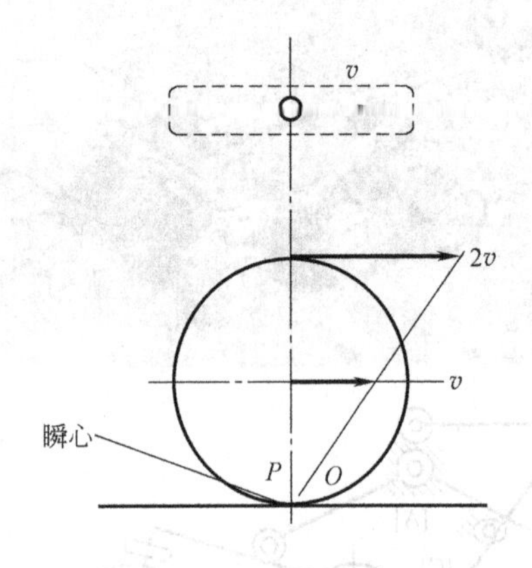

图 26.4-12　滚动接触的瞬心

（2）等效两轮模型

移动体在平面运动副约束下的位置、姿态可以由该移动体上的两个不同的点确定。考虑图 26.4-13 所示两轮模型，它的轴距长为 L，其两端配置车轮 A 和 B。若车轮相对于轴距方向是固定的，当车轮旋转时，它将以两个车轮旋转中心延长线的交点 O 为中心，保持 ABO 的形状进行运动。设车轮的速度分别

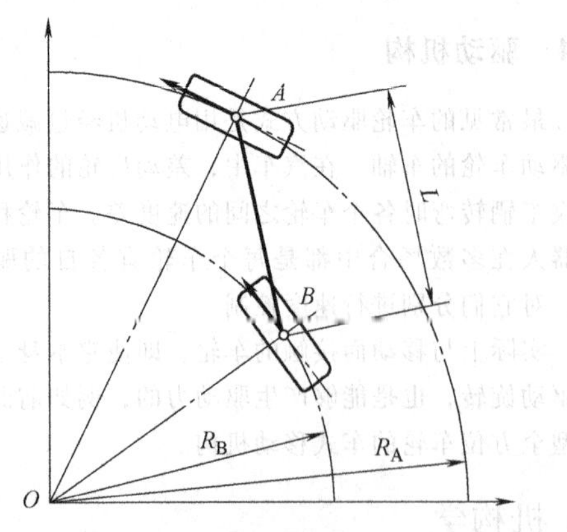

图 26.4-13　两轮模型的瞬心（平面）

为 v_A 和 v_B，则 $v_A/R_A = v_B/R_B$，表明各个车轮的速度无法独立控制。

独立两轮驱动的车轮式移动机构相当于两轮模型的轴距与两个车轮的旋转轴重合的状态。此时，轴距的瞬心处于包含两轮旋转中心线的无穷远的位置，各车轮的速度能够独立控制。借助于独立运动的两个车轮之一的速度为 0 实现的旋转，称为枢轴旋转。两个车轮旋转方向相反的车体转动称之为自旋旋转（见图 26.4-14b）。

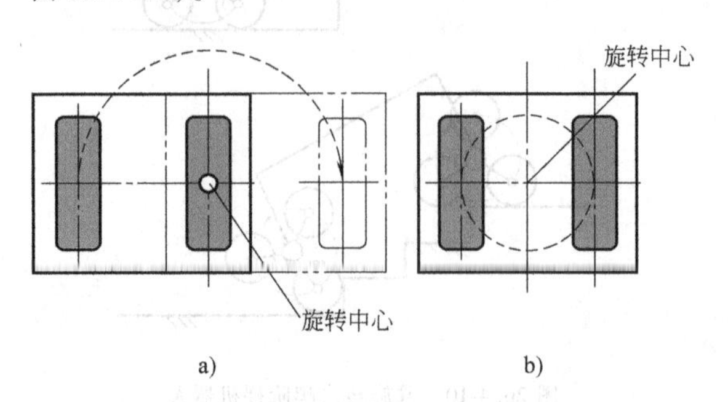

图 26.4-14　独立两轮驱动的旋转

a）枢轴旋转　b）自旋旋转

（3）简化为连杆机构处理

图 26.4-15 所示的两轮模型结构允许车轮在支承杠杆的根部相对于车体产生旋转，若向平面投影，相当于一个包含 A、D 之间移动面在内的四连杆机构。分析四连杆机构的运动时，一般将 A 或 D 之一选成固定点来进行分析。但车轮式移动机构与此不同，它在移动面上无固定点，因此车轮有 2 个自由度的运动，仿真分析可以证实这一点。

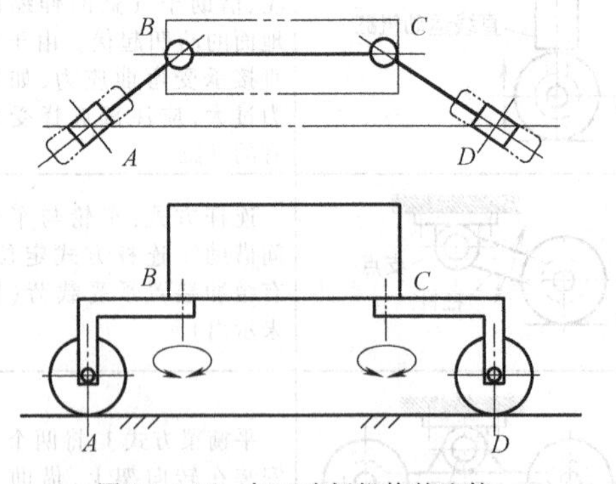

图 26.4-15　与四连杆机构的比较

如图 26.4-16 所示，如果连接脚轮着地点和旋转中心的直线与脚轮所受压力作用线的方向一致，脚轮向左或向右旋转成为一个不确定的问题。该点称为死点，它存在运动的可能性，但是方向不确定。

车轮式移动机构在铅锤方向的位置和姿态由车轮的旋转中心位置决定，旋转中心由移动面决定。车轮

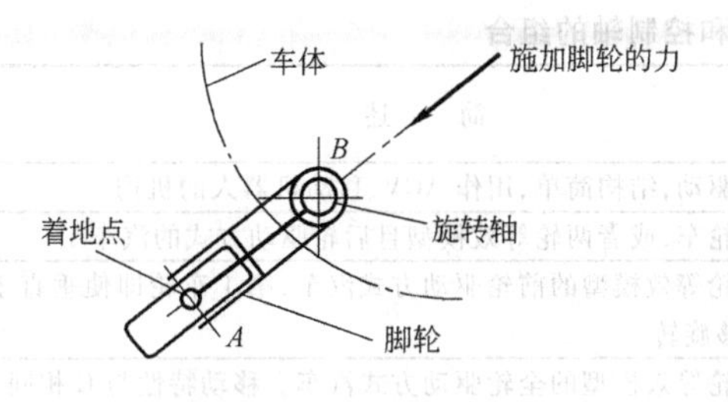

图 26.4-16　脚轮的分析与死点

沿水平面进行移动时，运动副之一的车轮旋转轴相对于着地点的旋转运动，就可以将着地点一侧简化为移动副，如图 26.4-17 所示。若两轮模型处于倾斜面上（见图 26.4-18），简化处理时车轮中心可以用转动副来表示，各个车轮的着地点可以用移动副表示，成为双滑块、双转动机构模型。

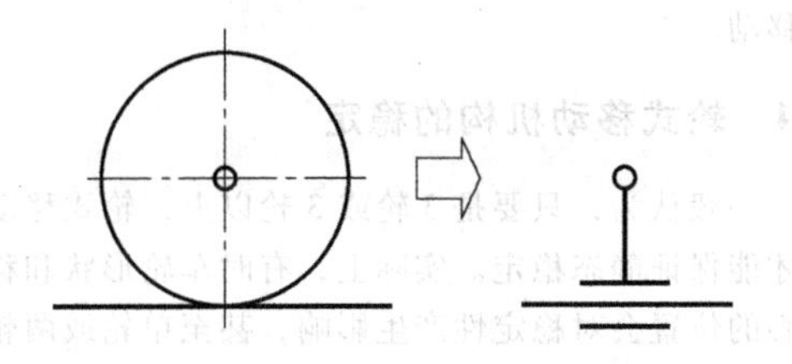
图 26.4-17　车轮的简化

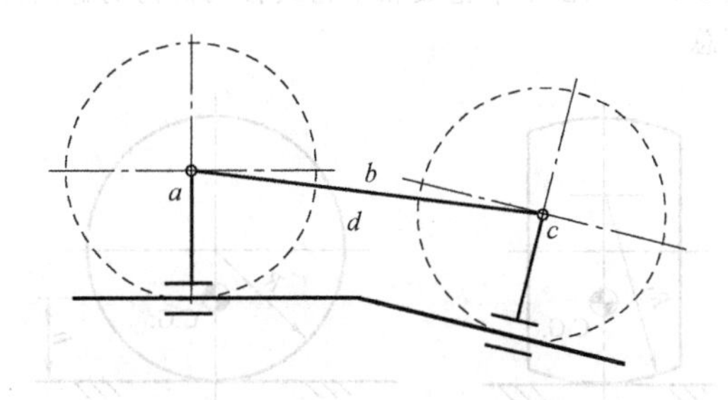

图 26.4-18　处于倾斜面的模型

跨越台阶时的两轮模型如图 26.4-19 所示。车轮中心和台阶一侧车轮的着地点构成转动副，相当于平面偏置曲柄滑块机构模型。在上述模型的基础上可以进一步进行力学分析。

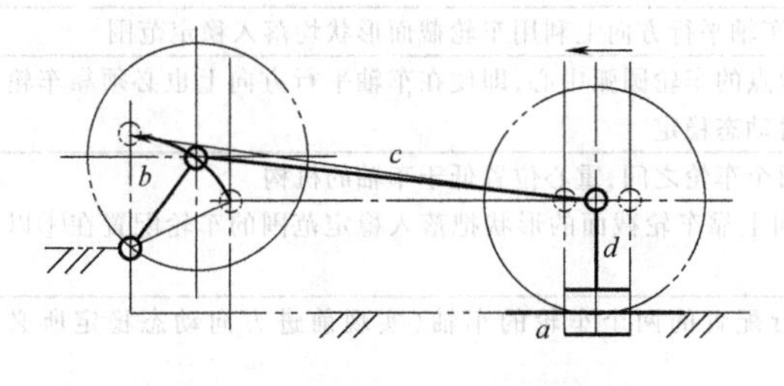

图 26.4-19　跨越台阶时的两轮模型

图 26.4-20 所示为跨越台阶时车轮旋转中心（车轴）的轨迹。轨迹分析可以采用求解凸轮机构的滚子从动件的轮廓曲线的方法。例如，采用图解法，沿着移动面的轮廓线，以它为中心移动半径等于车轮半径的圆，从而所获得的圆的上方包络线轨迹即为车轮旋转中心的轨迹。

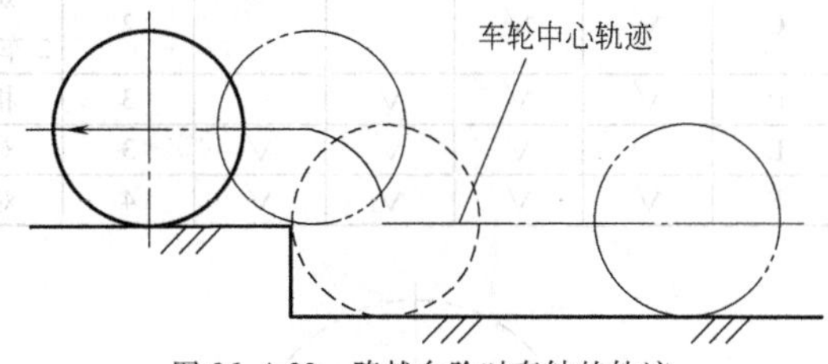

图 26.4-20　跨越台阶时车轴的轨迹

3.2　转向

（1）两轮模型的组合

两轮等效模型和控制轴的组合如图 26.4-21 所示和见表 26.4-2。

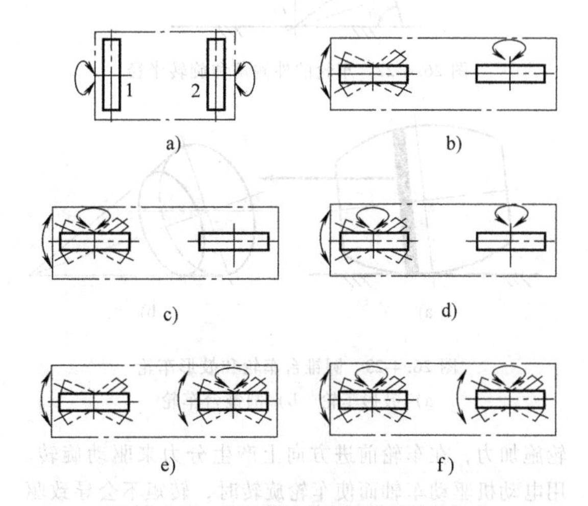

图 26.4-21　两轮等效模型和控制轴的组合

a) A类　b) B类　c) C类　d) D类　e) E类　f) F类

（2）利用车轮外侧角和形状转向

如图 26.4-22 所示，若圆盘形车轮的外侧角为 η，则旋转时的瞬心应该为旋转中心延长线与移动面的交点 O。设车轮的直径为 D，转弯半径 R 可由下式计算

$$R=\frac{D}{2\cos\eta}$$

单轮鼓形车轮的旋转可以简化为图 26.4-23 所示的圆锥台的旋转。

3.3　车轮的旋转驱动

驱动车轮旋转的方法有：电动机驱动车轴；对车

表 26.4-2　两轮等效模型和控制轴的组合

分类	车轮1		车轮2		控制轴数	简　述
	驱动	转向	驱动	转向		
A	√		√		2	独立两轮驱动,结构简单,用作AGV、移动机器人的机构
B		√	√		2	对应于两轮车,或者两轮等效模型且后轮驱动方式的汽车
C	√	√			2	对应于两轮等效模型的前轮驱动方式汽车,第1车轮即使垂直于第2车轮也能够旋转
D	√	√	√		3	相当于两轮等效模型的全轮驱动方式汽车。移动特性与C相同
E		√	√	√	3	对应于两轮等效模型的4WS(后轮随动)汽车
F	√	√	√	√	4	对应于两轮等效模型且独立转向方式的AGV

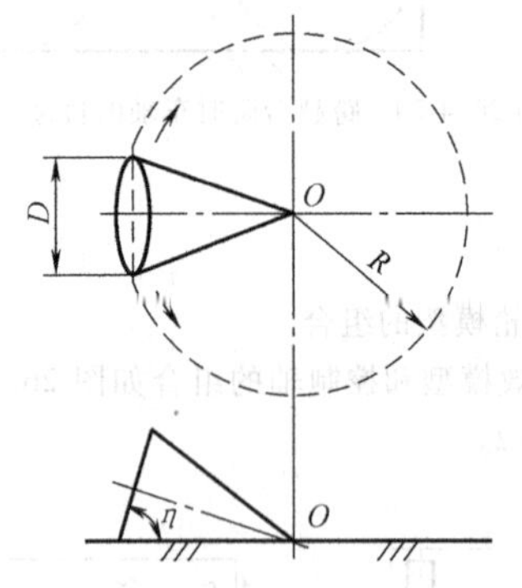

图 26.4-22　车轮的外侧角和旋转半径

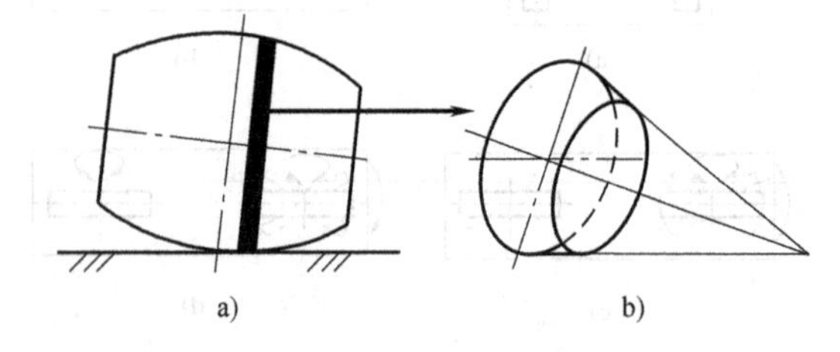

图 26.4-23　圆锥台车轮和鼓形车轮
a）鼓形车轮　b）圆锥台车轮

轮施加力，在车轮前进方向上产生分力来驱动旋转。用电动机驱动车轴而使车轮旋转时，转矩不会导致驱动装置本身的旋转，必须变换为车轮的推进力。因此，一般采用类似汽车的结构，在驱动轮的前方或后方设置车轮，通过车体接受车轮的反力。对于单轮或平行两轮式移动机构，如果重心位置低于车轮轮轴，作为驱动力位能产生的反力起作用。相反，如果重心位置高于车轮轮轴，颠覆力矩将产生车轮驱动力的反力用于移动。

3.4　轮式移动机构的稳定

一般认为，只要是3轮或3轮以上，轮式移动机构才能保证静态稳定。实际上，有时车轮形状和移动重心的位置会对稳定性产生影响，甚至单轮或两轮移动机构有时也能得到静态稳定，如图 26.4-24 所示。表 26.4-3 列出了车轮数和车轮式移动机构的稳定性汇总。

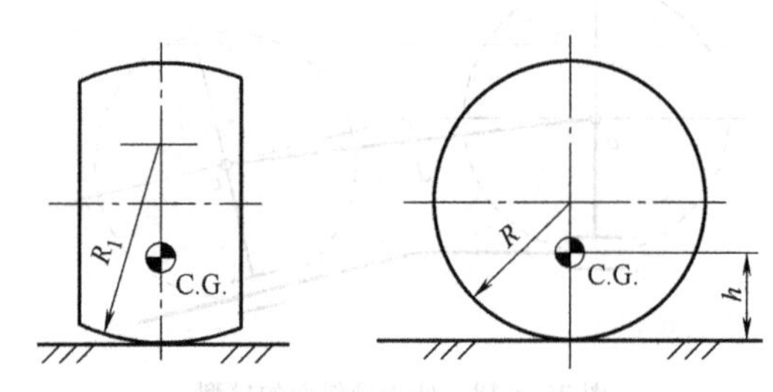

图 26.4-24　单个车轮的稳定

表 26.4-3　车轮数和车轮式移动机构的稳定性

车轮数	稳定性	结构要求
单轮	静态稳定	重心低于着地区域的车轮圆弧段中心(见图 26.4-23)
	动态稳定(单方向)	重心高于车轴,在车轴平行方向上利用车轮截面形状均落入稳定范围
	动态稳定(双方向)	重心高于包含着地点的车轮圆弧中心,即使在车轴平行方向上也必须靠车轮截面的形状才能获得动态稳定
双轮	静态稳定	①在平行配置的两个车轮之间,重心位置低于车轴的机构 ②在车轴平行方向上靠车轮截面的形状把落入稳定范围的车轮配置在①以外的位置
	动态稳定(单方向)	重心位置高于平行配置的两个车轮的车轴(实现前进方向动态稳定所必需的)
	动态稳定(双方向)	以点着地的车轮配置在直线上(实现车轴平行方向动态稳定所必需的)
3轮及3轮以上	静态稳定	基本上能得到静态稳定

4　运动学

4.1　与机械手的区别

为了让移动机器人能顺利到达目的地，最低限度需要进行路径规划、实现该路径的移动控制以及确认是否正确地沿规划的路径移动。对于移动机器人，确定移动轨迹是不可或缺的。

一般来说，固定机械手在环境中有参考点，所以空间位置与关节位移几乎是一一对应的，因此运动学最基本的关系是位置分析。移动机器人在环境中没有固定的参考点，位置分析显得不是特别重要。移动机器人主要应该考虑与运动速度有关的运动学，而不是位移量，即描述二维移动面上的移动机构车体的移动速度与车轮驱动速度和转向速度的关系。

移动机器人运动学也分为正运动学和逆运动学问题。正运动学是给定驱动移动机构的关节速度（驱动器速度），求解车体的移动速度；逆运动学是给定移动机器人的车体移动速度，求解实现车体速度所需的关节速度（驱动器速度）。

一般来说，由于移动机构的限制，在多数情况下做不到移动机器人能够沿任意移动路径运动。因此，必须首先设计出合适的移动机构路径，再进一步规划在该路径上移动的速度。

4.2　独立两轮驱动

图 26.4-25 所示为独立两轮驱动型的移动机构模型。设两个车轮的转动速度分别为 ω_1 和 ω_r，车轮的半径为 r，轮距为 l_1。相对于固定坐标系，用两个车轮中点 P 的坐标 x、y 和 θ 来描述车体的位置和姿态，则与速度有关的正运动学可以表示为

$$\begin{pmatrix}\dot{x}\\ \dot{y}\\ \dot{\theta}\end{pmatrix}=\begin{pmatrix}\cos\theta/2 & \cos\theta/2\\ \sin\theta/2 & \cos\theta/2\\ 1/l_1 & 1/l_1\end{pmatrix}\begin{pmatrix}r\omega_r\\ r\omega_1\end{pmatrix}$$

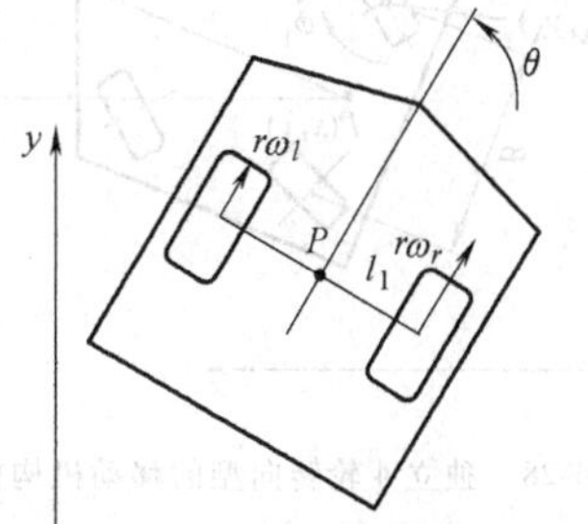

图 26.4-25　独立两轮驱动型的移动机构模型

相对于固定坐标系的位置和姿态可以通过上述速度关系式的积分求得

$$\theta=\theta_0+\frac{1}{l_1}\int_0^t r(\omega_r-\omega_1)\mathrm{d}t$$

$$x=x_0+\frac{r}{2}\int_0^t\cos\theta(\omega_r+\omega_1)\mathrm{d}t$$

$$y=y_0+\frac{r}{2}\int_0^t\sin\theta(\omega_r+\omega_1)\mathrm{d}t$$

式中，θ_0、x_0、y_0 为 $t=0$ 时的位置和姿态。为了计算具体轨迹，必须给出两轮的转速 ω_1 和 ω_r 的时间序列数据，然后进行数值积分。

独立两轮驱动型移动机构模型的逆运动学可以根据正运动学基本公式，设给定车体移动速度 $\dot{x}$、$\dot{y}$、$\dot{\theta}$，利用下式求出驱动器速度 ω_1和 ω_r

$$v=\sqrt{\dot{x}^2+\dot{y}^2}$$

$$\omega_r=\frac{2v+l_1\dot{\theta}}{2r}\quad \omega_1=\frac{2v-l_1\dot{\theta}}{2r}$$

式中，v 为两车轮中点 P 的平移速度；l_1 为轮距。

4.3　前轮转向驱动

如图 26.4-26 所示，设前轮转向驱动型移动机构的特征点为后轮的中点 P（x，y），车体相对于固定坐标系的姿态为 θ，前轮相对于车体的姿态角为 ϕ，转向角速度为 $\dot{\phi}$，前轮与后轮之间的轴距为 l_2，前轮转动速度为 ω，车轮的半径为 r，特征点 P 的速度为 $v=r\omega\cos\phi$，其正运动学速度关系可以表示为

$$\begin{pmatrix}\dot{x}\\ \dot{y}\\ \dot{\theta}\end{pmatrix}=\begin{pmatrix}\cos\phi\cos\theta & 0\\ \cos\phi\sin\theta & 0\\ \sin\phi/l_2 & 0\end{pmatrix}\begin{pmatrix}r\omega\\ \dot{\phi}\end{pmatrix}$$

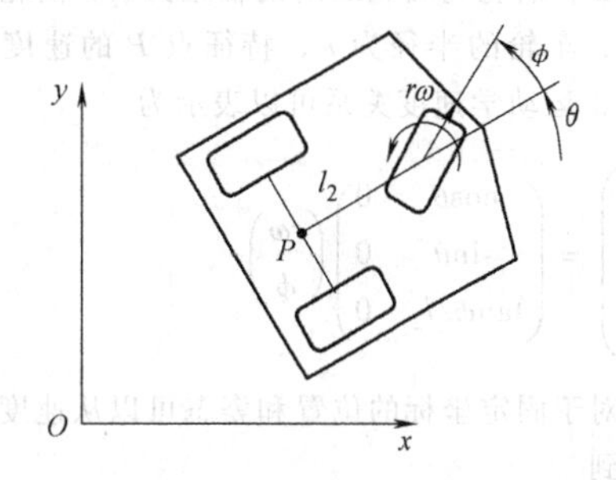

图 26.4-26　前轮转向驱动型的移动机构模型

相对于固定坐标的位置和姿态可以从速度关系的积分得到

$$\phi=\phi_0+\frac{1}{l_1}\int_0^t\dot{\phi}\mathrm{d}t\text{，}\theta=\theta_0+\frac{r}{l_2}\int_0^t\omega\sin\phi\mathrm{d}t$$

$$x = x_0 + r\int_0^t \omega\cos\phi\cos\theta \mathrm{d}t \text{ , } y = y_0 + r\int_0^t \omega\cos\phi\sin\theta \mathrm{d}t$$

式中，ϕ_0、θ_0、x_0、y_0 为 $t=0$ 时前轮的姿态以及车体的位置和姿态。

设两个后轮的中点 P 的平移速度为 $\dot{x}$ 及 $\dot{y}$，车体的转动速度为 $\dot{\theta}$，如果仍然用正运动学相同的变量，则前轮转向运动型的逆运动学关系为

$$v = \sqrt{\dot{x}^2 + \dot{y}^2} \text{ , } v = r\omega\cos\phi \text{ , } \dot{\theta} = \frac{\sin\phi}{l_2}r\omega$$

从后两个式子中消去 ϕ，则有

$$r^2\omega^2 = v^2 + l_2^2\dot{\theta}^2$$

$$\omega = \frac{1}{r}\sqrt{v^2 + l_2^2\dot{\theta}^2} \qquad (26.4\text{-}1)$$

可得

$$\sin\phi = \frac{l_2\dot{\theta}}{\sqrt{v^2 + l_2^2\dot{\theta}^2}} \qquad (26.4\text{-}2)$$

在满足上述条件后，需要选择 v 和 $\dot{\theta}$。若路径曲线已给定，则根据它的曲率，求解路径上各个点的瞬心，得到 ϕ，于是可决定上述约束条件式（26.4-2）的左边。所以，给定路径上的移动速度 v，可以确定 $\dot{\theta}$，再根据式（26.4-1）可以求出驱动器的指令值 ω。控制时，只要将沿路径的 ϕ 的数值按照移动速度变换为时间序列数据作为控制数据即可。

4.4 前轮转向后轮驱动

如图 26.4-27 所示，与前轮驱动型相同，设特征点为后轮的中点 $P(x, y)$，车体相对于固定坐标系的姿态为 θ，前轮相对于车体的姿态角为 ϕ，转向角速度为 $\dot{\phi}$，前轮与后轮之间的轴距为 l_2，前轮转动速度为 ω，车轮的半径为 r，特征点 P 的速度为 $v = r\omega$，其正运动学速度关系可以表示为

$$\begin{pmatrix} \dot{x} \\ \dot{y} \\ \dot{\theta} \end{pmatrix} = \begin{pmatrix} \cos\theta & 0 \\ \sin\theta & 0 \\ \tan\phi/l_2 & 0 \end{pmatrix} \begin{pmatrix} r\omega \\ \dot{\phi} \end{pmatrix}$$

相对于固定坐标的位置和姿态可以从速度关系的积分得到

$$\phi = \phi_0 + \frac{1}{l_1}\int_0^t \dot{\phi}\mathrm{d}t \text{ , } \theta = \theta_0 + \frac{r}{l_2}\int_0^t \omega\tan\phi \mathrm{d}t$$

$$x = x_0 + r\int_0^t \omega\cos\theta \mathrm{d}t \text{ , } y = y_0 + r\int_0^t \omega\sin\theta \mathrm{d}t$$

式中，ϕ_0、θ_0、x_0、y_0 为 $t=0$ 时前轮的姿态以及车体的位置和姿态。

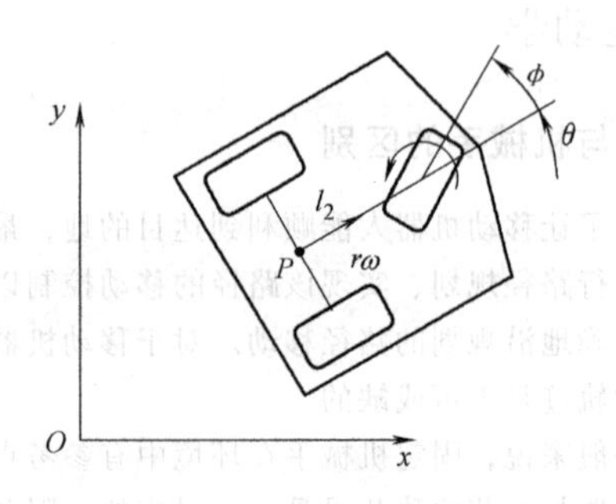

图 26.4-27 前轮转向后轮驱动型的移动机构模型

同样地，设两个后轮的中点 P 的平移速度为 $\dot{x}$ 及 $\dot{y}$，车体的转弯速度为 $\dot{\theta}$，采用正运动学相同的变量，则前轮转向运动型的逆运动学关系为

$$v = \sqrt{\dot{x}^2 + \dot{y}^2} \text{ , } \omega = \frac{v}{r} \text{ , } \tan\phi = \frac{l_2\dot{\theta}}{v}$$

其控制方法与“前轮转向驱动”相同。

4.5 独立 4 轮转向

图 26.4-28 所示的结构可以变化为两轮，将前、后轮的两个转向角 ϕ_1 和 ϕ_2 以及某个车轮的驱动速度 v_1 作为控制量来处理，移动机构将围绕两个车轮的转向角形成的瞬时中心 O 轴做旋转运动。图 26.4-28 中的车轮位置点 $A(x_A, y_A)$ 表示为

$$\begin{pmatrix} \dot{x}_A \\ \dot{y}_A \\ \dot{\theta} \end{pmatrix} = \begin{pmatrix} \cos(\phi_1 + \theta) & 0 & 0 \\ \sin(\phi_1 + \theta) & 0 & 0 \\ \dfrac{\cos(\phi_2 - \phi_1)}{L\cos\phi_1} & 0 & 0 \end{pmatrix} \begin{pmatrix} v \\ \dot{\phi}_1 \\ \dot{\phi}_2 \end{pmatrix}$$

$$\dot{x} = \dot{x}_A + \frac{B}{2}\dot{\theta}\sin\theta \text{ , } \dot{y} = \dot{y}_A + \frac{B}{2}\dot{\theta}\cos\theta$$

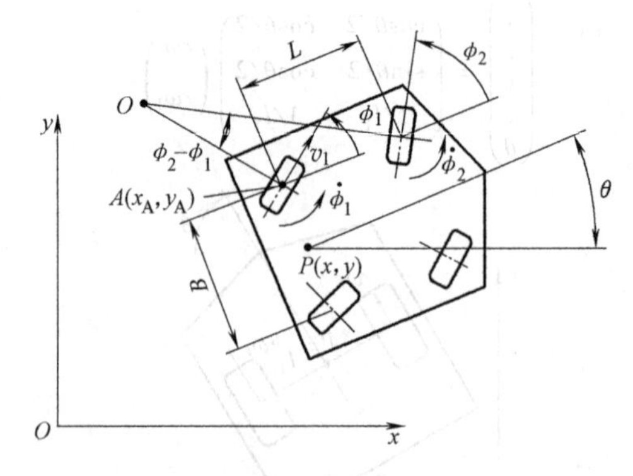

图 26.4-28 独立 4 轮转向型的移动机构模型

相对于固定坐标系的位置和姿态可以将速度关系积分求得

$$\theta = \theta_0 + \int_0^t \frac{\sin(\phi_2 - \phi_1)}{L\sin\phi_2}\mathrm{d}t$$

$$x_A = x_0 + \int_0^t \cos\left[\phi_1 + \theta_0 + \int_0^t \frac{\sin(\phi_2 - \phi_1)}{L\cos\phi_2} v\mathrm{d}t\right] v\mathrm{d}t$$

$$y_A = y_0 + \int_0^t \sin\left[\phi_1 + \theta_0 + \int_0^t \frac{\sin(\phi_2 - \phi_1)}{L\cos\phi_2} v\mathrm{d}t\right] v\mathrm{d}t$$

4.6　合成型全方位车轮的移动机构

在图 26.4-29 中，各个车轮的旋转速度为 ω_1、ω_2 和 ω_3，车体中心坐标为 x，y，平移速度为 $v = (\dot{x}, \dot{y})$，转动速度为 $\dot{\theta}$。假定速度是线性的，并将各个速度进行合成，则逆运动学关系为

$$\begin{pmatrix} \omega_1 \\ \omega_2 \\ \omega_3 \end{pmatrix} = \begin{pmatrix} 1 & 0 & d \\ -\frac{1}{2} & -\frac{\sqrt{3}}{2} & d \\ -\frac{1}{2} & \frac{\sqrt{3}}{2} & d \end{pmatrix} \begin{pmatrix} \dot{x} \\ \dot{y} \\ \dot{\theta} \end{pmatrix}$$

式中，d 表示从中心到各个车轮的距离。

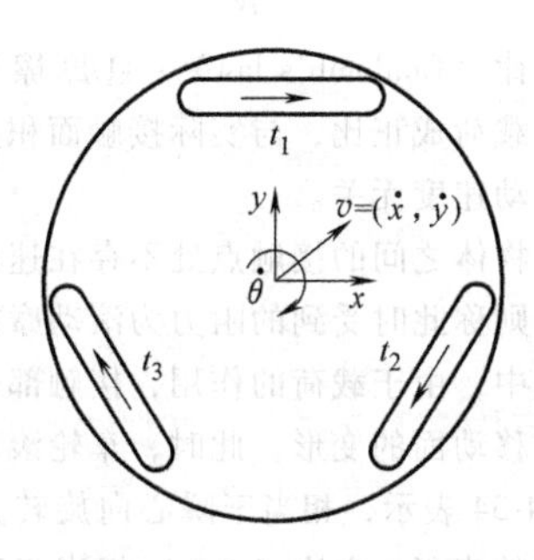

图 26.4-29　合成型全方位车轮的移动机构模型

根据车轮旋转速度求车体移动运动速度的正运动学问题可以由逆运动学矩阵的逆求得，即

$$\begin{pmatrix} \dot{x} \\ \dot{y} \\ \dot{\theta} \end{pmatrix} = \begin{pmatrix} \frac{2}{3} & -\frac{1}{3} & -\frac{1}{3} \\ 0 & -\frac{1}{\sqrt{3}} & \frac{1}{\sqrt{3}} \\ \frac{1}{3d} & \frac{1}{3d} & \frac{1}{3d} \end{pmatrix} \begin{pmatrix} \omega_1 \\ \omega_2 \\ \omega_3 \end{pmatrix}$$

Vuton 机构简图如图 26.4-30 所示，设车体的位置和姿态为 x、y、θ，车体的速度为 $\dot{x}$、$\dot{y}$、$\dot{\theta}$，着地点处各个合成车轮的线速度为 v_1、v_2、v_3 和 v_4，中心到各个车轮的距离为 d，可求出逆运动学关系

$$\begin{pmatrix} v_1 \\ v_2 \\ v_3 \\ v_4 \end{pmatrix} = \begin{pmatrix} 0 & 1 & d \\ -1 & 0 & d \\ 0 & -1 & d \\ 1 & 0 & d \end{pmatrix} \begin{pmatrix} \dot{x} \\ \dot{y} \\ \dot{\theta} \end{pmatrix}$$

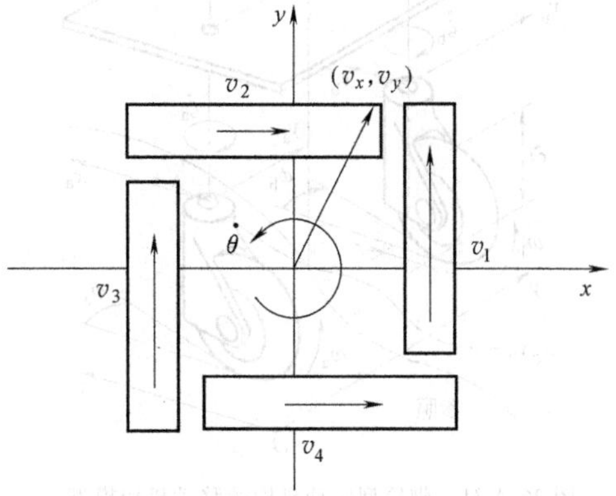

图 26.4-30　Vuton 机构简图

其变换矩阵不是方阵，因此不能直接求逆，采用伪逆矩阵计算，其运动学正问题关系为

$$\begin{pmatrix} \dot{x} \\ \dot{y} \\ \dot{\theta} \end{pmatrix} = \begin{pmatrix} 0 & -\frac{1}{2} & 0 & \frac{1}{2} \\ \frac{1}{2} & 0 & -\frac{1}{2} & 0 \\ \frac{1}{4d} & \frac{1}{4d} & \frac{1}{4d} & \frac{1}{4d} \end{pmatrix} \begin{pmatrix} v_1 \\ v_2 \\ v_3 \\ v_4 \end{pmatrix}$$

4.7　脚轮型驱动轮机构的全方位移动

图 26.4-31 所示为脚轮型驱动轮机构的移动机构模型。设各转向轴处的平移速度为 $\dot{x}_a$、$\dot{y}_a$、$\dot{x}_b$ 和 $\dot{y}_b$，其正运动学关系为

$$\begin{pmatrix} \dot{x} \\ \dot{y} \\ \dot{\theta} \end{pmatrix} = \begin{pmatrix} \frac{1}{2} & 0 & \frac{1}{2} & 0 \\ 0 & \frac{1}{2} & 0 & \frac{1}{2} \\ \frac{1}{w}\mathrm{c}\phi_v & \frac{1}{w}\mathrm{s}\phi_v & \frac{1}{w}\mathrm{c}\phi_v & \frac{1}{w}\mathrm{s}\phi_v \end{pmatrix} \begin{pmatrix} \dot{x}_a \\ \dot{y}_a \\ \dot{x}_b \\ \dot{y}_b \end{pmatrix}$$

式中，$\mathrm{c}\phi_v = \cos\phi_v$，$\mathrm{s}\phi_v = \sin\phi_v$。

由于各转向轴是固定的，其逆运动学关系为

$$\begin{pmatrix} \dot{x}_a \\ \dot{y}_a \\ \dot{x}_b \\ \dot{y}_b \end{pmatrix} = \begin{pmatrix} 1 & 0 & \frac{w}{2}\mathrm{c}\phi_v \\ 0 & 1 & \frac{w}{2}\mathrm{s}\phi_v \\ 1 & 0 & -\frac{w}{2}\mathrm{c}\phi_v \\ 0 & 1 & -\frac{w}{2}\mathrm{s}\phi_v \end{pmatrix} \begin{pmatrix} \dot{x} \\ \dot{y} \\ \dot{\theta} \end{pmatrix}$$

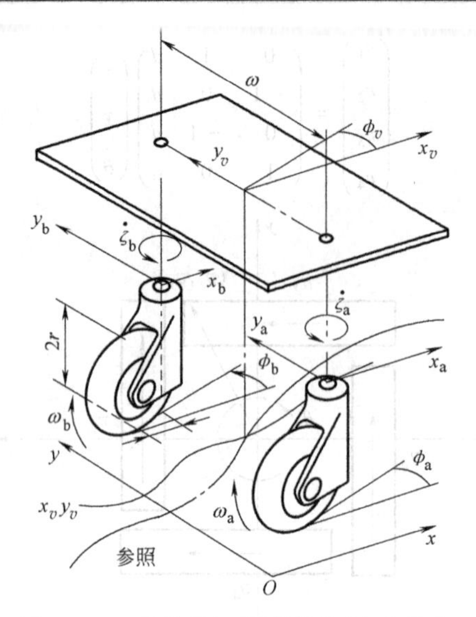

图 26.4-31 脚轮型驱动机构的移动机构模型

4.8 拖车

工业车辆中多使用拖车，它有一个点与移动机构连接被牵引，其本身不带动力。如图 26.4-32 所示，拖车与牵引车在 Q 点连接，当拖车在 Q 点的牵引速度为 $\boldsymbol{v}=(v_s, v_t)^T$ 时，其运动学关系为

$$\begin{pmatrix}\dot{x}\\ \dot{y}\\ \dot{\theta}\end{pmatrix}=\begin{pmatrix}\cos\theta & 0\\ \sin\theta & 0\\ 0 & 1/b\end{pmatrix}\begin{pmatrix}v_s\\ v_t\end{pmatrix}$$

由于路径曲线的变化和牵引车相对位置的影响，拖车的姿态有时会不稳定，且由于拖车的惯性力对牵引车的反作用，还会对牵引车的姿态产生影响。

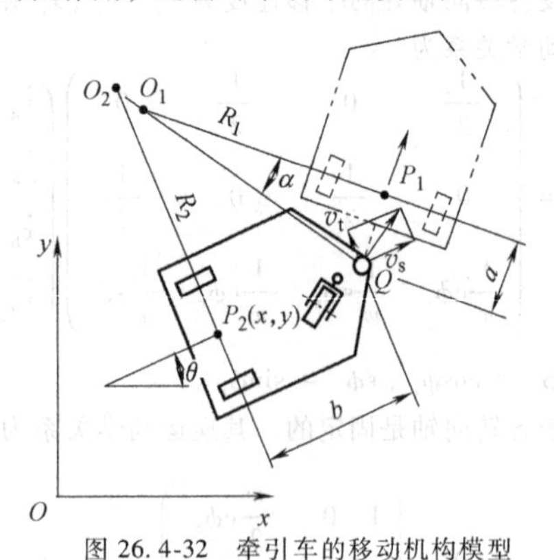

图 26.4-32 牵引车的移动机构模型

5 静力学

5.1 摩擦

互相接触的两个物体的接触面上产生的限制彼此运动的力，即摩擦。如果在物体之间的接触点存在速度差时则为滑动摩擦，发生滑动瞬间之前的最大摩擦力为最大静摩擦力。一般地，摩擦力是指最大静摩擦力。如图 26.4-33 所示，摩擦力 F 取决于两个物体接触状态所决定的摩擦因数 μ（由试验求出），以及物体在垂直方向上的分力 N

$$F=\mu N$$

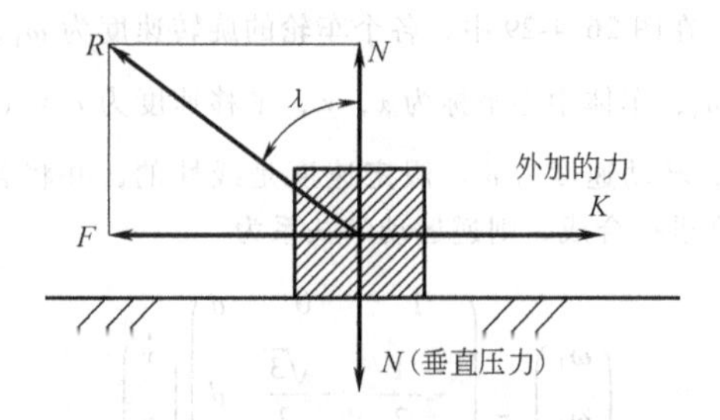

图 26.4-33 摩擦力

将最大静摩擦力 F 和分力 N 的合力 R 与垂直方向所形成的夹角 λ 称为摩擦角，μ 与 λ 的关系为：

$$\tan\lambda=\frac{F}{N}=\mu$$

库仑定律（Coulomb′s law）：①摩擦与作用于接触面的垂直载荷成正比，与实际接触面积无关；②动摩擦力与滑动速度无关。

如果在物体之间的接触点处不存在速度差，而有滚动发生，则称此时受到的阻力为滚动摩擦。在车轮转动的过程中，由于载荷的作用，接触部分的周边有车轮变形或移动面的变形。此时，车轮滚动的情况可以用图 26.4-34 表示，相当于瞬心向旋转方向偏移距离 f。f 与车轮半径 r 之比（f/r）相当于滚动摩擦因数 μ_r。

$$F=\mu_r N$$

滚动阻力也随车轮与移动面的接触状态而异。通常，应通过实际测试得出滚动摩擦因数 μ_r，也可以通过对滚动摩擦因数进行修正得出，即

$$\mu_r=\mu' a$$

即由表 26.4-4 中的滚动摩擦因数 μ' 乘以表 26.4-5中的相对于路面状态的滚动阻力比 a。开始滚动的瞬间其阻力高于通常的滚动阻力，因此有时还要加上起动阻力项。

约束车轮，不让它滚动，从水平方向依次沿整个圆周加上外力来测量车轮开始滑动的值，这时可以求出以最大静摩擦力为半径的摩擦圆（见图 26.4-35）。考虑到汽车行驶时前轮转向的情况（见图 26.4-35），

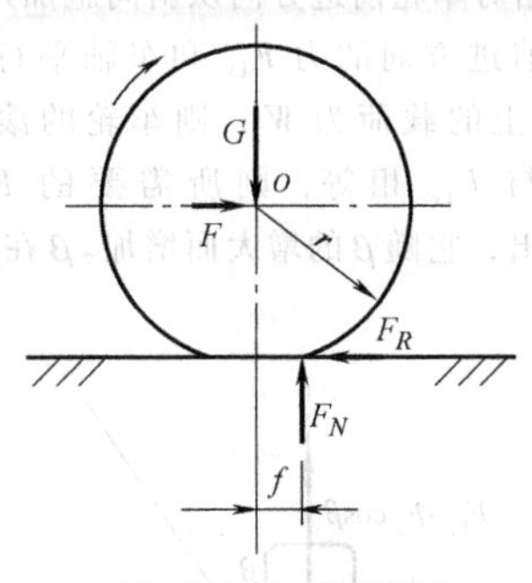

图 26.4-34 滚动阻力

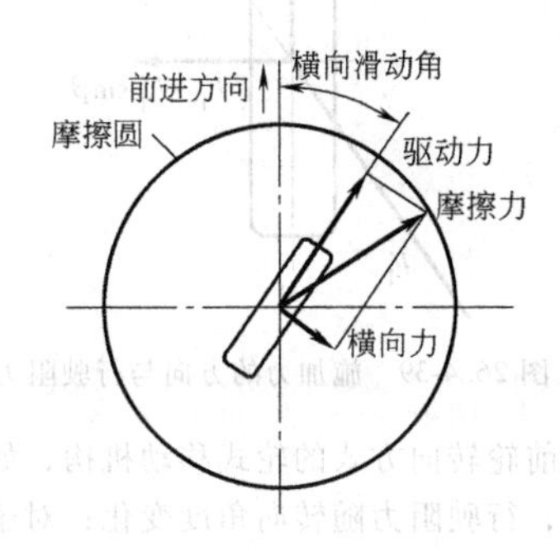

图 26.4-35 摩擦圆

使车轮前进的驱动力和防止横向偏移的横向力（也称为转向力），只有在车轮不滑动的范围内才有可能对轮式移动机构实施控制，因此必须设法让车轮驱动力和横向力的合成摩擦力落入摩擦圆的范围内。

表 26.4-4 滚动摩擦因数 μ'（试验值）

轮胎材料	μ' 路面	
	钢板	混凝土
一般橡胶车轮	0.018~0.025	0.02~0.03
丁二烯车轮	0.01~0.014	0.011~0.016
聚氨酯胶车轮	0.006~0.008	0.006~0.015

表 26.4-5 路面条件与滚动阻力比 a

路面条件	滚动阻力比 a
沥青或混凝土铺设路面	约 1
精心维护的碎石路面	2
多碎石凹凸路面	5.3
新铺设的碎石路面	8.7
黏土层路面	10
砂或石灰质路面	11.3
干砂地	17

5.2 轮式移动机构的行驶阻力

(1) 与汽车的行驶阻力的比较

汽车的行驶阻力由滚动阻力、空气阻力、坡度阻力和加速阻力来决定，此关系对轮式移动机构是普遍适用的：

$$F = F_r + F_a + F_e + F_h$$

式中，F_r 为滚动阻力；F_a 为空气阻力；F_e 为坡度阻力；F_h 为加速阻力。

1）滚动阻力。

$$F_r = \mu_r W\cos\theta$$

式中，W 为来自车辆的重力（N）；θ 为线路倾角，通常较小，可取 $\theta=0$。

2）空气阻力。

$$F_a = C_x \frac{1}{2}\rho v^2 S$$

式中，C_x 为空气阻力系数；ρ 为空气密度（kg/m^3）；v 为风速（m/s）；S 为正面投影面积（m^2）。

移动机器人的移动速度不高，可以忽略空气阻力。机器人如果在室外进行移动，就有必要对最大风速，以及抗阵风的安全性进行计算，并根据车轮的支承间距和重心高度求出颠覆力矩，加以校核。

3）坡度阻力。如图 26.4-36 所示，与移动面平行的分量形成坡度阻力。

$$F_e = W\sin\theta$$

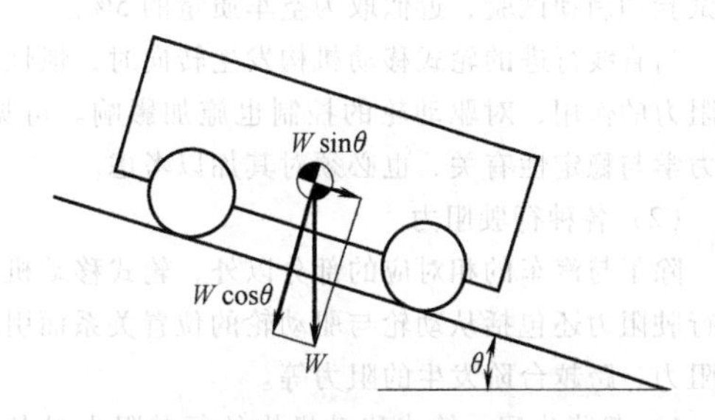

图 26.4-36 坡度阻力

当有多个车轮在凹凸不平的移动面上进行移动时，需要针对各个车轮计算车轴 O 与车轮和移动面的着地点 P 的水平距离 f 与加在车轮上的载荷 W_i 相乘得到力矩，并加以合成，以求得实际的行驶阻力（见图 26.4-37），图 26.4-38 所示为载荷分布。

4）加速阻力。加速阻力包括直线运动的加速阻力和车轮、减速器、电机等旋转体的加速阻力两部分。

$$F_h = a\left(m + \frac{1}{r^2}\sum_{n=1}^{n} J_n i_n^2\right)$$

式中，a 为加速度；r 为驱动轮的半径；J_n 为转动惯量；i_n 为旋转体相对于驱动轮的速度比。

在汽车行业中，依据实验确定相当于第 2 项的旋转部分质量，如果进行轿车加速试验，在包含发动机的条件下，近似取成空车质量的 80%；如果进行滑

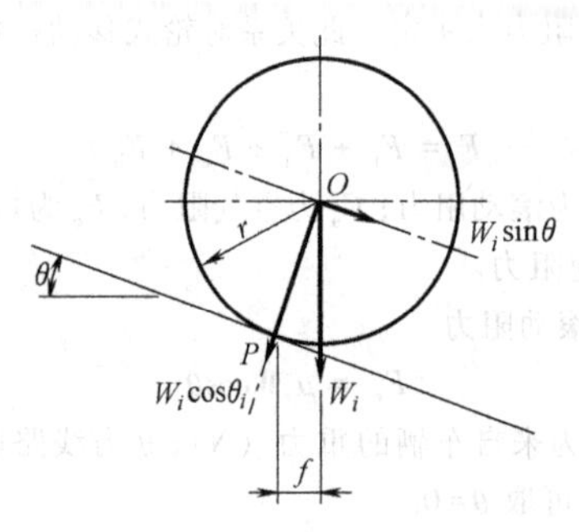

图 26.4-37 单个车轮的坡度阻力

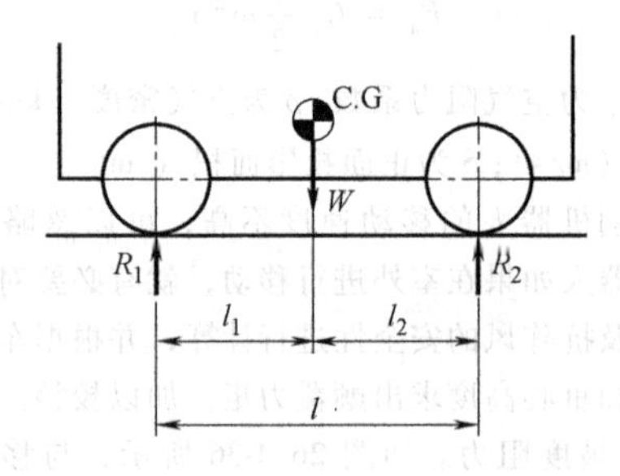

图 26.4-38 载荷分布

行试验和制动试验，近似取为空车质量的 5%。

当直线行进的轮式移动机构发生转向时，惯性起到阻力的作用，对驱动轮的控制也施加影响。可见，动力学与稳定性有关，也必须对其加以考虑。

(2) 各种行驶阻力

除了与汽车的相对应的部分以外，轮式移动机构的行驶阻力还包括从动轮与驱动轮的位置关系而引起的阻力、跨越台阶发生的阻力等。

1) 载荷分配。轮式移动机构的行驶阻力是各个车轮的行驶阻力的总和，它们分配到各个车轮上来分别承担。如果物体处于静止状态，力的垂直分量、水平分量和绕任意点的力矩，即

$$\sum F_x = 0,\ \sum F_y = 0,\ \sum M = 0$$

车轮上的载荷可以根据车轮、车体等各部分构件的质量和重心位置进行计算。以图 26.4-38 所示的车辆模型为例，为了简单起见，可以假定质量 W 集中于重心，转向架台车结构也基本上可以简化成两点支承方式来进行计算。各个车轮的载荷为

$$R_1 = \frac{Wl_2}{l_1 + l_2},\ R_2 = \frac{Wl_1}{l_1 + l_2}$$

其中，$W = R_1 + R_2$，$l = l_1 + l_2$。

如果选用市售的商品车轮，为了满足计算载荷小于车轮的允许载荷，应该选用承受载荷能力较大的大尺寸车轮，或者增加车轮的数量。

2) 车轮和力的方向以及行驶阻力。如图 26.4-39 所示，如果相对车轮前进方向从斜向施加外力，可以分解为车轮前进方向的力 F_{1x} 和车轴平行方向的力 F_{1y}。设车轮上的载荷为 W，则车轮的滚动阻力为 $\mu_r W$。设它与 F_{1x} 相等，则所需要的 F_1 可以用 $\mu_r W/\cos\beta$ 求出，它随 β 的增大而增加。β 在 $\mu_r/\cos\beta \leqslant \mu$ 的范围内。

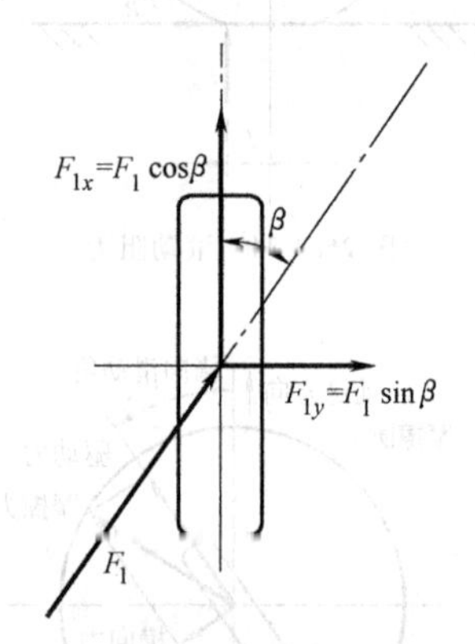

图 26.4-39 施加力的方向与行驶阻力

对于前轮转向方式的轮式移动机构，如果转向轮为从动轮，行驶阻力随转向角度变化；对于合成型全方向车轮的各种全方向车轮也是同样的，行驶阻力取决于滚子相对于前进方向上的角度。如图 26.4-40 所示，杆件的一端安装车轮，另一端能够旋转，若沿车轮的前进方向对该机构加力 F_2，该力可以分解为旋转中心方向的力 F_{2a} 以及与其垂直的 F_{2b}。在图 26.4-41 所示的两轮模型中，将车轮 1 设为从动轮，车轮 2 设为驱动轮，若对车轮 2 施加驱动力 F_2，则对车轮 1 的推进力为 $F_2\cos\alpha\cos\beta$；只有它的数值大于车轮的滚动阻力，车轮才能够旋转。

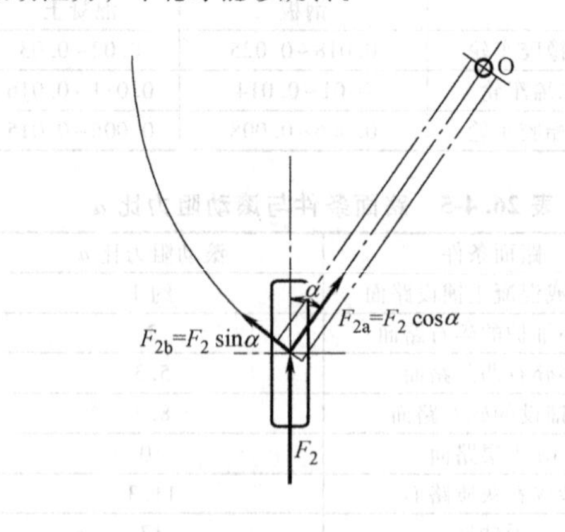

图 26.4-40 旋转中心及车轮的力分解

设施加在车轮 1 上的载荷为 R_1，滚动摩擦因数为 μ_{r1}，在车轮 2 上的载荷为 R_2，滚动摩擦因数为 μ_{r2}，则车轮 2 上的驱动力 F_2 必须满足

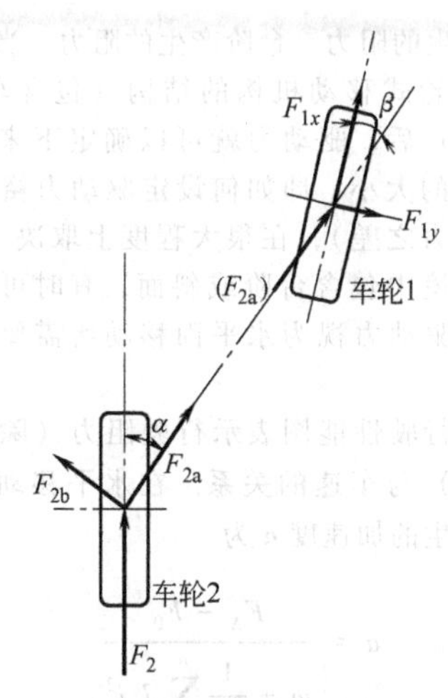

图 26.4-41 两轮模型的车轮位置和行驶阻力

$$F_2 > \mu_{r1} R_1 + \frac{\mu_{r2} R_2}{\cos\alpha\cos\beta}$$

其中，$\mu_{r1}/\cos\beta \leqslant \mu_1$，$\mu_{r2}/\cos\alpha \leqslant \mu_2$

如果汽车用后轮驱动，α 可看作 0，行驶阻力将随前轮的转向角而变化。若前轮驱动的汽车在行驶过程中转向，则在施加后轮前进力的同时将产生绕该着地点旋转的力，但此值较小，与全轮驱动相同，用 μ_{ra} 表示。

推动车轮的力并不是作用在与移动面平行的方向。如图 26.4-42 所示，在从动轮旋转中心施加力 F，它可以分解为沿平行方向的力 F_v 和沿垂直方向的力 F_h。车轮的行驶阻力随垂直方向分力的值而变化。

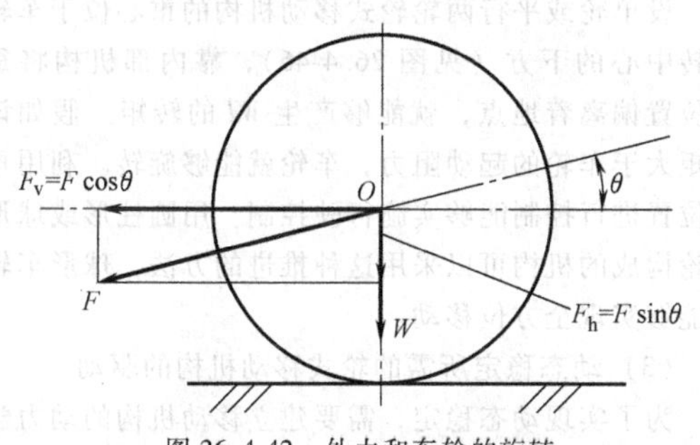

图 26.4-42 外力和车轮的旋转

3）跨越台阶阻力。跨越台阶时，从动轮和驱动轮作用于车轮上的力不同。如果是全轮驱动，需要将作用于各个车轮上的力进行合成后再分析。如果车轮一边转动一边上台阶，可以利用惯性矩进行计算。

对于从动轮，图 26.4-43 所示的情况是后轮驱动，用从动轮上台阶。若设台阶的高度为 s，车轮的半径为 r_1，则距离 l 和 α 可以按下式求出

$$l = \sqrt{r_1^2 - (r_1 - s)^2} = \sqrt{2r_1 s - s^2}$$

$$\alpha = \arccos(1 - s/r_1)$$

其中，$s \leqslant r_1$。

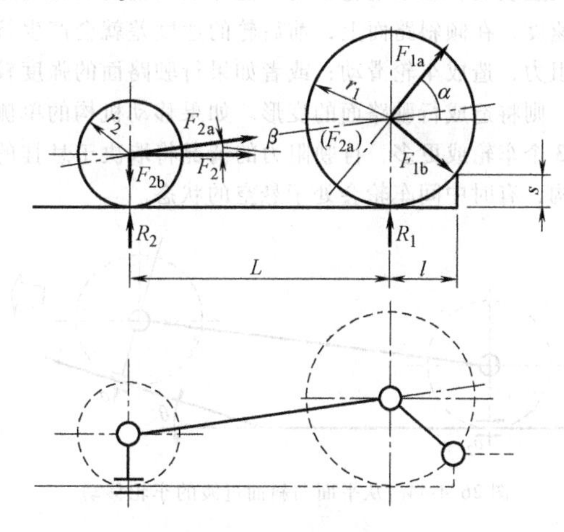

图 26.4-43 从动轮跨越台阶

若对后轮施加与移动面平行的推进力，则相当于对前轮施加力 $F_{2a}(=F_2\cos\beta)$。该力分解为作用在车轮与台阶接触点方向的力 $F_{1b}[=F_{2a}\sin(\alpha-\beta)]$ 和以该接触点为中心产生旋转力矩的力 $F_{1a}[=F_{2a}\cos(\alpha-\beta)]$。设前轮分配的载荷为 R_1，则只要在后轮不产生滑动的范围内满足下式，车轮就能够跨越台阶

$$R_1 l < F_{1a} r_1$$

对于驱动轮，假设图 26.4-43 中以前轮作为驱动轮，跨越台阶的前提是车轮在台阶的凸角处不发生滑动。若驱动轮本身产生的转矩 T 满足下式，前轮就能够上台阶：

$$T = R_1 l = R_1 r_1 \cos\alpha$$

实际上，由于车轮具有弹性，在台阶凸角部分它会发生一些变形，即 L 将稍有缩短。因此，跨越台阶所需要的力将变小。还有其他措施能改进跨越能力，如在车轮表面附加突起的花纹，如果它能与台阶的凸角产生接触，就能获得比摩擦阻力更高的剪切力。

在台阶高度比前轮半径大的条件下，如果前轮是从动轮，且前轮的直径等于或小于后轮是无法实现台阶跨越的。采取增大前轮（见图 26.4-43），或者前后轮都驱动且不发生滑动仍可能跨越台阶。

4）机构控制引起的行驶阻力。如果存在多个驱动轮，有时还会因各车轮速度控制状态的不同而产生阻力。与驱动轮数量少的情况相比，全轮驱动通过将驱动力分散给各个车轮，能够减少滑动的发生。但是，传动机构的结构会影响到车轮本身发生行驶阻力。图 26.4-44 所示为两轮模型。设后轮的速度 v_2 一定，当前轮从平坦路面转换到倾斜路面时，前轮与移动面的着地点将发生变换，轴距（相当于车体）的姿态也会发生改变，因此前轮的速度 v_1 也应该相应

地发生改变。如果全轮驱动不能分别调整前后轮的车轮速度，在倾斜路面上，前后轮的速度差就会产生行驶阻力，造成车轮滑动；或者如果行驶路面的强度较低，则将造成行驶路面的变形。如果移动机构的单侧有3个车轮或更多，行驶阻力的情况将取决于悬挂的结构，有时中间车轮会处于悬空的状态。

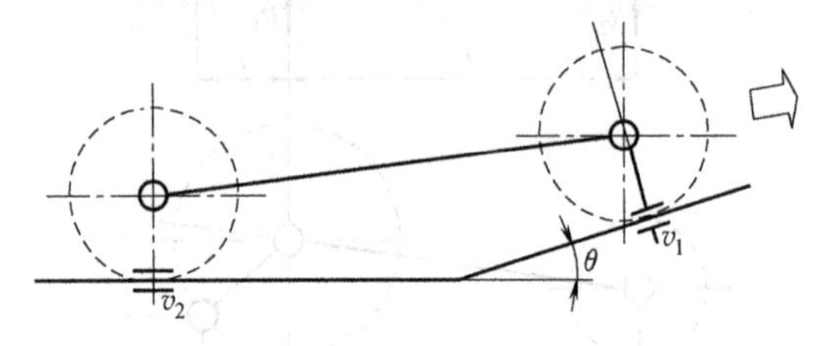

图 26.4-44　从平面向斜面过渡的车轮移动

5）车轮的转向阻力。如图 26.4-45 所示，在车轮停止的状态下，以着地点的铅垂线为中心的车轮转动时，在其接触部分的周边将发生滑动摩擦。以汽车为例，若在停止状态下转向，最初阶段由于轮胎维持与行驶路面的接触产生弹性变形，随后超过弹性变形的极限，产生滑动。这分别与静摩擦阻力和动摩擦阻力的关系相对应。在车轮滚动的状态下，由于它始终以不同圆周表面与行驶路面接触，因此与静止状态相比，车轮的弹性变形量少，与之相应的转向阻力也小。

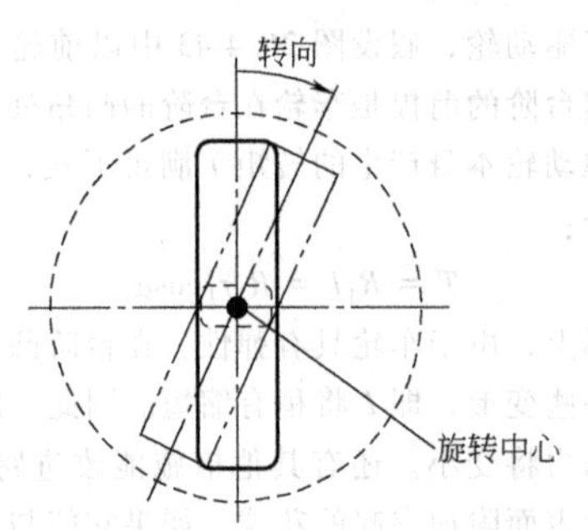

图 26.4-45　车轮的原地转向

可以设定车轮和使用条件、环境，通过实验求出行驶阻力的大小。

5.3　车轮的驱动力

（1）基本关系

依据移动环境确定滚动阻力、空气阻力、坡度阻力、车轮产生的阻力、台阶产生的阻力，当确定完最大速度、车轮式移动机构的结构（包含车轮直径、材料选择等）后，驱动力就可以确定下来。加速阻力与加速度的大小，即如何设定驱动力裕度（驱动力与行驶阻力之差），在很大程度上取决于设计者。如果移动环境中包含台阶或斜面，有时可以将对台阶、斜面的驱动力视为水平面移动所需要的驱动力裕度。

汽车的行驶性能图表示行驶阻力（除加速阻力以外的阻力）与车速的关系。在水平移动面上，驱动力裕度产生的加速度 a 为

$$a = \frac{F_A - F_0}{m + \frac{1}{r^2}\sum_{n=1}^{n} J_n i_n^2}$$

式中，F_A 为驱动在某转速下的驱动力（N）；F_0 为水平路面的行驶阻力（随速度变化）（N）。

可以根据电动机与减速器的减速比组合来选择合适的参数，即

$$F_A = \frac{2i\eta_t T}{D},\ v = \frac{60\pi Dn}{10^3 i},\ P = \frac{2\pi nT}{60}$$

式中，i 为减速比；η_t 为动力传递效率；T 为驱动在特定转速下的转矩（N·m）；D 为车轮的有效直径（m）；v 为车速（km/h），n 为车轮转速（r/min）；P 为输出功率（W）。

（2）静态稳定的轮式移动机构的驱动

设单轮或平行两轮轮式移动机构的重心位于车轮旋转中心的下方（见图 26.4-46），靠内部机构将重心位置偏离着地点，就能够产生 Wl 的转矩。假如该转矩大于车轮的起动阻力，车轮就能够旋转。利用重心位置进行控制能够实施行驶控制。用圆柱形或球形车轮构成的机构可以采用这种推进的方法，球形车轮还能够实现全方位移动。

（3）动态稳定所需的轮式移动机构的驱动

为了实现动态稳定，需要建立移动机构的动力学方程，求出控制所必需的转矩。位于一定角度斜面上的移动机构可简化为图 26.4-47 所示的倒立摆模型，其动力学方程为

$$(m_1 l^2 + J_1 + n^2 J_m)\ddot{\theta}_2 + [m_1 rl\cos(\theta_1 + \alpha) - n^2 J_m]\ddot{\theta}_2 - m_1 lg\sin\theta_1 + f_r(\dot{\theta}_1 - \dot{\theta}_2) = -nK_t u$$

$$[m_1 rl\cos(\theta_1 + \alpha) - n^2 J_m]\ddot{\theta}_1 + [(m_1 + m_2)r^2 + J_2 + n^2 J_m]\ddot{\theta}_2 - m_1 rl\sin(\theta_1 + \alpha)\dot{\theta}_1^2$$
$$+ (m_1 + m_2)rg\sin\alpha + f_r(\dot{\theta}_2 - \dot{\theta}_1) = nK_t u$$

式中，θ_1 为倒立摆车体的倾斜角（rad）；θ_2 为车轮的转角（rad）；m_1 为倒立摆车体的质量（kg）；J_1 为倒立摆车体的转动惯量（kg·m²）；J_2 为车轮的转动惯量（kg·m²）；l为车轴与倒立摆车体重心之间的距

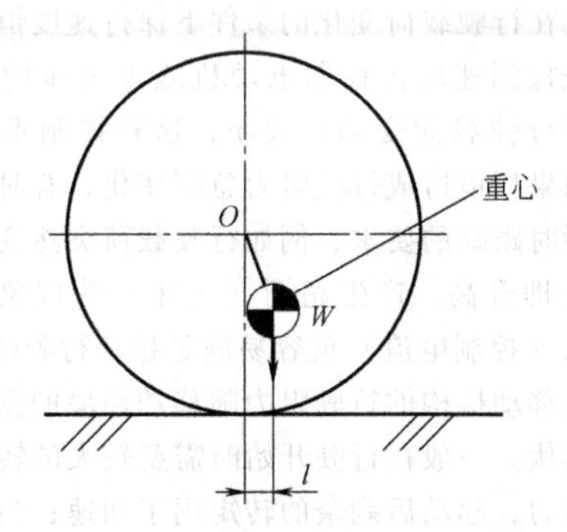

图 26.4-46 静态稳定车轮的驱动装置

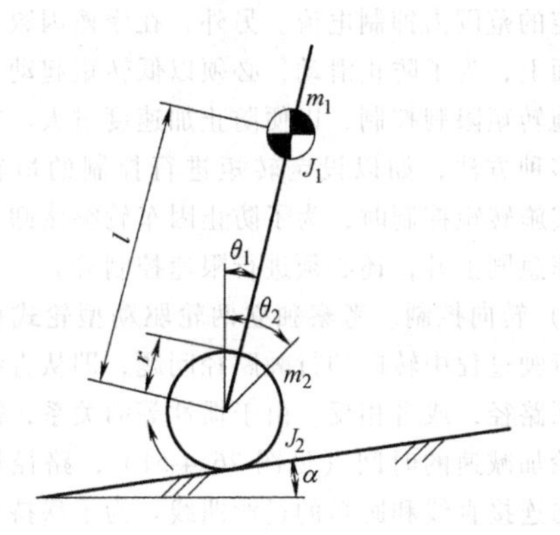

图 26.4-47 倒立摆模型

离（m）；r 为车轮半径（m）；α 为斜面的倾角（rad）；J_m 为电动机转子的转动惯量（$kg \cdot m^2$）；K_t 为电动机额定转矩（N·m）；n 为减速比。

6 动力学

机器人移动的运动速度较小时可以从静态力平衡的角度来研究运动。如果移动速度较高，达到不能忽略机构惯性力时，必须根据动力学方程进行分析。一般来说，机器人移动机构的移动速度都比较低，根据动力学方程进行运动力学分析的例子较少。汽车的移动速度很高，动力学分析不可缺少。运动性能研究的内容包括旋转稳定性、动态稳定性、转向控制特性和抗干扰运动特性等。

为了分析移动体的运动，首先必须建立坐标系。当研究稳定圆旋转特性或干扰作用下的响应特性时，没有必要以移动轨迹本身作为分析对象，利用固定在移动机构上的移动坐标系来分析运动比较方便。图 26.4-48 所示为移动机构的运动和坐标系。设移动机构的轴与移动方向的夹角（横向滑动角）为 β，移动机构绕铅垂轴的角速度为 γ，动力学方程为 β 和 γ 的一阶微分方程组。与惯性等效的力、力矩是由车轮悬挂装置产生的约束，以及来自移动路面的、对车轮

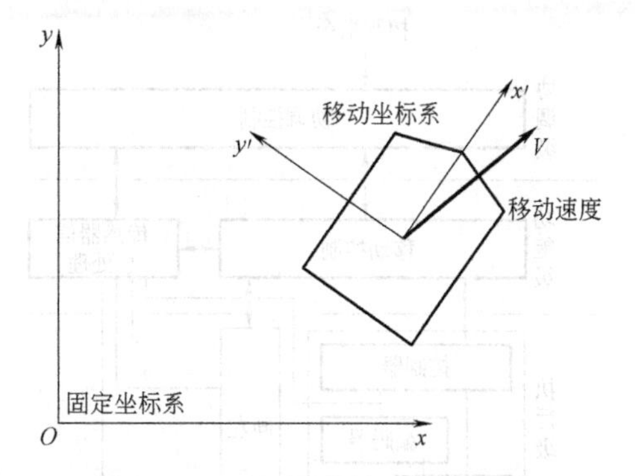

图 26.4-48 移动机构的运动和坐标系

施加的力。

如果需要针对轨迹的跟踪特性，或者运动产生的移动轨迹来进行分析，必须建立固定坐标系。虽然通过将力、力矩等效为惯性等的处理方法，不会改变它们在固定坐标系中的作用，但是通过车轮来描述受力比较复杂。因此，一般都假定移动速度不变、转向角小、移动方向与车体轴的夹角小等条件，以简化的形式来进行分析。

在尽量接近设备实际状态的条件下研究系统控制的响应时，一般不进行上述近似处理，而是尽量按符合现实移动机构的情况来建模，利用数值积分求解运动。例如，以车轮、车体等每个相互运动要素为变量，考虑它们之间的作用与反作用来建立动力学方程。通常可以用拉格朗日方程建立系统的动力学方程。

7 控制

7.1 控制基础

（1）控制系统

轮式移动机构的控制系统可以考虑采用分层结构（见图 26.4-49），它由执行级（与车轮、转向机构驱动器、传感器等对应的装置）、功能级（完成控制任务，实现与移动有关的各个装置给定的功能）、协调级（在更上一级解释控制命令、控制系统）组成。

轮式移动机构的控制方法有两种：由操作员实施远程操作；根据预先给定的程序和数据使移动按照程序来运行。

（2）机构控制

轮式移动机构控制的操作量有两种：对车轮驱动的操作量；若采用转向机构，是对转向驱动的操作量。各个控制量为位置量和速度量，只要在平移和旋转模式中没有停顿，就必须同步实施对各个驱动轴的

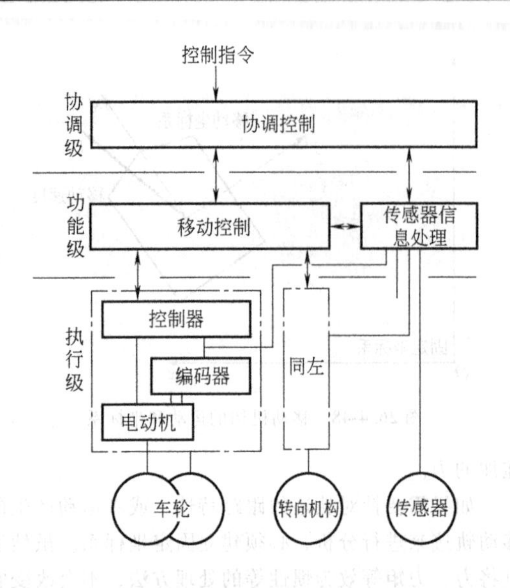

图 26.4-49　控制系统的分层结构

控制，而且基本上采用速度控制。

1）速度控制及加速度控制。在非完整轮式移动机构的控制中，无法用表示位置的变量 $x(t)$、$y(t)$、$\theta(t)$ 直接表示目标值，需要按照速度控制系统以 $\dot{x}(t)$、$\dot{y}(t)$、$\dot{\theta}(t)$ 进行处理。

以图 26.4-50 所示的独立两轮驱动型为例来分析影响速度控制的要素，这些要素除了移动路面的凹凸不平和摩擦因数外，还有轮式移动机构本身的惯性等。轮式移动机构的加速度不但受驱动力裕度和非滑动（受摩擦因数制约）的制约，还受轮式移动机构本身加减速时姿态稳定性的制约。实施速度控制时，如果还同时实施转矩限制控制（限制电机最大电流）方法，也可以看作一种加速度控制方法。从安全方面考虑，需要给出轮式移动机构速度的控制。

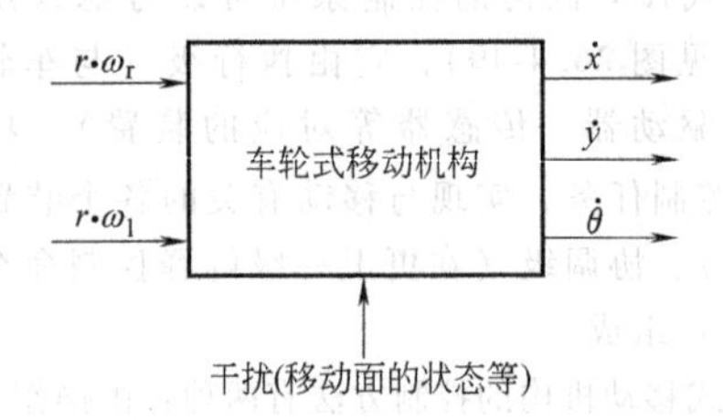

图 26.4-50　速度控制系统（左右车轮独立驱动型）

速度控制系统（左右车轮独立驱动型）的轮式移动机构的各车轮的速度控制是通过车体以转动惯量对其他车轮产生影响。在速度控制中，虽然一般采用PI控制，但与控制的响应特性相关。

2）转矩控制。例如，在直流电动机的速度控制中，为了在行驶载荷变化的条件下保持速度恒定，可以采用先检测速度再控制电动机施加电压的反馈控制。如果行驶载荷变动比较小，这种控制不存在问题；但如果环境造成行驶阻力急剧变化，有时控制无法满足瞬时跟踪的要求，例如行驶载荷突然变小，车轮转速立即升高，产生超调（飞速）等现象。利用转矩控制（控制电流）就容易满足稳定行驶的要求。

轮式移动机构的行驶阻力随移动环境的变化呈现很大的起伏。一般在行驶开始时需要较大的转矩来克服起动阻力，起动后剩余的转矩用于加速；当以一定速度行驶时，为了降低能量的消耗，必须在保持速度为一定的范围内抑制电流。另外，在摩擦因数低的移动路面上，为了防止滑动，必须以低转矩起动，还需要实施转矩限制控制，以便防止加速度过大。转矩控制有多种方法，如以设定转矩进行控制的恒转矩控制。实施转矩控制时，为了防止因车轮突然卸载而导致转速急剧上升，还必须进行限速控制等。

3）转向控制。考察独立两轮驱动型轮式移动机构在行驶过程中转向的行驶路径问题，即从直线过渡到圆弧路径，或者相反。由于惯性等的关系，需要设定车轮加减速的时间（见图 26.4-51），路径规划则呈现出连接直线和圆弧的过渡曲线。为了保持轮式移动机构的平均速度不变，就应该以一定比例改变左右车轮的速度，移动机构从直线向圆弧旋转的转移区间的过渡曲线称为回旋曲线。

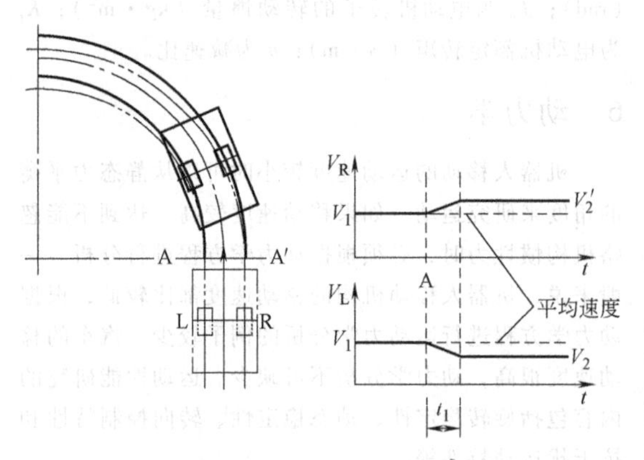

图 26.4-51　过渡曲线示例

如果机构中带有转向轴，过渡曲线就是实现转向角位置控制的结果，以满足旋转半径的给定目标值。与独立两轮驱动型相同，为了得到规定的轨迹，应该对转向轴实施速度控制，以保持与驱动轮速度的同步关系。转向控制的转向角传感器可以用差动变压器或电位器（模拟电压检测），或者用旋转编码器（数字信号）。此外，还采用检测转向角0°（原点）以及检测左右转向角极限值的开关。如果采用了绝对型编码器，可以省去原点检测用的开关。为了防止左右转向角超出极限值，应该安装限位机构。

实现转向控制的前提是车轮式移动机构的转向轴能够实施连续位置控制，如果独立两轮驱动型车轮式移动机构的结构特点是通过机械方式事先调整好直线前进的转向角和自旋旋转的转向角，并走走停停地切换这两种行驶模式的转向角，则问题简化为2位置控制。这样的机构既能适应移动路面的凹凸起伏，又能分散载荷，如果在前后安装与驱动轮相同直径的车轮，可以减少自旋旋转时产生的行驶阻力。

7.2 导航

导航是一种使移动物体正确到达目的地的方法。导航技术是随着舰船、飞机的应用而发展起来的。航空领域有多种导航的方法，如以自然界为基准进行测位导航的方法（推测导航、地标导航和天体导航等），还包括无线导航（接收地面无线设备的支持）、自主导航（靠飞机本身装备的设备）和利用人造卫星的卫星导航（GPS）等。

为了实现导航，必须解决路径设计（到达目的地的路径）、当前位置的估计和沿路径移动的轨道控制等问题。路径规划是指按照在大范围内描述环境的环境模型（地图），选定从当前位置到目的地的路径子目标，再根据移动机构的运动学特性，将直线、圆弧和回旋曲线等过渡曲线组合起来，构成相邻子目标之间移动的局部路径。

（1）局部路径设计

无全方位移动功能的一般轮式移动机构，当它以某个转向角行驶时，将描绘出与转向角对应的某个曲率的圆弧轨迹。借助于直线、圆弧和过渡曲线来实现路径设计和轨道控制，应该是比较容易的。

（2）位置估计

1）利用正运动学。移动机器人的正运动学基本公式并非给出了空间位移，而是给出了速度之间的关系。因此，正运动学无法直接用作轨道控制的反馈信息，或者说其无法直接用作观测环境的基准位置。为了能满足这些用途，必须对正运动学得到的本体平移速度和旋转角速度进行积分，积分的结果代表从初始位置起计算的移动量估计值。

对轮式移动机构旋转轴的测量，可以依靠旋转编码器等内传感器。测距法是指测量沿移动轨迹行进的移动距离。推算移动轨迹本身，则称为位置估计法（dead reckoning）。

2）利用惯性传感器。这个方式类似于飞机飞行所使用的惯性导航装置，它是将加速度传感器和陀螺传感器组合起来计算位置和姿态。测量角速度的陀螺传感器有很多种类，如机械式陀螺、振动陀螺、气体速率陀螺、激光陀螺和光纤陀螺等。

在利用正运动学做位置估计时，受轮式移动机构的车轮制造精度、载荷引起的车轮直径的变化、机构的装配精度、行驶路面的凹凸和倾斜等因素的影响，移动过程将产生位置和方向的累积误差。特别是方向误差，随着移动距离的增加而显著增加，结果又带来了大的位置误差。一种改进的方法是移动距离靠车轮转速来测量，方位角靠组合无累积误差的磁方位传感器（绝对方位测定）与陀螺式罗盘来测量。

3）利用外部传感器。外部传感器的位置估计方法是指在地图或环境的已知位置上设定标记，移动机器人把它们作为对象物来进行检测，求出方向和距离；再根据标记与移动体在几何学上的关系，求出绝对位置。作为对象物体，即标记，既可以选择易于识别的人为标记，也可以选择环境内已有的设施（如荧光灯或柱子等）。

在这种方式中，有一种称为被动地标方式，其特点是沿机器人行驶的路径，在地面或墙壁等处配置标记，当机器人通过标记点，就能确定自己所处的当前位置。

借助于环境的已有特征进行位置估计，可以提高机器人的自主性，具体的方法很多，如选用超声波距离传感器检测行驶路径左右的墙壁或地面的凹凸，用视觉传感器检测顶棚荧光灯或出风口等。

4）外部辅助方式。该方式像传统的指向标，在环境中配置主动发出信号的信号源，用传感器接收它们的信号，根据信号源的方向和位置，计算出移动物体的当前位置。作为指向标的方法很多，例如一种是测定三个光源或声源的方向，利用三角测量原理计算出位置；另一种是设置恒速旋转扫描的激光指向标，移动体一侧的3个受光器接收到激光后，就可以计算出指向标的方位。GPS则是利用地球卫星轨道上的多颗卫星发出的电波来进行定位。若在室外环境下能在运动环境附近设置基准点，就能实现高精度的绝对位置测量。

（3）位置估计误差的评价

以图26.4-25所示的独立两轮驱动型移动机构模型为例，对轮式移动机构的位置估计方法的特点和误差估计方法进行说明。

如图26.4-25所示，设两个车轮的圆周速度为u_r、u_l，车轮的间距为l，用二维平面的位置及姿态的三个参数（x，y，θ）来表示移动机器人的运动。对于微小时间Δt，可近似为

$$\Delta\theta = \frac{u_r - u_l}{l}\Delta t, \Delta x = \frac{u_r + u_l}{2}\cos\theta\Delta t,$$

$$\Delta y = \frac{u_r + u_l}{2}\sin\theta\Delta t$$

改写为离散时间系统表达式，则有

$$x_{k+1} = x_k + \frac{u_{rk} + u_{lk}}{2}\cos\theta_k\Delta t,$$

$$y_{k+1} = y_k + \frac{u_{rk} + u_{lk}}{2}\sin\theta_k\Delta t,$$

$$\theta_{k+1} = \theta_k + \frac{u_{rk} - u_{lk}}{l}\Delta t$$

若将 u_{rk}、u_{lk} 作为输入，则系统可以表示为

$$\boldsymbol{x}_{k+1} = \boldsymbol{f}_k(\boldsymbol{x}_k, \boldsymbol{u}_k + \boldsymbol{v}_k) + \boldsymbol{w}_k$$

$$\boldsymbol{x}_k = \begin{pmatrix} x_k \\ y_k \\ \theta_k \end{pmatrix}, \boldsymbol{u}_k = \begin{pmatrix} u_{rk} \\ u_{lk} \end{pmatrix}$$

式中，$\boldsymbol{v}_k$ 为车轮速度变动引起的误差成分的模型；$\boldsymbol{w}_k$ 为除此以外的系统误差模型。

可以认为，机器人在运动中车轮半径的变动及轮胎着地点的滑动等误差是由车轮速度的变动引起的，车轮间距 l 的变动则包含在系统误差里。

建立状态向量差分的模型，如下式所示

$$\Delta\boldsymbol{x}_{k+1} = \frac{\partial \boldsymbol{f}_k}{\partial \boldsymbol{x}_k}\Delta\boldsymbol{x}_k + \frac{\partial \boldsymbol{f}_k}{\partial \boldsymbol{u}_k}\boldsymbol{v}_k + \boldsymbol{w}_k = \boldsymbol{A}_k\Delta\boldsymbol{x}_k + \boldsymbol{F}_k\boldsymbol{v}_k + \boldsymbol{w}_k$$

$$\boldsymbol{A}_k = \begin{pmatrix} 1 & 0 & -\frac{u_r + u_l}{2}\sin\theta_k \\ 0 & 1 & \frac{u_r + u_l}{2}\cos\theta_k \\ 0 & 0 & 1 \end{pmatrix},$$

$$\boldsymbol{F}_k = \begin{pmatrix} \frac{1}{2}\cos\theta_k & \frac{1}{2}\cos\theta_k \\ \frac{1}{2}\sin\theta_k & \frac{1}{2}\sin\theta_k \\ \frac{1}{l} & \frac{1}{l} \end{pmatrix}$$

系统状态向量的估计值及估计误差，即协方差矩阵的更新进行评价。式中，$\hat{\boldsymbol{x}}$ 为 $\boldsymbol{x}$ 的估计值。

$$\hat{\boldsymbol{x}}_{k+1} = \boldsymbol{f}_k(\hat{\boldsymbol{x}}_k, \boldsymbol{u}_k)$$

$$\boldsymbol{P}_{k+1} = \boldsymbol{A}_k\boldsymbol{P}_{k+1}\boldsymbol{A}_k^{\mathrm{T}} + \boldsymbol{F}_k\boldsymbol{V}_k\boldsymbol{F}_k^{\mathrm{T}} + \boldsymbol{W}_k$$

存在概率超过一定值后，状态矢量的分布形状呈椭球体，若存在两个变量则呈椭圆状。例如，沿着子目标的列变化，给出两个轮的速度指令 u_r、u_l，关于这时的移动机器人运动轨迹的仿真结果如图 26.4-52 所示。

由图 26.4-52 可知，表示移动机器人存在概率高于某个值的误差椭球体将随着移动距离的增大，即推测定位法具有随移动距离的增加，误差有扩大的倾向。

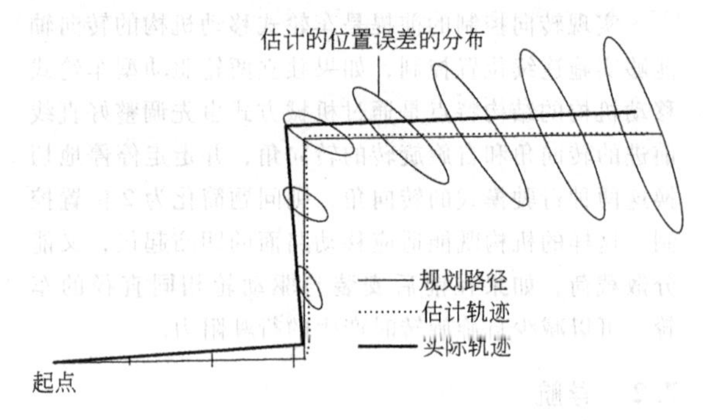

图 26.4-52 移动轨迹的位置估计和误差仿真

（4）位置估计误差的消除

根据正运动学的位置估计，或者利用惯性传感器的所谓基于内传感器的位置估计，累计误差都是不可避免的。为了在评价位置估计误差的同时将误差限制在允许值以内，需要从环境中得到绝对位置信息，并在适当时机消除位置估计误差。因此，在位置估计方法中，一般应该既采用基于内传感器的推测定位法，又借助于视觉传感器等其他能够检测环境信息的外传感器，来实现误差的消除。

如果采用地标来消除估计误差，实现位置估计的更新，传感器功能、地标类型和它与移动体的相对位置关系等因素都会影响到估计误差的分布形状和大小。基于上述考虑，消除误差时，必须选择那些对消除误差有利的地标，并且更新误差椭圆。另外，如果从一个地点能够观测到多个地标，还应该评价通过各地标观测和更新而得到的误差分布，选择评价值高的地标。

（5）轨迹控制

轨迹控制的基本问题是估计移动体的当前位置，检测移动体偏离目标跟踪路径的偏差量，决定移动控制量，并控制各个驱动自由度，使移动体始终沿路径行进。具有全方位移动功能（完整）的移动机构对跟踪移动路径的适应性较强，而非全方位移动的轮式移动机构，能跟踪的路径则受到限制。当给出满足移动机构运动学限制的路径后，只要编写出消除路径误差的车体平移速度及旋转角速度的算法，再利用逆运动学求解驱动自由度所需要的目标值，就可以实现轨迹控制。图 26.4-53 所示为实现轨迹控制系统的构成。

具有全方位移动功能的移动体，比较自由地设定路径跟踪算法。如果是属于不具有全方位移动功能的一般移动机构，则必须考虑路径的形状和机器人对路径的相对位置来确定算法。以图 26.4-54 为例，独立

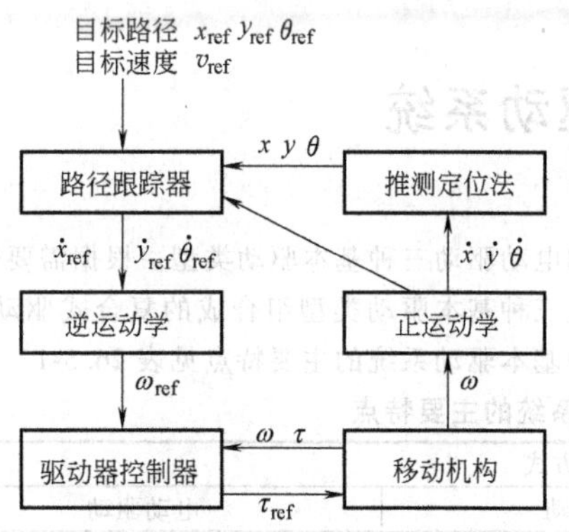

图 26. 4-53　轨迹控制系统的构成

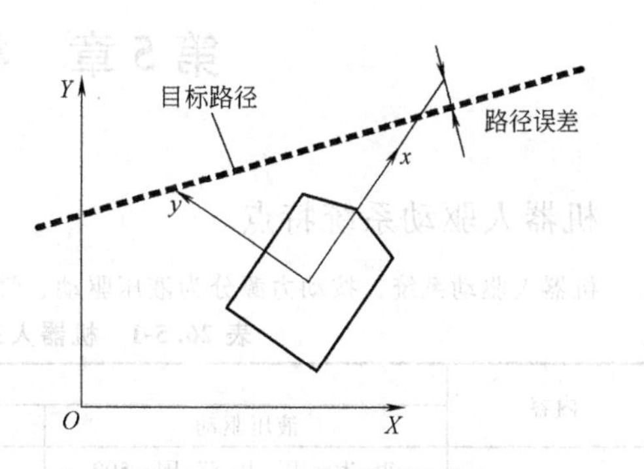

图 26. 4-54　对直线路径的跟踪

两轮驱动型移动机构跟踪直线路径，如果路径位于车体（移动体中心轴）前方一定距离，选择车体的旋转角速度作为控制变量，就能将车体与路径的距离误差调节为零。

第5章　机器人驱动系统

1　机器人驱动系统特点

机器人驱动系统，按动力源分为液压驱动、气动驱动和电动驱动三种基本驱动类型。根据需要也可采用由这三种基本驱动类型组合成的复合式驱动系统。这三种基本驱动系统的主要特点见表26.5-1。

表26.5-1　机器人三种基本驱动系统的主要特点

内容	驱动方式		
	液压驱动	气动驱动	电动驱动
输出功率	很大，压力范围500～14000kPa，液体的不可压缩性	大，压力范围400～600kPa，最大可达1000kPa	较大
控制性能	控制精度较高，输出功率大。可无级调速，反应灵敏，可实现连续轨迹控制	气体压缩性大，精度低，阻尼效果差，低速不易控制，难以实现伺服控制	控制精度高，功率较大，能精确定位，反应灵敏。可实现高速、高精度的连续轨迹控制，伺服特性好，控制系统复杂
响应速度	很高	较高	很高
结构性能及体积	结构适当，执行机构可标准化、模块化，易实现直接驱动。功率/质量比大，体积小，结构紧凑，密封问题较大	结构适当，执行机构可标准化、模块化，易实现直接驱动。功率/质量比较大，体积小，结构紧凑，密封问题较小	伺服电动机易于标准化。结构性能好，噪声低。电动机一般配置减速装置，除DD电动机外，难以进行直接驱动，结构紧凑，无密封问题
安全性	防爆性能较好，用液压油作传动介质，在一定条件下有火灾危险	防爆性能好，高于1000kPa（10个大气压）时应注意设备的抗压性	设备本身无爆炸和火灾危险。直流有刷电动机换向有火花，对环境的防爆性能差
对环境的影响	液压系统易漏油	排气时有噪声	无
在工业机器人中的应用范围	适用于重载，低速驱动，电液伺服系统适用于喷漆机器人、重载点焊机器人和搬运机器人	适用于中小负载，快速驱动，精度要求较低的有限点位程序控制机器人。如冲压机器人、机器人本体的气动平衡及装配机器人气动夹具	适用于中小负载，要求具有较高的位置控制精度和轨迹控制精度，速度较高的机器人，如AC伺服喷涂机器人、点焊机器人、弧焊机器人、装配机器人等
成本	液压元件成本较高	成本低	成本高
维修及使用	方便，但液压油对环境温度有一定要求	方便	较复杂

2　机器人驱动系统选用原则

机器人驱动系统的选用，应根据工业机器人的性能要求、控制功能、运行的功耗、应用环境及作业要求、性能价格比以及其他因素综合加以考虑。在充分考虑各种驱动系统特点的基础上，在保证工业机器人性能规范、可行性和可靠性的前提下，做出决定。一般情况下，各种机器人驱动系统的设计选用原则大致如下：

1）控制方式。物料搬运（包括上、下料）、冲压用的有限点位控制的程序控制机器人，低速重负载的可选用液压驱动系统；中等负载的可选用电动驱动系统；轻负载、高速的可选用气动驱动系统。冲压机器人多选用气动驱动系统。

用于点焊、弧焊及喷涂作业的工业机器人，要求只有任意点位和连续轨迹控制功能，需采用伺服驱动系统，如电液伺服和电动伺服驱动系统。在要求控制精度较高，如点焊、弧焊等工业机器人时，多采用电动伺服驱动系统。重负载的搬运机器人及须防爆的喷涂机器人可采用电液伺服控制。

2）作业环境要求。从事喷涂作业的工业机器人，由于工作环境需要防爆，考虑到其防爆性能，多采用电液伺服驱动系统和具有本质安全型防爆的交流电动机伺服驱动系统。水下机器人、核工业专用机器人、空间机器人以及在腐蚀性、易燃易爆气体和放射性物质环境下工作的移动机器人，一般采用交流伺服驱动。如要求在洁净环境中使用，则多要求采用直接驱动（Dirct Drive，DD）电动机驱动系统。

3）操作运行速度。对于装配机器人，由于要求其具有很高的点位重复精度和较高的运行速度，通常在运行速度相对较低（≤4.5m/s）的情况下，可采用 AC、DC 或步进电动机伺服驱动系统。在速度、精度要求均很高的条件下，多采用直接驱动（DD）电动机驱动系统。

3　电液伺服驱动系统

电液伺服驱动控制系统是由电气信号处理单元与液压功率输出单元组成的闭环控制系统。它综合了电气和液压控制两方面的优点，具有控制精度高、响应速度快、信号处理灵活、输出功率大、结构紧凑、功率/质量比大等特点，在机器人中得到了较为广泛的应用。采用电液伺服驱动系统的工业机器人，具有点位控制和连续轨迹控制功能，并具有防爆能力。

电液伺服驱动的工业机器人所采用的电液转换和功率放大元件有电液伺服阀、电液比例阀等。以上伺服阀、比例阀与其他液压动力机构可组成电液伺服电动机、电液伺服液压缸、电液步进电动机、电液步进液压缸、液压回转伺服执行器（Rotary Servo Actuator，RSA）等各种电液伺服动力机构。根据工业机器人的结构设计要求，电液伺服电动机和电液伺服液压缸可以是分离式的，也可以组合成一体。

在工业机器人的电液伺服驱动系统中，常用的电液伺服动力机构是电液伺服液压缸和电液伺服摆动电动机。回转执行器（RSA）是一种由伺服电动机、步进电动机或比例电磁铁驱动的、安装在摆动电动机或连续回转电动机转子内的一个回转滑阀，通过机械反馈，驱动转子运动的一种电液伺服机构。它可以安装在机器人手臂和手腕的关节上，实现直接驱动。它既是关节机构，又是动力元件。

对采用电液伺服驱动系统的工业机器人来说，人们所关心的是如何按给定的运动规律实现机器人手臂运动的位置和姿态，以及运动速度的控制。机器人常用的阀控电液伺服驱动系统，其单轴的电液伺服系统框图如图 26.5-1 所示。

因伺服阀的频率响应高达 50～200Hz，而机器人的液压固有频率较低，一般为几赫兹至几十赫兹。因此，在设计机器人电液伺服驱动系统时，伺服阀的传递函数不必按二阶环节计算，可按惯性环节或比例环节计算。伺服系统中具有速度及位置检测传感器，以形成闭环回路。反馈信号一般为模拟量，其检测元件为旋转变压器或光电码盘 f/v 变换所得的电压信号。位置传感器多采用光电码盘、旋转变压器或线性度较

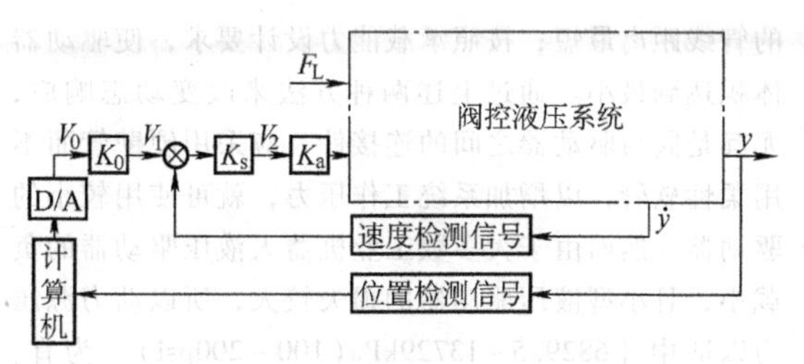

图 26.5-1　机器人单轴的电液伺服系统框图

F_L—静力负载　K_0—伺服放大器的输出电压到伺服阀力矩电动机输出电流之间的导纳　K_s—伺服放大器的增益　K_a—输出放大器增益

注：点画线框内所列为阀控液压系统

高的电位器（一般线性度为±0.1%）。

图 26.5-2 所示为一种电液伺服喷涂机器人的电液伺服原理图。

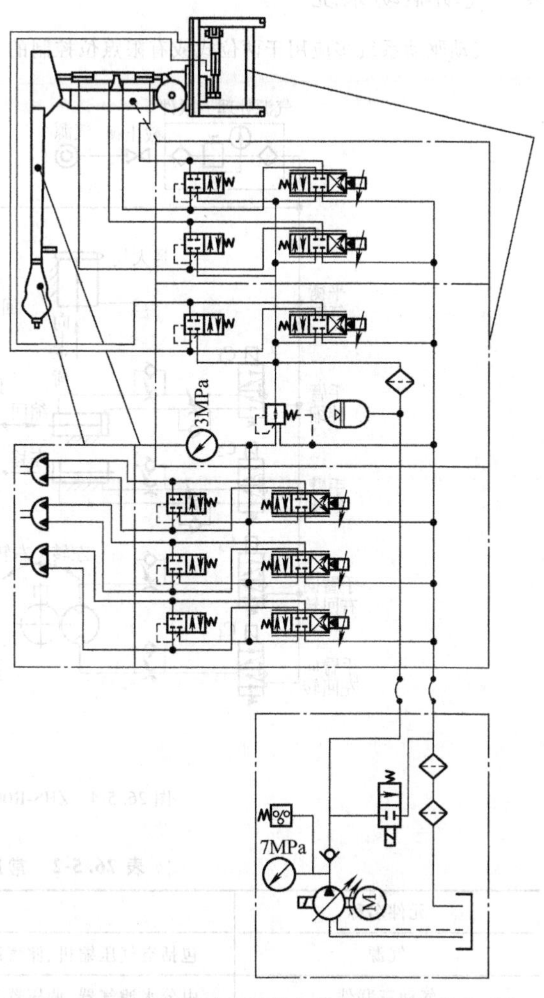

图 26.5-2　一种电液伺服喷涂机器人的电液伺服原理图

在采用电液伺服驱动的工业机器人系统设计中，伺服阀的布置，应使伺服阀与其相连接的驱动器之间

的管线距离最短；按照承载能力设计要求，使驱动器体积达到最小。通过上述两种方法来改变动态响应，尤其是阀与驱动器之间的连接件，应采用硬壁管而不用柔性软管，以增加系统工作压力，就可使用较小的驱动器。然而由于大多数工业机器人液压驱动器的负载小，且小型液压驱动器的损失较大，所以动力源压力以适中［6829.5～13729kPa(100～200psi)］为宜，允许使用较大的驱动器。

采用电液伺服驱动的工业机器人在低负载、高关节速率的情况下，大量能量转换成为热量，被液压油带走，回油管以及油冷却器必须按一定的尺寸制造，以允许热量散发，不致使泵进油口处油温升高过高，以防止液压油分解，并损坏回路上的部件，特别是损坏液压伺服阀。

4　气动驱动系统

气动驱动系统多应用于两位式或有限点位控制的工业机器人（如冲压机器人）中，或作为装配机器人的气动夹具，以及应用于点焊等较大型通用机器人的气动平衡中，其组成结构框图如图 26.5-3 所示。

ZHS-R002 机器人气动系统简图如图 26.5-4 所示，SMART 和 KUKA 机器人的气动平衡原理如图 26.5-5 所示。

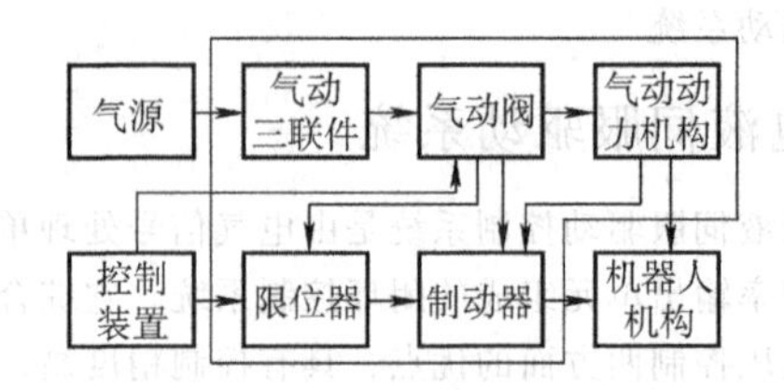

图 26.5-3　机器人气动驱动结构框图

机器人气动驱动系统常用的气动元件组成见表 26.5-2。

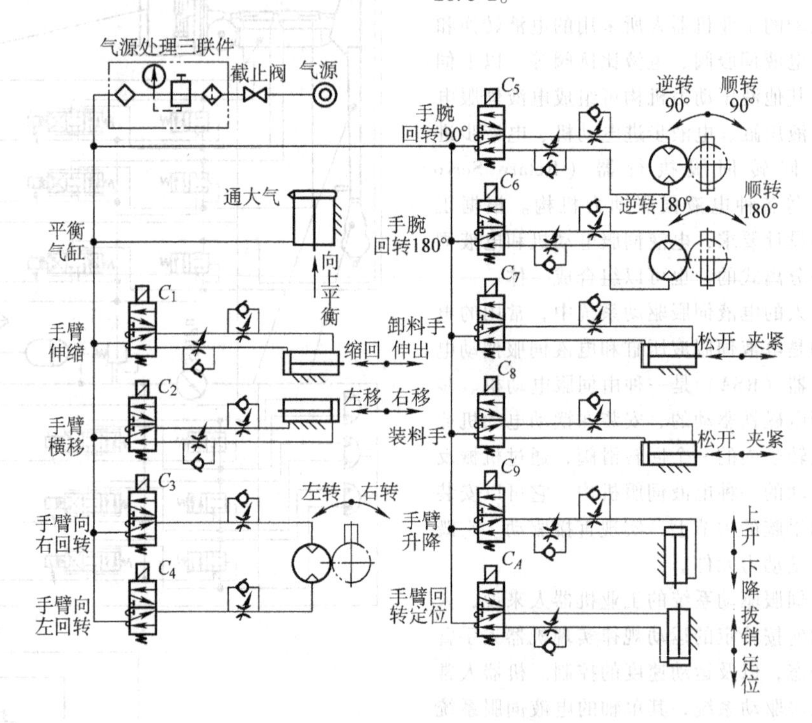

图 26.5-4　ZHS-R002 机器人气动系统简图

表 26.5-2　常用的气动元件组成

元件名称	组　成
气源	包括空气压缩机、储气罐、气水分离器、调压器、过滤器等
气动三联件	由分水滤气器、调压器和油雾器组成
气动阀	包括电磁气阀、节流调速阀和减压阀等
气动动力机构	多采用直线气缸和摆动气缸

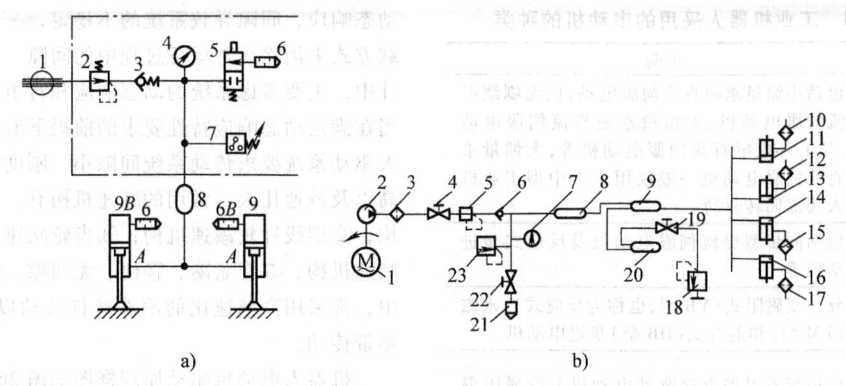

图 26.5-5　气动平衡原理

a）SMART 机器人气动平衡原理图

1—压缩气入口　2—压力开关　3—单向阀　4—压力表　5—手动排气阀　6—消声器
7—控制开关　8—储气罐　9—平衡气缸

b）KUKA 机器人平衡系统气压回路

1—交流电动机　2—空气压缩机　3—压缩空气过滤器　4—压缩空气入口开关　5—压力调节阀
6—单向阀　7—接点压力计　8、9、20—压缩空气储存罐　10、12、15、17—空气过滤器
11、13、14、16—气缸　18—外控溢流阀　19—压缩空气出口开关
21—消声器　22—压缩空气释气开关　23—安全阀

5　电动驱动系统

机器人电伺服驱动系统是利用各种电动机产生的力矩和力直接或间接地由机械传动机构去驱动机器人本体的执行机构，以获得机器人的各种运动。

适合于工业机器人的关节驱动电动机，应具有最大功率/质量比、转矩/惯量比、高起动转矩、低惯量和较宽广且平滑的调速范围。特别是像机器人末端执行器（手爪）应采用体积、质量尽可能小的电动机，尤其是要求快速响应时，伺服电动机必须具有较高的可靠性和稳定性，并具有大的短时过载能力。这是伺服电动机在工业机器人中应用的先决条件。

机器人对关节驱动电动机的主要要求见表 26.5-3。

表 26.5-3　机器人对关节驱动电动机的主要要求

特　性	说　明
快速性	电动机从获得指令信号到完成指令所要求的工作状态的时间短。响应指令信号的时间越短，电伺服系统的灵敏性越高，快速响应性能越好，一般是以伺服电动机的机电时间常数的大小来衡量伺服电动机快速响应的性能
起动转矩/惯量比大	在驱动负载的情况下，要求机器人的伺服电动机的起动转矩高，转动惯量小；起动转矩/惯量比是衡量伺服电动机动态特性的一个重要指标
控制特性的连续性和直线性	随着控制信号的变化，电动机的转速能连续变化，有时还需转速与控制信号成正比或近似成正比
轻巧性	体积小、质量小、轴向尺寸短
载荷瞬时性	能经受得起苛刻的运行条件。可进行十分频繁的正反转和加减速运行，并能在短时间内承受过载
高可靠性	可在恶劣环境下使用
调速范围宽	能适用于 1：10000~1：1000 的调速范围

目前，由于高起动转矩、大转矩、低惯量的交、直流伺服电动机在工业机器人中得到了广泛应用，一般负载在 1000N 以下的工业机器人大多采用电伺服驱动系统。所采用的关节驱动电动机主要是直流（DC）伺服电动机、交流（AC）伺服电动机和步进电动机。其中，直流伺服电动机、交流伺服电动机、直接驱动电动机（DD）均采用位置闭环控制，一般应用于高精度、高速度的机器人驱动系统中；步进电动机驱动多适用于精度、速度要求不高的小型简易机器人开环系统中；交流伺服电动机由于采用电子换向、无换向火花，在易燃易爆环境（如喷涂）中得到了较为广泛的使用。机器人关节驱动电动机的功率范围一般为 0.1~10kW。工业机器人驱动系统中所采用的电动机的种类见表 26.5-4。

表 26.5-4 工业机器人采用的电动机的种类

种类	说明
直流伺服电动机	包括小惯量永磁直流伺服电动机、无刷绕组直流伺服电动机、大惯量永磁直流伺服电动机、空心环电枢直流伺服电动机等，大惯量永磁直流伺服电动机一般仅用于大中型工业机器人腰部回转驱动
交流伺服电动机	包括同步型交流伺服电动机及反应式步进电动机等
步进电动机	分为变磁阻式（VR 型，也称为反应式）、永磁式（PM 型）和混合式（HB 型）步进电动机
直接驱动电动机（DD）	包括变磁阻型直接驱动电动机及变磁阻混合型直接驱动电动机等

速度传感器多采用测速发电机和旋转变压器；位置传感器多采用光电码盘和旋转变压器。伺服电动机可与测速发电机、编码器（或旋转变压器）、制动器、减速机构相结合，以形成伺服电动机驱动单元。

直接驱动电动机作为一种新型的伺服电动机，由于具有极高的精度和运行速度，无减速装置，已广泛地应用于要求高速、高精度的装配机器人中，特别适合于洁净度高达 10 级以上的环境中。

电动机的固有特性是转矩/质量比较小，但它能以高速运动作补偿，一般需要通过减速机构以增加转矩，来适应机器人关节驱动的需要。采用减速机构又带来了系统的动态响应和动力损耗，以及减速机构的顺应性和间隙问题。通常，减速机构的顺应性降低了动态响应，间隙导致系统的不稳定，一般采用重力加载方式来消除正常运行过程中的间隙。在电气系统设计中，主要考虑系统的动态响应和转矩质量比值，应当在满足动态响应特性要求的前提下取最大值。机器人驱动系统要求传动系统间隙小、刚度大、输出转矩高以及减速比大，常用的减速机构有：①谐波减速机构；②摆线针轮减速机构；③齿轮减速机构；④蜗轮减速机构；⑤在紧凑、轻便、无间隙、低顺应性装置中，常采用高减速比的滚珠丝杠传动以及金属带/齿形带传动。

机器人电动机驱动原理框图如图 26.5-6 所示。

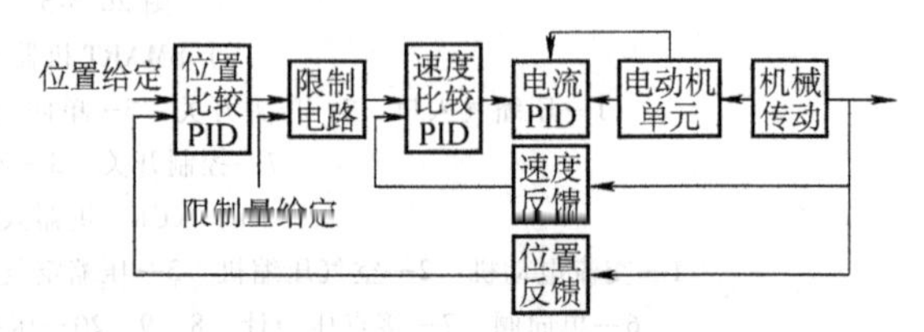

图 26.5-6 机器人电动机驱动原理框图

机器人电伺服系统的一般结构为三个闭环控制，即电枢电流闭环、速度闭环和位置闭环。为了满足三环伺服控制反馈信号，要求系统采用多种传感器。电流传感器一般采用取样电阻、霍尔集成电路传感器。在工业机器人电伺服系统中，速度闭环和电流闭环一般采用模拟控制系统，位置闭环则采用数字控制。

机器人常用关节驱动电动机的特点及使用范围见表 26.5-5。

表 26.5-5 机器人常用关节驱动电动机的特点及使用范围

名称	主要特点及性能	结构特点	用途及使用范围	适用驱动器
小惯量直流永磁伺服电动机	转子直径较小，因此电动机的惯量小，理论加速度大，快速反应性好。由于没有齿槽，低速性能好，故一般调速比可以做到 $1:10^4$ 范围，但由于转子较细，故低速输出转矩不够大，而且负载惯量改变对整个系统产生很大的影响。又由于转子细长，不利于散热，转向器也较易损坏	其转子多为细长形，这是因为直径小则转动惯量小，而要保证输出功率则要加长转子长度，为消除齿槽效应多将转子绕组直接粘在电枢表面	其驱动系统适用于对快速性能要求严格而负载转矩不大的场合	直流 PWM 伺服驱动器、晶体管变压驱动器
无刷绕组直流永磁伺服电动机（盘式电动机）	其转动惯量小，快速响应性能好；转子无铁损，效率高，换向性能好；寿命长；负载变化时转速变化率小，输出转矩平稳	具有特殊的转子结构，转子由薄片形绕组叠装而成，各层绕组按一定连接方式接成闭环，整个转子无铁心，具有轴向平面气隙	可以频繁起制动、正反转工作，响应迅速。由于轴向尺寸小，能够紧密地连接到负载机构上，可以构成一个抗转矩的结构体系，适用于机器人、数控等机电一体化产品	直流 PWM 伺服驱动器、晶体管变压驱动器
大惯量直流永磁伺服电动机（力矩电动机）	输出转矩大，转矩波动小，力学特性硬度大，可以长期工作在堵转条件下	与小惯量电动机相比，其转子明显加粗	适用于要求驱动转矩较大的场合，由于转矩较大可以不用齿轮变速直接驱动负载，消除了齿轮变速系统的齿轮间隙问题 在制造上不需采用特殊的工艺，故比较经济，对负载惯性匹配问题不明显	

（续）

名称	主要特点及性能	结构特点	用途及使用范围	适用驱动器
反应式步进电动机	可以将电脉冲信号直接变换为转角，其转角的大小与输入脉冲数成正比，而其旋转方向则取决于输入脉冲的顺序，步进电动机伺服系统多用于开环控制系统，其输出转矩也比较大	其转子无绕组，由永磁体构成转子磁极，其定子绕组按其分布形式有集中绕组和分散绕组两种	主要用于数字系统中作为执行元件，如各类数控机床、机器人、自动传送机械等	直流 PWM 伺服驱动器、晶体管变压驱动器
同步式步进电动机	其转速与定子绕组所建立的旋转磁场严格同步，从低速到高速，只要在永久磁体不退磁的范围内，定子绕组都可以通过大的电流，所以起、制动转矩不会降低，可以频繁起、制动	其转子由永磁体做成，定子由三相绕组组成，为减小转子的转动惯量，转子直径往往做得很细	主要用于小容量的伺服驱动系统中，如数控、机器人等伺服系统中	交流 PWM 变频调速器
DD 驱动电动机	DD 电动机输出转矩大，转矩波动小，功率/质量比大，精度极高；低速平稳，检测精度高	DD 电动机具有两种结构型式，双定子结构和中央定子结构	适用于需高精度、高速运行的工业机器人中，并适用于洁净度 10 级以上环境，如装配机器人等	交流 SPWM 驱动器

5.1　直流伺服电动机驱动器

直流伺服电动机驱动器多采用脉宽调制（PWM）伺服驱动器，其电源电压为固定值，由大功率晶体管 GTR、MOS 管或 IGBT 作为开关元件，以固定的开关频率动作。但其输出的脉冲宽度可以随电路控制而改变。通过改变脉冲宽度以改变加在电动机电极两端的平均电压，从而改变电动机的转速。这种伺服驱动器一般由电流内环和速度外环构成，功率放大采用晶体管等其他开关元件组成的桥式开关电路，其原理框图如图 26.5-7 所示。

PWM 伺服驱动器具有调速范围宽、低速特性好、响应快、效率高、过载能力强等特点，在工业机器人中常作为直流伺服电动机驱动器。

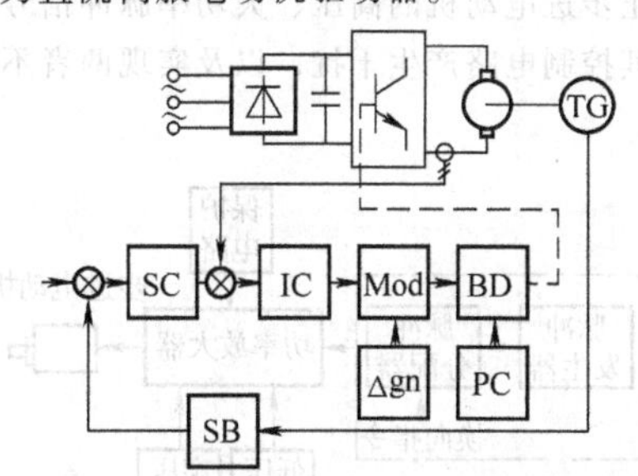

图 26.5-7　直流 PWM 伺服驱动器原理框图
SC—速度调节器　IC—电流调节器　Mod—调制器
Δgn—三角波发生器　PC—保护电路
BD—基极驱动器　SB—速度反馈单元　TG—测速机

5.2　同步式交流伺服电动机驱动器

同直流伺服电动机驱动系统相比，同步式交流伺服电动机驱动器具有转矩/转动惯量比高、无电刷及换向火花等优点，在工业机器人（包括喷涂机器人）中得到广泛应用。

同步式交流伺服电动机驱动器通常采用电流型脉宽调制（PWM）三相逆变器和具有电流环为内环、速度环为外环的多环闭环控制系统，以实现对三相永磁同步伺服电动机的电流控制。根据其工作原理、驱动电流波形和控制方式的不同，可分为两种伺服系统：

1）矩形波电流驱动的永磁交流伺服系统。

2）正弦波电流驱动的永磁交流伺服系统。

采用矩形波电流驱动的永磁交流伺服电动机称为无刷直流伺服电动机，采用正弦波电流驱动的永磁交流伺服电动机称为无刷交流伺服电动机。

同步式永磁交流伺服驱动器的组成如图 26.5-8 所示。主电路由三部分组成，整流器将工频电源变换为直流；逆变器按照电动机转子位置来控制交流电流；吸收来自电动机再生能量的再生功率吸收电路。控制电路由下列几部分组成：即把速度给定信号与电动机速度反馈信号进行比较，用以产生电流给定信号 I_a 的调节器，按照电动机转子位置产生相电流给定值 i_u、i_v、i_w 的电流函数发生器，以及控制相电流的电流调节器。

对正弦波电流驱动的永磁交流伺服驱动器来说，电流函数发生器产生如下电流参考值：

$$i_u = I_a \sin\theta_r$$

$$i_v = I_a \sin(\theta_r - 2\pi/3)$$

$$i_w = I_a \sin(\theta_r - 4\pi/3)$$

式中　i_u——U 相电流；

i_v——V 相电流；

i_w——W 相电流；

I_a——电流幅值；

θ_r——转子位置。

其转矩为

$$T=K_s I_a \Phi$$

式中 K_s——比例常数；

Φ——有效磁场磁通。

所采用的逆变桥为晶体管正弦波 PWM 逆变器。

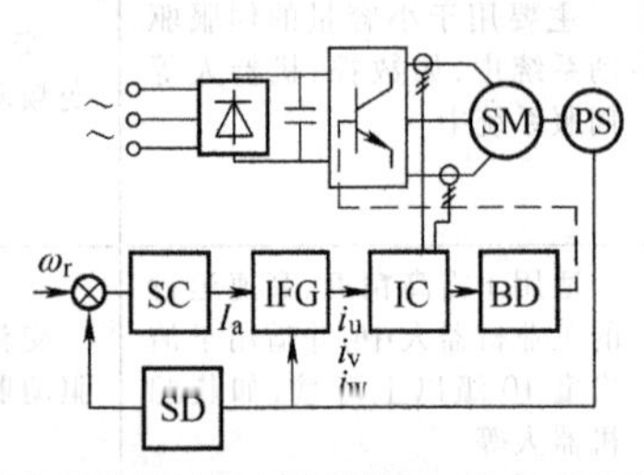

图 26.5-8 同步式永磁交流伺服电动机驱动器的组成

SC—速度调节器 SD—速度变换器 IFG—电流函数发生器 IC—电流调节器 BD—基极驱动电路 PS—转子位置检测器 SM—同步式交流伺服电动机 ω_r—速度指令

对矩形波电流驱动的永磁交流伺服驱动器，即把速度给定信号与电动机速度反馈信号进行比较，用以产生电流给定信号 I_a 的调节器；由转子位置传感器信号处理得到转子每转 360°（电角度）的周期内区分出 6 个状态的位置信号，用这个信号和对相绕组电流采样信号综合形成一个与电动机电磁转矩瞬态值成正比的合成电流信号，将指令电流信号和合成电流信号比较、放大和校正，进入 PWM，根据电动机转子位置，电流函数发生器产生相电流给定值 i_u、i_v、i_w，电流调节器控制相电流，通过逆变桥的基极驱动电路，控制电动机的相电流，其幅值与指令电流信号成正比。其转矩为

$$T=K_s I_a \Phi$$

式中 K_s——比例常数；

Φ——有效磁场磁通。

所采用的逆变桥为晶体管矩形波 PWM 逆变器。

在永磁交流伺服系统的两种驱动模式中，正弦波电流驱动的永磁交流伺服驱动器是一种高性能的控制方式，电流是连续的，理论上可获得与电动机转角无关的均匀输出转矩，可做到 3% 以下低速转矩纹波，具有优良的低速平稳性，大大改善了中高速大转矩时的特性；铁心中附加损耗较小，并可在小范围内调整相电流和相电动势相位，实现弱磁控制，拓宽高速范围。但系统构成较复杂，成本高。它是系统发展的主流方向。

5.3 步进电动机驱动器

步进电动机是将电脉冲传导变换为相应的角位移或直线位移的元件。它的角位移量或线位移量与脉冲数成正比，转速或线速度与脉冲频率成正比。在负载能力的范围内，这些关系不因电源电压、负载大小、环境条件的波动而变化。误差不长期积累，步进电动机驱动系统可以在较宽的范围内，通过改变脉冲频率来调速，实现快速起动，正反转制动。作为一种开环数字控制系统，在小型机器人中得到较广泛的应用。但由于其存在过载能力差、调速范围相对较小、低速运动有脉动和不平衡等缺点，一般多应用于小型或简易型机器人（如经济型装配机器人，负重≤30N，速度≤2.5m/s）中。一般为了使工业机器人具有示教/再现功能，多采用配置编码器的工作形式。

步进电动机所用的驱动器，主要包括脉冲发生器、环形分配器和功率放大器等几部分。

脉冲发生器可以按照起动、制动及调速要求，改变控制脉冲的频率，以控制步进电动机的转速。

环形分配器是控制步进电动机各绕组的通电次序以决定步进电动机的转动（在机器人控制系统中，多由计算机来实现其功能）。环形分配器将脉冲发生器送来的脉冲信号按照一定的循环规律依次分配给步进电动机的各个绕组，以使步进电动机按照一定的规律运动。

功率放大器将环形分配器输出的毫安级电流放大至安培级以驱动步进电动机。图 26.5-9 所示为步进电动机驱动器原理框图。其中脉冲发生器及脉冲分配器可由微处理器实现。在保证步进电动机不丢步的情况下，其控制精度由电动机决定。系统采用光隔离电路以防止步进电动机的高压、大功率脉冲信号对微处理器或其控制电路产生干扰，以及实现两者不同电压的转换。

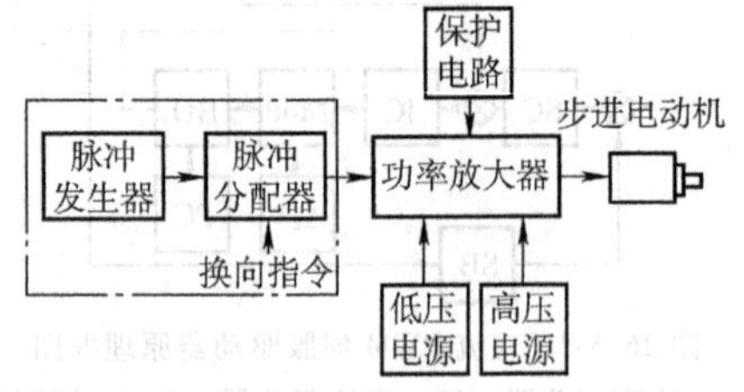

图 26.5-9 步进电动机驱动器原理框图

5.4 直接驱动电动机

所谓直接驱动（DD）系统，就是电动机与其所驱动的负载直接耦合在一起，中间不存在任何减速机构。

同传统的电动机伺服驱动相比，DD 减少了减速机构，从而减少了系统传动过程中减速机构产生的间隙和松动，极大地提高了机器人的精度，同时也减少了由于减速机构的摩擦及传送转矩脉动造成的机器人控制精度降低。特别是采用传统电动机伺服驱动的关节型机器人，其机械刚性差，易产生振动，阻碍了机器人运行操作精度的提高。而 DD 由于具有上述优点，机械刚性好，可以高速高精度动作，且具有部件少、结构简单、容易维修和可靠性高等特点。在高精度、高速度工业机器人应用中越来越引起人们的重视。

DD 技术的关键环节是 DD 电动机及其驱动器。它应具有以下特性：

1）输出转矩大。为传统驱动方式中伺服电动机输出转矩的 50~100 倍。

2）转矩脉动小。DD 电动机的转矩脉动可抑制在输出转矩的 5% ~10% 以内，克服了谐波转矩所存在的潜在问题，保证精确的定位，避免了共振。

3）效率。与采用合理阻抗匹配的电动机相比（传统驱动方式），DD 电动机是在功率-功率转换较差的使用条件下工作的。因此，负载越大，越倾向于选用较大的电动机。

目前，DD 电动机主要分为变磁阻型和变磁阻混合型，有以下两种结构型式。

（1）双定子结构变磁阻型 DD 电动机

变磁阻型 DD 电动机采用双定子杯形结构（见图 26.5-10），包括无刷驱动器和分解器，只有一个轴承，该轴承在大多数情况下，可以直接支承负载。该电动机为可变磁阻电动机，电动机里没有永磁体，采用三相电源。电动机由层压金属板和板上压制的 18 个极构成。环绕着每个极是一些铜丝绕组，这些绕组用导线按先后次序连接起来。实际上形成了 12 个极。每个极上有三组绕组。极表面上加工有许多齿，这些齿在极表面上分散传导能量。其转子是一个薄的圆柱形环，同定子类似，但上面没有线圈绕组，由于有内、外定子，转子传导磁场从内定子到外定子，又从外定子到内定子。在每个完整的电气换向周期里，转子旋转通过一个磁场周期——这是相邻齿间的角距。按照电动机大小，电动机每转有 100 ~150 个电气周期。

转矩波动通过三相操作和采用内、外定子保持在最低水平。装在驱动器里的是一个功率放大器、解算器接口和信号处理器；所有的模拟信号被变换成数字信号形式。微处理器控制着所有重要的控制功能。运动指令以位置、速度或转矩的形式，发送给数字信号处理器，该处理器调节着各种电气参数，以获得所需结果。这些变化的时序依赖于接收到的、来自于分解器的数据。

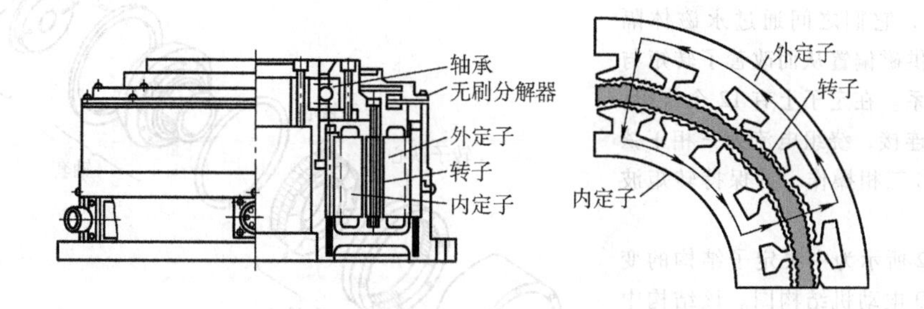

图 26.5-10　双定子杯形结构的变磁阻型 DD 电动机

双定子结构 DD 电动机驱动器包括以下几个部分：①功率放大；②分解→数字量变换；③换向部分；④接口部分；⑤可编程序运动控制部分。电动机通过相位选择来改变 DD 电动机的转矩方向。驱动器内置微处理器来实现换向功能。功率放大采用 20kHz 的单极性、半 H 桥结构以避免功放值的交叉导通。应用数字信号处理器 DSP，DD 电动机驱动电路可完成以下几种功能：①速度环（比例或比例积分）。②位置环（比例或比例积分）。③双速度环低通滤波器。④双速度环二阶陷波滤波器。

为了解决变磁阻型 DD 电动机的失步、转矩脉动等问题，伺服驱动系统采用基于转子位置传感器的电流平滑细分闭环控制策略。电流波形应满足：

$$I_u=I_m\sin\omega t\tau_1+I_m\sin(\omega t-60°)\tau_2$$

$$I_v=I_m\sin(\omega t-120°)\tau_2+I_m\sin(\omega t-180°)\tau_3$$

$$I_w=I_m\sin(\omega t-240°)\tau_3+I_m\sin(\omega t-300°)\tau_1$$

其中：当 $0°\leqslant\omega\leqslant120°$时，$\tau_1=1$，$\tau_2=\tau_3=0$；

当$120°\leqslant\omega\leqslant240°$时，$\tau_2=1$，$\tau_1=\tau_3=0$；

当$240°\leqslant\omega\leqslant300°$时，$\tau_3=1$，$\tau_1=\tau_2=0$。

图 26.5-11 所示为该电动机的控制框图。

（2）中央定子形结构的变磁阻混合型 DD 电动机

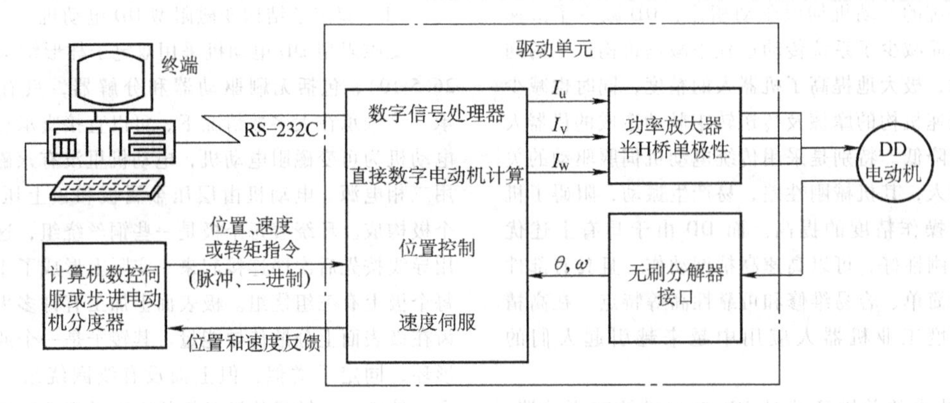

图 26.5-11　双定子杯形结构变磁阻型 DD 电动机的控制框图

变磁阻混合型 DD 电动机的定子或转子上含有稀土永磁体，其间隙磁通密度的恒定分量由永磁体提供，从而使电动机的效率大大提高，励磁电流减少，降低了其功率放大器的设计和制造的难度；变磁阻混合型 DD 电动机的永磁磁路为轴向，降低了永磁材料的用量，从而降低了电动机造价。变磁阻混合型 DD 电动机为单定子结构，采用内定子（外转子）形式。这种结构的 DD 电动机，具有一个中央定子，转子围绕着定子旋转。定子与转子均由铁心叠片制成，其上有沿圆周精细分布的 124 个步距小齿；在转子磁心上有两个相同的圆环，但安装偏离相位半个步距。在定子上也有两个圆环，它们之间通过永磁体隔开，永磁体提供磁偏置从而改善了转矩与电流的线性关系。在定子上有 12 个绕组，采用三相对称连接，绕组电流为三相正弦波，以提供 AC 三相操作，并保持转矩波动在 5%以内。

图 26.5-12 所示为中央定子结构的变磁阻混合型 DD 电动机结构图。该结构中的 DD 电动机采用如图 26.5-13 所示的编码器。该编码器基于发光二极管 LED 和一个通过光刻产生 3201296 条狭缝的圆盘。由 LED 发出的光通过一个透镜和狭缝照在光电管阵列 PDA 上。阵列上具有加“权”通道。输出信号以正弦波的形式变换成脉冲信号，以产生 655360 个脉冲/转的分辨力。

中央定子结构的变磁阻混合型 DD 电动机驱动器构成如图 26.5-14 所示。

为了改进 DD 电动机伺服性能，伺服系统采用比例-积分-微分算法（PID）。该算法用来比较速度命令和速度微分信号之间的差别，也用于比较位置命令和实际位置之间的差值。

应用这种 DD 电动机伺服控制系统，机器人控制器仅需要决定脉冲数和速度。这个 PID 算法能够使电动机运行平滑，并减少运动开始和结束时由于起动和过冲造成的振动。

该 DD 电动机驱动系统有三个参数控制：速度、位置和电流。当采用三阶 PID 算法，伺服控制环在设定时间少于 0.2s 时，可提供角度位置精度为±2°。

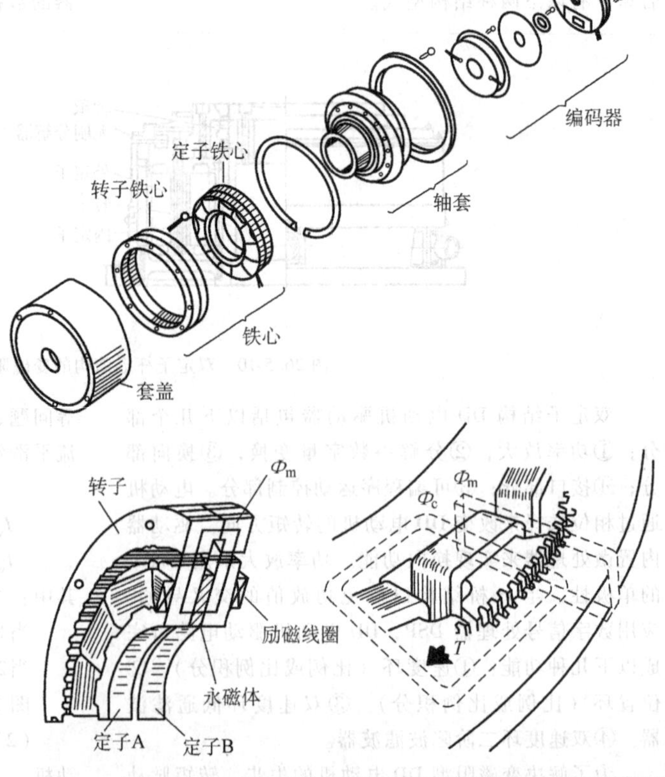

图 26.5-12　中央定子结构的变磁阻混合型 DD 电动机结构图

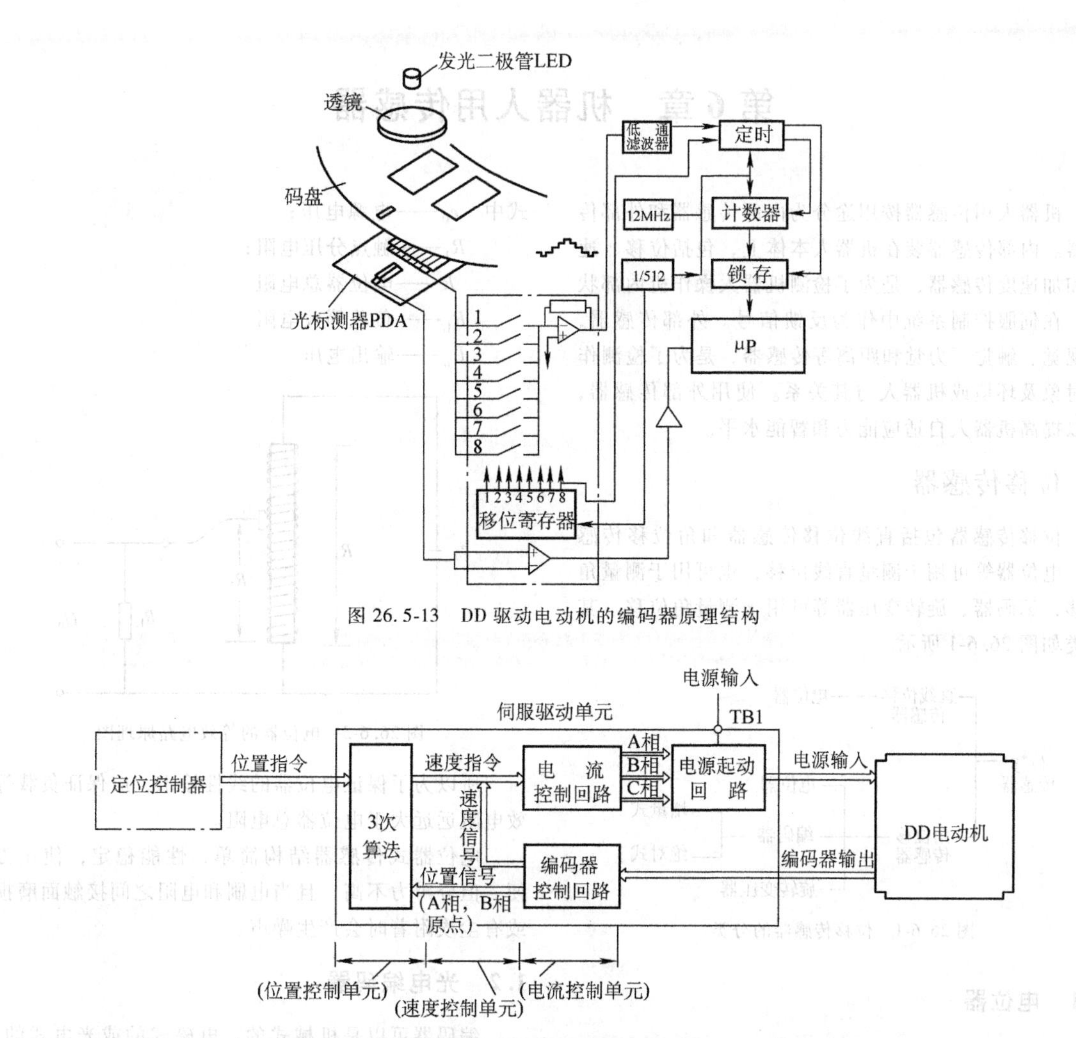

图 26.5-13　DD 驱动电动机的编码器原理结构

图 26.5-14　中央定子结构的变磁阻混合型 DD 电动机驱动器构成

第6章　机器人用传感器

机器人用传感器按用途分为内部传感器和外部传感器。内部传感器装在机器人本体上，包括位移、速度和加速度传感器，是为了检测机器人操作机内部状态，在伺服控制系统中作为反馈信号。外部传感器，如视觉、触觉、力觉和距离等传感器，是为了检测作业对象及环境或机器人与其关系。使用外部传感器，可以提高机器人自适应能力和智能水平。

1　位移传感器

位移传感器包括直线位移传感器和角位移传感器。电位器等可用于测量直线位移，也可用于测量角位移；编码器、旋转变压器等可用于测量角位移。其分类如图 26.6-1 所示。

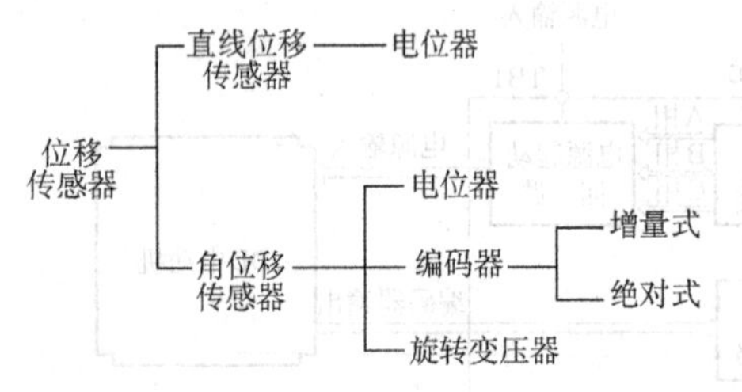

图 26.6-1　位移传感器的分类

1.1　电位器

电位器可作为直线位移和角位移检测元件，其结构型式如图 26.6-2 所示，电路原理图如图 26.6-3 所示。

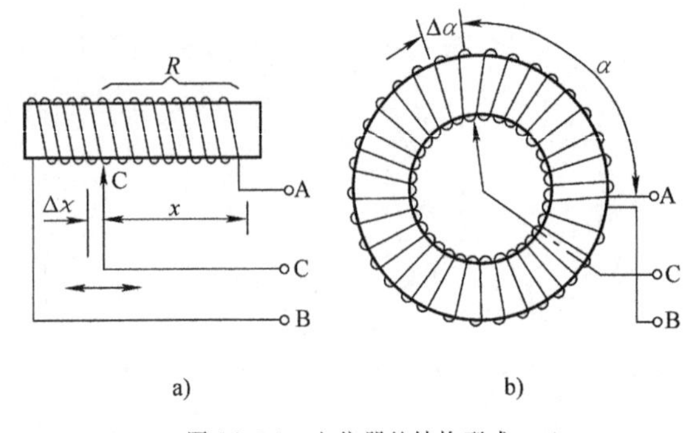

图 26.6-2　电位器的结构型式
a）直线位移型　b）角位移型

$$R_L >> R \qquad U_o = \frac{R_1}{R} e_0$$

式中　e_0——电源电压；

R_1——触点分压电阻；

R——电位器总电阻

R_L——负载等效电阻

U_o——输出电压。

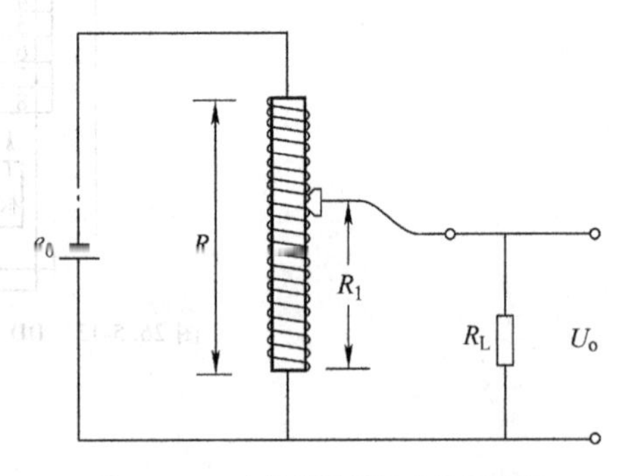

图 26.6-3　电位器的等效电路原理图

所以为了保证电位器的线性输出，应保证负载等效电阻远远大于电位器总电阻。

电位器式传感器结构简单，性能稳定，使用方便。但分辨力不高，且当电刷和电阻之间接触面磨损或有尘埃附着时会产生噪声。

1.2　光电编码器

编码器可以是机械式的、电磁式的或光电式的，按其刻度方法的不同又可分为增量式的和绝对式的。作为机器人位移传感器增量式的光电编码器应用最为广泛。

光电编码器的工作原理如图 26.6-4 所示。在圆盘上有规则地刻有透光和不透光的线条，当圆盘旋转时，便产生一系列交变的光信号；由另一侧的光敏元件接收，转换成电脉冲。

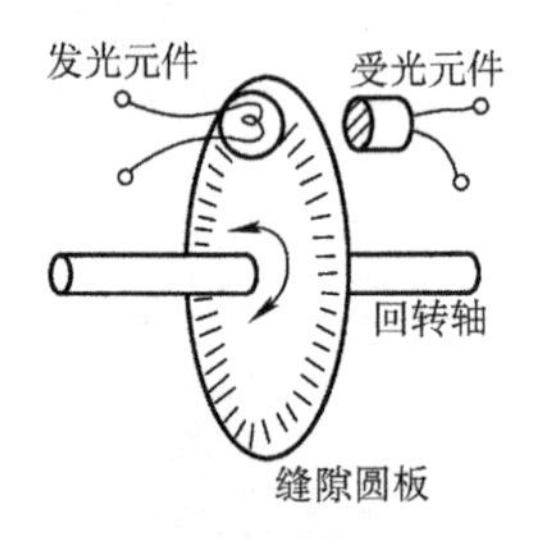

图 26.6-4　光电编码器的工作原理图

如图 26.6-5 所示，增量式编码器有 X、Y、Z 三路输出信号。其中 X、Y 为相位相差90°的两路脉冲信号；Z 为标志信号，码盘每转一圈，产生一个脉冲，旋转方向可由硬件电路检测。

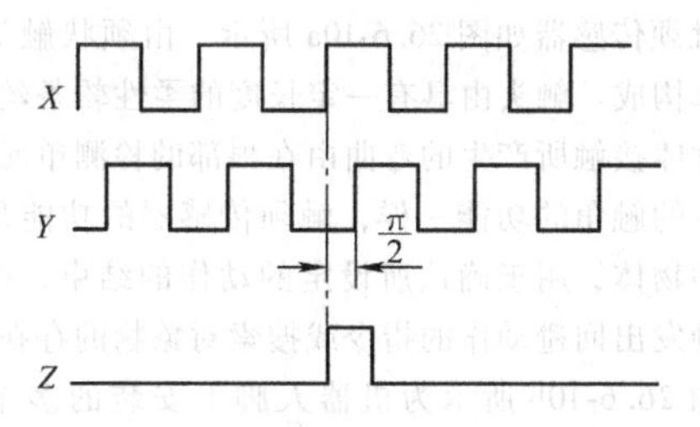

图 26.6-5　增量式编码器的输出波形

绝对式与增量式不同之处在于圆盘上透光不透光的线条图形。绝对式编码器刻有若干码道，位置可由码值直接读出。码道的设计可采用二进制码、循环码、二进制补码等，编码器的分辨度为 $2^{-n}\times360°$，n 为盘上的码道数。图 26.6-6 所示为循环码盘面图形。

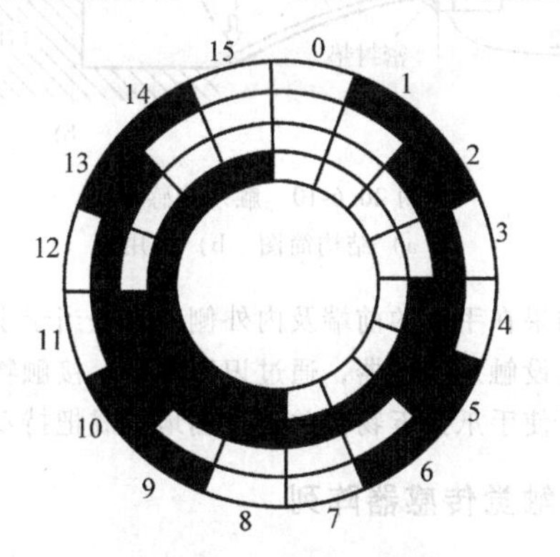

图 26.6-6　循环码盘面图形

光电编码器无触点，可以用在快速旋转的场合。此外，绝对式编码系统难以适应有噪声的环境，如电源干扰、机械振动，且成本高，所以不如增量式编码器应用普遍。

1.3　旋转变压器

应用最广的是正余弦旋转变压器，它的结构类似于小型的交流电机，定子和转子都有两个相互垂直的绕组，如图 26.6-7 所示。定子上两个绕组的励磁电压分别为 $E_M\sin\omega t$、$E_M\cos\omega t$，其幅值相等，均为 E_M；角频率相等，均为 ω，相位相差 90°。转子的两个绕组输出电压分别为 $KE_M\sin(\omega t+\theta)$、$KE_M\cos(\omega t+\theta)$，其幅值与励磁电压的幅值成正比。励磁电压的相位移等于转子的转动角度 θ，检测出相位差为 θ，即可测出角位移。

2　速度传感器

因为测量直线速度需要特殊的传感器，所以一般

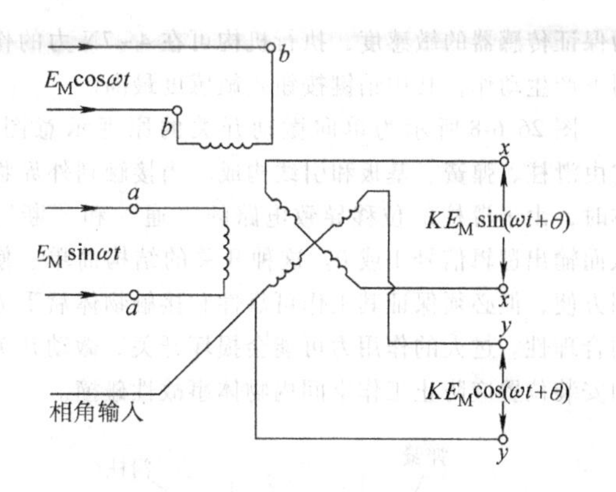

图 26.6-7　旋转变压器两相励磁移相器

只限于测量角速度。位移的导数是速度，所以在很小的时间间隔内对位移采样，即可计算出速度。利用这种方法，位移和速度测量可共用一个传感器（如增量式编码器），但这种方法有其局限性：在低速时，存在不稳定的危险；而在高速时，只能获得较低的测量精度。

最通用的速度传感器是测速发电机，有直流测速发电机和交流测速发电机，其输出电动势（或电压）与转子转速成正比。若使用旋转变压器作为位移传感器，则交流测速发电机可和旋转变压器共用一个传感器。

3　加速度传感器

加速度的测量可通过以下方法实现：

1）由速度计算。加速度是速度对时间的导数，在一定的时间内对速度采样，可计算加速度。

2）根据牛顿定律，$a=F/m$，对于已知质量 m 的物体，使用力觉传感器，测量其所受的力 F，即可求出加速度 a。力可为电磁力，电磁力的大小与电流有关，所以加速度的测量可转化为电流的测量。电流伺服反馈是最常用的控制加速度的方法。

4　触觉传感器

机器人的触觉广义上可获取的信息是接触信息、狭小区域上的压力信息、分布压力信息、力和力矩信息和滑觉信息。这些信息分别用于触觉识别和触觉控制。从检测信息及等级考虑，触觉识别可分为点信息识别、平面信息识别和空间信息识别三种。

4.1　接触觉传感器

（1）单向微动开关

当规定的位移或力作用到可动部分（称为执行器）时，开关的接点断开或接通而发出相应的信号。

为保证传感器的敏感度，执行机构可在4~7N力的作用下产生动作，其中销键按钮式敏感度最高。

图26.6-8所示为单向微动开关的原理示意图。它由滑柱、弹簧、基板和引线构成。当接触到外界物体时，由于滑柱的位移导致电路的“通”和“断”，从而输出逻辑信号1或0。这种开关的结构简单、使用方便，但必须保证其工作可靠性和接触物体后受力的合理性。过大的作用力可能会损坏开关。微动开关的安装位置应防止工作空间内物体事故性碰撞。

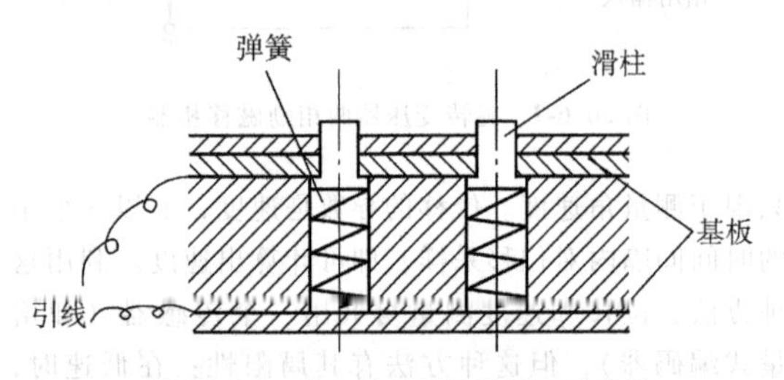

图26.6-8 单向微动开关的原理示意图

图26.6-9所示为一个具有微动开关的5指机械手及其安装于手上的开关系统，各开关共用一条地线。在图的左部表示未抓握的状态，5个开关均断开，5个放大器输入端均为高电平，即处于逻辑1状态；而图的右部则为3个手指抓住一个积木块。因此，相应手指开关F_1、f_1及f_2接地，变为逻辑0信号。显而易见，如果采用更多的微动开关，可判断出物体的大致形状。

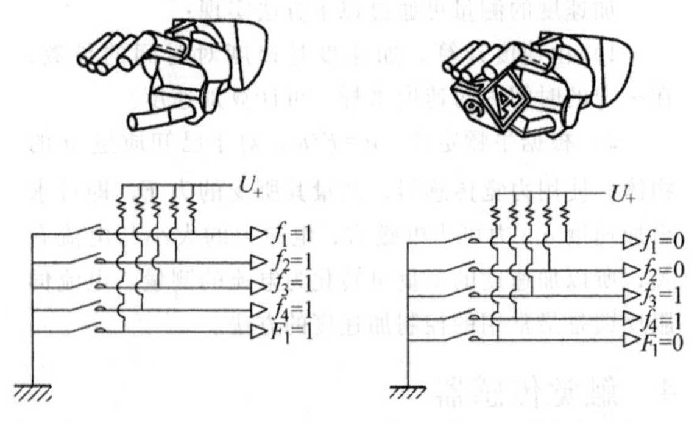

图26.6-9 具有微动开关的5指机械手及其等效电路

(2) 接近开关

非接触式接近传感器有高频振荡式、磁感应式、电容感应式、超声波式、气动式、光电式和光纤式等多种接近开关。

光电开关是由LED光源和光敏二极管或光敏晶体管等光敏元件，相隔一定距离而构成的透光式开关。当充当基准位置的遮光片通过光源和光敏元件间的缝隙时，光射不到光敏元件上，而起到开关的作用。光接受部分的电路已集成为一个芯片，可以直接得到TTL输出电平。光电开关的特点是非接触检测，精度可达0.5mm左右。

(3) 触须传感器

触须传感器如图26.6-10a所示，由须状触头及其检测部构成。触头由具有一定长度的柔性软条丝构成，它与物体接触所产生的弯曲由在根部的检测单元检测。与昆虫的触角的功能一样，触须传感器的功能是识别接近的物体，用于确认所设定的动作的结束，以及根据接触发出回避动作的指令或搜索对象物的存在。

图26.6-10b所示为机器人脚下安装的多个触须传感器，依据接通传感器的个数可以检测脚登在台阶上的不同程度。

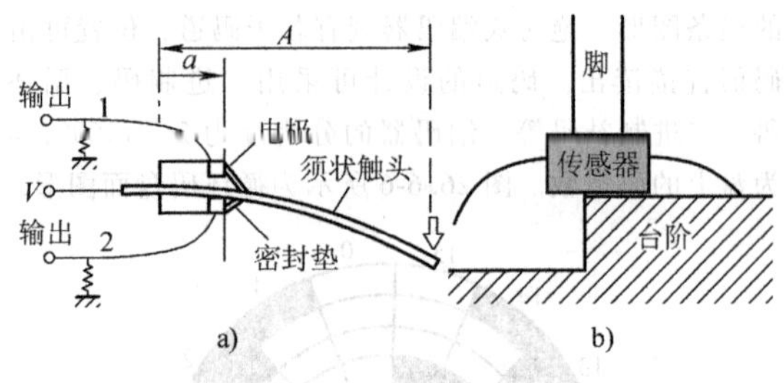

图26.6-10 触须传感器
a）结构简图 b）应用

如果在手爪的前端及内外侧面，相当于手掌心的部分装设触须传感器，通过识别手爪上接触物体的位置，可使手爪接近物体并且准确地完成把持动作。

4.2 触觉传感器阵列

人类的触觉能力是相当强的，人们不但能够拣起一个物体，而且不用眼睛也能识别它的外形，并辨别出它是什么东西。许多小型物体完全可以靠人的触觉辨认出来；如螺钉、开口销、圆销等。如果要求机器人能够进行复杂的装配工作，它也需要具有这种能力。采用多个接触传感器组成的触觉传感器阵列是辨认物体的方法之一。目前，已经研制成功一种能够在机器人手指端部固定的单片式触觉传感器阵列，它由256个接触传感器组成。在计算机程序控制下，它能够辨认出各种紧固零件，如螺母、螺栓、平垫圈、夹紧垫圈、定位销和固定螺钉等。手指端部安装的传感器阵列接触物体时，把感觉信息输入计算机进行分析，确定物体的外形和表面特征。应当注意的是，尽管这里的处理过程与视觉系统很相似，但是它们是有区别的。触觉能够确定三维结构，它的问题更复杂一些。图26.6-11所示为一种触觉传感器阵列在压力作用下导体电阻的变化区域。

在接触阵列中，采用了两种导体元件：一块柔软的印制电路板和一片各向异性的导体硅橡胶（ACS）。

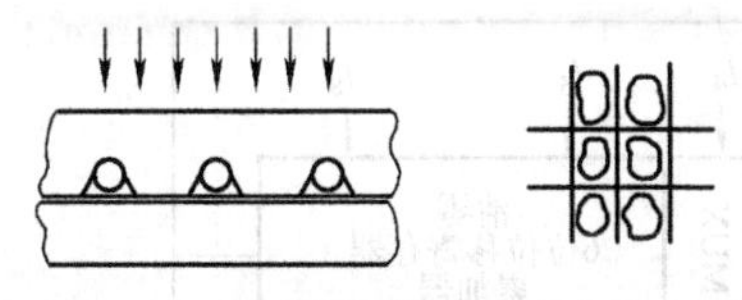
图 26.6-11　压力作用下导体电阻的变化区域

ACS 具有可在导体平面内存在各个方向上导电的性能。印制电路板上装有许多电容器（PC），它们都和 ACS 的导电方向相垂直，这样就形成了由许多压力传感器组成的阵列，印制电路板和 ACS 的每个横断面上都有一个压力传感器。当接触压力解除时，为了把两层导体推开，还需要有一个弹性分离层。采用编织网状的尼龙套作为弹性层具有很好的传感性能和拉伸性能。

图 26.6-12 所示为触觉传感器阵列的结构图。其中导电硅橡胶（ACS）采用夹有石墨或银的多层硅橡胶制成，PC_1 和 PC_2 必须和 ACS 相接触。从 PC_1 和 PC_2 上引出的导线，把传感器的信息送给计算机。每个坐标方向布置 16 根导线，总共有 32 根导线，可构成 256 个传感器组成的阵列。

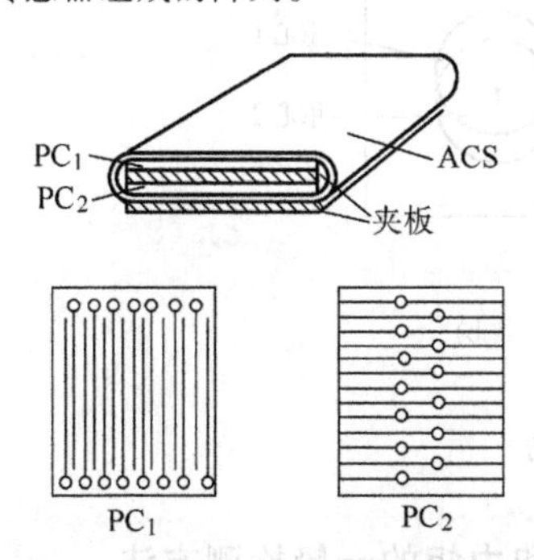

图 26.6-12　触觉传感器阵列的结构图

图 26.6-13 所示为传感器阵列的检测电路。各列输入端为高电位，各行输出端接地。当某一传感器接通时，测量输出电流，输出电流的大小代表了传感器在压力作用下的电阻值；对各列各行依次进行检测，就能够测量出各交叉点的电阻。这种方法的特点是它不需要在交叉点上使用二极管，这也是防止检测结果出错的常用方法。

超大规模集成（VLSI）计算传感器阵列是一种新型的触觉传感器，它采用大规模集成技术，把若干个传感器和计算逻辑控制元件制造在同一个基体上。在传感器阵列中，感觉信号是由导电塑料压力传感器检测输入的，每个传感器都有单独的逻辑控制元件。接触信息的处理和通信等功能都是由 VLSI 基体上的计算逻辑控制元件完成的。

配备在每个小型传感器单元上的计算元件相当于

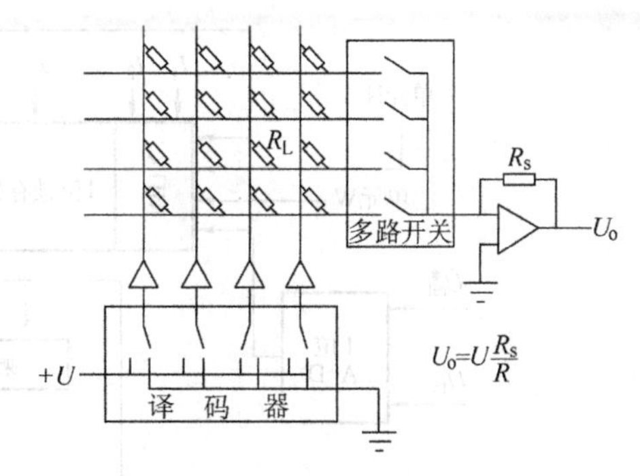

图 26.6-13　传感器阵列的检测电路

一台简单的微型计算机，如图 26.6-14 所示。它包括一个模拟比较器（1 位 A-D）、一个数据锁存器、一个加法器、一个 6 位位移寄存器累加器、一个指令寄存器和一个双相时钟发生器。由一个外部控制计算机通过总线向每个传感器单元发出指令。指令用于控制所有的传感器和计算单元，包括控制相邻传感器的计算元件之间的通信。

VLSI 计算单元具有下列功能：①用各个传感器单元对被测对象的局部压力值进行采样。②储存感觉信息。③和邻近单元进行数据交换。④进行数据计算。

为了分析测量结果，必须对感觉数据进行数学分析。每个 VLSI 计算单元可以并行地进行各种分析计算，如卷积计算以及与视觉图像处理相类似的计算处理，因此，VLSI 触觉传感器具有较高的感觉输出速度。

要获得较满意的触觉能力，触觉传感器阵列在每个方向上至少应该装上 25 个触觉元件，每个元件的尺寸不超过 $1mm^2$，这样才能接近人手指的感觉能力，完成那些需要定位、识别以及小型零件搬运等复杂任务。它对传感器的结构要求比较严格，但对速度要求不太高。这是因为机械手臂的操作响应时间为 5~20ms，而固体电路的工作速度一般为 ns 或 μs 级。所以，有时可以通过放宽对速度的要求来满足结构上的要求。

4.3　滑觉传感器

滑觉传感器是检测垂直加压方向的力和位移的传感器，如图 26.6-15a 所示。用手爪抓取处于水平位置的物体时，手爪对物体施加水平压力。如果压力较小，垂直方向作用的重力会克服这个压力使物体下滑。

把物体的运动约束在一定面上的力，即垂直作用在这个面的力称为正压力 N。面上有摩擦时，还有摩擦力 F 作用在这个面的切线方向阻止物体运动，其

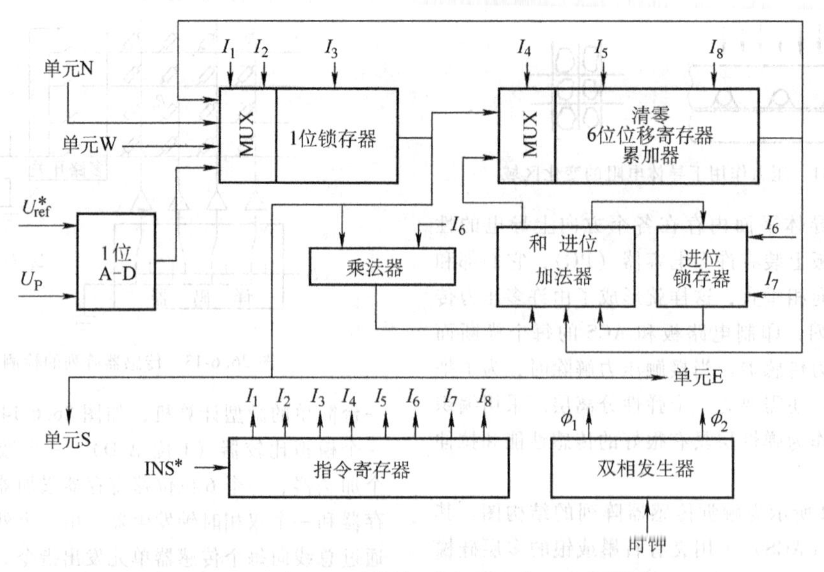

图 26.6-14　一个 VLSI 计算单元的框图（带 * 为总线信号）

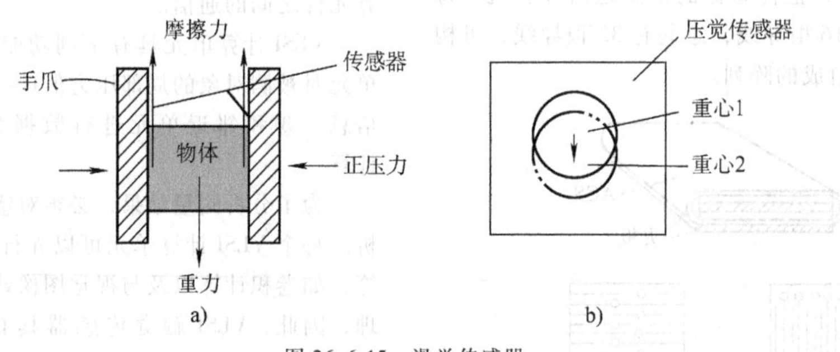

图 26.6-15　滑觉传感器

a）力的平衡　b）重心的移动

大小与正压力 N 有关。静止物体将要运动时，设 μ_0 为静摩擦因数，则 $F \leqslant \mu_0 N$（$F=\mu_0 N$ 称为最大摩擦力），设动摩擦因数为 μ，则运动时 $F=\mu N$。

假定物体的质量为 m，重力加速度为 g，把图 26.6-15a 中的物体看作处于滑落状态，则手爪的把持力 f 为了把物体束缚在手爪面上，垂直作用于手爪面的把持力 f 相当于正压力 N。当向下的重力 mg 比最大摩擦力 $\mu_0 f$ 大时，物体滑落。重力 $mg=\mu_0 f$ 时的力 $f_{min}=mg/\mu_0$ 称为最小把持力。

可以用压力传感器阵列作为滑觉传感器，检测感知特定点的移动。当图 26.6-15a 上把持的物体是圆柱时，圆形的压觉分布重心移动时的情况如图 26.6-15b 所示。

5　力觉传感器

力觉传感器是一类触觉传感器，由于它在机器人和机电一体化设备中具有广泛的应用，这里专门做以介绍。

5.1　力和力矩的一般检测方法

力和力矩传感器是用来检测设备内部力或与外界环境相互作用力为目的的。力不是直接可测量的物理量，而是通过其他物理量间接测量出的。

图 26.6-16 所示为机器人手腕用力矩传感器的原理。驱动轴 B 通过装有应变片 A 的腕部与手部 C 连接，当驱动轴回转并带动手部拧紧螺钉 D 时，手部所受力矩的大小通过应变片电压的输出测得。

图 26.6-17 所示为无触点力矩检测的原理。传动轴的两端安装有磁分度圆盘 A，分别用磁头 B 检测两圆盘之间的转角差，用转角差和负载 M 之间的比例，可测量出负载力矩大小。

力觉传感器主要使用的元件是电阻应变片。电阻应变片利用了金属丝拉伸时电阻变大的现象，它被贴在加力的方向上。电阻应变片用导线接到外部电路上可测定输出电压，得出电阻值的变化。

把图 26.6-18a 所示的电阻应变片作为电桥电路

一部分，图 26.6-18a 改写成图 26.6-18b。

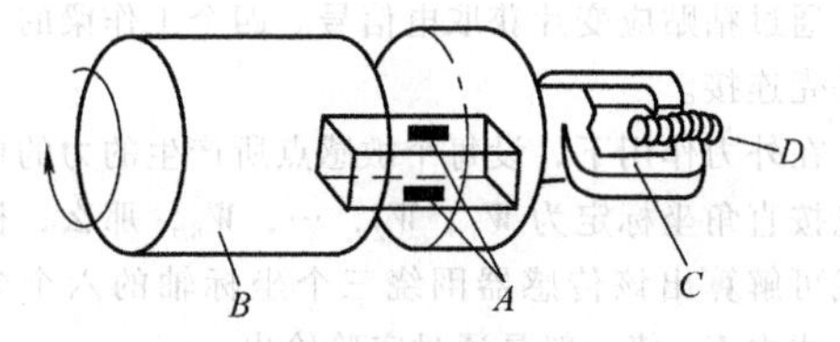

图 26.6-16　机器人手腕用力矩传感器的原理

在不加力的状态下，电桥上的四个电阻是同样的电阻值 R。假若应变片被拉伸，电阻应变片的电阻增加 ΔR。电路上各部分的电流和电压如图 26.6-18b 所示，它们之间存在下面的关系

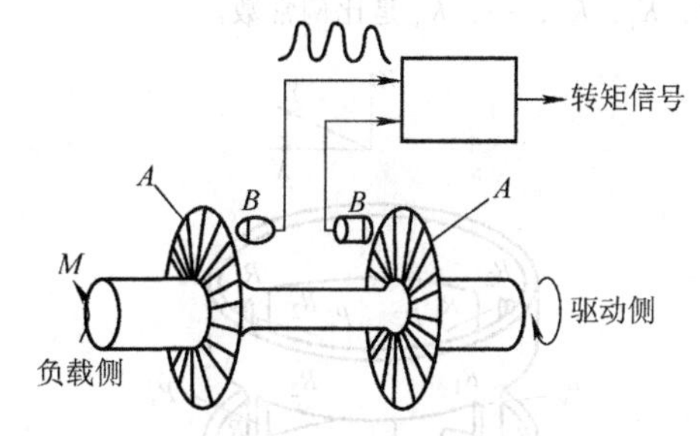

图 26.6-17　无触点力矩检测的原理

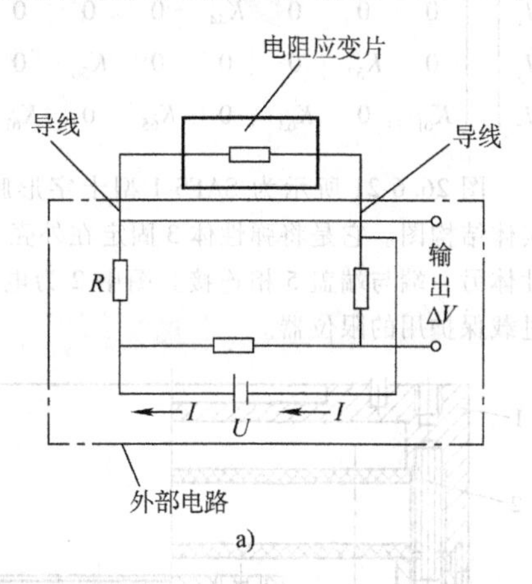

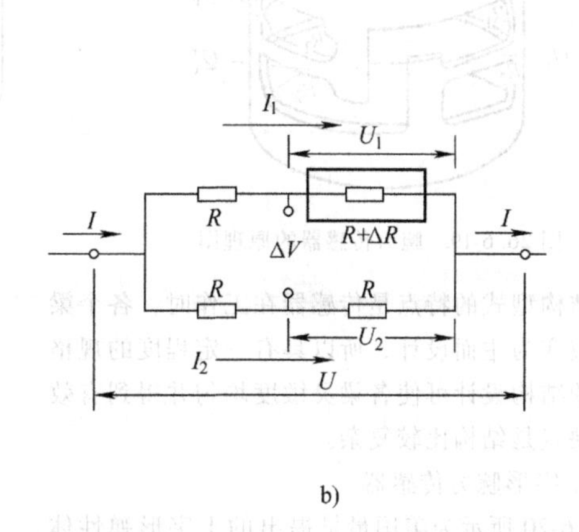

图 26.6-18　应变片组成的电桥
a) 电桥电路　b) 检测时的状态

$$U=(2R+\Delta R)I_1=2RI_2, U_1=(R+\Delta R)I_1, U_2=RI_2$$

可得

$$\Delta V=U_1-U_2\approx\frac{\Delta RU}{4R}$$

因而，电阻值的变化为

$$\Delta R=\frac{4R\Delta V}{U}$$

如果已知力和电阻值的变化关系，就可以测出力。

上面的电阻应变片测定的是一个轴方向的力，要测定任意方向上的力时，应在三个轴方向分别贴上电阻应变片。

5.2　腕力传感器

作用在一点的负载，包含力的三个分量和力矩的三个分量，能够同时测出这六个分量的传感器是六轴力觉传感器。机器人的力控制主要是控制机器人手爪的任意方向的负载分量，因此需要六轴力觉传感器。六轴传感器一般安装在机器人手腕上，因此也称为腕力传感器。

(1) 筒式腕力传感器

图 26.6-19 所示为 Stanford Research Institute 提出的二层重叠并联结构型六轴力觉传感器（腕力传感器）的原理图。它由上下两层圆筒组合而成，上层由四根竖直梁组成，而下层则由四根水平梁组成。在八根梁的相应位置上粘贴应变片作为提取力信号敏感点，每个敏感点的位置是根据直角坐标系要求及各梁应变特性所确定的。传感器两端可以通过法兰连接而装于机器人腕部。当机械手受力时，弹性体的八根梁将会产生不同性质的变形，每个敏感点将产生应变，通过应变片将应变转换为电信号。若每个敏感点（均粘贴 R_1、R_2 应变片）被认为是各力的信息单元，并按坐标定为 P_x^-、P_x^+、P_y^-、P_y^+、Q_x^-、Q_x^+、Q_y^- 和 Q_y^+，这样，可由下列表达式解算出在 X、Y、Z 三个坐标轴上力与力矩的分量。

$$F_x=K_1(P_y^++P_y^-)$$

$$F_y=K_2(P_x^++P_x^-)$$

$$F_z=K_3(Q_x^++Q_x^-+Q_y^++Q_y^-)$$

$$M_x=K_4(Q_y^+-Q_y^-)$$

$$M_y=K_5(Q_x^+-Q_x^-)$$

$$M_z=K_6(P_x^+-P_x^--P_y^++P_y^-)$$

式中，K_1，K_2，…，K_6 是比例常数。

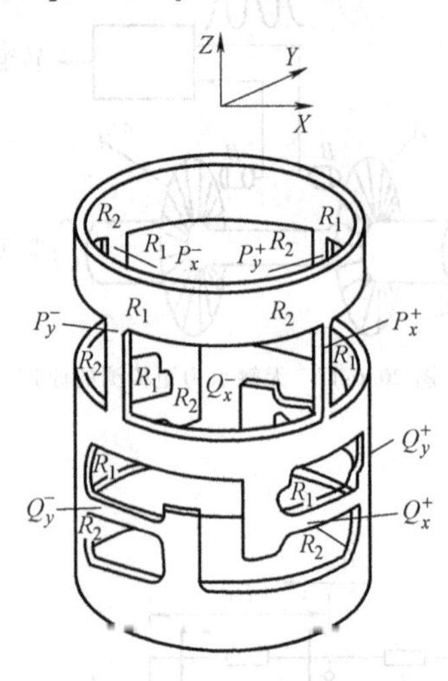

图 26.6-19 腕力传感器的原理图

这种结构型式的特点是传感器在工作时，各个梁均以弯曲应变为主而设计，所以具有一定程度的规格化，合理的结构设计可使各梁灵敏度均匀并得到有效的提高，缺点是结构比较复杂。

（2）十字形腕力传感器

图 26.6-20 所示为美国最早提出的十字形弹性体构成的腕力传感器结构原理图。十字形所形成的四个臂作为工作梁，在每个梁的四个表面上选取测量敏感点，通过粘贴应变片获取电信号。四个工作梁的一端与外壳连接。

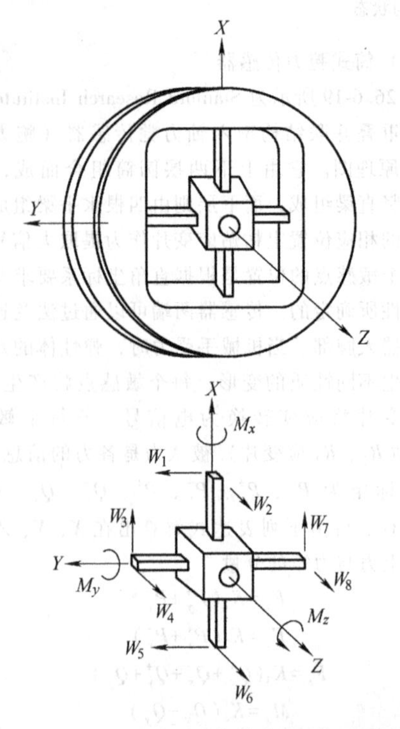

图 26.6-20 十字形腕力传感器结构原理图

在外力作用下，设每个敏感点所产生的力的单元信息按直角坐标定为 W_1，W_2，…，W_8，那么，根据下式可解算出该传感器围绕三个坐标轴的六个分量值。式中 K_{mn} 值一般是通过实验给出。

$$\begin{pmatrix}F_x\\F_y\\F_z\\M_x\\M_y\\M_z\end{pmatrix}=\begin{pmatrix}0&0&K_{13}&0&0&0&K_{17}&0\\K_{21}&0&0&0&K_{25}&0&0&0\\0&K_{32}&0&K_{34}&0&K_{36}&0&K_{38}\\0&0&0&K_{44}&0&0&0&K_{48}\\0&K_{52}&0&0&0&K_{56}&0&0\\K_{61}&0&K_{63}&0&K_{65}&0&K_{67}&0\end{pmatrix}\begin{pmatrix}W_1\\W_2\\\vdots\\W_8\end{pmatrix}$$

图 26.6-21 所示为 SAFS-1 型十字形腕力传感器实体结构图。它是将弹性体 3 固定在外壳 1 上，而弹性体另一端与端盖 5 相连接。图中 2 为电路板，4 为过载保护用的限位器。

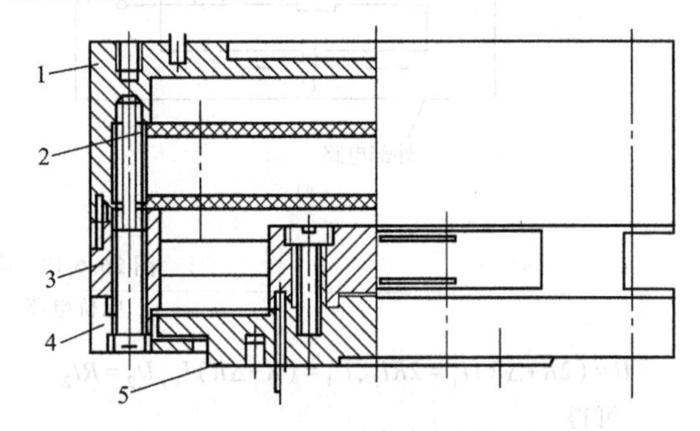

图 26.6-21 SAFS-1 型传感器实体结构图

十字形腕力传感器的特点是结构比较简单，坐标容易设定，并基本上认为其坐标原点位于弹性体几何中心，但要求加工精度比较高。

图 26.6-22 所示为该传感器系统构成框图。该系统具有六路模拟量与数字量两种输出功能。

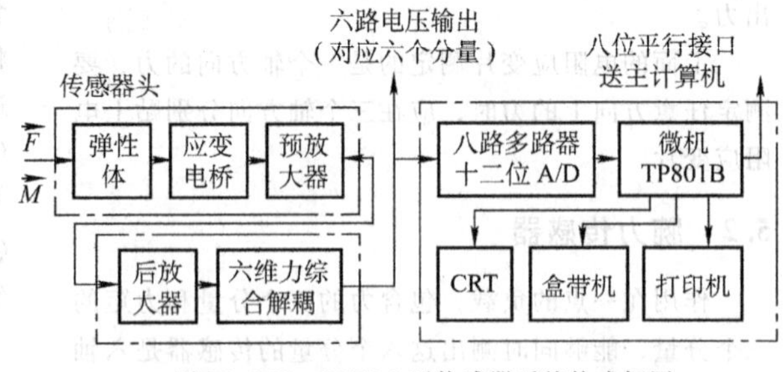

图 26.6-22 SAFS-1 型传感器系统构成框图

6 接近与距离觉传感器

接近与距离觉传感器是机器人用以探测自身与周

围物体之间相对位置和距离的传感器。它的使用对机器人工作过程中适时地进行轨迹规划与防止事故发生具有重要意义。人类没有专门的接近觉器官，如果仿照人的功能使机器人具有接近觉将非常复杂，所以机器人采用了专门的接近觉传感器。它主要起以下三个方面的作用：①在接触对象物前得到必要的信息，为后面动作做准备；②发现障碍物时，改变路径或停止，以免发生碰撞；③得到对象物体表面形状的信息。

由于这类传感器可用以感知对象位置，故也被称为位置觉传感器。传感器越接近物体，越能精确地确定物体位置，因此常安装于机器人的手部。

根据感知范围（或距离），接近觉传感器大致可分为三类：感知近距离物体（mm级）的有磁力式（感应式）、气压式、电容式等；感知中距离（大致30cm以内）物体的有红外光电式；感知远距离（30cm以外）物体的有超声式和激光式。视觉传感器也可作为接近觉传感器。

6.1　磁力式接近传感器

图26.6-23所示为磁力式传感器的结构原理。它由励磁线圈 C_0 和检测线圈 C_1 及 C_2 组成，C_1、C_2 圈数相同，接成差动式。当未接近物体时由于构造上的对称性，输出为0；当接近物体（金属）时，由于金属产生涡流而使磁通发生变化，从而使检测线圈输出产生变化。这种传感器不太受光、热、物体表面特征影响，可小型化与轻量化，但只能探测金属对象。

日本日立公司将其用于弧焊机器人上，用以跟踪焊缝。在200℃以下探测距离0～8mm，误差只有4%。

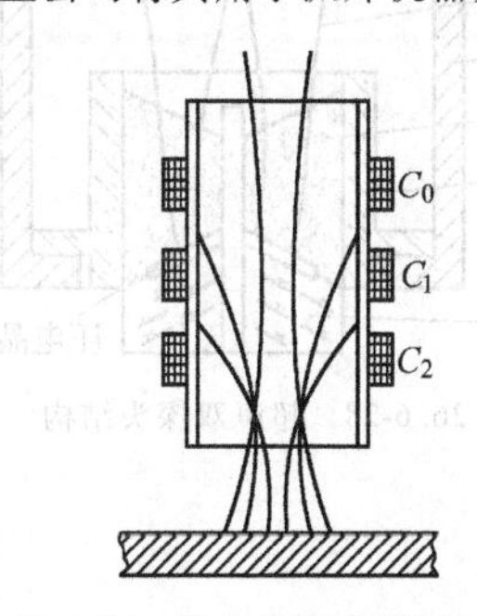

图26.6-23　磁力式传感器的结构原理

6.2　气压式接近传感器

图26.6-24所示为气压式传感器的基本原理与特性图，它是根据喷嘴-挡板作用原理设计的。气压源 P_V 经过节流孔进入背压腔，又经喷嘴射出，气流碰到被测物体后形成背压输出 P_A。合理地选择 P_V 值（恒压源）、喷嘴尺寸及节流孔大小，便可得出输出 P_A 与距离 X 之间的对应关系。一般不是线性的，但可以做到局部近似线性输出。这种传感器具有较强防火、防磁、防辐射能力，但要求气源保持一定程度的净化。

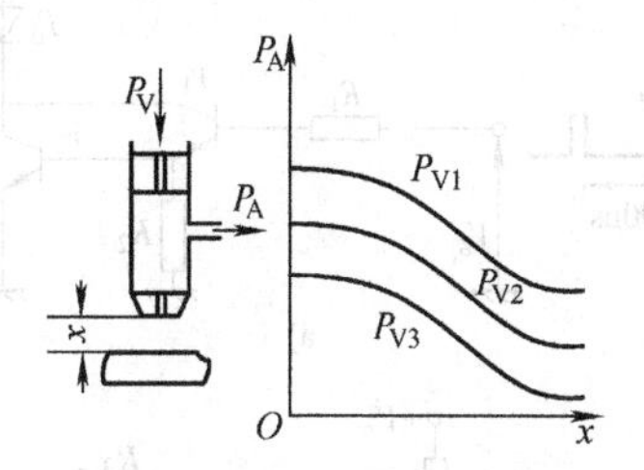

图26.6-24　气压式传感器的基本原理与特性图

6.3　红外式接近传感器

图26.6-25所示为红外式接近传感器的工作原理及响应特性。它有发送器与接收器两个部分。发送器一般为红外光敏二极管，接收器一般为光敏晶体管。发送器向某物体发出一束红外光后，该物体反射红外光，并被接收器所接收。通过发射与接收达到判断物体的存在，经过信号处理与解算又可确定其位置（距离）。

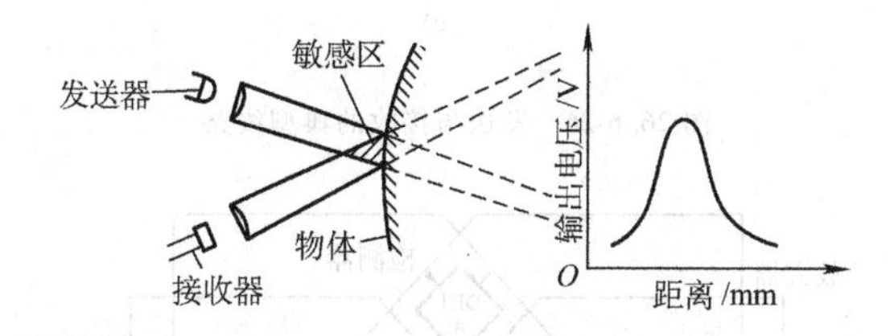

图26.6-25　红外式接近传感器的工作原理及响应特性

红外式接近传感器的特点在于发送器与接收器尺寸都很小，因此可以方便地安装于机器人手部。

红外式传感器能很容易地检测出工作空间内某物体的存在与否，但作为距离的测量仍有它复杂的问题，因为接收器接收到的反射光线是随着物体表面特征不同和物体表面相对于传感器光轴的方向不同而出现差异。这点在设计与使用中应予以注意。

红外式接近传感器的发送器所发出的红外光是经过脉冲调制的（一般为几千赫兹），其目的是消除周围光线的干扰。接收器接收时又要经过滤波。图26.6-26所示为一种类型的发射与接收的典型线路。图26.6-26a为光敏二极管发射功率脉冲，图26.6-26b与图26.6-26c是两种接收线路方案。

红外多传感器系统可用于多个区域的测量。例如，图26.6-27所示为美国JPL实验室推出的采用四个发送器与四个接收器所组成的红外多传感器系统。

它可由 13 个检测器检测物体的 13 个区域，测量各种可能的情况，以达到获得尽可能多的信息。

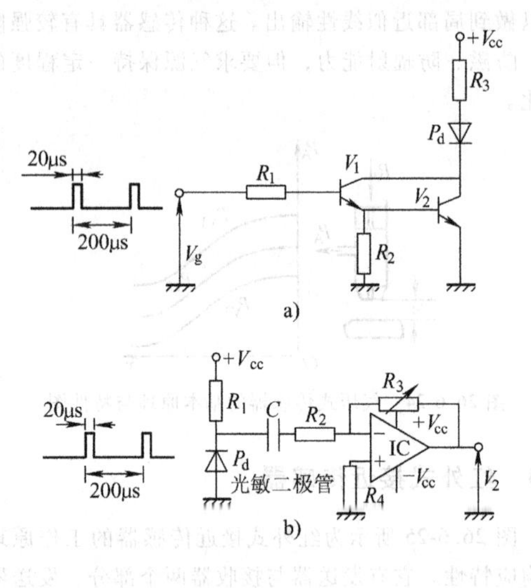

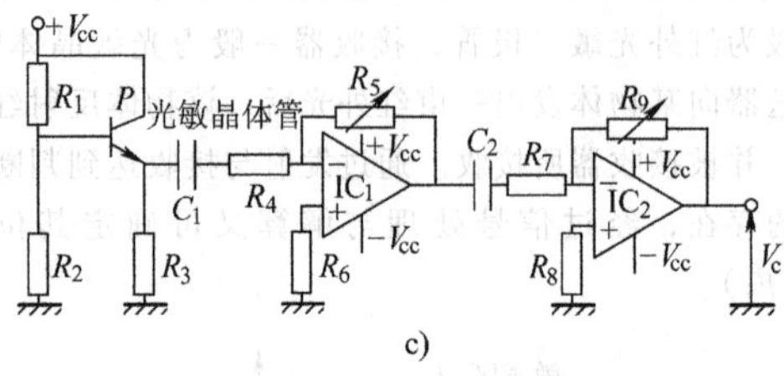

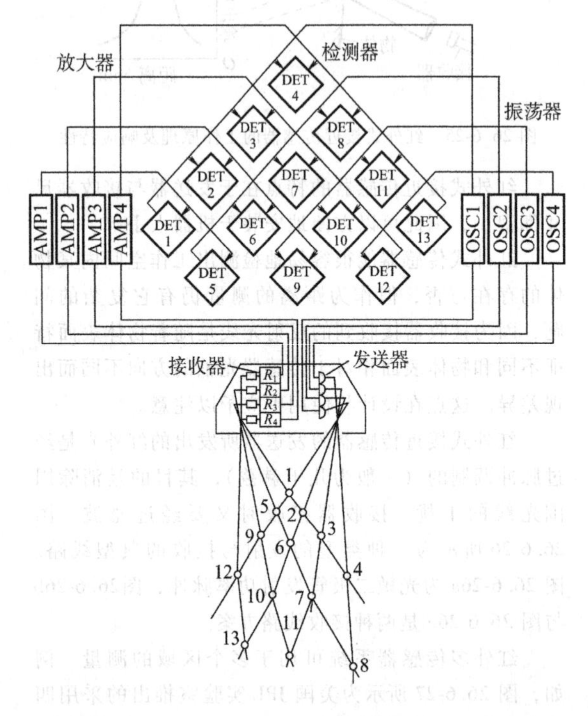

图 26.6-26　发送与接收的典型线路

图 26.6-27　红外多传感器系统

6.4　超声式距离传感器

超声式距离传感器是用于机器人对周围物体的存在与距离的探测。尤其对移动式机器人，安装这种传感器可随时探测前进道路上是否出现障碍物，以免发生碰撞。

超声波是人耳听不见的一种机械波，其频率在 20kHz 以上，波长较短，绕射小，能够作为射线而定向传播。超声波传感器由超声波发生器和接收器组成。超声波发生器有压电式、电磁式及磁滞伸缩式等。在检测技术中最常用的是压电式。压电式超声波传感器，就是利用了压电材料的压电效应，如石英、电气石等。逆压电效应将高频电振动转换为高频机械振动，以产生超声波，可作为“发射”探头。利用正压电效应则将接收的超声振动转换为电信号，可作为“接收”探头。

由于用途不同，压电式超声传感器有多种结构型式，图 26.6-28 所示为其中一种，即所谓超声双探头（一个探头发射，另一个探头接收）结构。带有晶片座的压电晶体片装入金属壳体内，压电晶体片两面镀有银层，作为电极板，底面接地，上面接有引出线。阻尼块或称吸收块的作用是降低压电片的机械品质因素，吸收声能量，防止电脉冲振荡停止时，压电片因惯性作用而继续振动。阻尼块的声阻抗等于压电片声阻抗时，效果最好。

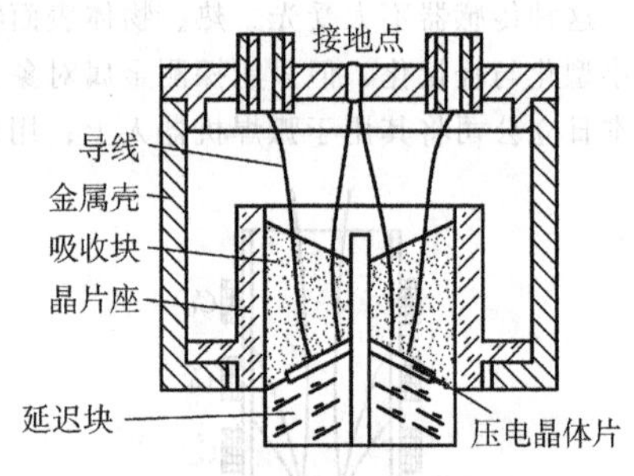

图 26.6-28　超声双探头结构

7　陀螺仪

陀螺仪（gyroscope），又称陀螺传感器（gyroscope sensor），是一种重要的惯性测量元件，能够检测随刚体转动而产生角位移或角速度的传感器，即使没有安装在转动轴上，也能检测刚体的角位移或转动速度。因此，陀螺仪被广泛应用于飞机、导弹、卫星、机器人等运动系统中。

在各种不同类型的陀螺仪中，机械陀螺是最古老的。虽然机械陀螺已经逐渐地被淘汰，但是通过机械陀螺理解陀螺仪的原理，仍然是学习和理解陀螺仪原理的最佳途径。图 26.6-29 所示为机械陀螺示意图。利用陀螺可以测量运动物体的姿态角（航向、俯仰、横滚），精确测量其角运动。

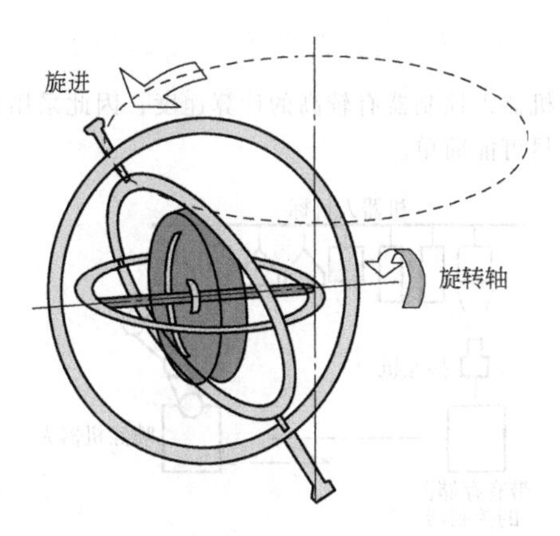

图 26.6-29　机械陀螺示意图

从力学的观点近似地分析陀螺的运动，可以把它看作一个刚体，刚体上有一个万向支点，而陀螺可以绕着这个支点做三个自由度的转动，所以陀螺的运动是刚体绕一个固定点的旋转运动。准确地说，一个绕对称轴高速旋转的飞轮或转子（rotor）称为陀螺；而将陀螺安装在一定的框架上，即所谓的回转框架（gyroscope frame），使陀螺的自转轴有角自由度，如此构成的装置称为陀螺仪。

陀螺仪的基本部件有：

1）陀螺转子。常采用同步电动机、磁滞电动机、三相交流电动机等驱动陀螺转子，使其绕旋转轴（也即自转轴）高速旋转，并使其转速近似为常值。

2）内环和外环，统称平衡环，是使陀螺自转轴获得所需角转动自由度的框架结构。

3）附件。包括力矩电动机、信号传感器等。

陀螺仪的基本原理是：高速旋转的物体具有轴向不变的特性，即一个旋转物体的旋转轴所指的方向，在不受外力影响时，是不会改变的。

陀螺仪起动时，需要一个力，使其快速旋转起来，一般需要达到每分钟几十万转。然后用多种方法读取轴所指示的方向，并自动将数据信号传给控制系统。陀螺仪中的转子具有轴向稳定性，即轴向不变性，当运动系统姿态发生变化时，必定与转子的旋转轴形成角度差，即发生角位移，这就能观察到或检测到运动系统（如飞行系统或机器人）的姿态变化。

陀螺仪有各种不同的类型。根据框架的数目、支承的形式以及附件的性质，可将陀螺仪划分为：

1）二自由度陀螺仪。只有一个框架，转子自转轴因而只具有一个转动自由度。

2）三自由度陀螺仪。具有内环和外环两个框架，使转子自转轴具有两个转动自由度。

在机械陀螺仪出现之后，又发展出了许多新型的陀螺仪，如电气陀螺、电子陀螺、微机电陀螺、静电式自由转子陀螺仪、挠性陀螺仪、光纤陀螺仪和激光陀螺仪等。

微机械电子陀螺是利用半导体制造技术将微型机械结构、信号采集放大与处理电路等集成在一起的陀螺系统。图 26.6-30a 所示的微机械结构，通过光刻、腐蚀等工艺在基层上形成一个微型机械陀螺，通过驱动器使内框架上的质量块产生振动，当外框架转动时可以通过检测电容读出转动角速度。图 26.6-30b 所示为 analog 公司生产的微机械电子陀螺 ADXR300 的内部结构照片。速率传感器位于正中，在其周围是放大电路、驱动电路、解调电路、调节器、温度参考以及信号输出等。

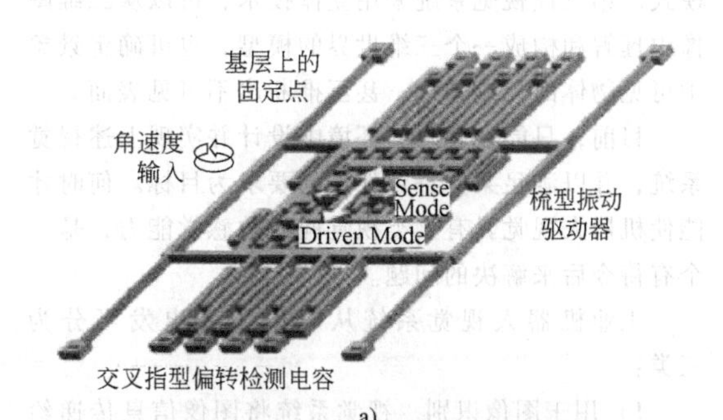

a)

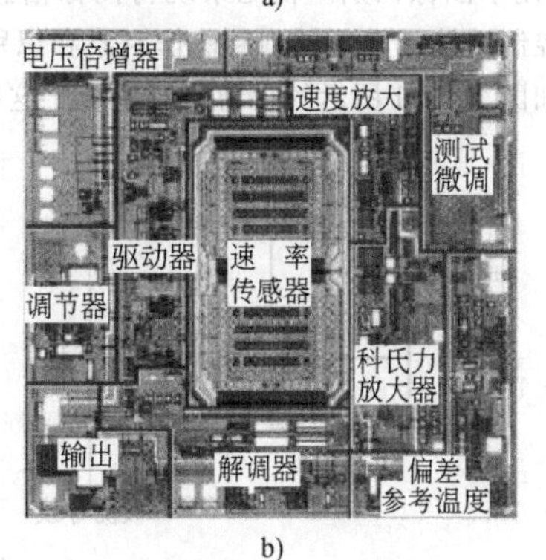

b)

图 26.6-30　微机械电子陀螺
a）微机械结构陀螺　b）ADXR300 微机械电子陀螺

第7章　机器人视觉

1　概述

机器人视觉通常也称为机器视觉或计算机视觉，它是从视野环境内的图像中抽取、描述和解释信息的一个过程。视觉对于机器人的智能化来说具有非常重要的意义。它可以使机器人快速、准确、及时、大量地获得外界信息。它赋予机器人一种高级感觉机构，使机器人能对其周围环境进行识别并做出相应的灵活反应。

目前机器人视觉已发展到了第三代。第一代机器人视觉系统是根据物体的剪影工作的，由物体的剪影判断物体的位置、姿态和尺寸等参数。此种视觉系统以二值图像处理为其特征，图像一般由逆光景象生成。第二代机器人视觉系统可采用灰度等级表征物体。这种系统可以根据面光景像工作，并可区分纹理模式。第三代视觉系统采用立体技术，可以从二维图像中理解和构成一个三维世界的模型，也可确定景象中可见物体的三维坐标，甚至推断出不可见表面。

目前，只能在有限的环境中设计并实现上述视觉系统，并以满足某些特定任务的要求为目标。何时才能使机器人视觉具有人类视觉同样的感觉能力，是一个有待今后来解决的问题。

工业机器人视觉系统从应用角度出发可分为三类：

1）用于图像识别。视觉系统将图像信息传递给机器人控制系统，以达到判断操作对象和识别环境的目的，如图 26.7-1 所示的自动喷漆系统。这种应用要求机器人控制器有较高的计算速度，因此采用的技术要尽可能简单。

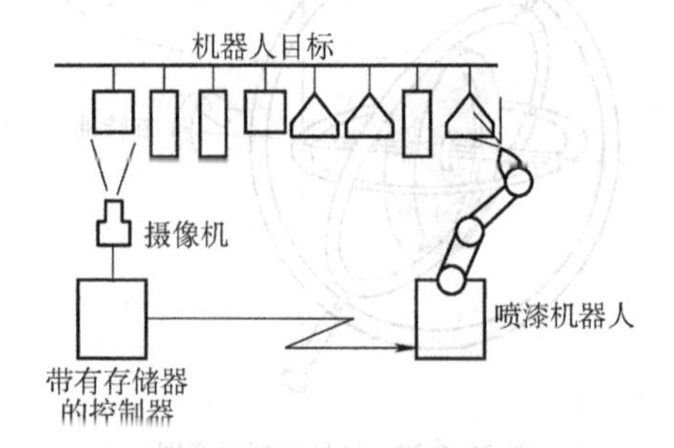

图 26.7-1　自动喷漆系统

2）用于定位与控制。如根据坡口位置等控制电弧焊焊枪的定位，检测零部件的位置和姿态进行装配等。图 26.7-2 所示为一个有定位视觉系统的装配机器人。

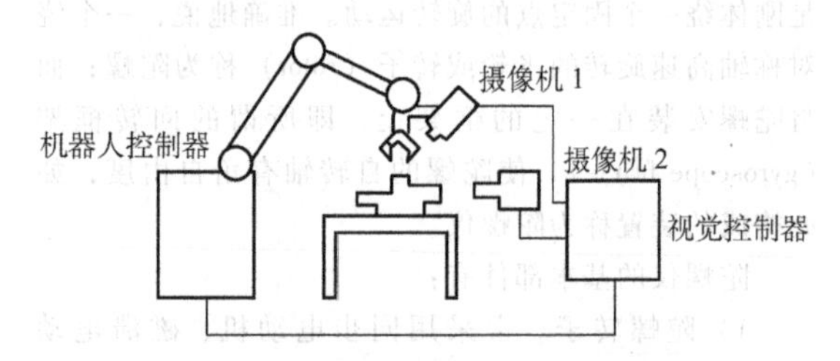

图 26.7-2　有定位视觉系统的装配机器人

3）用于检测。如检测印制电路板和掩膜图的损伤、缺陷以及检测产品的外形尺寸等。图 26.7-3 所示为一个检测导线直径的视觉系统。

机器人视觉的基本概念见表 26.7-1。

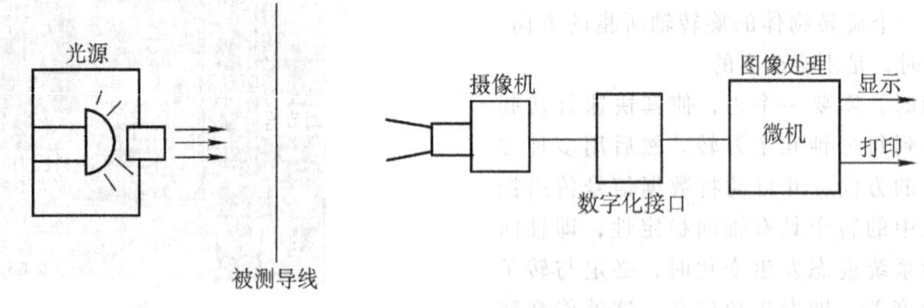

图 26.7-3　检测视觉系统

表 26.7-1　机器人视觉的基本概念

摄像机标定 (Camera Calibration)	对摄像机的内部参数、外部参数进行求取的过程。通常，摄像机的内部参数又称内参数(Intrinsic Parameter)，主要包括光轴中心点的图像坐标、成像平面坐标到图像坐标的放大系数(又称为焦距归一化系数)和镜头畸变系数等；摄像机的外部参数又称外参数(Extrinsic Parameter)，是摄像机坐标系在参考坐标系中的表示，即摄像机坐标系与参考坐标系之间的变换矩阵

（续）

视觉系统标定 (Vision System Calibration)	对摄像机和机器人之间关系的确定称为视觉系统标定。例如，手眼系统的标定，就是对摄像机坐标系与机器人坐标系之间关系的求取
手眼系统 (Hand-Eye System)	由摄像机和机械手构成的机器人视觉系统。摄像机安装在机械手末端并随机械手一起运动的视觉系统称为Eye-in-Hand式手眼系统；摄像机不安装在机械手末端，且摄像机不随机械手运动的视觉系统称为Eye-to-Hand式手眼系统
视觉测量 (Vision Measure或Visual Measure)	根据摄像机获得的视觉信息对目标的位置和姿态进行的测量称为视觉测量
视觉控制 (Vision Control或Visual Control)	根据视觉测量获得目标的位置和姿态，将其作为给定或者反馈对机器人的位置和姿态进行的控制称为视觉控制。所谓视觉控制就是根据摄像机获得的视觉信息对机器人进行的控制。视觉信息除通常的位置和姿态之外，还包括对象的颜色、形状和尺寸等
视觉伺服 (Visual Servo或Visual Servoing)	利用视觉信息对机器人进行的伺服控制称为视觉伺服。视觉伺服是视觉控制的一种，视觉信息在视觉伺服控制中用于反馈信号。对关节空间的视觉伺服，就是直接对各个关节的力矩进行控制
平面视觉 (Planar Vision)	只对目标在平面内的信息进行测量的视觉系统称为平面视觉系统，平面视觉可以测量目标的二维位置信息以及目标的一维姿态。平面视觉一般采用一台摄像机，摄像机的标定比较简单
立体视觉 (Stereo Vision)	对目标在三维笛卡尔空间(Cartesian Space)内的信息进行测量的视觉系统称为立体视觉系统。立体视觉可以测量目标的三维位置信息以及目标的三维姿态。立体视觉一般采用两台摄像机，需要对摄像机的内、外参数进行标定
结构光视觉 (Structured Light Vision)	利用特定光源照射目标，形成人工特征，由摄像机采集这些特征进行测量，这样的视觉系统称为结构光视觉系统。由于光源的特性可以预先获得，光源在目标上形成的特征具有特定结构，所以这种光源被称为结构光。结构光视觉可以简化图像处理中的特征提取，大幅度提高图像处理速度，具有良好的实时性。结构光视觉属于立体视觉
主动视觉 (Active Vision)	对目标主动照明或者主动改变摄像机参数的视觉系统称为主动视觉系统。主动视觉可以分为结构光主动视觉和变参数主动视觉
被动视觉(Passive Vision)	被动视觉采用自然测量，如双目视觉就属于被动视觉

2 机器人视觉系统的组成

2.1 视觉系统组成

如同人类视觉系统的作用一样，机器人视觉系统赋予机器人一种高级感觉机构，使得机器人能以“智能”和灵活的方式对其周围环境做出反应。机器人的视觉信息系统类似人的视觉信息系统，它包括图像传感器、数据传递系统，以及计算机和处理机。机器人视觉（Robot Vision）可以定义为这样一个过程：利用视觉传感器（如摄像机）获取三维景物的二维图像，通过视觉处理器对一幅或多幅图像进行处理、分析和解释，得到有关景物的符号描述，并为特定任务提供有用的信息，用于指导机器人的动作。机器人视觉可以划分为六个主要部分：感觉与处理、分割、描述、识别和解释。根据上述过程所涉及的方法和技术的复杂性将它们归类，可分为三个处理层次：低层视觉处理、中层视觉处理和高层视觉处理。

机器人视觉系统的重要特点是数据量大且要求处理速度快。

实用的机器人视觉系统的总体结构如图26.7-4所示。系统由硬件和软件两部分组成，见表26.7-2。

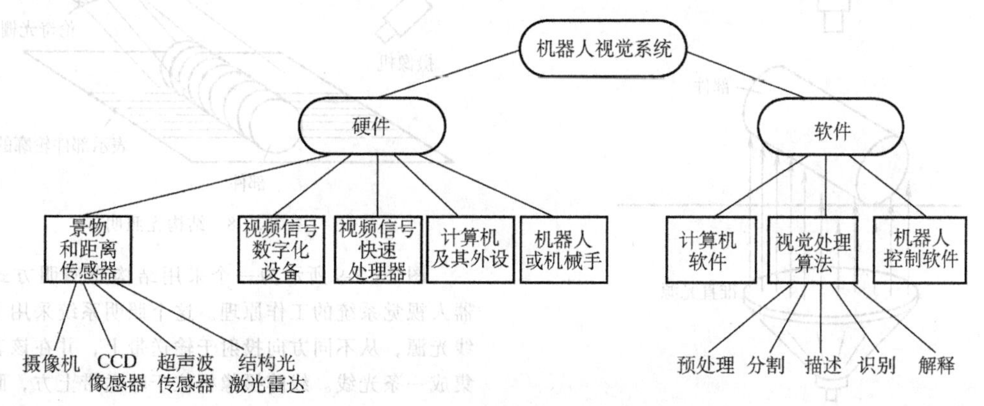

图26.7-4 机器人视觉系统的总体结构

表 26.7-2　机器人视觉系统的硬件和软件组成

硬件	1)景物和距离传感器。常用的有摄像机、CCD 像感器、超声波传感器 2)照明和光学系统。对观察对象选择合适的照明方法,以便得到高质量的图像。照明光源可以是钨丝灯、碘卤灯、荧光灯、水银灯、氖灯(闪光灯)或激光灯等 3)视频信号数字化设备。它的任务是把摄像机或 CCD 像感器输出的全电视信号转化成计算方便的数字信号 4)视频信号快速处理器。视频信号实时、快速、并行算法的硬件实现:Systolic 结构、基于 DSP 的快速处理器及 PIPE 视觉处理机 5)计算机及其外设。根据系统的需要可以选用不同的计算机及其外设,来满足机器人视觉信息处理及机器人控制的需要 6)机器人或机械手及其控制器
软件	1)计算机系统软件。选用不同类型的计算机,就有不同的操作系统和它所支持的各种语言、数据库等 2)机器人视觉处理算法。图像预处理、分割、描述、识别和解释等算法 3)机器人控制软件

在工业机器人视觉应用中，最重要的问题之一就是考虑照明光源的形式。一个好的照明系统应当使形成图像的复杂性最小，使所需的信息得到增强。照明光源主要有三种：点光源、线光源、面光源。利用这些光源可以构成不同的照明方式。机器人视觉所用的照明方式主要有下列四种：

1）漫射照明，如图 26.7-5 所示。这种方式一般适用于表面光滑的规则物体。当物体表面是主要研究对象时，一般采用这种方式照明。

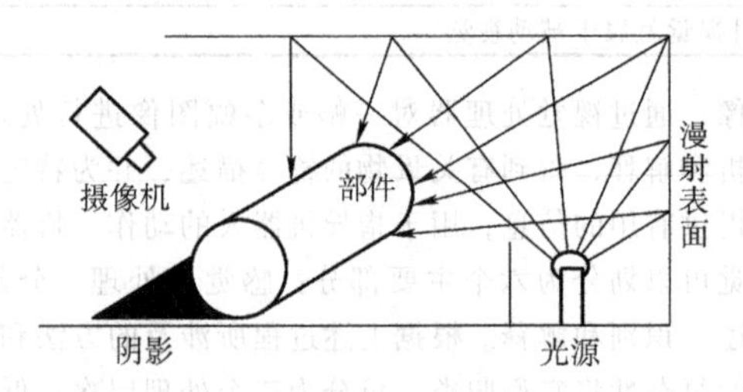

图 26.7-5　漫射照明

2）背光照明，如图 26.7-6 所示。当物体的剪影足以用来识别或测量物体本身时，背光照明特别适用。

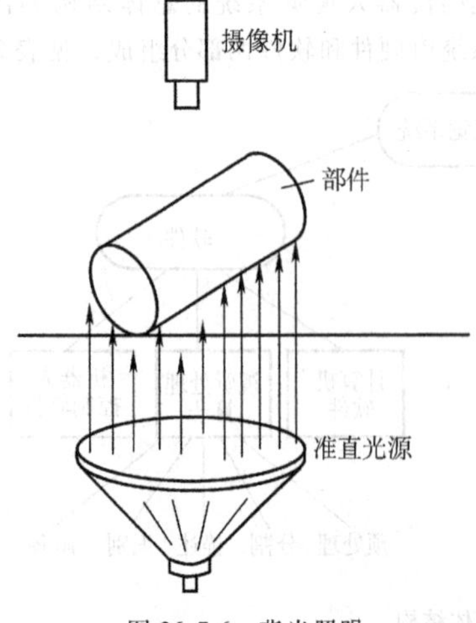

图 26.7-6　背光照明

3）定向照明，如图 26.7-7 所示。这种照明方式主要用于物体表面的检测。利用高度定向的光束（如激光）照射物体表面，并测量光的散射量便可检测表面缺陷，如是否有砂眼或划痕等。

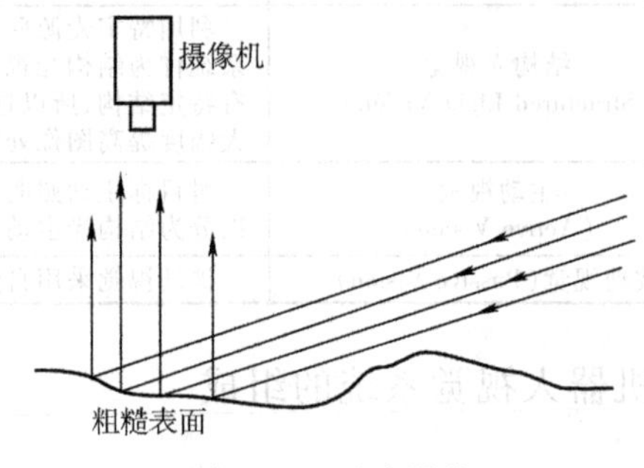

图 26.7-7　定向照明

4）结构光照明，如图 26.7-8 所示。这种照明方式在工作空间形成了一个已知的光模式。如果这个光模式发生变化，则可得知有物体进入工作空间。根据光模式变化的情况，还可以了解物体的三维特性。

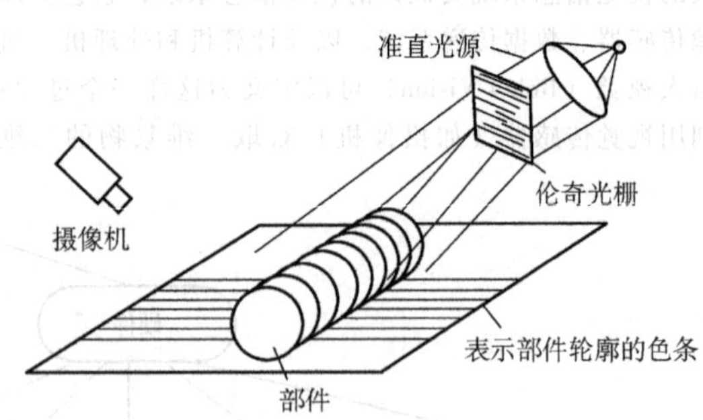

图 26.7-8　结构光照明

图 26.7-9 所示为一个采用结构光照明方式的机器人视觉系统的工作原理。这个照明系统采用了两个线光源，从不同方向投射于输送带上，并在该表面汇集成一条光线。线阵摄像机位于输送带上方，瞄准输送带上的目标光条，见图 26.7-9a。当一个零件进入

摄像机正下方时，即遮断两个光面，使光条在零件通过的地方发生偏移。摄像机看到一条连续亮线时，传输带上没有零件通过，见图 26.7-9b。摄像机看到亮线有黑暗之处时，即有零件正在通过，见图 26.7-9c。

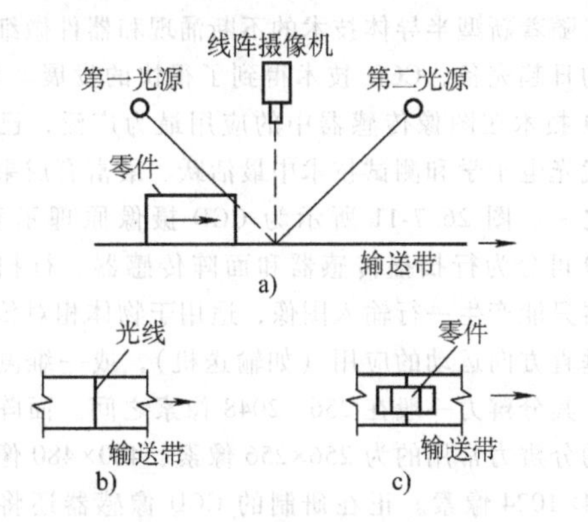

图 26.7-9　结构光照明视觉系统工作原理

a）照明方式　b）无零件　c）有零件

表 26.7-3　视觉信息输入方式

摄像	器件	零维摄像器件 一维摄像器件 二维摄像器件	光敏二极管等
	扫描	零维扫描 一维扫描 二维扫描	
	方向	平视 侧视 俯视	
	输入信息	单色 彩色	
	器件数量	单目 双目 多目	立体视觉三目以上
照明	扫描	零维扫描 一维扫描 二维扫描	固定
	平行光	零维光束 一维光束 二维光束	聚光束 狭缝光
		直射 斜射 逆光	影像
	非平行光	点光源 线光源 面光源	
		顺光 斜射 逆光	
	照明数量	单一光束 多条光束	多条狭缝光等
对象物	扫描	零维扫描 一维扫描 二维扫描	固定

表 26.7-3 列出了视觉输入中有关摄像、照明和对象物的各种方式。其中零维扫描表示固定方式，零维摄像器件是如光电二极管的单个器件，零维光束为激光束。根据视觉识别的目的，适当地综合摄像、照明和对象物的各种条件，以采用相应的视觉输入方式。

2.2　镜头和视觉传感器

摄像机是视觉系统的主要部件，即光学部分——镜头和视觉传感器

（1）镜头

镜头有两种，即定焦距和变焦距镜头。定焦距镜头适用于目标物位置固定不变的情况，这时摄像机采用固定安装法。定焦距镜头的优点是成像质量好、质量轻、体积小和价格便宜等，不足之处是可调整性差，不能改变视野范围。变焦距镜头适用于要求视野范围可变的摄像系统，如焊缝跟踪系统，这时要对光圈、摇摄、俯仰摄、变焦和聚焦等进行控制。因此，要增加相应的控制电路。

焦距 f、物距 a 以及像距 b 等参数的成像公式为

$$\frac{1}{a}+\frac{1}{b}=\frac{1}{f}$$

定焦距镜头的放大率 m 为

$$m=\frac{b}{a}$$

视场角 θ（rad）是由画面尺寸和焦距决定的，即

$$\theta=2\arctan\frac{B}{2f}$$

式中　θ——视场角；

B——画面水平宽度；

f——焦距。

镜头最大范围值 F 与成像亮度有关，是决定摄像机灵敏度的重要因素之一。F 值越小（光圈越大）成像亮度越亮，则摄像机有较高的灵敏度。但是 F 值越小，则镜头价格越高。F 值越大（光圈越小），景深越大，对提高图像质量有利。选用镜头时，要根据具体情况综合考虑上述参数。

（2）视觉传感器

视觉传感器的种类很多，如光敏晶体管、激光传感器、光导摄像管、析像管和固体摄像器件等。但适用于工业机器人领域的只有两种，即光导摄像管和固体摄像器件。

1）光导摄像管是最早采用的图像传感器，它具有一切电子管的缺点，即体积大、抗振性差、功耗大和寿命短等。因此，近年来在工业上有被固体摄像器

件逐渐取代的趋势。但摄像管在分辨力及灵敏度等性能指标上目前仍有优势，所以在一些要求较高的场合仍得到广泛应用。

图26.7-10所示为光导摄像管的结构示意图。摄像管外面是一圆柱形玻璃外壳。一端是电子枪，用来发射电子束；另一端是内表面镀有一层透明金属膜的屏幕。一层很薄的光敏“靶”附着在金属膜上，靶的电阻与光的强度成反比。靶后面的金属网格使电子束以近于零的速度到达靶面。聚焦线圈使电子束聚得很细，偏转线圈使电子束上下左右偏转扫描。

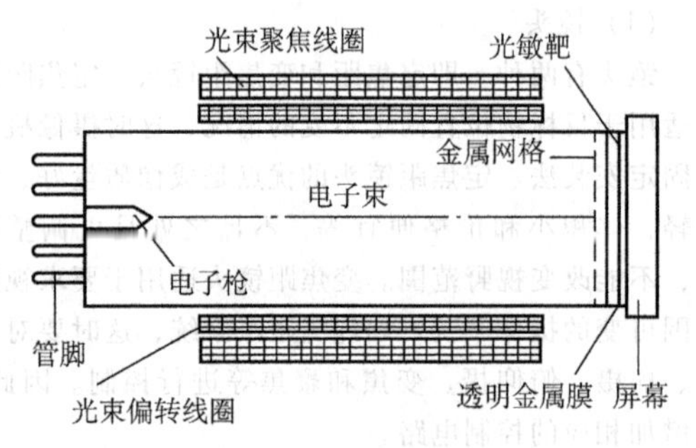

图26.7-10　光导摄像管结构示意图

工作时，金属膜加有正电压。无光照时，光敏靶呈绝缘体特性，电子束在靶内表面形成电子层，平衡金属膜上的正电荷，这时光敏层相当于一个电容器；有光投射到光敏靶上时，其电阻降低，电子向正电荷方向流动，流动电子的数量正比于投射到靶上某区域上的光强。因此，在靶表面上的暗区，电子剩余浓度较高，而在亮区较低。电子束再次扫描靶面时，使失去的电荷得到补充，于是在金属膜内形成了一个正比于该处光强的电流。从管脚将电流引入，加以放大，便得到一个正比于输入图像强度的视频信号。选用时，要考虑响应时间，标准扫描时间为1/60s一帧图像。

2）固体摄像器件，它的摄像原理与摄像管基本一致，不同的是图像投射屏幕由硅成像元素即光检测器排列的矩阵组成，用扫描电路替代了真空电子束扫描。它具有质量轻、体积小、结构牢靠等优点，而且价格也越来越便宜，为工业应用带来了广阔的前景。

在20世纪末的25年里，CCD（Charge-Coupled Device，电荷耦合器件）技术一直统领着图像传感器件的潮流，它是能集成在一块很小的芯片上的高分辨率和高质量图像传感器。然而，近些年来随着半导体制造技术的飞速发展，集成晶体管的尺寸越来越小，性能越来越好，CMOS（Complimentary Metal Oxide Semiconductor，互补型金属氧化物半导体）图像传感器得到迅速发展，大有后来居上之势。CMOS在中端、低端应用领域提供了可以与CCD相媲美的性能，而在价格方面却明显占有优势。随着技术的发展，CMOS在高端应用领域也将占据一席之地。

CCD是20世纪70年代初发展起来的新型半导体光电成像器件。美国贝尔实验室的W. S. Boyle和G. E. Smith于1970年提出了CCD的概念。40多年来，随着新型半导体技术的不断涌现和器件微细化技术的日趋完备，CCD技术得到了很快的发展。目前，CCD技术在图像传感器中的应用最为广泛，已成为现代光电子学和测试技术中最活跃、最富有成果的技术之一。图26.7-11所示为CCD摄像原理示意图。CCD可分为行扫描传感器和面阵传感器。行扫描传感器只能产生一行输入图像，适用于物体相对传感器做垂直方向运动的应用（如输送机），或一维测量应用。其分辨力一般在256~2048像素之间。面阵传感器的分辨力常用的为256×256像素、480×480像素和1024×1024像素。正在研制的CCD像感器还将达到更高的水平。

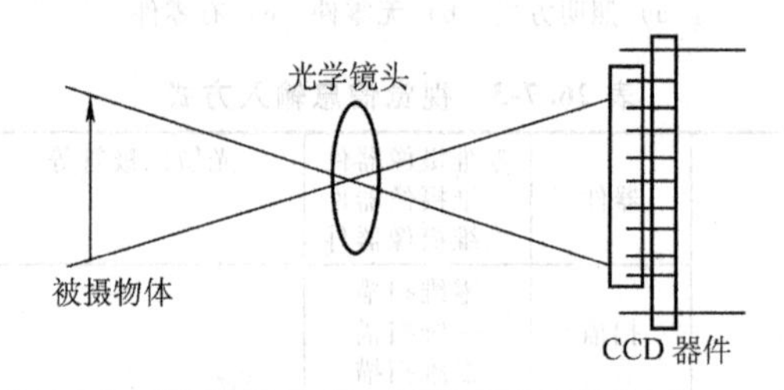

图26.7-11　CCD摄像原理示意图

CMOS和CCD像感器一样，是在Si（硅）半导体材料上制作的。新一代CMOS采用有源像素设计，每个像元由一个能够将光子转化成电子的光电二极管、一个电荷/电压转换器、一个重置和一个选取晶体管，以及增益放大器组成。CMOS传感器结构排列上像是一个计算机内存DRAM或平面显示器，覆盖在整块CMOS传感器上的金属格子将时钟信号、读出信号与纵队排列输出信号相互连接。

CMOS图像传感器的每个像元内集成的电荷/电压转换器，把像元产生的光电荷转换后直接输出电压信号，以类似计算机内存DRAM的简单X-Y寻址技术的方式读出信号，这种方式允许CMOS从整个排列、部分甚至单个像素来读出信号，这一点是和CCD完全不一样的，也是CCD做不到的。另外，内置的电荷/电压转换器实时把光电二极管生成的光电荷转换成电压信号，原理上消除了“Blooming”和“Smear”效应，使强光对相邻像元的干扰降到很小。CCD和CMOS图像传感器各有利弊，在整个图像传感器市场上，它们既是一种相互竞争又是一种相互补充的关系。显而易见，在选择某种芯片时有很多需要权衡考虑的问题。

CCD提供了很好的图像质量、抗噪能力和相机设计时的灵活性。尽管由于增加了外部电路，使得系统的尺寸变大，复杂性提高，但在电路设计时可更加灵活，可以尽可能地提升CCD相机的某些特别关注的性能。CCD更适合用于对相机性能要求非常高而对成本控制不太严格的应用领域，如天文、高清晰度的医疗X射线影像和其他需要长时间曝光、对图像噪声要求严格的科学应用。

CMOS是能应用当代大规模半导体集成电路生产工艺来生产的图像传感器，具有成品率高、集成度高、功耗小和价格低等特点。

世界上许多图像传感器半导体研发企业试图用CMOS技术来替代CCD的技术。经过多年的努力，作为图像传感器，CMOS已经克服了早期的许多缺点，发展到了在图像品质方面可以与CCD技术较量的水平。现在CMOS的水平使它们更适合应用于要求空间小、体积小、功耗低而对图像噪声和质量要求不特别高的场合，如大部分有辅助光照明的工业检测应用、安防保安应用和大多数消费型商业数码相机应用。

在选用视觉传感器时，主要应考虑分辨力、扫描时间与形式、几何精度、稳定性、带宽、频响、信噪比、自动增益和控制等因素。表26.7-4是几种类型传感器的比较。

2.3　电气输出接口

电气输出接口是依照相机技术和电气技术发展的历史先后不断发展和变化的，最早的工业相机是采用CCTV兼容的模拟视频接口，而后因为对相机分辨力、帧频、传输图像的质量要求逐步发展成为现在流行的数字接口。当前工业相机最常采用的数字接口主要有专用的CamLink接口、由计算机电子技术领域引入的USB2.0接口、IEEE1394接口以及GigE千兆以太网接口。各种接口的特点见表26.7-5。

表26.7-4　几种类型传感器的比较

传感器类型	特性	价格和适用性
CCD（电荷耦合器件）	非常通用的传感器之一，必须串行读取图像的全部像素，帧频很难很高，故有“开花”和“Smear”的缺陷	高性能，也高价格，供货厂家多
CID&MOS（电荷注入和金属氧化物半导体）	亮点光源的“开花”较少 图像各部分可随便设定地址	价格很高，供货厂家少
CMOS（互补型金属氧化物半导体）	非常通用的传感器之一，图像读取同DRAM，快速，帧频可很高。无“开花”和“Smear”缺陷。传感器噪声、灵敏度等指标相对稍差，难完全满足科研级应用需求	目前工业产品性能接近CCD，性价比远远高于其他传感器，在中、高端应用中完全可以取代CCD
真空电子管传感器	旧技术	价格高，适合某些特殊应用 目前基本处于被淘汰的过程中

表26.7-5　工业相机采用的接口的特点

USB	USB接口是当今最常见、最普及的计算机串行接口标准，最新的USB3.1接口能够在计算机与外围设备间提供最大1280Mbit/s的传输速率
IEEE 1394	IEEE1394接口为Apple公司开发的串行接口标准，又称Firewire接口。IEEE 1394接口能够在计算机与外围设备间提供100Mbit/s、200Mbit/s、400Mbit/s、800Mbit/s、1600Mbit/s的传输速率。该接口不要求PC端作为所有接入外设的控制器，不同的外设可以直接在彼此之间传递信息。利用IEEE 1394的拓扑结构，该接口不需要集线器就可连接63台设备，并且可由桥网将独立的子网连接起来。该接口不需要强制用电脑控制这些设备。IEEE 1394b接口规范能够实现800Mbit/s和1.6Gbit/s传输速度的高速通信方式，并可实现较长距离数据的传输。无线方式IEEE 1394超高速数据传输技术可以实现400Mbit/s的无线通信速度，传送距离在无障碍时可达12m，传送电波采用60GHz的微波
Camera Link	Camera Link是当今图像工业领域专门定义的针对应用数字相机与图像采集卡间的通信接口，它是一专用的点到点的高速专用的行业标准的数据接口。这一接口扩展了Channel Link技术，提供了图像应用的有关标准规范（详细规范请查阅有关的CamLink规范）。标准的Camera Link电缆提供相机控制信号线、串行通信信号线和视频数据线。其中，相机控制信号线为4路LVDS，它们被定义为相机输入和图像采集卡输出；串行通信线为2路LVDS，用于在相机与图像采集卡间进行异步串行通信。通信信号线包括SerTFG（至图像采集卡的串行通信微分线）和SerTC（至相机的串行通信微分线）。这一串行接口具有一个开始位和一个停止位，但没有奇偶（parity）位和握手（handshaking）位。在Camera Link串行通信线中，相机和图像采集卡必须支持9600的波特率；图像数据可通过Channel Link总线进行传输，通过时分复用技术实现了1个线对传输7bit（Data Line）图像数据，其5对Channel Link线可等效于28对最高达85MHz的普通LVDS信号线对。视频数据线的4路信号被定义为FVAL（帧有效时为高电平）、LVAL（像素有效时为高电平）、DVAL（数据有效时为高电平）和SPARE（预留位）
RS422	RS422是数据信号传输的电气规范。这一标准采用双绞线，以不同的模式对同一信号进行传输，当某一信号为高电平时，另一信号必须为低电平。在RS422规范中，高电平为3V，低电平为0V。为了降低噪声，双绞线必须适用于所有RS422信号。其电缆的阻抗为100Ω，并具有110Ω终端负载。在采用RS422传输图像信号的应用系统中，所有输入相机的RS422信号需具有110Ω终端负载

电气输出接口通常需要通过图像采集卡输入到计算机。图 26.7-12 所示为 Siliconsoftware MicroEnable IV FULL x4 图像采集卡，其主要性能指标如下：

支持两个 Base 或 1 个 Medium 或 FULL CameraLink 接口的相机；

支持 10 tap 的 FULL CameraLink 接口相机；

支持高达 85MHz 的像素时钟；

支持多 tap 的重排；

支持黑白、彩色的面阵或线阵相机；

PCI-E 4X 接口，带宽为 800Mbit/s；

512M 板上缓存；

支持 Visual Applet；

可通过扩展板 Trigger/GPIO、CLIO 和 PxPlant 扩展功能。

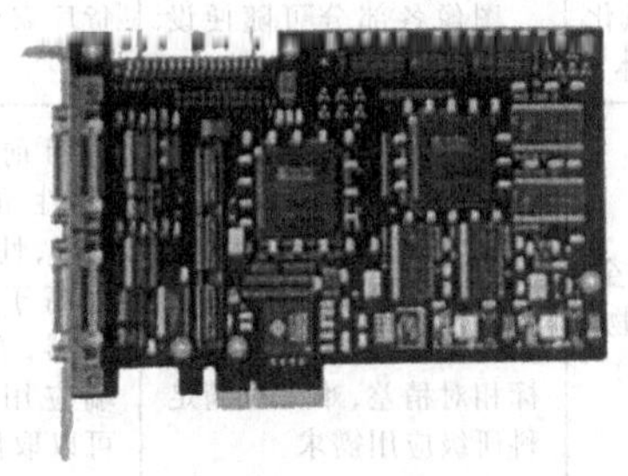

图 26.7-12 Siliconsoftware MicroEnable IV FULL x4 图像采集卡

表 26.7-6 是推荐的基于磁盘阵列的高速相机存储系统的基本配置。

表 26.7-6 基于磁盘阵列的高速相机存储系统的基本配置

名称	规格	数量	备注
高速相机	MV-D1024 E-160-CL	1	相机为高速 CMOS 相机，接口为 CameraLink Base
采集卡	ME IV FPGA 采集卡	1	PCI-E 1X 接口，可接两台 CameraLink Base 接口相机
CPU	XEON5140	1	若资金允许，建议配置 4 核 CPU，可提高并发处理能力
内存	2G DDR2	1	
硬盘	SATA 250G 硬盘	8	7200 转，16M 缓存，做 RAID0
主板	华硕主板	1	至少带 1 个 PCI-E 1X 接口
RAID 存储卡	Adaptec Raid 3805	1	可外挂 8 个 SATA 硬盘

3 机器人视觉图像处理

图像处理在早期一般采用小型通用计算机，近年来多使用经济、灵巧的微型计算机并将一部分软件固化，使结构进一步简化。图像处理的方法很多，但对于工业应用来说，要满足计算机速度和低成本的要求。

图像处理一般分为两个过程：图像预处理和图像识别。图像处理方法及其用途和实现方法见表 26.7-7。

表 26.7-7 图像处理方法及其用途和实现方法

名称	作用	实现方法
图像输入	将数据输入处理机	串行方式，依次输入存储器中
图像补偿	排出噪声干扰，增加图像反差，突出主体	均值法，百分比增益法，定值加减法
图像滤波	消除各种干扰，增强信号，简化识别	邻域平均法，中值滤波法，空间微分法
图像特征化	为识别处理做准备	跟踪棱线，寻找棱线改变方向的顶点和顶点类别。提取面积、周长、孔眼数等特征参数
图像识别	识别所摄图像	特征参数比较法，模式匹配法，窗口检测法

为了降低成本和实时处理图像，在工业机器人视觉应用中常采用下列措施：

1）尽量采用分辨力低的图像传感器。

2）采用隔行或隔多行扫描采样方法。

3）尽可能采用黑白图像轮廓分析。

4）轮廓线性化，用直线迫近曲线轮廓。

5）尽量减少识别特征参数的数量。

3.1 机器人的二维图像处理

3.1.1 前处理

前处理是图像处理的第一阶段，主要是除去输入图像中所含的噪声或畸变，并变换成易于观察的图像。

图像由网格状配置的具有灰度信息的像素组成。灰度信息用明亮度或灰度表示，具有某一灰度的像素的频度分布图称为灰度直方图，如图 26.7-13 所示，横轴表示灰度，纵轴表示频度。灰度直方图是了解图像性质最简便的方法。例如，图 26.7-13 所示的直方

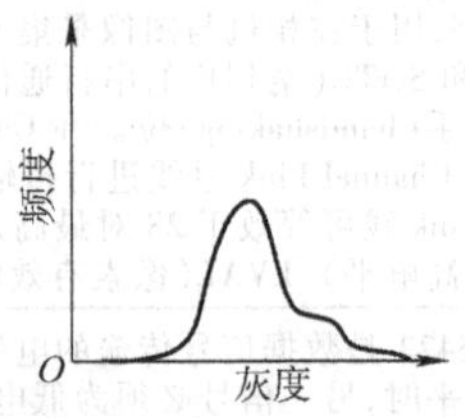

图 26.7-13 灰度直方图

图表示像素的灰度偏到部分区间，对比度差，不能有效地表现出图像的信息。另外，若直方图有两个波峰，则表示图像中存在着性质不同的两个区域。

为了使图像中的对象物体从背景中分离出来，需将灰度图像或彩色图像变换为黑白图像。其最一般的方法是：规定某一阈值（threshold），像素的灰度值大于阈值时变换为1（黑），小于阈值时变换为0（白），即二值化处理。确定阈值的最基本方法是用灰度直方图中谷点的灰度值作为阈值。

对于有阴影的图像，整个画面如果用同一个阈值，往往不能很好地二值化，需要对各部分用不同的阈值进行二值化。也就是说，先在若干个代表性的像素所在的小区域上求出它们的阈值，然后通过线性插补求出这些像素之间各点的阈值，此方法称为动态阈值法。

图像中所含的噪声有图像传感器的热噪声产生的随机噪声、图像传输途中混入通信线路的噪声和由量化产生的量化噪声等。在噪声中，有的噪声源的频率特性是已知的（如电视扫描线产生的条纹），此时可对图像进行傅里叶变换，并加上只允许信号分量通过的滤波器将噪声消除。

采用空间平均可以减小与信号没有相关的叠加性随机噪声的功率。其方法是用平滑滤波器对周围 $n\times n$ 邻域内的像素取平均值以抑制噪声的影响。图26.7-14给出了几种平滑算法，图中小格中的数字表示滤波算法的权值。例如，3×3平均是对平滑点和其周围的8个点的数值取和后，平滑点的取值为总和的1/9。但是平滑过程使图像也变模糊了，尤其是由于边缘的模糊化产生了图像品质下降的问题。用输出中间值的滤波器（中间滤波器），能够在某种程度上抑制边缘的模糊化。

3.1.2　特征提取

灰度变化大的部分称为边缘。边缘是区分对象物与背景的边界，是识别物体的形状或理解三维图像的重要信息。要抽取边缘，需对图像进行空间微分运算。图26.7-15给出了各种3×3微分算子，其中Sobel是一阶微分算子，对图像分别施以 x 微分和 y 微分算子，从其输出 D_x 和 D_y 可以求得边缘的亮度 L 为

$$L=\sqrt{D_x^2+D_y^2} \tag{26.7-1}$$

边缘的方向 R 为

$$R=\arctan(D_y/D_x) \tag{26.7-2}$$

拉普拉斯是二阶微分算子，该运算可得到边缘的量度 $g(x, y)$。算子 $h(M, N)$（见图26.7-14）对图像 $f(x, y)$ 进行如下计算：

$$g(x,y)=\sum_{j=-n}^{n}\sum_{i=-m}^{m}f(x-i,y-j)\cdot h(i,j) \tag{26.7-3}$$

在算子中，$M=2m+1$，$N=2n+1$。

这就是数学上的卷积运算，在图像处理上称为空间滤波（spatial filtering）。

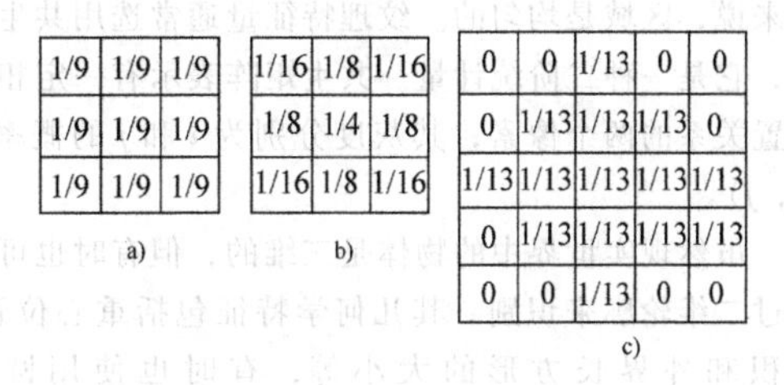

图26.7-14　平滑滤波器的例子

a）3×3平均　b）模拟高斯形　c）圆形滤波器

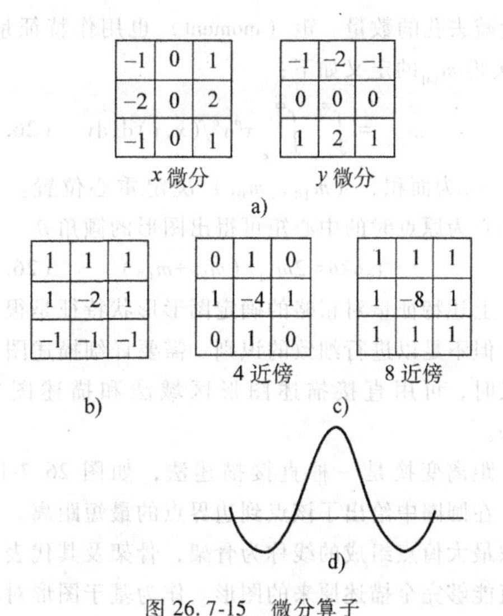

图26.7-15　微分算子

a）Sobel算子　b）Prewitt算子

c）Laplacian算子　d）加权滤波后的断面图

微分算子越小，则噪声的影响越大。图26.7-15 d所示为对图像施以具有高斯形式权重的平滑滤波后，再进行拉普拉斯算子操作形成的断面图。通常采用不大于32×32的掩模板，凡是输出由负变正或由正变负的点就是边缘点。高斯二次微分滤波器可以用两个大小不同的高斯滤波的差值来近似，因此又称为DOG滤波器（高斯差分）。

除了把包含在图像中的对象物边缘抽取和匹配的方法之外，也可将图像按其灰度、颜色、纹理等分割成均匀的区域。分割方法可分为三类：第一类是先将图像分为小区域，然后将相似的区域汇集在一起。统计性检测判据或启发式评价函数可用作为相似度的评判。第二类方法是从图像全局开始着手，凡是能分割

开的就一直分割下去。第三类方法是从中等大小的分割区域开始着手，反复进行分裂和合并操作，故称为分裂-合并（split-and-merge）法。

纹理（texture）有像壁纸花纹的，其基本图样依照一定规律排列；也有像薄面纱纸的，表面没有基本图式，但都有一定统计性质。不论何种纹理，从宏观像来说，区域是均匀的。纹理特征量通常选用共生矩阵，它是一种二阶统计量。共生矩阵表示有一定相对位置关系的两个像素，其灰度分别为 i 和 j 的概率 $P(i,\ j)$。

虽然现实世界中的物体是三维的，但有时也可以通过二维轮廓来识别。其几何学特征包括重心位置、面积和外界长方形的大小等，有时也使用圆度（aspect ratio）= 面积/周长^2 来表示图形域圆形的接近程度。作为拓扑特征量的欧拉数，它等于连通域的数量减去孔的数量。矩（moment）也用作特征量。$p+q$ 次矩 m_{pq} 的定义如下：

$$m_{pq}=\int_{-\infty}^{\infty}\int_{-\infty}^{\infty}x^{p}y^{q}f(x,y)\,\mathrm{d}x\mathrm{d}y \qquad (26.7\text{-}4)$$

m_{00} 为面积，（m_{10}，m_{01}）决定重心位置。采用以重心为原点时的中心矩可得出图形的倾角 θ

$$\tan2\theta=2m_{11}/(m_{20}+m_{02}) \qquad (26.7\text{-}5)$$

上述特征量对粗略的确定图形形状特征是很简便的，但不足以进行细致的识别。需要详细描述图形的形状时，可用直接描述图形区域法和描述图形轮廓法。

距离变换是一种直接描述法，如图 26.7-16 所示，在圆圈中给出了该点到边界点的最短距离。距离图像最大值点组成的线称为骨架，骨架及其代表的距离值能够完全描述原来的图形。作为基于图形对称性描述的实例有对称轴变换及平滑过渡的区域对称（Smoothed Local Symmetry）。后者的图形描述方法是基于平滑地连接局部对象的轴线。图 26.7-17 所示为其处理实例。

		1	1					
	1	2	2	1				
	1	2	③	2	1			
	1	2	③	2	1			
		1	2	1				
		1	②	1				
		1	②	1				
			1	1				
			1	②	1			
			1	②	②	1		
			1	1	②	1		
					1	1		
					1	②	1	
					1	1	1	

图 26.7-16　距离变换图像（○标记为骨架）

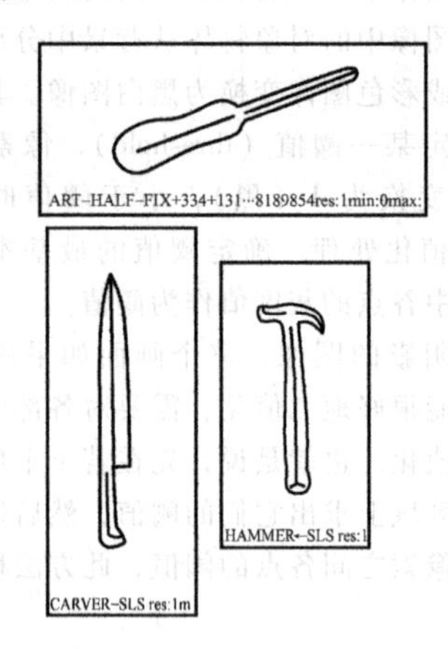

图 26.7-17　Smoothed Local Symmetry 处理的实例（按图示的轴描述图形）

图形轮廓能够用链码表示，即逐个像素追踪。图 26.7-18 所示的是八方向码组成的一串链码。图形轮廓是闭环，从轮廓上的一点出发，绕行一周回到原来出发点的情况可用一条链码表示。对链码用高斯法做模糊化处理后，进行一阶微分可得到相当于曲率的量，对此再在标度空间进行解析，就能抽取出图 26.7-19所示的图形特征部分。

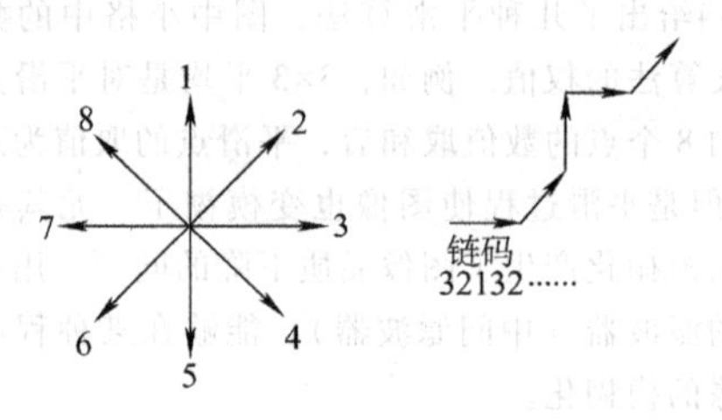

图 26.7-18　链码

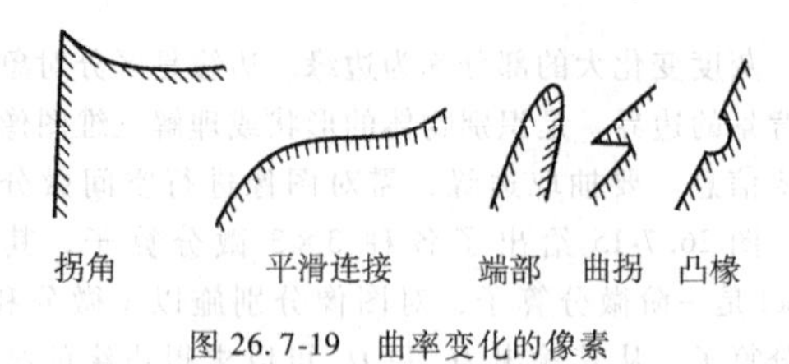

图 26.7-19　曲率变化的像素

3.1.3　匹配和识别

识别图像中所含对象物有两种方法：一种是将图像原封不动地进行比较；另一种方法是首先描述图像中对象物的特征，再在特征空间中进行比较。图 26.7-20 所示为识别流程。

预先准备好标准图形（样板），将分割出的图像的一部分与样板重叠，根据它们的一致性定义其类似度。在二值图形的情况下，重叠之后的黑色或白色相一致的总像素数和总图形面积之比可作为类似度。对于灰度图像，相关系数或者差值绝对值之和可作为类似度，相关系数 r 定义为

$$r=\frac{\sum_{(x,y)\in R} f(x,y)\cdot p(x,y)}{\sqrt{\sum_{(x,y)\in R} f(x,y)}\sqrt{\sum_{(x,y)\in R} p(x,y)}} \tag{26.7-6}$$

差值绝对值之和 s 为

$$s=\sum_{(x,y)\in R}|f(x,y)-p(x,y)| \tag{26.7-7}$$

式中，$f(x,y)$ 是输入图像，$p(x,y)$ 是样板图像。

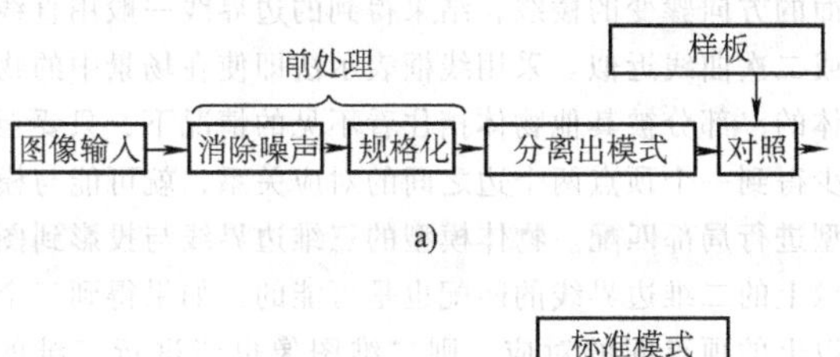

图 26.7-20　识别流程

a）识别过程的流程（Ⅰ）　b）识别过程的流程（Ⅱ）

基于抽取到的特征的统计性质进行分类称为统计模式识别法。将特征表示成多维向量，用于定义高维空间中的模式与输入模式之间的距离或类似度。最简单的距离度量就是某类平均模式与输入模式间的欧几里德距离，或者是用特征矢量各元素差值的绝对值之和表示的距离。假设标准模式为正态分布时，利用平均值矢量 $\boldsymbol{\mu}$、方差和协方差矩阵 Σ，能定义以下的距离 d_t：

$$d_t=(x-\mu)^t\Sigma^{-1}(x-\mu) \tag{26.7-8}$$

式（26.7-8）称为马哈拉罗毕斯通用距离，是用各维元素的方差和协方差的大小进行规格化后的距离度量。式（26.7-8）中加上 Σ 行列式的量，表示输入模式属于其模式类时的后验概率。最大似然推论法就是选择最大后验概率的模式类的方法。

结构模式识别方法是将图像中对象物二维结构记述为结构要素的组合，然后判定这种描述是否为已知的描述，从而进行识别。根据产生结构要素组合的文法，描述模式类别的方法称为句法模式识别。

3.2　三维视觉的分析

为了识别景物中存在的三维物体，处理分为以下三个阶段：①景物中三维信息的检测；②由景物中三维信息抽取特征，并以此为基础对景物进行描述；③物体模型和场景描述之间的匹配。

获取外界三维信息的视觉传感器有主动传感器和被动传感器两类。包括人类在内的大多数动物具有使用双目的被动传感器。也有类似蝙蝠的动物，具有从自身发出的超声波测定距离的主动传感器。通常主动传感器的装置复杂，在摄像条件和对象物体材质等方面有一定限制，但能可靠地测得三维信息。被动传感器的处理虽然复杂，但结构简单，能在一般环境中进行检测。传感器的选用要根据目的、物体、环境和速度等因素来决定，有时也可考虑使用多传感器并行协调工作。

3.2.1　单目视觉

用单台摄像机的单目视觉，即从单一图像中不可能直接得到三维信息。如果已知对象的形状和性质，或做某些假定，便能够从图像的二维特征推导出三维信息。图像的二维特征（X）包括明暗度、纹理、轮廓线和影子等，用二维特征提取三维信息的理论称为 X 恢复形状。这些方法不能测定绝对距离，但可推定是平面的、倾斜的或曲面的形状等。

应用明暗度恢复形状的方法就是根据曲面图像上明亮程度的变化推测原曲面的形状。在光源和摄像机位置已知的情况下，曲面上的亮度与曲面的斜率有关。

设曲面的方程为 $z=f(x,y)$，x 方向和 y 方向的斜率分别为 $p=\partial f(x,y)/\partial x$ 和 $q=\partial f(x,y)/\partial y$，称 (p,q) 为曲面的斜率。

曲面亮度 I 和曲面的斜率 (p,q) 之间的关系用函数 $I=R(p,q)$ 表示，它可以表示成图 26.7-21 所示的反射率映射图。通常，利用圆球等形状已知的定标物体凭经验做出反射率映射图。在反射率图中，具有同样亮度的曲面的斜率组成一条“等高线”。因此，如果知道曲面上各点的亮度，曲面上各点的斜率就要受到反射图中各条“等高线”的约束。当已知

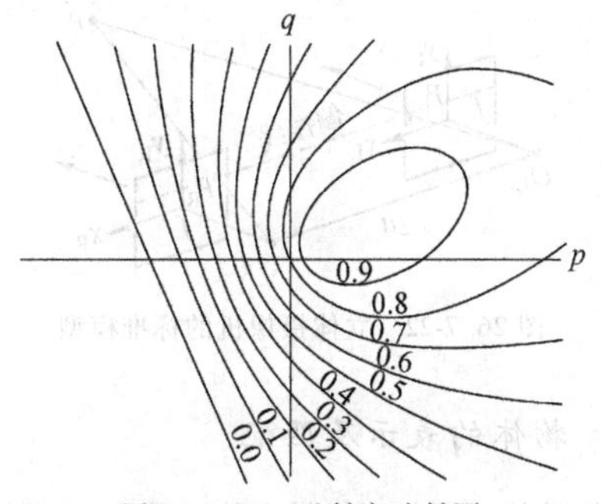

图 26.7-21　反射率映射图

曲面的一部分的方向时，以此为边界条件，基于曲面平滑的假设，从图像上可见的亮度出发，反复利用迭代法能够计算出曲面上所有点的曲面斜率。作为边界条件，既可以利用反射图上最明亮部分的曲面的方向，也可以利用与曲面遮挡轮廓线的切线垂直面的方向。

光度体视法是由明暗度恢复形状原理的扩展，它采用多个（通常三个）光源使约束条件增加，从而决定曲面的斜率。首先，对不同位置的三个光源分别建立三个反射率图，分别表示曲面斜率与亮度之间的关系；然后，利用同样的三个光源对物体依次进行照明，得到的三幅图像的亮度信息与三个反射率图进行匹配，就能按下述方法决定对应于图像各点的曲面斜率。

设 I_1、I_2、I_3 分别表示图像上点（i，j）对于三个光源的亮度，可以在各自的反射率图上求得与各个亮度对应的“等高线”。这时，三条“等高线”交于一点，该点的坐标（p，q）就表示对应于点（i，j）的三维空间中的点所在曲面的斜率。

3.2.2　双目视觉

使用两台摄像机的双目立体视觉是根据三角测量原理得到场景距离信息的基本方法，立体摄像机的标准模型如图 26.7-22 所示。设连接两台平行放置的摄像机的镜头中心 O_L 和 O_R 的基线长度为 $2a$，摄像机的焦距为 f，摄像机的摄影平面与摄像机的光轴垂直，并且距镜头中心的距离为 f。虽然摄像机的实际结构与摄像机标准模型不相同，但是从摄像机标定可计算出摄像机参数，利用这些参数能够将实际的图像变换为标准摄像机模型下的图像。设三维空间中的点 P（x，y，z）在左右图像上的像点为 P_L（X_L，Y_L）和 P_R（X_R，Y_R），P_L 和 P_R 的 X 坐标值的差，即视差为 $d=X_L-X_R$，由此，可按下式求得点 P 的距离 z：

$$z=\frac{2af}{d}$$

双目视觉的进一步扩充可用两个以上的摄像机（如三目视觉），使得错误对应点能够减少。

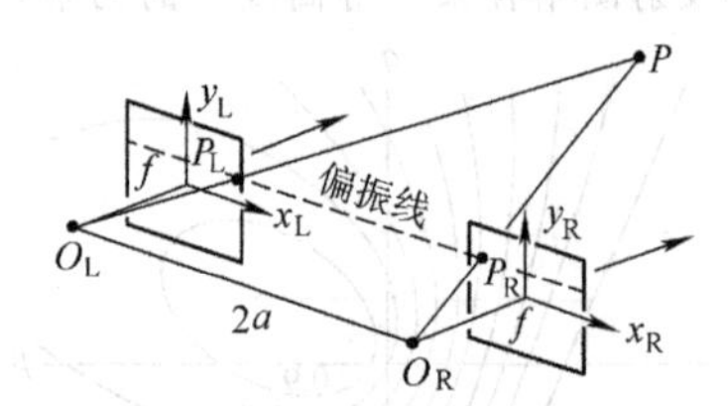

图 26.7-22　立体摄像机的标准模型

3.2.3　物体的表示及匹配

从视觉传感器得到场景中的三维信息可抽取物体各个面及其边界线，用面和线表示的场景与存储的物体模型进行匹配，从而能决定场景中存在物体的种类、位置和姿态。

表示物体的形状可用基于边界线、面、广义圆柱、扩充高斯图像等方法。物体模型与场景中物体的匹配，归结为寻求使两者表示一致的坐标变换的问题，其中包括三维旋转和平移变换。变换要考虑到因观测位置不同所看到的结果也不同，物体的一部分可能被其他物体遮挡而看不见。

线框表示法是用物体表面的边界线表示物体的方法。用光投影等方法获取场景中的距离图像后，用边缘检测法抽取物体的边界线。这种方法就是分别用图像的一阶微分或二阶微分检测出深度骤变的轮廓线及面的方向骤变的棱线，结果得到的边界线一般用直线或二次曲线近似。采用线框表示法即使在场景中的物体的一部分被其他物体挡住看不见的情况下，只要至少得到一个顶点两个边之间的对应关系，就可能与模型进行局部匹配。物体模型的三维边界线与投影到图像上的二维边界线的匹配也是可能的，如果得到三个以上的顶点间的对应，则二维图像也能进行三维的解释。

面表示法是用面的组合来表达物体，描述面的种类及面之间的空间关系。区域生长法是从距离图像抽取物体各个表面的一般性方法之一。首先在图像的各个点产生面元，它能局部满足平面方程；然后把平面方程近似相同的相邻面元合并，于是生成若干个近似可视为平面的基础区域；再根据构成各个基础区域的面元方程式的不同，将基础区域分为平面和曲面；最后将平滑相连的曲面当作一个大的曲面。在面的表示方法中，一般将各个面拟合成平面方程或二次曲面方程。

建立物体模型的一种方法是给定物体实例的描述，另一种方法是采用实体模型存储。一个物体存储的模型可以是只有一种模型或多个模型。后者虽然显得复杂，要增加数据量，但其优点是能提高识别物体的效率。

物体模型与场景表示之间的匹配有三个阶段：初步匹配、检查、微调。因为通常存在多个物体模型，而且难于一下求出模型与场景的对应点，所以初步匹配阶段只是局部地求得少数对应点，并确定需要采用的坐标变换或者更改模型。

通常需要全局搜索，因此搜索空间非常大，要设法尽可能省去无用的搜索。虽无通用的方法，但对需识别的物体加以限制的话，就能够利用物体的固有特征。检查阶段用于判断按初步匹配得到的坐标变换是否合适。对模型的其他部分也施以同样的坐标变换，可检验在场景中预测的位置上是否存在与变换后的模型的部分相对应的部分。如果对应部分太少，则其变换有误，需要修改初步匹配，求出其他候补的坐标变换或修改模型。初步匹配即使正确，由局部匹配得到的坐标变换中仍多少存在误差，在微调阶段要测定总体误差，并按最小二乘法对坐标变换的参数进行修正。

4　机器人视觉系统实例

4.1　二值系统

作为二值机器人视觉系统的实例，首先介绍一下VS-100系统。

该系统可分为两大部分：摄像处理机与特征处理机，其原理框图如图26.7-23所示。摄像处理机可控制频闪照明装置，并可接受一个或几个摄像机的输入。特征处理机完成监控、特征计算及物体识别。系统将待测物体的特征与存储的样板进行比较来识别物体。

首先扫描输入样板图像，计算灰度直方图，并选定阈值，将阈值和样板特征存储于存储器中；然后对待测物体扫描输入图像用预定阈值进行二值化；接着找到物体棱点，以确定物体外形；最后计算特征，如周长、面积和位置等，并把计算的特征与预先存储的样板进行比较来识别物体。

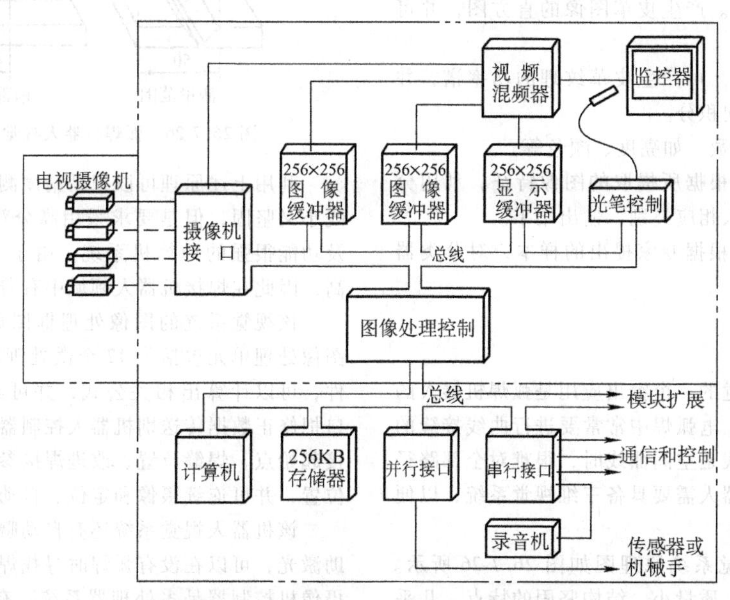

图26.7-23　VS-100视觉系统原理框图

第二个应用实例是CCD-I型电线电缆动态测径仪。CCD器件作为传感器，其特点是测量时间短，被测物体可连续快速运动，主要用于非接触动态测量电线电缆的直径等。其测量范围为0.1~80mm，准确度为0.008mm。CCD-I型系统的主要特点是在图像二值化过程中，量化电平随着信号的强弱变化而变化，因此，可以补偿由于照明状态的波动而引起的测量误差。另外，由于采用普通小电珠照明而降低了成本。该仪器原理框图如图26.7-24所示。它主要由照明光源、光学成像系统、CCD视觉传感器、数字化接口及计算机等组成。采用背光照明将被测电线或电缆的剪影经光学系统成像于CCD器件上，CCD器件将影像转变成电信号，经数字化接口处理后成为二值图像，并送入计算机进行特征计算，最后将结果显示打印。如果需要，还可以控制某种设备构成闭环系统。

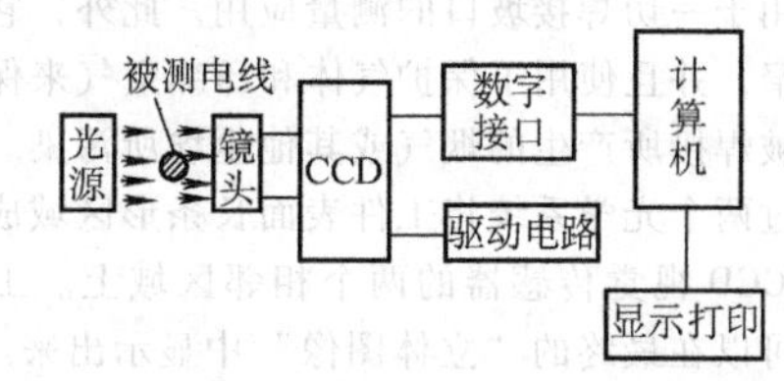

图26.7-24　CCD-I型电线电缆动态测径仪原理框图

4.2　灰度系统

进行灰度处理的机器人视觉系统主要应用于皮革分类。在皮革生产过程中，皮革材料的检验分类直接影响到产品的质量和档次。由于分类工作的环境很差，加之高速化要求及分类质量的保证靠人工很难圆满完成这项工作，因此，可采用如图26.7-25所示的皮革分类视觉系统。

皮革分类系统由一台VAX-11/780计算机为主机，用于数据处理与管理。图像的量化及处理采用具有较高

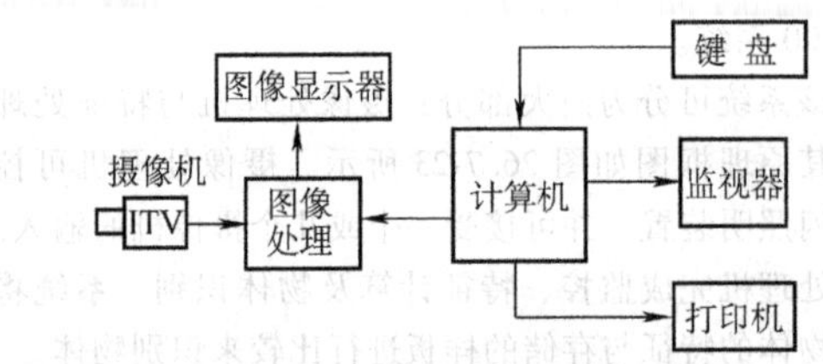

图 26.7-25 皮革分类视觉系统配置图

速度的IP8500图像处理系统。用一台工业摄像机作为图像传感器，完成图像采集。配有HP-1打印机、图像显示器和平面光源等辅助设备。该系统有如下功能：

1）可利用人机交互制采集图像，也可采用定时采集方式。

2）直方图分析。产生皮革图像的直方图，并可任意选择分析区域。

3）功率谱分析。可产生皮革纹理的功率谱，并对其进行径向和角向积分。

4）计算特性参数。如亮度、颜色等。

5）自动识别。根据所提取的图像特征，利用分类器把皮革分别归入相应类别，输出结果。

6）学习功能。根据专家提出的样本，对分类器进行修正。

4.3 三维系统

三维机器人视觉的一个突出应用是弧焊机器人的焊缝自动跟踪系统。电弧焊中常常要进行曲线接缝的焊接，而当焊接路线是空间曲线时，很难对全部路径示教，因而弧焊机器人需要具备三维视觉系统，以便能自动跟踪焊缝。

弧焊机器人视觉系统原理图如图 26.7-26 所示。该系统具有体积小、质量小、结构坚固的特点，几乎可以适用于一切焊接坡口的测量应用。此外，它的窥视孔很窄，并且使用了保护气体和压缩空气来保持窥视孔不被焊接所产生的烟气或其他尘埃所污染。

通过两个光学系统将工件表面长条形区域成像于同一个CCD视觉传感器的两个相邻区域上。工件表面结构可以在最终的“立体图像”中显示出来。焊缝的偏移量与其到摄像机的距离成比例。控制系统输入由CCD转换后的图像信号，并计算出工件表面各点的空间位置。

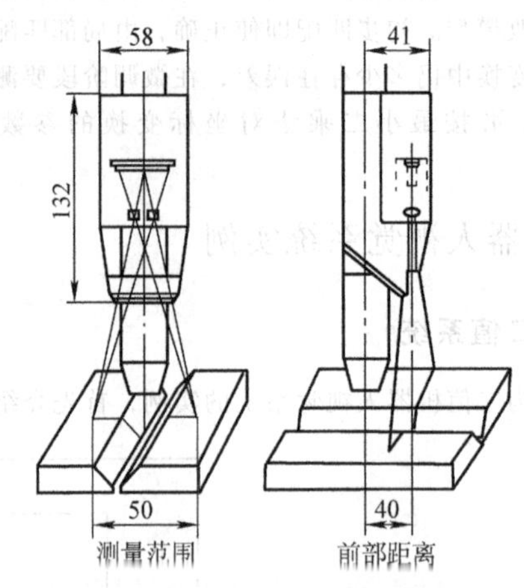

图 26.7-26 弧焊机器人视觉系统原理图

利用上述原理可以把高精度测量用的摄像机做得既小又坚固，但是要求采用高分辨力的CCD传感器及功能很强的计算机系统。由于该系统测量精度很高，因此在焊接机器人领域中有着广阔的应用前景。

该视觉系统的图像处理框图如图 26.7-27 所示。图像处理单元包括了12个微处理器和4套计算机硬件，可以计算出相关公式，并可经过RS232串行接口把修正数据传送别机器人控制器。这些数据包括焊接起始点、焊缝位置、改进焊接参数和修改焊接终点位置，并可连续摄像和定位、自动校准等。

该机器人视觉系统还有自动曝光控制并且带有辅助激光，可以在没有弧焊时寻找焊接起点。该系统的摄像机控制器是多处理器系统，有附加硬件存储器，用于存储图像信号、预处理计算值及焊缝样板。多处理器可以完成焊缝坡口位置及容积的计算，该系统测量误差可达到±0.2mm。该系统还有一个专家系统，可以自动使摄像机和焊枪处于最佳焊接角度，并且针对不同的坡口容积选择正确的焊接参数。另外专家系统也是离线编程的重要组件。

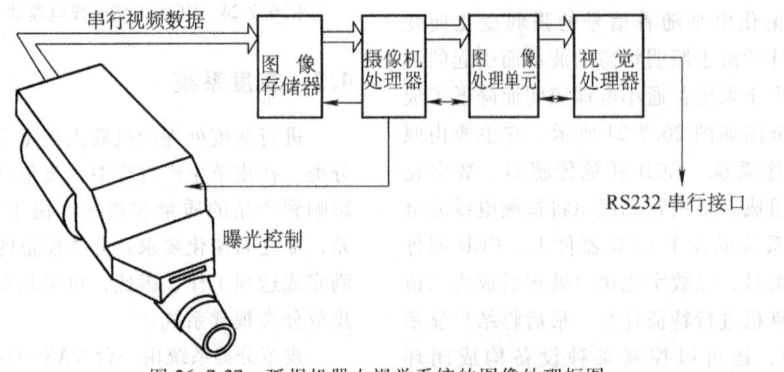

图 26.7-27 弧焊机器人视觉系统的图像处理框图

第8章　机器人控制系统

1　机器人控制系统的体系结构、功能、组成和分类

1.1　机器人控制系统的一般要求与体系结构

机器人的控制器是执行机器人控制功能的一种集合，由硬件和软件两部分所构成，用于实现对操作机的控制，以完成待定的工作任务。其基本功能见表26.8-1。

表 26.8-1　机器人控制系统的基本功能

功能	说　明
记忆功能	作业顺序、运动路径、运动方式、运动速度和与生产工艺有关信息
示教功能	离线编程，在线示教。在线示教包括示教盒和导引示教两种
与外围设备联系功能	输入、输出接口，通信接口，网络接口，同步接口
坐标设置功能	关节、绝对、工具三个坐标系
人机接口	显示屏、操作面板、示教盒等
传感器接口	位置检测，视觉、触觉、力觉等
位置伺服功能	机器人多轴联动，运动控制，速度、加速度控制，动态补偿等
故障诊断安全保护功能	运动时系统状态监视，故障状态下的安全保护和故障诊断

由于机器人系统的复杂性，控制体系结构是进行控制系统设计的首要问题。1971年付京孙正式提出智能控制（intelligent control）概念。它推动了人工智能和自动控制的结合。美国学者Saridis提出了智能控制系统必然是分层递阶结构。分层原则是随着控制精度的增加而智能能力减少。把智能控制系统分为三级，即组织级（organization level）、协调级（coordination level）和控制级（control level）也称执行级（execution level）。

组织级接受任务命令，解释命令，并根据系统其他部分的反馈信息，确定任务，表达任务，把任务分解成系统可以执行的若干子任务。因此，组织级应具有任务表达，对任务的规划、决策和学习的功能。它是智能控制系统中智能能力最强、而控制精度最低的一级。

协调级接受组织级的指令和子任务执行过程的反馈信息，来协调下一层的执行，确定执行的序列和条件。这一级要有决策、调度的功能，也要具有学习的功能。

控制级功能是执行确定的运动和提供明确的信息，同时要满足协调层提出的终止条件和行为评价标准。最佳控制或者近似最佳控制理论会在这一层发挥作用。这一级是智能控制系统中控制精度最高、而智能能力最低的一级。

Saridis设计了一个机器人的控制系统（见图26.8-1）。这是具有视觉反馈和语音命令输入的多关节机器人。还引入了熵（Entropy）的概念，作为每一层能力的评价标准，熵越小越好，试图使智能控制系统以数学形式理论化。

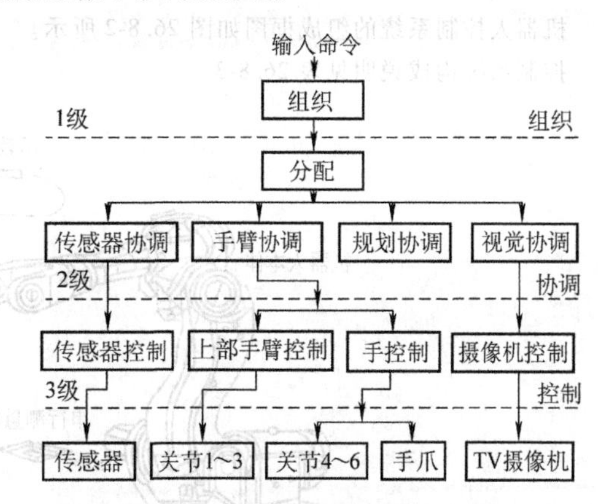

图 26.8-1　机器人的三级智能控制结构

美国航天航空局（NASA）和美国国家标准局（NBS）提出了NASREM结构。它的出发点是考虑到一个航天机器人，或一个水下机器人，或一个移动机器人上可能有作业手、通信、声呐等多个被控制的分系统，机器人可能由多个组成一组，相互协调工作。这样的组又可能由多个相互协同来完成一个使命。体系结构的设计要满足这样的发展要求，甚至可以和具有计算机集成制造系统（CIMS）的工厂的系统结构相兼容。它考虑到已有的单元技术和正在研究的技术可用到这一系统中来，包括现代控制方面的技术和人工智能领域的技术等。

整个系统分成信息处理、环境建模和任务分解三列，分为坐标变换与伺服控制、动力学计算、基本运动、单体任务、成组任务和总任务六层，所有模块共享一个数据库。任务分解列是整个体系结构的主导列，它接收由整个系统完成的总命令（Mission Command)，发出直接控制执行器件动作的电信号。若干个执行器件动作时间和空间上的总和完成总命令，它负责对总命令进行时间和空间上的分解，最后分解成若干控制执行器动作的信号串。

环境建模列主要有5项功能：①依据信息处理列提供的信息，更新、修改数据库的内容；②向信息处理列提供周围环境的预测值，供信息处理列用来与传感器测得的数据比较、分析，做出判断；③向任务分解列提供相关的环境模型数据和被控体的状态数据，任务分解列各模块以这些数据为基础进行任务分解、规划等工作；④对任务分解列模块的规划结果进行“仿真”，判断出按照分解列模块给出的各子目标执行的可能结果；⑤评价分解列模块的分解（规划）结果。六层机器人结构体系的功能分配见表26.8-2。

表 26.8-2 六层机器人结构体系的功能分配

层次	功能描述
第1层	坐标变换与伺服控制层把上层送来的执行器要达到的几何坐标分解变换成各关节的坐标，并对执行器进行伺服控制
第2层	动力学计算层工作于载体(单体)坐标系或世界(绝对)坐标系。它的作用是给出一个平滑的运动轨迹，并把轨迹上各点的几何坐标位置、速度和方向定时地向第1层发送
第3层	基本运动层工作在几何空间内或符号空间内，其结果是给出被控体运动的各关键点的坐标
第4层	单体任务层是面对任务的，把整个单体的任务分解成若干子任务串，分配给该单体上的各分系统
第5层	成组任务层的任务是把任务分解成若干子任务串，分配给组内不同的机器人单体
第6层	总任务层把总任务分解成子任务，分配给各个机器人组

1.2 机器人控制系统的组成

机器人控制系统的组成框图如图26.8-2所示。控制系统构成说明见表26.8-3。

1.3 机器人控制系统分类

机器人控制系统分类见表26.8-4。

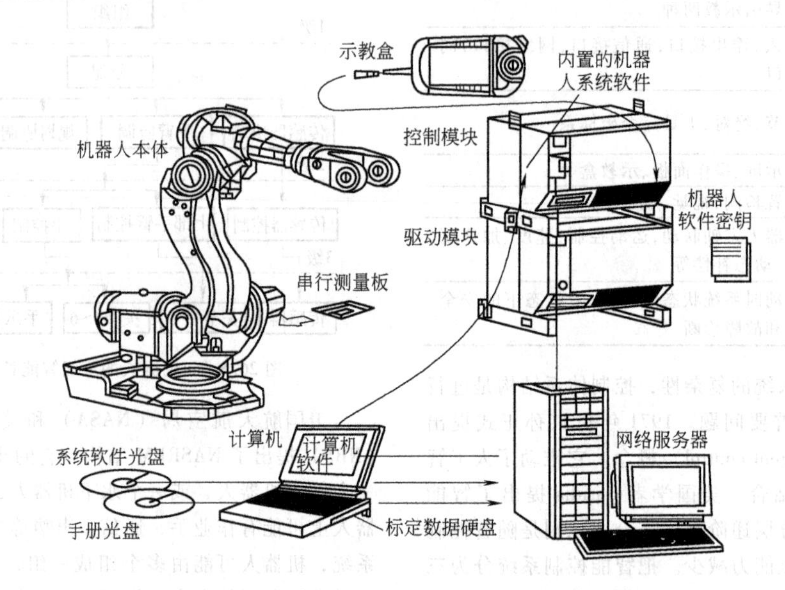

图 26.8-2 机器人控制系统的组成框图

表 26.8-3 控制系统构成说明

名　称	说　明
控制计算机	控制系统的调度指挥设备，一般为工业控制计算机或PLC
示教盒	示教机器人的工作轨迹和参数设定，通常用与主计算机通信方式实现
操作面板	由各种操作按键、状态指示灯构成，其作用与示教盒相同
显示器	人机接口的显示设备。用于编程、工作菜单显示、状态和故障诊断显示等，一般采用液晶显示器
键盘	编程及操作中的数据和命令输入工具
硬盘	存储机器人工作程序的外围存储器
数字和模拟量输入或输出	各种状态和控制命令的输入或输出

（续）

名　　称	说　　明
打印机接口	记录需要输出的各种信息
传感器接口	用于外部信息的自动检测，实现机器人的柔顺控制，一般为力觉、滑觉和视觉传感器
轴控制器	完成机器人各关节位置、速度和加速度控制，通常由单片机或多轴控制器进行控制
辅助设备控制	用于和机器人配合的辅助设备控制，如手爪等
通信接口	实现机器人和其他设备的信息交换，一般有串行接口、并行接口，或网络接口等

表 26.8-4　机器人控制系统分类

分类方式	类别	说　　明
控制方式	顺序控制系统	按预定的顺序进行一连串的控制动作。采用开关信号，执行元件多数是继电器和电磁阀。用于工作条件完全确定和不变的情况，目前很少采用
	程序控制系统	给每一自由度传动系统施加一定规律的控制作用，机器人就可实现要求的空间轨迹
	适应控制系统	当外界条件变化时，为保证所要求的品质或为了随着经验的积累而自行改善控制品质，控制系统的结构和参数应能随时间自动改变
	人工智能系统	事先无法编制运动程序，而是要求在运动过程中，根据所获得的周围状态信息实时确定控制作用
驱动方式		参见本篇第 5 章 3~5 节
运动方式	点位式	要求机器人准确控制末端执行器的位姿，而与路径无关
	轨迹式	要求机器人按示教的轨迹和速度运动
控制总线	国际标准总线控制系统	采用国际标准总线作为控制系统的控制总线，如 VME、MULTI-Bus、STD-Bus 和 PC-Bus 等
	自定义总线控制系统	由生产厂家自行定义使用的总线作为控制系统总线
编程方式	物理设置编程系统	由操作者设置固定的限位开关、停止等编程，只能用于简单的拾起和放置作业
	在线编程	通过人的示教来完成操作信息的记忆过程编程方式，包括手把手示教、模拟示教和示教盒示教
	离线编程	机器人作业的信息记忆与作业对象不发生直接关系，通过使用高级机器人编程语言，远程或离线生成机器人作业轨迹

2　机器人整体控制系统设计方法

2.1　控制系统结构

控制系统结构分类见表 26.8-5。

表 26.8-5　控制系统结构分类

系统结构	定义及说明	特点
集中控制方式	利用一台计算机实现系统的全部功能控制，集中控制方式框图如图 26.8-3 所示	构造简单，经济性好，实时性差，难以扩展，适用于低速、精度要求不高场合
主从控制方式	采用主、从两个处理器实现系统的全部功能控制。主 CPU 实现管理、坐标变换、轨迹生成和系统自诊断等。从 CPU 实现所有关节的动作控制，主从控制方式框图如图 26.8-4 所示	实时性较好，适于高精度、高速控制，扩展困难，维修性差，接传感器难，是目前流行方式之一
分级控制方式	按系统的性质和方式将控制分为几个级别，每一级各有不同的控制任务和控制策略，各级之间有信息传递。一般分为两级，上级负责管理、坐标变换和轨迹生成等；下级由若干处理器组成，每一处理器负责一个关节的动作控制。分级控制方式框图如图 26.8-5 所示	实时性好，易于实现高速、高精度控制，易于扩展，可实现智能控制，是目前最流行的方式

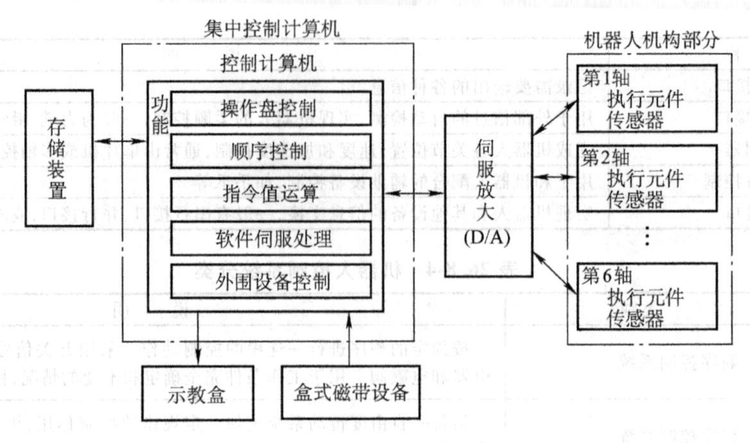

图 26.8-3　集中控制方式框图

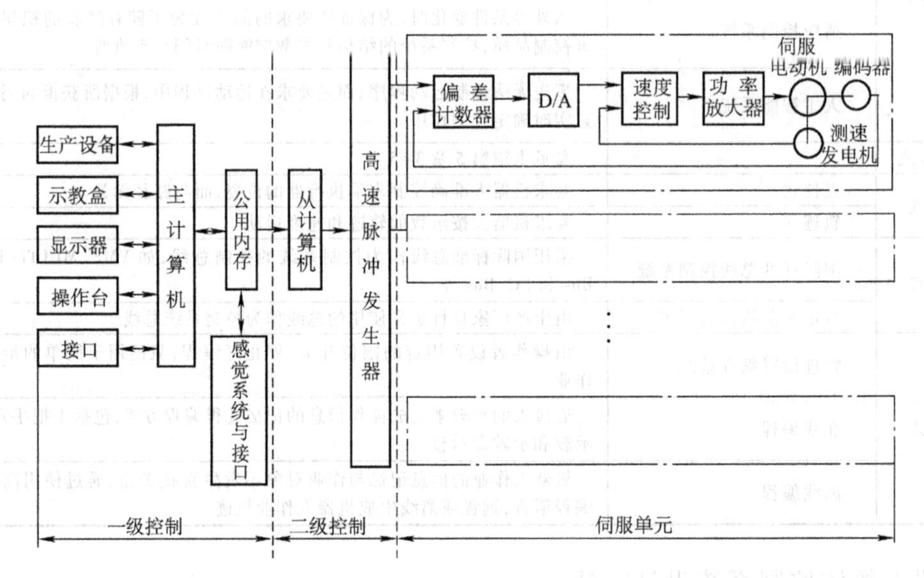

图 26.8-4　主从控制方式框图

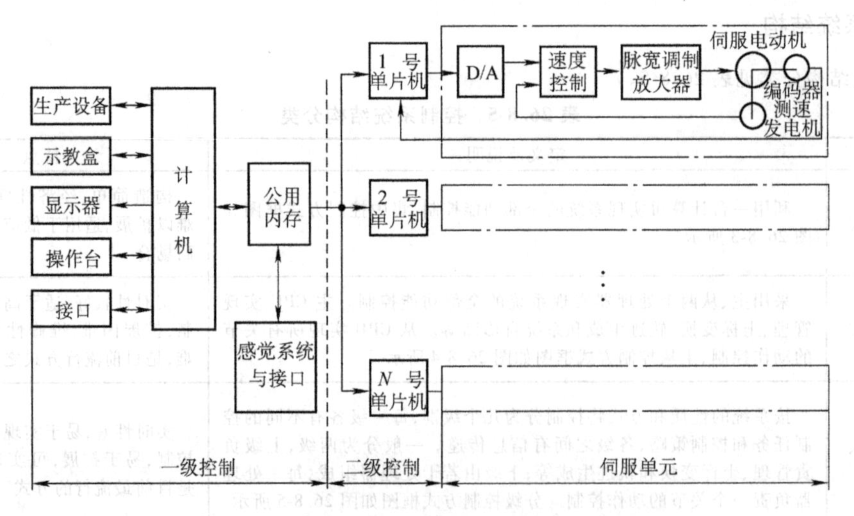

图 26.8-5　分级控制方式框图

2.2　控制系统设计原则

根据不同的控制要求可有不同的设计方法，但一般应遵从表26.8-6列出的设计原则。

表26.8-6　控制系统设计原则

控制系统设计原则
1)用国际标准总线结构。由于作为国际标准总线已经很成熟,功能模块化,且种类齐全,可灵活组态。软件兼容性、扩充性好,可与通用微机兼容,可支持高级语言和运行众多应用软件。并发软件环境可以在已建立的平台上进行
2)实时中断和响应能力。软件中任务切换时间和中断延误时间要尽量短。特别是对于安全系统的中断,一般应给予较高的优先级
3)可靠性设计和可靠性措施。首先应按照可靠性工程方法对系统进行认真分析、设计,其次要考虑软硬件任务分配和选择、接地、隔离、屏蔽以及工艺性等方面
4)良好的开发环境加开发工具。尽量利用已有的仪器设备,应在成熟的软件平台上进行软件开发,利用高级语言、实时操作系统及已开发或应用的软件资源
5)结构简单,工艺性合理,易于现场维护,更换备品、备件时间要尽量短
6)系统要标准化,开放性好,易于和其他设备通信或联网,便于用户使用
7)考虑系统后续投入批量生产问题。各种结构、器件和工艺一定要适合我国的工业基础现状,并考虑机器人的批量和规模

2.3　控制系统选择方法

控制系统选择方法见表26.8-7

表26.8-7　控制系统选择方法

方式	说明	特点
整机构成方式	采用现有计算机构成控制系统	硬、软件资源丰富,可用高级语言编程,可用现有的操作系统,开发周期短,结构庞大,成本较高
微处理器构成法	从选择微处理器入手,配以适量的存储器和接口部件构成	器件最少,结构简单,造价低,设计调试任务重,周期长,只用于特定场合。难以扩展,后续生产工作量大
总线式模板构成	以一种国际标准总线的功能模块为基础构成系统	可靠性高,速度快,支撑环境好,易于扩展,质量容易保证,兼容性好,维修方便,系统较复杂,保密性差
多处理器方式	由多处理器构成复杂的控制系统	各处理器分散功能,提高了系统的可靠性,简化管理程序(操作系统),调试方便,价格较高,系统复杂

3　几种典型的控制方法

工业机器人要求能满足一定速度下的轨迹跟踪控制（如喷漆、弧焊等作业）或点到点（PTP）定位控制（点焊、搬运、装配作业）的精度要求，因而，只有很少种机器人采用步进电动机或开环回路控制的驱动器。为了得到每个关节的期望位置运动，必须设计控制算法，算出合适的力矩，再将指令送至驱动器。这里要采用敏感元件进行位置和速度反馈。

当操作机跟踪空间轨迹时，可对操作机进行位置控制。当末端执行器与周围环境或作业对象有任何接触时，仅有位置控制是不够的，必须引入力控制器。例如，在装配机器人中，接触力的监视和控制是非常必要的，否则会发生碰撞、挤压，损坏设备和工件。

下面给出几种常用的控制方法。

3.1　PID控制

PID控制是指将比例（P）、积分（I）、微分（D）三种控制规律综合起来的一种控制方式。其控制器运动方程为

$$u = K_p\varepsilon(t) + \frac{K_p}{T_i}\int_0^t \varepsilon(t)\,dt + K_p\tau\frac{d\varepsilon(t)}{dt}$$

式中　u——控制器输出控制信号；

ε——控制器输入偏差信号；

K_p——比例系数；

T_i——积分时间常数；

τ——微分时间常数。

控制器的设计就是选择K_p、T_i、τ或者加上其他补偿控制，使系统达到所要求的性能。

提高控制器的比例系数K_p固然可以减小控制系统的稳态误差，从而提高控制精度，但此时相对稳定性往往因之而降低，甚至造成控制系统的不稳定。积分控制可以消除或减弱稳态误差，从而使控制系统稳态性能得到提高。微分控制能给出控制系统提前开始制动（减速）的信号，且能反映误差信号的变化速率（变化趋势），并能在误差信号值变得太大之前，引进一个有效的早期修正信号，有助于增加系统的稳定性。

下面以单关节控制器参数选择为例，讨论控制器的设计方法。

假设机器人关节驱动为直流伺服电动机，则动作器输出力矩T_m和控制电压分别为

$$T_m = J_e\ddot{\theta}_m + B_e\dot{\theta}_m$$

$$U = K_b\dot{\theta}_m + L_R\frac{di_R}{dt} + r_R i_R$$

$$T_m = K_t i_R$$

式中 T_m——动作器输出力矩；

J_e——等效转动惯量；

θ_m——动作器转角；

B_e——等效阻尼系数；

U——控制电压；

K_b——反电动势系数；

L_R——转子电感；

r_R——转子电阻；

i_R——转子电流；

K_t——转矩系数。

忽略 L_R 后，系统的传递函数为

$$\frac{\theta_m(s)}{U(s)}=\frac{K_t}{s[r_R J_e s+(r_R B_e+K_t K_b)]}$$

引入偏差信号

$$e(t)=\theta_d(t)-\theta_s(t)$$

并将偏差转为电压信号

$$U(t)=K_p e(t)$$

而 $\theta_m(s)=\theta_s(s)/n$

式中 θ_d——给定转角信号；

K_p——增益系数；

θ_s——负载侧转角；

n——传动比，一般小于1。

在单位位置反馈和速度负反馈条件下，闭环传递函数为

$$\frac{\theta_s(s)}{\theta_d(s)}=\frac{nK_pK_1}{r_RJ_e}\times\frac{1}{s^2+[r_RB_e+K_t(K_b+K_1K_t)]s/(r_RJ_e)+nK_pK_t/(r_RJ_e)}$$

式中 K_t——测速发电机常数；

K_1——速度反按增益系数。

其控制器结构图如图26.8-6所示。图中 $E(s)$ 为位置偏差信号，$T_e(s)$ 为前馈补偿，$T_m(s)$ 为摩擦力矩，$T_g(s)$ 为重力矩，K_R 为增益系数，$I_R(s)$ 为转子电流，其他文字符号已在公式中叙述。

根据经典控制理论，从系统特征方程可得

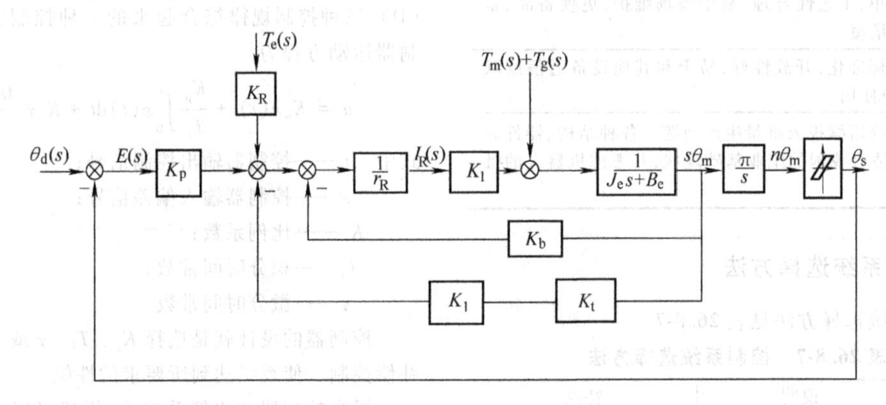

图 26.8-6 单关节控制器结构图

$$\omega_n=\sqrt{nK_pK_t/(r_RJ_e)}\,[r_RB_e+K_t(K_b+K_1K_t)]/(2\sqrt{nK_pK_tr_RJ_e})$$

式中 ω_n——自然频率。

单个关节的扭振方程和扭振谐振频率为

$$J_e\ddot{\theta}+K_e\theta=0$$

$$\omega_r=\sqrt{K_e/J_e}$$

$$K_e=\omega_e^2J_e$$

式中 K_e——等效扭振刚度系数；

ω_r——扭振谐振频率；

ω_e——根据惯量 J_e 得到的谐振频率。

取 $\omega_n\leqslant\frac{1}{2}\omega_r$，$\xi\geqslant1$，则

$$K_p\leqslant(J_e\omega_e^2)r_R/(4nK_1)$$

$$K_1\geqslant r_R(\omega_e\sqrt{J_eJ_e}-B_e)/(K_b+K_1K_t)$$

因为 J_e 随负载变化，因此，J_e 应取最大值，以避免出现欠阻尼。

也可以根据经典控制理论，采用其他方法选择 K_p、K_1，其具体值还要经过实际调试后才能最后确定。

由于机器人是一多关节耦合的非线性系统，高速运行时很小的非线性因素会显著地降低线性控制器的性能，故必须加入前馈补偿，以消除重力项、摩擦力和科氏力的影响。

3.2 滑模控制

随着机器人作业范围的扩大，控制器的设计也变得越来越复杂。未来机器人必须面向“自适应控制”，以适应机器人大范围的运动、负载的变化及各种因素的影响。自1960年引入“滑动面”的概念以

来，基于变结构理论的“滑动面”控制得到了迅速发展。

滑模控制是指该类控制系统预先在状态空间设定一个特殊的超越曲面，由不连续的控制规律，不断变换控制系统结构，使其沿着这个特定的超越曲面向平衡点滑动，最后接近稳定至平衡点。

滑模控制有以下特点：

1）该控制方法对系统参数的时变规律。非线性程度以及外界干扰等不需要精确的数学模型，只要知道它们的变化范围，就能对系统进行精确的轨迹跟踪控制。

2）控制器的设计对系统内部的耦合不必做专门解耦，其参数选择也不十分严格。

3）系统进入滑态后，对系统的参数及扰动的变化反应迟钝，始终沿着设定滑线运动，具有很强的鲁棒性。

4）滑模变结构控制系统性能好，无超调，计算量小，实时性强。

滑模控制的一般结构如图 26.8-7 所示。

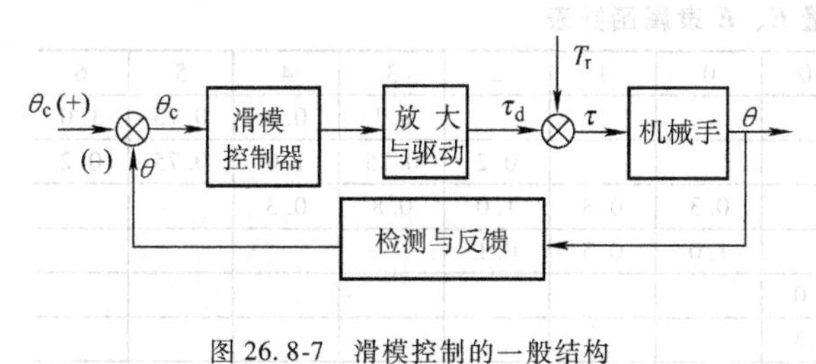

图 26.8-7　滑模控制的一般结构

3.3　自适应控制

自适应控制是指当环境条件和对象参数有急剧变动时，通过控制系统参数和控制作用的适应性改变，而保持其某一性能仍运行于最佳状态的方法。其定义参见本篇第 1 章 2.2 节。参考模型自适应系统结构如图 26.8-8 所示。

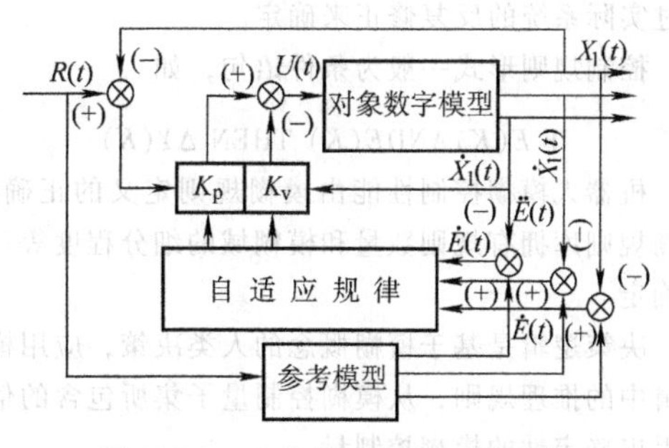

图 26.8-8　参考模型自适应系统结构

自适应控制一般包括参数辨识和控制规律部分，它只适用于线性定常系统，不能直接用于机器人控制。但是如果在自适应过程中，对象参数不变，即使模型和对象为线性的假设不成立，也能给出满意的结果。

3.4　模糊控制

模糊控制是通过被控对象的输入、输出变量的检测，对各种状态进行一系列有针对性的推理和判断，并做出适应性的最优控制，以获得良好效果的一种控制方式。

模糊控制的系统结构如图 26.8-9 所示。

输入变量模糊化是对输入变量值经离散化后，在设定域中按隶属函数（membership function）关系赋予模糊值。

知识基库包括数据库和规则库两部分。数据库主要存放隶属函数表，以便查找。规则库是通过一系列语言形式的模糊控制规则，使得控制目标和控制决策特征化，从而产生模糊规则表。

模糊控制器通常以角位移和角速度偏差 E、$\dot{E}$ 为输入变量。

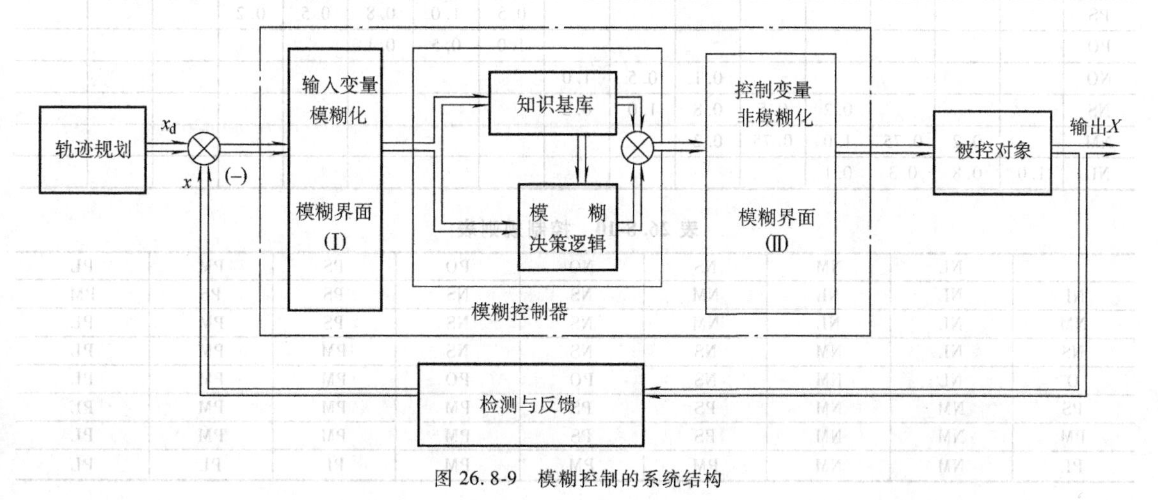

图 26.8-9　模糊控制的系统结构

模糊规则通常由实际控制经验出发，按常规控制经验类推出一些推理规则。实用而有效的模糊规则要通过实际系统的反复修正来确定。

控制规则形式一般为条件语句，如

$$\text{IF } E(K) \text{ AND } \dot{E}(K) \text{ THEN } \Delta Y(K)$$

机器人模糊控制性能由模糊规则定义的正确性、模糊规则库拥有规则数量和模糊域的细分程度等三要素确定。

决策逻辑是基于模糊概念的人类决策，应用模糊逻辑中的推理规则，从模糊控制量子集所包含的信息中得出确定性的模糊控制量。

模糊决策一般采用下列三种方法：

1）最大隶属度原则。

2）中位数判断。

3）加权平均判断。

输出变量的非模糊化，是变量模糊化的反变换，即作为模糊输出的控制量转换成实际的确定值，以模拟控制量形式控制对象。

为了进一步提高模糊控制系统的被控变量精度，在系统中常常引入检测和反馈环节，构成闭环形式系统结构。

例 26.8-1　设输入变量角位移和角速度偏差 E、$\dot{E}$ 的论域定义为（-6，6）之间，输出控制量 U 的论域定义为（-7，7）之间，并且每个变量均有8个模糊值 PL，PM，…，NL，它们在正负两个方向上的横相位对称。

滑模变量 E、$\dot{E}$、U 的隶属函数表和控制规则表分别见表 26.8-8～表 26.8-10。

3.5　机器人的顺应控制

智能机器在特定接触环境操作时对可以产生任意作用力的柔性的高要求和智能机器在自由空间操作时对位置伺服刚度及机械结构刚度的高要求之间存在矛盾。智能机器能够对接触环境顺从的这种能力被称之为柔顺性（compliance）。

表 26.8-8　滑模变量 E、$\dot{E}$ 隶属函数表

	-6	-5	-4	-3	-2	-1	-0	0	1	2	3	4	5	6
PL											0.1	0.3	0.75	1.0
PM										0.2	0.75	1.0	0.75	0.2
PS								0.3	0.8	1.0	0.8	0.3		
PO								1.0	0.5	0.1				
NO					0.1	0.5	1.0							
NS				0.8	1.0	0.8	0.3							
NM	0.2	0.75		0.75	0.2									
NL	1.0	0.75	0.1											

表 26.8-9　滑模变量 U 隶属函数表

	-7	-6	-5	-4	-3	-2	-1	-0	0	1	2	3	4	5	6	7
PL													0.1	0.3	0.8	1.0
PM											0.2	0.75	1.0	0.75	0.2	
PS									0.5	1.0	0.8	0.5	0.2			
PO									1.0	0.5	0.1					
NO						0.1	0.5	1.0								
NS				0.2	0.5	0.8	1.0	0.2								
NM		0.2	0.75	1.0	0.75	0.2										
NL	1.0	0.8	0.3	0.1												

表 26.8-10　控制规则表

	NL	NM	NS	NO	PO	PS	PM	PL
NL	NL	NL	NM	NS	NS	PS	PS	PM
NM	NL	NL	NM	NS	NS	PS	PM	PL
NS	NL	NM	NS	NS	NS	PM	PM	PL
O	NL	NM	NS	PO	PO	PM	PM	PL
PS	NM	NM	PS	PS	PM	PM	PM	PL
PM	NM	NM	PS	PS	PM	PM	PM	PL
PL	NM	NM	PM	PM	PM	PL	PL	PL

柔顺性被分为主动柔顺性和被动柔顺性两类。智能机器凭借一些辅助的柔顺机构，使其在与环境接触时能够对外部作用力产生自然顺从，被称为被动柔顺性；智能机器利用力的反馈信息采用一定的控制策略去主动控制作用力，被称为主动柔顺性。

被动柔顺机构，即利用一些可以使智能机器在与环境作用时能够吸收或储存能量的机械器件，如弹簧、阻尼器等构成的机构。一种典型的最早的被动柔顺装置RCC（Remote Compliance Center）是由MIT Draper实验室设计的，它用于机器人装配作业时，能对任意柔顺中心进行顺从运动。RCC实为1个由6只弹簧构成的能顺从空间6个自由度的柔顺手腕，轻便灵巧。用RCC进行机器人装配的实验结果为：将直径为40mm的圆柱销在倒角范围内且初时错位2mm的情况下，于0.125s内插入配合间隙为0.101mm的孔中。

主动柔顺控制也就是力控制，随着智能机器在各个领域应用的日益广泛，许多场合要求智能机器具有接触力的感知和控制能力，如在智能机器的精密装配、修刮或磨削工件表面、抛光和擦洗等操作过程中，要求保持其端部执行器与环境接触，必须具备这种基于力反馈的柔顺控制能力。

3.6　位置和力控制系统结构

机器人擦玻璃或擦飞机以及转动曲柄、旋紧螺钉等都属于机器人手端与环境接触而产生的同时具有位置控制和力控制的问题。这类位置控制和力控制融合在一起的控制问题就是位置和力混合控制问题。

力/位混合控制将任务空间划分成了两个正交互补的子空间——力控制子空间和位置控制子空间，在力控制子空间中，用力控制策略进行力控制；在位置控制子空间中，利用位置控制策略进行位置控制。

力/位混合控制策略与阻抗控制策略是不同的，阻抗控制是一种间接控制力的方法，其核心思想是把力误差信号变为位置环的位置调节量，即将力控制器的输入信号加到位置控制的输入端，通过位置的调整来实现力的控制。力/位混合控制方法的核心思想是分别用不同的控制策略对位置和力直接进行控制，即首先通过选择矩阵确定当前接触点的位控和力控方向，然后应用力反馈信息和位置反馈信息分别在位置环和力环中进行闭环控制，最终在受限运动中实现力和位置的同时控制。力/位混合控制器原理如图26.8-10所示。

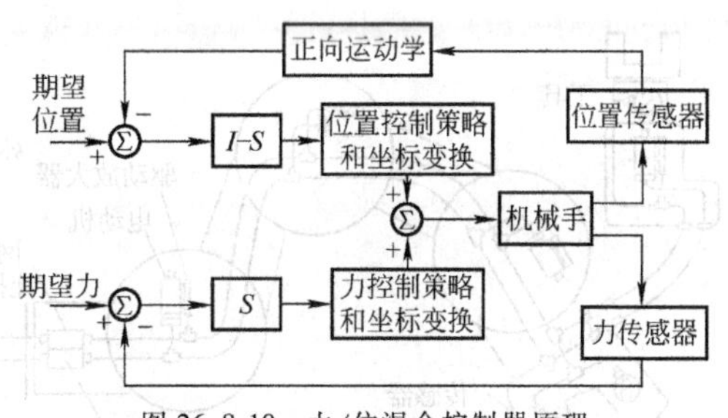

图26.8-10　力/位混合控制器原理

4　控制系统硬件构成

机器人控制系统的控制器多采用工业控制计算机、PLC、单片机或单板机等，近年来正逐渐向开放数控系统发展。

图26.8-11所示为通用功能的接口方式。它的优点是可以灵活地应对不同数量的传感器，实现各种电路板卡的通用化。

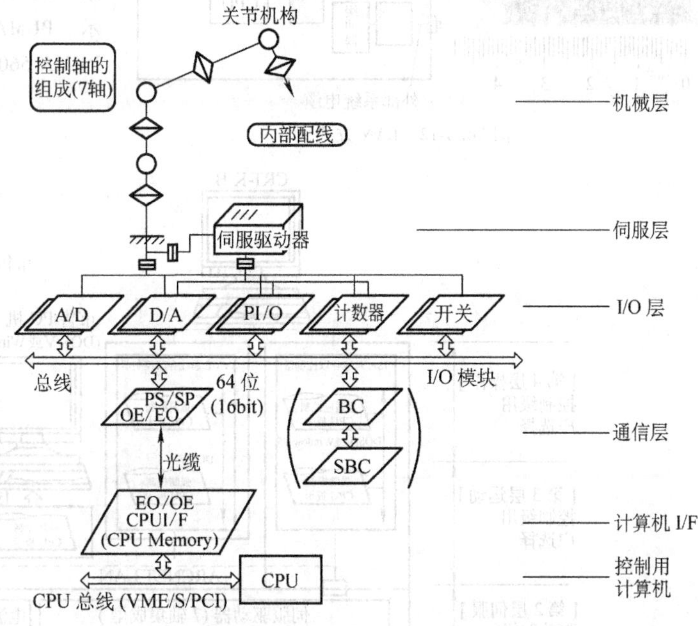

图26.8-11　通用功能的接口方式

接口串行化能简化设备之间的连接，将接口的物理条件或协议标准化，则接口的利用价值就会大幅度提高。目前，基本上仅采用LAN方式，如图26.8-12所示。借助于存储器进行LAN之间的信息交换，能方便地实现不同方式的LAN之间的连接（所谓的智能连接器）。

设计PC控制器接口要特别注意通信速度的问题，应该在各个PC机所能确保的控制周期内大幅度缩短通信时间。当前，PC控制器设计时应该注意以下几点：

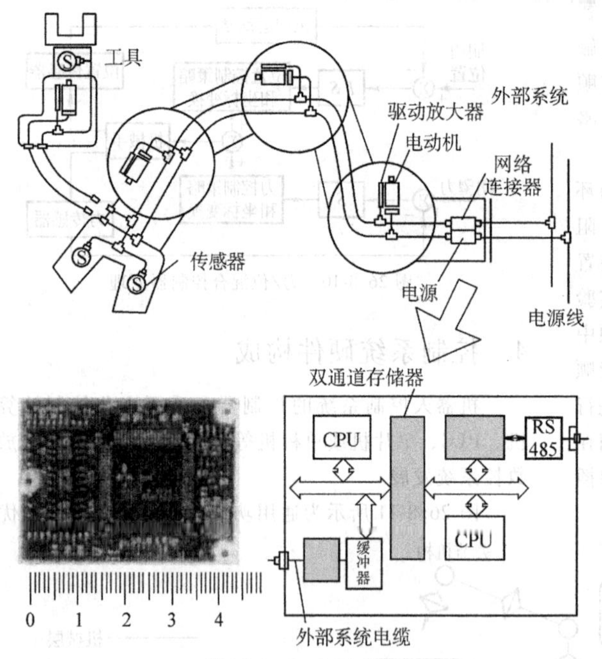

图 26.8-12　LAN 方式

1）选择专用伺服驱动器和专用接口。

2）在传感器接口（包括传感器 I/O 系统、专用接口驱动器）方面，一般优先考虑通信速度较快的并行连接。

3）在实时性较差的上位控制系统 PC 机中，使用通用 PC 网络可以减少软件开发人力。

4）压缩接口用的数据。

图 26.8-13 所示为一台采用 PC 控制器的机器人，它包括全套轴采用一个集成的伺服驱动器，由 ARCnet 构成驱动器接口，可以附加专用运动控制板卡（进行高速计算）。

下面以 PUMA-560 为例，介绍控制系统硬件结构。

PUMA-560 控制系统结构框图如图 26.8-14 所示。PUMA-560 控制系统原理框图如图 26.8-15 所示。PUMA-560 硬件配置与作用见表 26.8-11。PUMA-560 系统功能和通信见表 26.8-12。

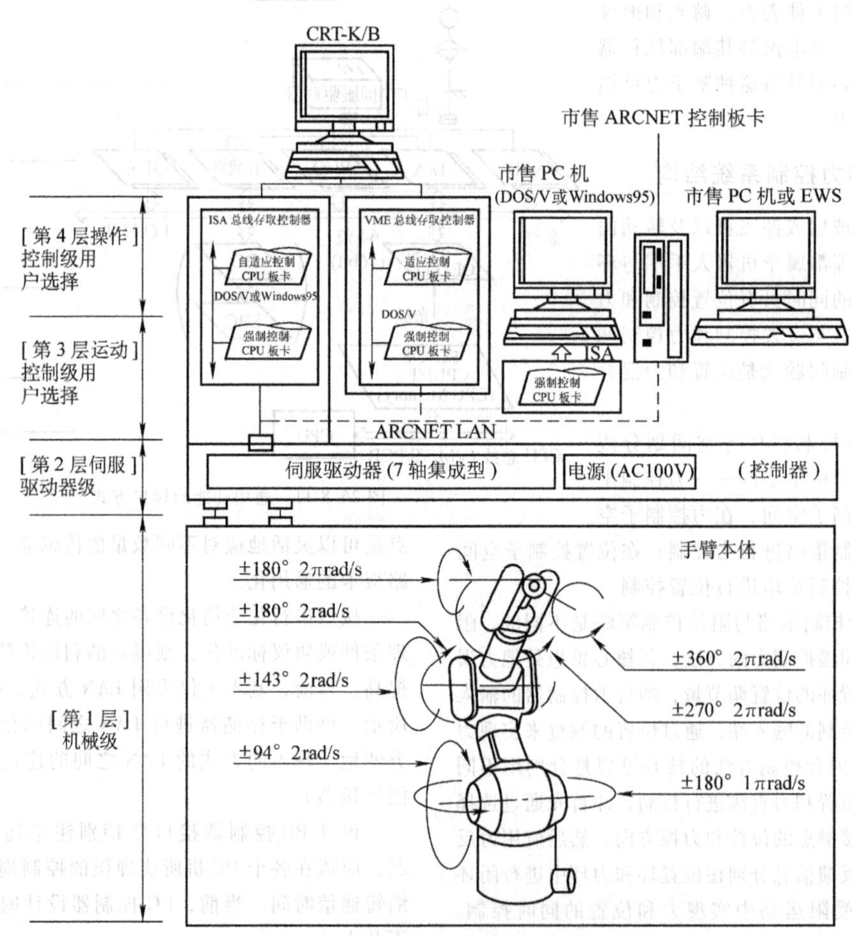

图 26.8-13　采用 PC 控制器的机器人

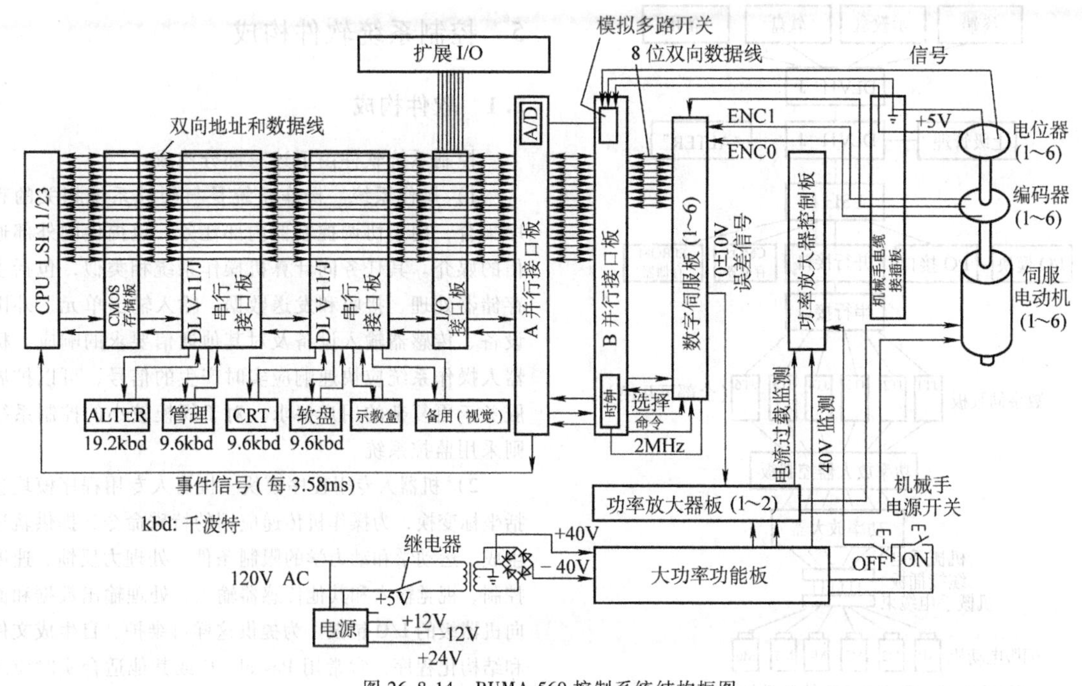

图 26.8-14　PUMA-560 控制系统结构框图

表 26.8-11　PUMA-560 硬件配置与作用

硬件配置	部　件	说　明
控制器	DEC LSI-11 计算机	标准 DEC 系统，包括处理器、存储器和通信板。系统软件和用户程序存储在 CMOS 存储器中。VAL I 需 64kB。而 VAL、VAL-Plus 分别需 32kB 和 48kB
	DLV-11 串行接口板	4 个异步串行通信接口。其中三个分别用作处理器终端、示教盒和高密磁盘的通信。另一个备用或与上级计算机连接。对于 VAL Plus 需 1 块，对 VAL Ⅱ 需 2 块
	A 并行接口板 B 并行接口板	VAL 语言的引导程序存储器（EPROM），B 并行板带有时钟。LSI-11 通过 A 并行接口板把命令和数据传送到 B 并行接口板，这些信息再由 B 板传送给控制系统的伺服驱动模块。一旦命令和数据接受并运行，就以相反顺序传送给 LSI-Ⅱ
	数字伺服板(6 块)	通过每一块板上的 6503 处理器对关节进行控制。LSI-11 每隔 28ms 向各数字伺服板送一次位置信息。微处理器把这些数字信号送到数模转换器，生成驱动直流伺服电动机的模拟信号，伺服板使用中断服务程序把回答信息送到 LSI-11
	功率放大板及控制板	数字伺服板输出的直流模拟信号，经功率放大板放大后，由电缆插件送到各个关节的伺服电动机。控制板主要用来监测功率板工作、指示热警报、关节电流过载，并设有过载保护后重新启动按钮
	非标准接口板	可配置 4 个 I/O 模块，提供 32 入/32 出
	机械手电缆板	测量关节位置的码盘和电位器与控制器之间的信息交换通过这块板进行。板上还装有零线接收器和信号噪声抑制器
外围设备	终端	可配 2 种终端，屏幕显示终端（CRT）和打印终端（TTY），通过 RS-232C 接口与系统进行通信，用户通过屏幕终端编辑用户程序，进行示教以及与系统交换信息。运行程序时可与系统断开
	示教盒	有四种示教方式，关节（JOINT）方式、自由（FREE）方式、世界坐标（WORLD）方式和工具坐标（TOOL）方式。RECORD 按键用以设置、调节手动控制时的机器人手爪的运动速度；CLAMP 按键用于控制手爪开闭；字母数字显示器显示当前的工作状态和系统发出的错误信息
	软盘驱动器	5in 高密双面软盘，标准 RS-232C 串行接口将其和主机联在一起；波特率为 9600 或 2400，存储内容为 VAL Ⅱ 操作系统及用户程序和数据

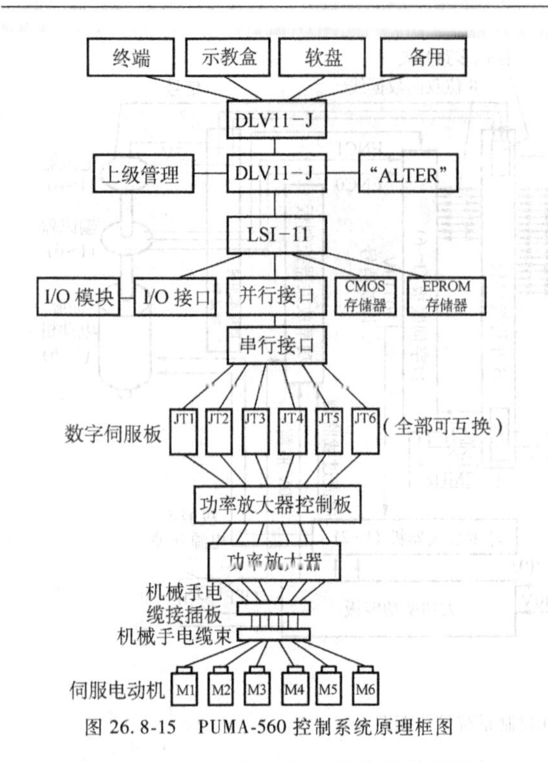

图26.8-15　PUMA-560控制系统原理框图

表26.8-12　PUMA-560系统功能和通信

系统功能	说　明
系统初始化	当启动系统时,LSI-11首先在运行VALⅡ语言中,把所有外围设备接口都置成启动状态(RESET),把VALⅡ语言内部需要的数据字和标志位都赋上初始值,给关节控制板上的微处理器6503的部分内存赋上初值
标定机器人的初始位置	系统启动后,用户必须首先用CALIBRATE命令标定机器人的初始位置,然后才能进行操作。系统响应后,驱动各个关节旋转一个很小角度,使关节编码器中的读数正对码盘的零线。这时通过测量电位器读出对应关节角度,经过适当的精度修正,转换为编码器的计数值,赋予编码器,标定过程结束
系统保护	VALⅡ包括许多保护程序用来保护设备的安全运行。例如,当VALⅡ发现某个关节超出了软件允许的运动范围时,立即停止机器人运动并输出错误信息 * Fatal out of range * Ji(n)
关节控制器功能	每28ms关节微处理器接收一次来自LSI-11的位置信息,并检测、确认这一信息。然后对关节位置的新值和当前值进行轨迹段内插值计算。将其运动角度32等分,于是轨迹段每一小间隔时间为0.875ms。微处理器每隔0.875ms还从码盘寄存器中读出关节的当前位置值以便下一小时间间隔的插补计算用

5　控制系统软件构成

5.1　软件构成

控制系统软件由下述三部分构成:

1) 操作系统。操作系统是与硬件系统相关的程序集合,用于协调控制器内部任务,也提供同外部通信的媒介。其任务同计算机操作系统相类似,包括主存储器处理、接收和发送数据、输入输出单元、外围设备、传感器输入设备及对其他通信要求的响应。机器人操作系统应快速响应实时产生的信号,可以扩展服务于更复杂的用户要求。对于规模较小的控制系统则采用监控系统。

2) 机器人专用程序模块。机器人专用程序模块包括坐标变换,为操作机传递应用的特殊命令,提供轨迹生成、运动学和动力学的限制条件,处理力反馈、速度控制、视觉输入和其他传感器输入,处理输出数据和面向机器级的I/O错误。为提供这样可维护、自生成文件和结构化程序,常常用Pascal、C或其他适合实时应用场合的商用高级结构语言。汇编语言常用于编写一些实时性强,而其他语言又无法处理的场合。

3) 机器人语言。机器人语言是软件接口,编程者通过它可直接操纵机器人执行需要的动作。这种语言应具有与用户友好的界面,提供简单的编辑功能,可使用宏指令或子程序解决应用的具体任务。

5.2　软件功能

机器人控制系统软件功能是由机器人的应用过程决定的。控制系统软件一般由实时操作系统进行调度管理。简单的控制系统软件则在监控程序下运行。对于一般的机器人控制系统,其软件功能如图26.8-16

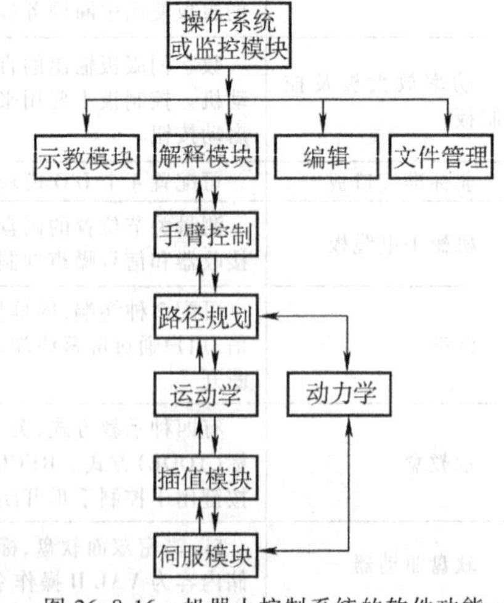

图26.8-16　机器人控制系统的软件功能

所示，各功能模块的作用见表 26.8-13。

下面以电动机器人控制系统软件为例来说明其软件功能。图 26.8-17 所示为其控制系统软件功能框图。系统软件各部分功能概述见表 26.8-14。

机器人控制软件流程图如图 26.8-18 所示。

从微机接入电源开始，程序启动。以后每隔一定间隔产生一次定时中断，在中断之前，程序在允许中断状态下进行后台处理；进入中断后，立即停止后台处理。从定时中断处开始，程序开始执行。首先扫描计数器（关节数）加 1，然后将与该轴相对应的输入数据全部读入。其次，如果扫描计数器为 0 时，则执行全部轴共同处理程序；如果不为 0 时，则执行各轴分别处理程序，各个处理程序执行完成后，则输出相应数据。在允许状态下，执行“中断返回”指令，这时因中断而停止的后台处理又继续进行。

表 26.8-13　机器人控制系统软件功能模块的作用

功能模块	作　用
操作系统或监控模块	协调系统中各模块的工作,此模块通过启动文件中的指令激活
编辑模块	允许用户通过终端、键盘建立和修改文件
解释模块	将源程序命令翻译成机器码,这个模块在系统工作时起作用
示教模块	允许操作员通过示教盒人工控制机器人手臂,同时支持有限的按键编程能力
手臂控制	用来监控手臂的控制功能,它接受内部机器码形式的指令,并能调用其他手臂控制程序
路径规划	它由手臂控制模块启动,从解释模块取出产生的运动描述,将其转换成具有确切时间、位置、速度和加速度的运动详细说明书
动力学模块	用来处理力矩控制的有关计算,它与路径规划同时进行
运动学模块	将末端执行器端点所得的位置方向的笛卡尔坐标转换成各运动副的关节变量
插值模块	从路径规划模块或运动学模块取出输出点的集合,为各关节计算驱动命令

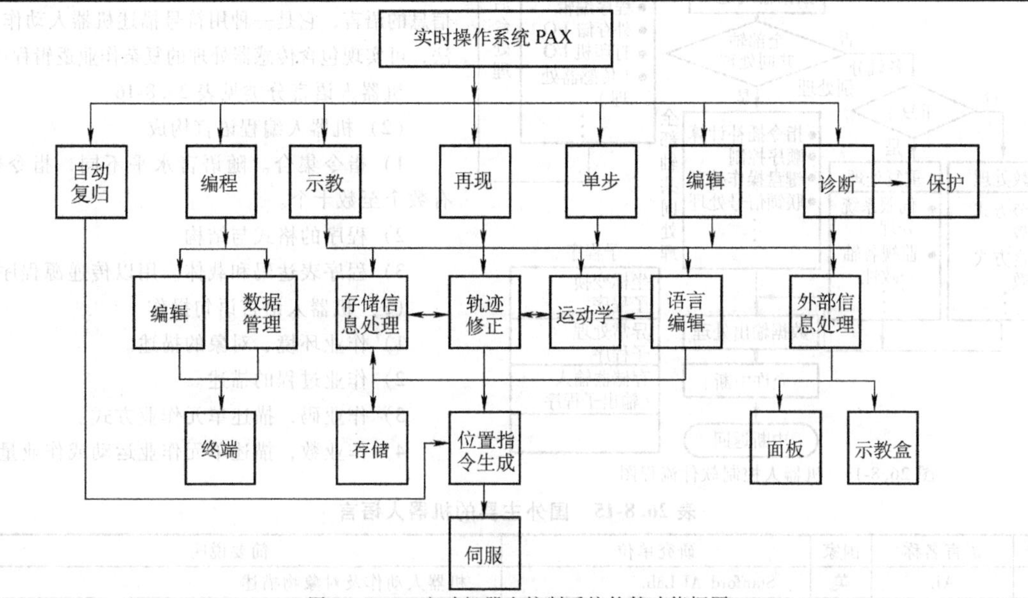

图 26.8-17　电动机器人控制系统软件功能框图

表 26.8-14　电动机器人控制系统软件各部分功能概述

1) PAX 系统初始化		在 PAX 系统初始化过程中,首先将初始化任务投入运行。在系统任务中,首先要完成用户实时中断矢量,PAX 实时中断矢量的设置、串行通信口的初始化、创建示教任务、再现任务、监控任务、单步任务、诊断任务、编辑任务和编程任务
2)主控任务		主控任务完成与示教盒或面板的通信,根据控制命令进行各应用任务的启动与挂起。另外进行通信队列的创建与管理,特殊命令的处理
3)示教任务	PTP 示教	是操作者通过示教盒控制机器人在直角坐标系、工具坐标系或关节坐标系内的运动,只采样轨迹的起止点。在直角坐标系和关节坐标系中可进行位置的调整,在工具坐标系和关节坐标系中可进行姿态的调整。在运动过程中步长可任意调整。PTP 示教是机器人运动学的实际应用,它包括机器人手臂端部的轨迹规划和腕部的姿态规划

（续）

3）示教任务	CP 示教	完成示教者手把手示教机器人时的连续轨迹记录，每 50ms 采样一次，并将结果记录下来，同时记录末端执行器的状态
4）再现	PTP 再现	PTP 再现要根据机器人语言程序中轨迹的规划进行实时运动学计算。机器人语言程序在编程任务中的全屏幕编辑环境下编制，规划的轨迹运动方式有直线运动、圆弧运动、关节运动。在运动过程中还包括两条轨迹交接处的平滑计算及机构的解耦计算。对各关节的运动控制由数字伺服单元来完成，它提供了一个程序库 tech80c1. LIB，用户只要使用它提供的函数，就可进行采样、定位、运动等操作
	CP 再现	CP 再现根据 CP 示教的记录数据进行均值插补，每两点之间是定时插补，每 10ms 发送一点，为保证位置同步，则两点之间插 4 个点
5）单步任务与编辑任务	单步功能是为了检验 PTP 示教数据的正确性，通过手动控制走三种轨迹方式：直线、圆弧、关节。在单步测试过程中，如果发现某点位置不适应，则进行编辑任务。对原来示教的位置数据进行编辑修改的功能有通过示教盒把机器人运动到指定位置，进行插点和删点操作	
6）编程任务	编程任务是机器人语言的编辑环境，有全屏幕编辑功能，可进行各种文件操作	
7）故障诊断任务	对控制系统的故障进行实时监测，可进行电动机运行状态的诊断、串行口的诊断和开关口的诊断等	

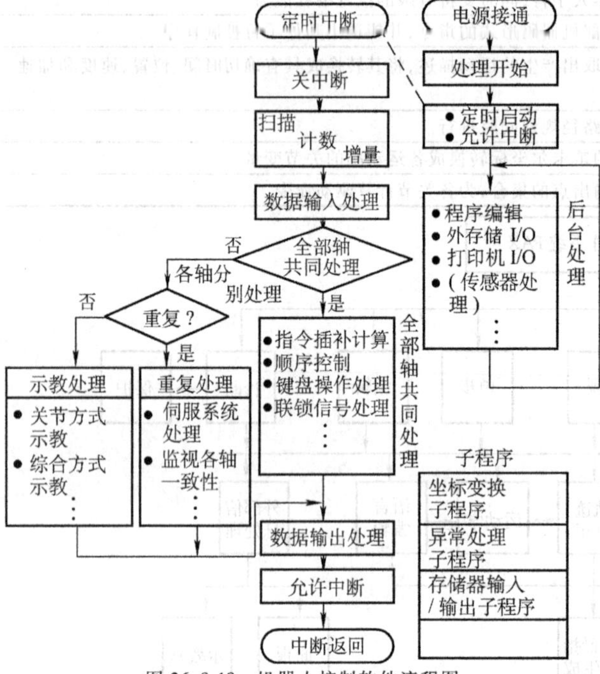

图 26. 8-18　机器人控制软件流程图

6　机器人语言

目前已经开发出了多种机器人编程语言，国外主要的机器人语言见表 26. 8-15。

（1）机器人语言分类

机器人语言是指在人与机器人之间记述或交换信息的语言，它是一种用符号描述机器人动作的方法，可实现包含传感器处理的复杂作业逻辑程序。

机器人语言分类见表 26. 8-16。

（2）机器人编程语言构成

1）指令集合。随语言水平不同，指令数可有数个至数十个。

2）程序的格式与结构。

3）程序表达码和载体。用以传递源程序。

（3）机器人语言语句操作

1）作业环境、对象的描述。

2）作业过程的描述。

3）作业码，描述单元作业方式。

4）作业数，描述单元作业运动或作业量。

表 26. 8-15　国外主要的机器人语言

序号	语言名称	国家	研究单位	简要说明
1	AL	美	Stanford AI Lab.	机器人动作及对象物描述
2	AUTOPASS	美	IBM Watson Research Lab.	组装机器人用语言
3	LAMA-S	美	MIT	高级机器人语言
4	VAL	美	Unimation	PUMA 机器人，两级控制结构体系
5	ARIL	美	AUTOMATIC 公司	用视觉传感器检查零件用的机器人语言
6	WAVE	美	Stanford AI Lab.	操作器控制符号语言
7	DIAL	美	Charles Stark Draper Lab.	具有 RCC 柔顺性手腕控制的特殊指令
8	RPL	美	Stanford AI Lab.	可与 Unimation 机器人操作程序结合预先定义程序库
9	TEACH	美	Bendix Corporation	适于双臂协调动作
10	MCL	美	Mc Donnell Douglas Corporation	机器人编程、NC 机床传感器、摄像机及其控制的计算机综合制造用语言

（续）

序号	语言名称	国家	研究单位	简要说明
11	INDA	美、英	SIR International and Philips	相当于 RTL/2 编程语言的子集,处理系统使用方便
12	RAPT	英	University of Edinburgh	类似 NC 语言 APT
13	LM	法	AI Group of IMAG	类似 PASCAL 语言,数据定义类似 AL。用于装配机器人
14	ROBEX	德	Machine Tool Lab. TH Archen	具有与高级 NC 语言 EXAPT 相似结构的编程语言,具有离线编程能力
15	SIGLA	意	Olivetti	SIGLA 机器人语言
16	MAL	意	Milan Polytechnic	双臂机器人装配语言,其特征是方便,易于编程
17	SERF	日	三协精机	SKILAM 装配机器人
18	PLAW	日	小松制作所	RW 系列弧焊机器人
19	IML	日	九州大学	动作级机器人语言
20	R-30iA/R-30iA Mate 控制器	日	FANUC	基于 FANUC 自身软件平台研发的各种功能强大的点焊、涂胶、搬运等专用软件
21	RAPID 和 RobotStudio		ABB	ICR5 控制器示教盒编程语言和离线仿真软件
22	Microsoft Robotics Studio	美	Microsoft	跨平台控制不同机器人,多语言开发,可视化编程与仿真

表 26.8-16 机器人语言分类

类别	说 明
命令级	机器人动作的基本指令用带有参数的命令表示,通过汇编后执行,相当于计算机中的汇编语言
原始动作级	用于表示机器人的手爪动作,即用 Move To(destionation)形式。由于动作表示只限于手爪动作,语言处理系统比较简单。实现复杂作业手爪的位置必须由软件设定,相当于计算机中的 BASIC 语言
构造动作级	以构造方式描述作业过程,可增加面向机器人动作的各种语句。语言规格可以扩充,可实现对象物及手的位姿坐标系关系管理,免去由于手爪和抓取物体偏差换算成多坐标系值,程序负担轻,是描述复杂作业的一般性语言,相当于计算机中的 PASCAL
对象状态级	基于作业时对象物的状态变化编程的,为此将部件定位在某一位置或把某一部件和其他部件组合起来,以这样单纯的状态变化为单位分区作业。在描述对象物间的相对关系时,具有的数据需由程序设定
作业目标级	是对象物状态级语言的一般化形式。只给出作业的最终目标,具体的作业顺序和数据自动生成,是最理想的机器人语言

（4）机器人语言采用的信息

1）动作信息。姿态控制、动作控制、轨迹控制等动作关联的命令集。

2）末端执行器信息。装配手爪控制命令、特殊用途的命令。

3）外部信息。传感器信息、外部信号处理、外围设备接口以及和传感器接口通信。

4）运动命令、位置信息是特殊结构变量，可代入演算。

5）程序控制、判断、反复等。

（5）采用机器人语言的必要性

1）可离线进行编程和检查。

2）通过坐标运算功能，可使示教位置点数最少。

3）适于复杂作业的示教。

4）可对应于视觉等传感器信息的智能作业。

5）程序易理解、易存储和交流。

表 26.8-17~表 26.8-25 为 ABB 机器人 RAPID 编程语言的指令集。

表 26.8-17 程序执行控制

指令	说 明
程序的调用	
ProcCall	调用例行程序
CallByVar	通过带变量的例行程序名称调用例行程序
RETURN	返回原例行程序
例行程序内的逻辑控制	
Compact IF	如果条件满足,就执行一条指令
IF	当满足不同条件时,执行对应的程序

（续）

指令	说　明
	例行程序内的逻辑控制
FOR	根据指定的次数,重复执行对应的程序
WHILE	如果条件满足,重复执行对应的程序
TEST	对一个变量进行判断,从而执行不同的程序
GOTO	跳转到执行程序内的标签的位置
Label	跳转标签
	停止程序执行
STOP	停止程序执行
EXIT	停止程序执行并禁止在停止处再开始
BREAK	临时停止程序的执行,用于手动调用
SystemStopAction	停止程序执行与机器人运动
ExitCycle	中止当前程序的运动并将程序指针PP复位到主程序第一条指令。如果选择了程序连续运行模式,程序将从主程序的第一句重新执行

表 26.8-18　变量指令

指令	说　明
	赋值指令
:=	对程序数据进行赋值
	等待指令
WaitTime	等待一个指定的时间,程序再继续向下执行
WaitUntil	等待一个条件满足后,程序再继续向下执行
WaitDI	等待一个输入信号状态为设定值
WaitDO	等待一个输出信号状态为设定值
	注释指令
comment	对程序进行注释
	程序模块加载
Load	在机器人硬盘加载一个程序模块到运行内存
UnLoad	从运行内存中卸载一个程序模块
Start Load	在程序执行的过程中,加载一个程序模块到运行内存中
Wait Load	在Start Load使用后,使用此指令将程序模块连接到任务中使用
CancelLoad	取消加载程序模块
CheckProgRef	检查程序引用
Save	保存程序模块
EraseModule	从运行内存删除程序模块
	变量功能
TryInt	判断数据是否为有效的整数
OpMode	读取当前机器人的操作模式
RunMode	读取当前机器人程序的运行模式
NonMotionMode	读取程序任务当前是否无运动的执行模式
Dim	获取一个数组的维数
Present	读取带参数例行程序的可选参数值
IsPers	判断一个参数是否为可变量
IsVar	判断一个参数是否为变量
	转换功能
StrToByte	将字符串转换为指定格式的字节数据
ByteToStr	将字节数据转换为字符串

表 26.8-19　运动设定

指令	说　明
	速度设定
MaxRobSpeed	获得当前型号机器人可实现的最大 TCP 速度
VelSet	设定最大的速度与倍率
SpeedRefresh	更新当前运动的速度倍率
AccSet	定义机器人的加速度
WorldAccLim	设定世界坐标系中工具与载荷的加速度
PathAccLim	设定运动路径中 TCP 的加速度
	轴配置管理
ConfJ	关节运动的轴的配置
ConfL	线性运动的轴的配置
	奇异点管理
SingArea	设定机器人运动时,在奇异点的插补方式
	位置偏置功能
PDispOn	激活位置偏置
PDispSet	激活指定数值的位置偏置
PDispOff	关闭位置偏置
EOffsOn	激活外轴偏置
EOffsSet	激活指定数值的外轴偏置
EOffsOff	关闭外轴偏置
DefDFrame	通过 3 个位置数据计算出位置的偏置
DefFrame	通过 6 个位置数据计算出位置的偏置
ORobT	从一个位置数据删除位置偏置
DefAccFrame	在原始位置和替换位置定义一个坐标系
	软伺服指令
SoftAct	激活一个或多个轴的软伺服功能
SoftDeact	关闭软伺服功能
	机器人参数调整功能
TuneServo	伺服调整
TuneReset	伺服调整复位
PathResol	几何路径精度调整
CirPathMode	在圆弧插补运动时,工具姿态的变换方式
	空间监控管理
WZBoxDef	定义一个方形的监控空间
WZCylDef	定义一个圆柱形的监控空间
WZSphDef	定义一个球形的监控空间
WZHomeJointDef	定义一个关节轴坐标的监控空间
WZLimJointDef	定义一个限定为不可进入的关节轴坐标监控空间
WZLimSup	激活一个监控空间并限定为不可进入
WZDOSet	激活一个监控空间并与一个输出信号关联
WZEnable	激活一个临时的监控空间
WZFree	关闭一个临时的监控空间

表 26.8-20　运动控制

指令	说　明
MoveC	TCP 圆弧运动
MoveJ	关节运动
MoveL	TCP 线性运动
MoveAbsJ	轴绝对角度位置运动
MoveExtJ	外部直线轴和旋转轴运动

(续)

指令	说　　明
MoveCDO	TCP 圆弧运动的同时触发一个输出信号
MoveJDO	关节运动的同时触发一个输出信号
MoveLDO	TCP 线性运动的同时触发一个输出信号
MoveCSync	TCP 圆弧运动的同时触发一个输出信号
MoveJSync	关节运动的同时执行一个例行程序
MoveLSync	TCP 线性运动的同时执行一个例行程序
	搜索功能
SearchC	TCP 圆弧搜索运动
SearchCL	TCP 线性搜索运动
SearchExtJ	外轴搜索运动
	指定位置触发信号与中断功能
TriggIO	定义触发条件在一个指定的位置触发输出信号
TriggInt	定义触发条件在一个指定的位置触发中断信号
TriggCheckIO	定义一个指定的位置进行 I/O 状态检查
TriggEquip	定义触发条件在一个指定的位置触发输出信号,并对信号响应的延迟进行补偿设定
TriggRampAO	定义触发条件在一个指定的位置触发模拟输出信号,并对信号响应的延迟进行补偿设定
TriggC	带触发事件的圆弧运动
TriggJ	带触发事件的关节运动
TriggL	带触发事件的线性运动
TriggLIOs	在一个指定的位置触发输出信号的线性运动
StepBwdPath	在 RESTART 的事件程序中进行路径的返回
TriggStopProc	在系统中创建一个监控处理,用于在 STOP 和 QSTOP 中需要信号复位和程序数据复位操作
TraggSpeed	定义模拟输出信号与实际 TCP 速度之间的配合
	出错和中断的运动控制
StopMove	停止机器人运动
StartMove	重新起动机器人运动
StartMoveRetry	重新起动机器人运动及相关的参数设定
StartMoveReset	对停止运动状态复位,但不重新起动机器人运动
StorePath	储存已生成的最近路径(需要选项"Path recovery"配合)
RestoPath	重新生成之前存储的路径(需要选项"Path recovery"配合)
ClearPath	在当前的运动路径级别中清空整个运动路径
PathLevel	获取当前路径级别
SyncMoveSuspend	在 StorePath 的路径级别中暂停同步坐标的运动(需要选项"Path recovery"配合)
SyncMoveResume	在 StorePath 的路径级别中重返同步坐标的运动(需要选项"Path recovery"配合)
IsStopMoveAct	获取当前停止运动标志符
	外轴的控制
DeactUnit	关闭一个外轴单元
ActUnit	激活一个外轴单元
MechUnitLoad	定义外轴单元的有效载荷
GetNextMechUnit	检索外轴单元在机器人系统中的名字
IsMechUnitActive	检查一个外轴单元状态是关闭/激活
	独立轴控制
IndAMove	将一个轴设定为独立轴模式并进行绝对位置方式运动
IndCMove	将一个轴设定为独立轴模式并进行连续方式运动
IndDMove	将一个轴设定为独立轴模式并进行角度方式运动
IndRMove	将一个轴设定为独立轴模式并进行相对位置方式运动
IndReset	取消独立轴模式
IndInpos	检查独立轴是否已到达指定位置
IndSpeed	检查独立轴是否已到达指定速度
	这些功能需要选项"Independent Movement"配合

（续）

指令	说　　明
	路径修正功能
CorrCon	连接一个路径修正生成器
CorrWrite	将路径坐标系中的修正值写到修正生成器
CorrDiscon	断开一个已连接的路径修正生成器
CorrClear	取消所有已连接的路径修正生成器
CorrRead	读取所有已连接的路径修正器的总修正值
	这些功能需要选项"Path oddest or RobotWare-Arc sensor"配合
	路径记录功能
PathRecStart	开始记录机器人的路径(需要选项"Path recovery"配合)
PathRecStop	停止记录机器人的路径(需要选项"Path recovery"配合)
PathRecMoveBwd	机器人根据记录的路径做后退运动(需要选项"Path recovery"配合)
PathRecMoveFwd	机器人运动到执行"PathRecMoveFwd"这个指令的位置上(需要选项"Path recovery"配合)
PathRecValidBwd	检查是否已激活路径记录和是否有后退路径
PathRecValidFwd	检查是否有可向前的记录路径
	输送机跟踪功能
WaitWObj	等待输送机上的工件坐标
DropWObj	放弃输送机上的工件坐标
	传感器同步功能
WaitSensor	将一个开始窗口的对象与传感器设备关联起来
SyncToSensor	开始/停止机器人与传感器设备的运动同步
DropSensor	断开当前传感器对象的连接
	有效载荷与碰撞检测
MotionSup	激活/关闭运动监控(需要选项"Collision detection"配合)
LoadId	工具或有效载荷的识别
ManLoadId	外轴有效载荷的识别
	关于位置的功能
Offs	对机器人位置进行偏移
RelTool	对工具的位置和姿态进行偏移
CalcRobT	从 jointtarget 计算出 robtarget
CPos	读取机器人当前的 X、Y、Z
CRobT	读取机器人当前的 robtarget
CJointT	读取机器人当前的关节轴角度
ReadMotor	读取轴电动机当前的角度
CTool	读取工具坐标当前的数据
CWObj	读取工件坐标当前的数据
MirPos	镜像一个位置
CalcJointT	从 robtarget 计算出 jointtarget
Distance	计算两个位置的距离
PFRestart	检查当前路径因电源关闭而中断的时候
CSpeedOverride	读出当前使用的速度倍率

表 26.8-21　输入/输出信号处理

指令	说　　明
	对输入/输出信号值进行设定
InvertDO	对一个数字输出信号值置反
PulseDO	数字输出信号进行脉冲输出
Reset	将数字输出信号置 0
Set	将数字输出信号置 1
SetAO	设定模拟输出信号值

（续）

指令	说　明
对输入/输出信号值进行设定	
SetDO	设定数字输出信号值
SetGO	设定组输出信号值
读取输入/输出信号值	
AOutput	读取模拟输出信号的当前值
DOutput	读取数字输出信号的当前值
GOutput	读取组输出信号的当前值
TestDI	检查一个数字输入信号已置1
ValidIO	检查I/O信号是否有效
WaitDI	等待一个数字输入信号的指定状态
WaitDO	等待一个数字输出信号的指定状态
WaitGI	等待一组输入信号的指定值
WaitGO	等待一组输出信号的指定值
WaitAI	等待一个模拟输入信号的指定状态
WaitAO	等待一个模拟输出信号的指定状态
I/O模块的控制	
IODisable	关闭一个I/O模块
IOEnable	开启一个I/O模块

表26.8-22　通信功能

指令	说　明
示教盒上人机界面的功能	
TPErase	清屏
TPwrite	在示教盒操作界面上写信息
ErrWrite	在示教盒事件日志中写报警信息并储存
TPReadFK	互动的功能键操作
TPReadNum	互动的数字键盘操作
TPShow	通过RAPID程序打开指定的窗口
通过串口进行读写	
Open	打开串口
Write	对串口进行写文本操作
Close	关闭串口
WriteBin	写一个二进制数的操作
WriteAnyBin	写任意二进制数的操作
WriteStrBin	写字符的操作
Rewind	设定文件开始的位置
ClearIOBuff	清空串口的输入缓冲
ReadAnyBin	读任意二进制数的操作
ReadNum	读取数字量
ReadStr	读取字符串
ReadBin	从二进制串口读取数据
ReadStrBin	从二进制串口读取字符串
Sockets通信	
SocketCreate	创建新的Socket
SocketConnect	连接远程计算机
SocketSend	发送数据到远程计算机
SocketReceive	从远程计算机接收数据
SocketClose	关闭Socket
SocketGetStatus	获取当前Socket状态

表 26.8-23　中断程序

指令	说　明
	中断设定
CONNECT	连接一个中断符号到中断程序
ISignalDI	使用一个数字输入信号触发中断
ISignalDO	使用一个数字输出信号触发中断
ISignalGI	使用一个组输入信号触发中断
ISignalGO	使用一个组输出信号触发中断
ISignalAI	使用一个模拟输入信号触发中断
ISignalAO	使用一个模拟输出信号触发中断
ITimer	定时中断
TriggInt	在一个指定的位置触发中断
IPers	使用一个可变量触发中断
IError	当一个错误发生时触发中断
IDelete	取消中断
	中断的控制
ISleep	关闭一个中断
IWatch	激活一个中断
IDisable	关闭所有中断
IEnable	激活所有中断

表 26.8-24　系统相关指令（时间控制）

指令	说　明
ClkReset	计时器复位
ClkStart	计时器开始计时
ClkStop	计时器停止计时
ClkRead	读取计时器数值
CDate	读取当前日期
CTime	读取当前时间
GetTime	读取当前时间为数字型数据

表 26.8-25　数学运算

指令	说　明
	简单运算
Clear	清空数值
Add	加或减操作
Incr	加 1 操作
Decr	减 1 操作
	算术功能
Abs	取绝对值
Round	四舍五入
Trunc	舍位操作
Sqrt	计算平方根
Exp	计算以 e 为基底的指数
Pow	计算任意基底的指数
ACos	计算圆弧余弦值
ASin	计算圆弧正弦值
ATan	计算圆弧正切值(-90,90)
ATan2	计算圆弧正切值(-180,180)
Cos	计算余弦值
Sin	计算正弦值
Tan	计算正切值
EulerZYX	从姿态计算欧拉角
OrientZYX	从欧拉角计算姿态

7 机器人离线编程与仿真

机器人仿真是在全部时间内，通过对系统动态数学模型进行二次模型化，得到一个仿真模型，用计算机运算及显示的过程。

仿真的具体步骤为：

1）确定实际系统的数学模型。

2）将它转化为能在计算机上运行的仿真模型。

3）编写仿真程序。

4）对仿真模型进行修改、校验。

机器人仿真应能完成一类机器人的运动学、动力学、轨迹规划及控制算法、图形显示和输出等功能。其基本结构如图 26.8-19 所示。

控制系统仿真是机器人仿真的重要组成部分，可实现的控制系统仿真种类见表 26.8-26。

机器人系统仿真发展迅速，并成功地应用于工业生产中。例如，ABB 机器人公司开发的 RobotStudio 系统是基于 Windows 操作系统的，用户操作方便。该离线编程系统中控制图形机器人动作的运动模块和算法采用了实际机器人控制器中的控制算法，所以图形仿真结果和实际机器人运行结果完全一致。离线编程器中采用了 ABB 机器人的 RAPID 语言，所以这种离线编程系统可作为机器人操作人员的训练平台，提高操作人员编程水平。该系统为了实现高质量的图形效果，可以导入 Catia 文件格式的模型。

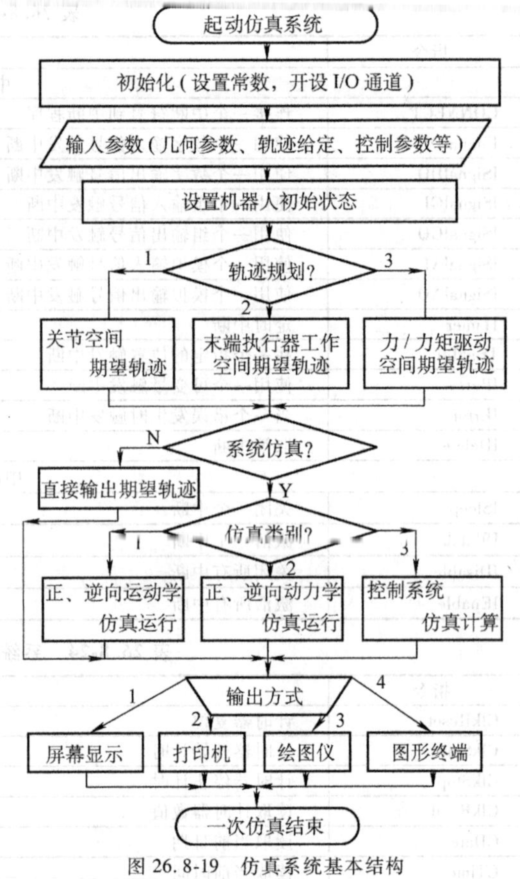

图 26.8-19 仿真系统基本结构

表 26.8-26 可实现的控制系统仿真种类

1)单关节 PID 控制	6)解耦控制
2)分解运动的速度控制	7)自适应控制
3)分解运动的加速度控制	8)变结构控制
4)计算力矩控制	9)多机器人协调控制
5)最优控制	10)柔性运动控制等

第9章　机器人人工智能

1　智能机器人的含义

人工智能是指智能机器所执行的通常与人类智能有关的功能，如判断、推理、证明、识别、感知、理解、设计、思考、规划、学习和问题求解等思维活动。智能机器人是人工智能研究的一个重要分支。智能机器人的研究和应用体现了广泛的学科交叉，涉及众多的课题，如机器人的体系结构、机构、控制、智能、视觉、触觉、力觉、听觉、机器人装配、恶劣环境下的机器人以及机器人语言等。

严格地讲，智能机器人是具有感知、思维和动作的机器。

动作（Acting）说明智能机器人不是一个单纯的软件体，它具有可以完成作业的机构和驱动装置。例如，可以把一物体由一位置运送到另一位置，可以去维修某一设备，可以拆除危险品，可以在太空或水下采集样品和人想做的其他任何作业。

思维（Thinking）是说它并不是简单地由人以某种方式来命令它干什么，它就会干什么，而是自身具有解决问题的能力，或者它会通过学习，自己找到解决问题的办法。例如，它可以根据设计，为一个复杂机器找到零件的装配办法及顺序，指挥执行机构，即动作部分去装配完成这个机器。

感知（Sensing）是指发现、认识和描述外部环境和自身状态的能力。例如，装配作业，它要能找到和识别所要的工件，能为机器人的运动找到道路，发现并测量障碍物，发现和认识到危险等。人们很自然地把思维能力视为智能，其实，智能机器人是一个复杂的软、硬件并具有多种功能的综合体。感知能力是智能的一个很重要组成部分，以至于有人把感知外部环境的能力就视为智能。

提起机器人（Robot）就使人想象它应具有一些人的智力。由于在机器人的发展历史上，首先大量出现，并且已被人类广泛应用的机器人，如弧焊、点焊、喷漆等机器人，并不具有任何智能。所以，作为区分，又有智能机器人这一名词的出现。然而，即使对智能机器人也不能期望它完全实现人的智能。

目前人工智能的能力还很有限，所以对智能机器人的能力的要求也必然是随着技术的进步而水涨船高。对能在一定程度上感知环境，具有一定适应能力和解决问题本领的机器人就称之为具有“智能”。

工业机器人智能化至少包括以下四个方面：感觉功能、控制功能、移动功能和安全可靠性（自诊断、自修复功能）等。

1.1　感觉功能智能化

1）检测。智能化的工业机器人除具有对本身的位姿、速度等状态的内部检测外，还必须具备对外界对象物的状态和环境状况等的外部检测。其实质类似于人的五官和身体感觉功能，即视觉、触觉、力觉、滑觉、接近觉、压觉、听觉、味觉、嗅觉和温觉等。上述前5种感觉在本篇第6、7章已有详述，此处“压觉”指机器人感知在垂直于其手部与对象物接触面上的力的能力，“听觉”指机器人对于音响的分辨能力，“味觉”指机器人对于液态物质等成分的分析能力，“嗅觉”指机器人对于气态物质等成分的分析能力，“温觉”指机器人对温度信息的感知能力。

各类感觉及其信息的融合所形成的外部检测与机器人动作控制的智能化密切相关。图26.9-1所示为非智能机器人与智能机器人控制信息的产生方式。

2）控制信息交换。信息传递形态多种多样，为保证相互匹配，可采用制造自动化协议（Manufacturing Automation Protocol，MAP）等以实现信息传递与交换的标准化。

3）识别。对内、外部检测结果分析整理，变为控制信号，决策行动，必须具有识别功能，将必要的信息以一定的基准集约或融合。

1.2　控制功能智能化

（1）示教的智能化

1）示教再现型机器人的示教。无论直接示教还是远程示教（用操作杆或操纵柄），在操作人员的脑中难以定量化；又如位姿不可能完全收入控制系统内，且由于机械的原因、传感器的分辨力等，都不可避免地引入误差，精度难以评价。

2）数控机器人的示教。理论上直接指示位姿输入数据，避开误差，但实际不可避免，包括动作机构、工作空间狭窄引起的违章操作、连接处非线性摩擦变形等。检出工具中心点（TCP）进行反馈，方法较简便，但也难保证精度。

3）智能示教。用编程语言输入，希望与自然语言相近，但很难，有待开发。

（2）适应控制

运用现代控制论，正确把握各种参数，已设计出各类不同的适应控制系统。其中较常用的模型规范适应控制系统（MRACS）参见本篇第 8 章，它将具有所希望的动态特性的系统做成模型，构成使设备输出与模型输出一致的适应算法。对机器人而言，可对惯性力矩、负载等的变化采取对应的有效的控制，适应控制可望得到应用。但目前的适应控制，须满足下述前提条件

1）规范模型要求定系数、线性的。

2）规范模型与设备维数相同。

3）设备的可调节参数依存适应机构本身。

如果上述条件不满足，则问题变得非常复杂。随着微处理器的发展，演算时间的缩短，可能会有更高水平的适应控制。

（3）握持力的采样开关控制

在末端执行器上安装压力传感器，通过驱动器的正反动作来控制末端执行器的开合，而不是控制速度，再加以微分补偿，只需 1 次切换到达稳定点，对握持力实现简单的适应控制。

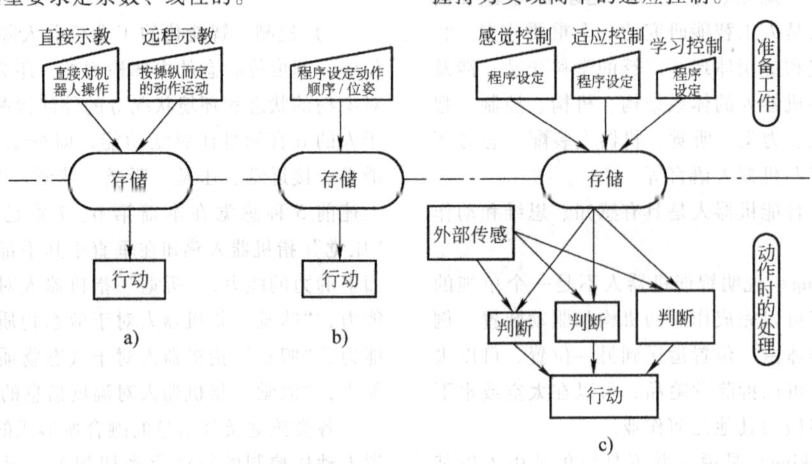

图 26.9-1 控制信息的产生方式
a）示教机器人 b）数控机器人 c）智能机器人

1.3 移动功能智能化

随着工业机器人应用领域的不断扩展，对移动功能的需求日益迫切：

1）长距离搬运。

2）作业对象很大，而机器人工作空间小。

3）作业对象多，而机器人不能一一对应。

4）极限作业，如高空、宇航、深海和核工业管道等。

移动机构有轮带式和行走式。轮带式有无轨和有轨两类，有些只有车轮，有些带有履带。行走式有二足、多足、无数足和滑翔式等。

移动机构的智能化包括感觉功能，路径探索，决策行动，量程宽的、高分辨力的三维传感器，回避障碍物，图像处理等技术。首先达到感觉控制的水平，逐步扩展到适应控制和学习控制的领域。

1.4 安全可靠性

机器人的安全事故来自人的责任和机器人的异常状态两方面。作为这一人机系统的智能化，为检测出事故的因素，防患于未然，确保安全，必须做到以下几点：

1）危险状态发生之前即已探知，并采取确切对策。

2）保证硬件的高可靠性，降低故障率。进行机构的可靠性研究，握持力的可靠性控制，引入自诊断功能。

3）实现软件的完全监督，减少误动作。在生成程序的过程中，要考虑到各方面因素的影响。

4）尽力排除外来干扰的影响，减少误动作。外来干扰有来自天然的雷电、宇宙射线等，有来自人工的各种机器的火花放电、高频电磁干扰等，还有来自机器人自身的时钟脉冲作业信号及其他噪声干扰。

5）控制系统除具有高可靠性外，机器人还要具备自诊断、自修复功能。这包括硬件级、软件级、应用级及人机系统级的自诊断和自修复。属于硬件的必须进行硬件处理，属于软件的，如程序错误动作、程序的丢失和人的错误等，要由机器人软件来纠正。

6）人机接口的适配与完善化。

工业机器人智能化的方向及面临的问题如图 26.9-2 所示。

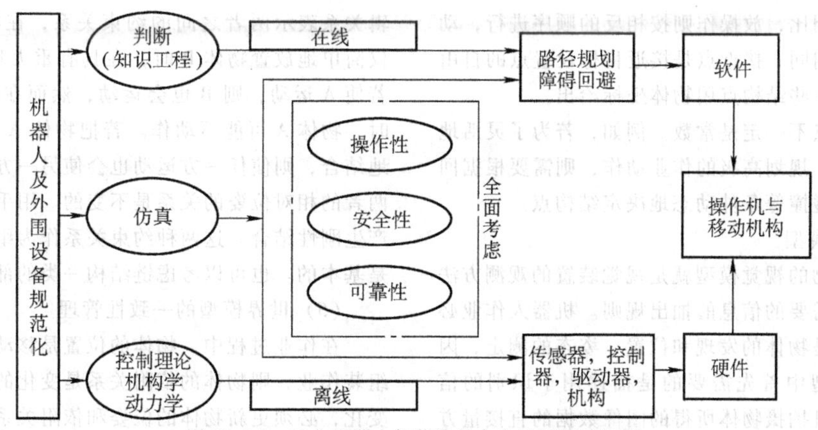

图 26.9-2 工业机器人智能化的方向及面临的问题

2 机器人系统的描述

机器人系统的描述是指与机器人进行作业的环境和对象、作业的方法等相关联的知识的描述。描述的内容依存于作业的种类与环境、机器人的结构和功能。这里以一般的机器人装配作业为对象进行说明，考察的中心是基本的、应用性高的机械手和视觉装置结合的作业系统（手眼系统）。

2.1 作业程序知识

作业程序知识广义上是指机器人为了完成给定的工作必须执行的各种工序，一般称为程序。此程序可通过使用计算机语言的语言手段和再现执行的非语言手段两种方式来表达。

机器人程序的语言表示手段就是机器人语言，可以从不同层次上来描述，分为原始动作级描述、动作语言级描述和对象物状态级描述。图 26.9-3 所示为不同语言层次的图示，各个层次中仅明确地描述了实线所示的事件。

动作级描述是与机械手或物体的运动控制直接相连的。为了将状态级的表示与实际的对象物或机器人的动作联系起来，必须将状态的变化细化为物体的动作或机器人的动作。为此，首先必须具备怎样的动作才能使某一状态变化为另一状态的知识。

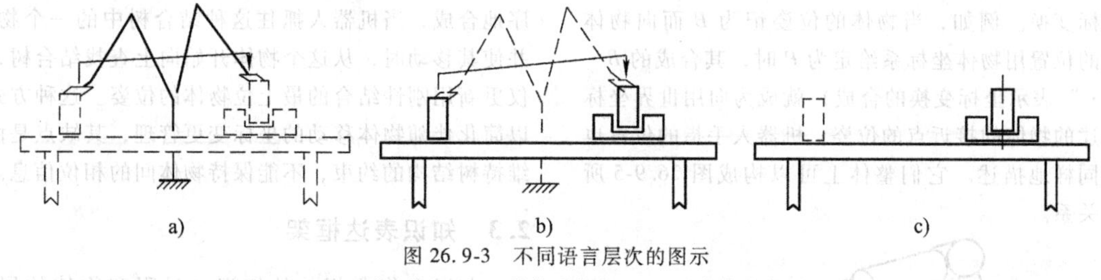

图 26.9-3 不同语言层次的图示

a）原始动作级 b）结构动作级 c）对象物状态级

为了使机器人可靠地进行作业，不仅需要直接的作业知识，而且还需要有关的辅助程序知识。所谓辅助，实质上是在程序描述的多个部分中嵌入与程序有关的知识。

2.2 对象物的知识

对象物的知识是提供实际作业程序时的具体的知识。在规划作业过程中，也作为可能动作的选择和仿真来使用。

(1) 拾放模型

组装作业的基本动作是抓起需组装的零件，将其安装于指定位置。前半部分的操作称为拾起，后半部分的操作称为放下。因此，在组装作业中，描述的对象物属性是基本的对象物模型，称之为拾放模型。构成拾操作的动作模式如图 26.9-4 所示。接近点是物体上方的自由空间中的点，抓持点是机械手指能稳定地抓住零件的位置。退避点是使物体与周围的零件充分分离的自由空间内的点。

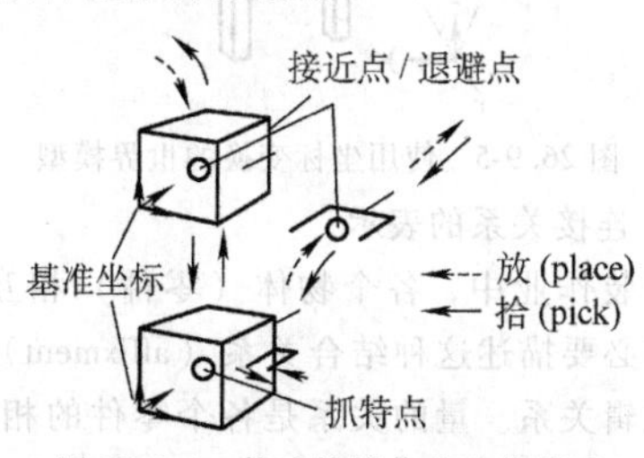

图 26.9-4 构成拾操作的动作模式

与拾操作相比，放操作则按相反的顺序进行，动作的组成基本相同。接近点是接近目标设置点的自由空间内的点。这些结构点用物体坐标给出。

这些结构点不一定是常数。例如，若为了灵活地适应环境条件，规划高级的作业动作，则需要根据回避与其他物体碰撞等条件动态地决定结构点。

（2）视觉模型

所谓对象物的视觉模型就是视觉装置的观测方法和机器人作业需要的信息的抽出规则。机器人作业必需的视觉信息是物体的发现和位置、姿态的测定，因此，在物体模型中首先需要的是描述用于识别的信息。有用摄像机拍摄物体所得的图像数据的直接量方法，和用图像处理所得的物体形状等特征进行描述的方法。前者多用于实用的机器人的二维视觉装置。但是，物体模型是面向后者的，被识别的物体在空间内的位姿是可以计算的。这些计算方法也是物体模型知识的一部分。

（3）世界模型（world mode）

所谓世界模型就是机器人作业环境的描述，也称为环境模型。详细的描述内容因机器人的用途而异，基本上是位于作业空间内的物体和它在作业空间内的位姿的描述。指示物体自身的方法是物体的名称，或是指向描述物体的数据结构的指针。物体的位姿通常用从物体固定的物体坐标系的“世界模型”观察到的位姿来描述。这就构成从物体坐标系到世界坐标系的坐标变换。例如，当物体的位姿记为 B 而向物体接近的位置用物体坐标系给定为 P 时，其合成的 $B \cdot P$（“·”表示坐标变换的合成）就成为向用世界坐标系描述的物体的接近点的位姿。机器人手指的位置也可以同样地描述。它们整体上可以构成图 26.9-5 所示的关系。

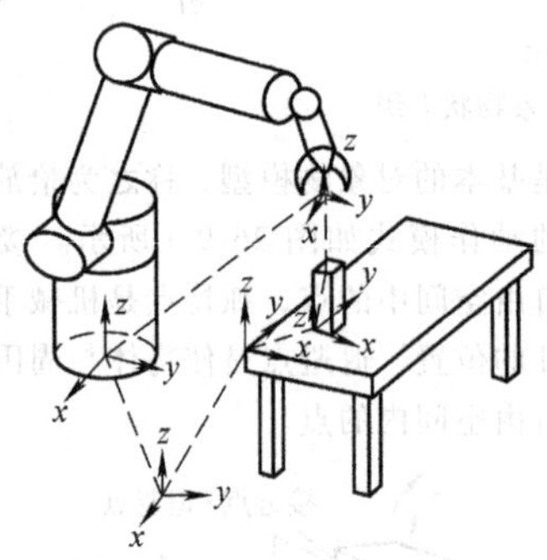

图 26.9-5　使用坐标变换的世界模型

（4）连接关系的表示

在组装作业中，各个物体（零件）相互组合和分解，有必要描述这种结合关系（affixment）的量的关系和逻辑关系。量的关系是各个零件的相对位姿，它们与物体的位姿相同，可以用坐标变换来表示。逻辑关系表示两者之间的约束关系，在物体 A 的上面仅简单地放置物体 B 时，在具有重力环境的前提下，若使 A 运动，则 B 也会运动，然而在使物体 B 运动时，物体 A 可能不动作。若把物体 A 与物体 B 刚性地结合，则使任一方运动也会使另一方一起运动，而两者的相对位姿的关系是不变的。用手爪抓住物体也产生刚性结合。这两种约束关系作为组装物体的表示是基本的。也可以考虑链结构一类的部分约束关系。

（5）世界模型的一致性管理

在作业过程中，物体的位置是移动的，如果进行组装作业，则物体的依附关系是变化的。对应于这些变化，必须更新物体的位姿和依附关系的描述，以保持与实际环境的一致性。这就是世界模型的一致性管理。

当仅有一个物体移动时，其位姿的更新可以由机器人手抓住并进行移动来完成，在具有结合关系的物体（组装物体）的场合，若其中任一物体移动，则其他物体也移动，即其位姿是变化的。模型系统必须能够管理这种变化。这时，逐一地更新包含于组装物的全部物体的位姿，其效率可能是不高的。

在由几个物体组成的物体中，其全部结合关系一般构成网络，可以将这种结合关系转换为树结构。在记录结合关系的技术中记录着结合点、到结合点的坐标变换和结合类型等。某一物体在 world 坐标中的位姿就是将从结合树的根位姿到这个物体的坐标变换顺序地合成，当机器人抓住这种结合树中的一个物体，并使其移动时，从这个物体开始向上查找结合树，仅仅更新用刚性结合的最上位物体的位姿。这种方式可以简化伴随物体移动的坐标变更管理，其缺点是由于维持树结构的约束，不能保持物体间的相位信息。

2.3　知识表达框架

与以上作业相关的知识（过程和物体的属性，环境信息）表示的具体方法基本上是某种计算机语言。以面向机器人的作业和动作的命令为中心组合而成的语言称为机器人语言。另一方面，在信息处理领域，正在研究将人类的各种知识在计算机上表示的方法，这种领域称为知识表达，这里仅涉及适用于机器人的知识表达的框架。

（1）框架的必要性

机器人世界描述的是对象物的属性，环境模型，对象物可以进行的操作，伴随着操作实行的状况（实体是变数的值）变更的管理等。用以前的机器人语言描述它们时，对象物的属性就是变数的汇集及其值，各种操作和其他过程就是程序，如用典型的对象级语言 AL 描述的程序如图 26.9-6 所示。在这个程序中，描述了对于 bracket 的拾操作所必需的信息和处理的一部分。其中对象物操作必需的知识可以作为表示物体属性的变数，这些变数的赋值、结合关系的设定、动作的执行、伴随着动作执行的各个变数和结合关系变化的处理过程等等来描述。然而，这些知识在整个程序中是非结构地分布的，这种程序本身不能构成对象物模型，每当用户操作不同的物体，就必须重新编制这种程序，这是很麻烦的。相关联的信息及其处理、利用过程，作为对象物模型希望能统一进行处理。对具有共同性的某些知识，也能在不同的模型中简单地使用。因此，具有这种功能的知识表示框架对于描述机器人的对象物模型来说是很适宜的。

```
BEGIN “example”
FRAME bracket, bracket-grasp, beam, …;
bracket<—FRAME (……);
bracket-grasp<—…;
AFFIX bracket-grasp TO bracket RIGIDLY;
MOVE yarm TO ypartk;
OPEN yhand TO 3.5* inches;
MOVE yarm TO bracket-grasp;
CENTER yarm;
bracket-grasp<—yarm;
AFFIX bracket TO yarm;
⋮
(steps to attach bracket to beam)
⋮
OPEN yhand TO 3.5* inches;
UNFIX bracket FROM yhand;
AFFIX bracket TO beam RIGIDLY;
END;
```

图 26.9-6　用 AL 语言描述的程序

（2）利用框架的实例

将这种程序和数据融合为一体的知识表示框架有框架和面向对象的系统，这两种方法都在人工智能领域中得到广泛应用。

用面向对象的系统说明进行对象物模型化，对于一个拾放操作系统，根据对象物操作知识的共同性进行分类，特别是拾放操作对于所有物体都是共同的，把必要属性和相关程序集成起来，便形成泛化物体的类，这种泛化的物体类描述了拾放模型的属性与世界模型一致性管理过程。例如，对于酒精灯这样特定的物体，每一个都定义为类，作为泛化物体的子类来定义，构成了图 26.9-7 所示的层次。这样一来，用泛化物体的类定义的属性和过程借助于继承功能，可以自动地转交给下位的类（在这里是酒精灯的类），并可以使用。也就是说，用户无须进行特别的描述就能使用有关 pick-place 操作。

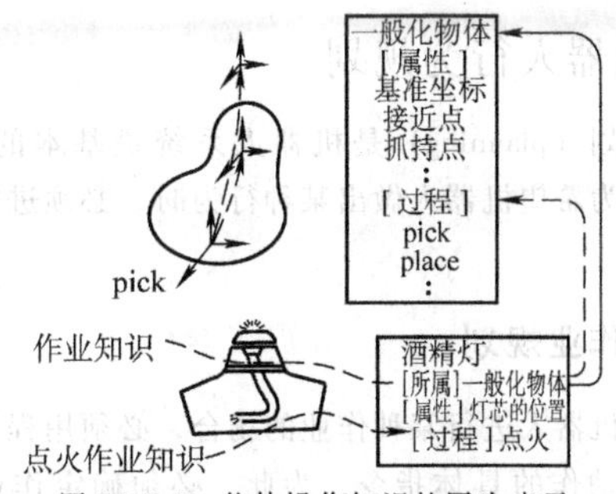

图 26.9-7　物体操作知识的层次表示

另外也存在利用对象的模块性和层次知识的共有功能，将拾放模型和视觉模型等所谓不同质的知识结合的系统。这个系统以基于操作观点的对象模型和基于利用狭缝光进行视觉识别、测量的对象模型为基础，建造了利用各个功能时能自动地调用进行互相补充程序的协调作业模型。协调作业的具体内容如下所述：在操作作业中，各动作的视觉确认是自动进行的。这时，所谓动作执行的确认是指能够用移动前的位姿来辨识对象物体。也就是说，不是在完全未知的空间内搜索那个物体，而是可以在预定的位置、姿态上发现物体的视觉特征（在这种场合是轮廓像）；其次，这种确认法对于构成上述拾放的全部动作都具有共同适用的一般性，辅助视觉功能的操作是给出在测量被抓住的物体时，为了使物体不被遮住，用手指使物体的测量面朝着摄像机的方向的操作程序，这些知识与物体操作和视觉功能的基本用法等知识的使用法有关，像这类知识的使用的知识一般称为元（meta）知识。为了实现这种元知识的描述，这个系统将协调作业模型对应于拾放模型与视觉模型，图 26.9-8 所示为利用多重继承的递阶关系的协调作业模型。如上所述，这种协调作业模型有效地利用操作知识和描述知识的使用方法的知识。将其置于这种位置时，两个模型保存的属性和过程就原原本本地保持作为各自模型的独立性，协调作业模型可以方便地使用。

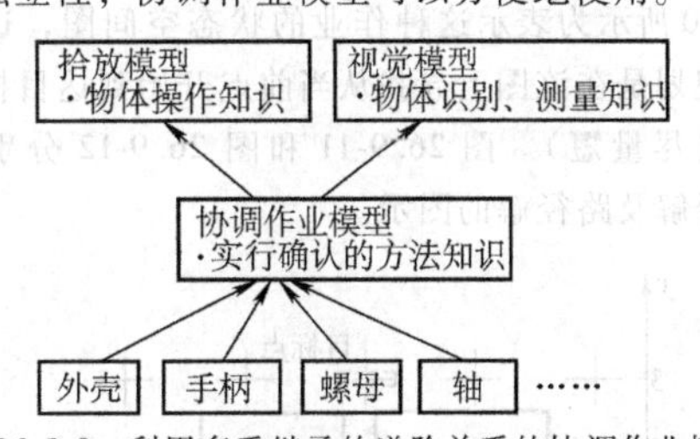

图 26.9-8　利用多重继承的递阶关系的协调作业模型

这种引入面向对象系统的知识表示框架的机器人世界知识的模型化方法，因为容易积累对象物级的动作以及各种各样的知识，所以容易保持机器人系统的可扩充性。

3　机器人行为规划

规划（planning）是机器人系统最基本的功能。这是因为希望机器人做出某种行为时，必须进行某种规划。

3.1　作业规划

在机器人进行某种作业的场合，必须用程序的形式给出动作的具体指令，为此，必须确定作业的程序。例如，进行机械的组装和分解作业时，进行作业前，必须预先决定机械零件的装配顺序和拆卸顺序，放置零件的地方等。通常，程序员全部考虑这些顺序，或者一边使用机器人仿真器或机器人用的专家系统等的会话功能，一边书写机器人动作的程序。然而，这种工作对于程序员是很重的负担，如果机器人系统自身具有考虑大致的作业程序的功能，则可以使程序员减少很多麻烦和负担。显然，为了产生这些作业程序，必须预先熟悉周围的状况和机器零件放置的样子（位置和姿态）等环境条件和机器人可能的动作。在这些前提下，将生成完成目标作业必需的全部作业程序的功能称为机器人的作业规划（也称为机器人规划生成或问题求解）。

机器人作业规划问题从机器人研究之初就开始进行。例如，在 MIT 开发出的如图 26.9-9 所示的房子中存在几个物体（障碍物）的环境下，处理细长形对象物（用符号 A 表示）移动的作业规划器（planner）。在这种场合中，为了移动 A，机器人能够执行的动作是将 A 向 x 方向或者 y 方向仅仅移动±1 个单位，或者在该场合仅仅使其旋转 90°。在这样的约束条件下，机器人自动地考虑应进行怎样的动作才能使 A 从所在位置移动到图中虚线所示的目标位置和相应的姿态。其中，用表示机器人环境状况的状态和作为机器人动作元所描述的作业状况的状态空间法。图 26.9-10 所示为表示这种作业的状态空间图，这种作业的规划是在该图上寻找从当前点开始到达目标点的路径（尽量短）。图 26.9-11 和图 26.9-12 分别所示为路径解及路径解的图示。

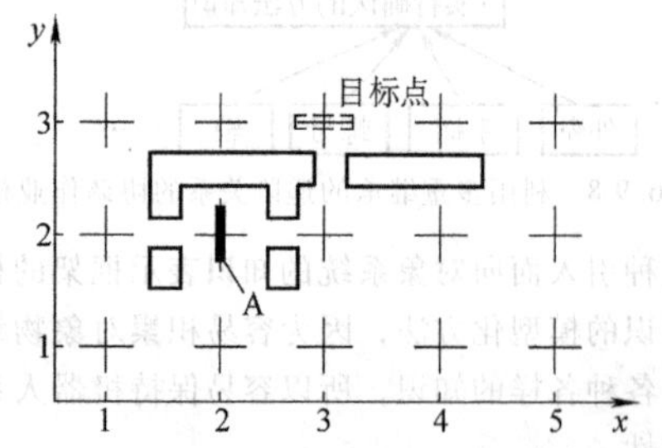

图 26.9-9　处理细长物体的作业规划环境实例

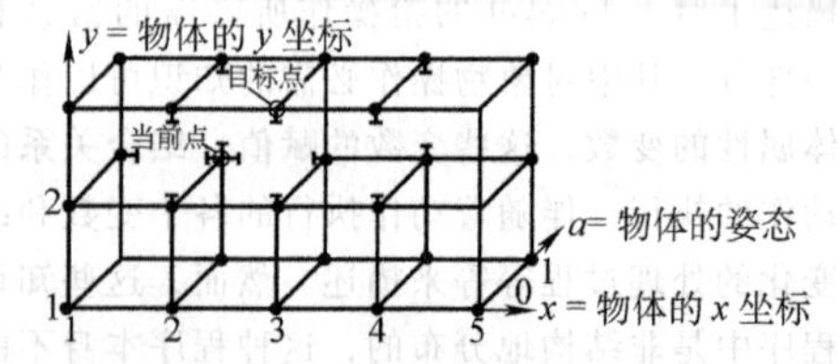

图 26.9-10　状态空间表示图

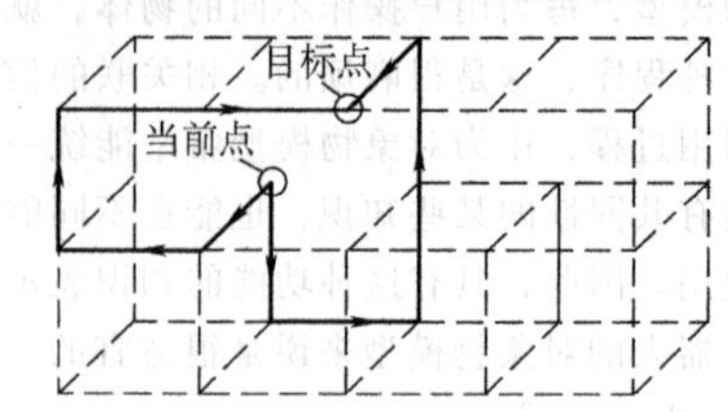

图 26.9-11　作业规划器指出的路径解

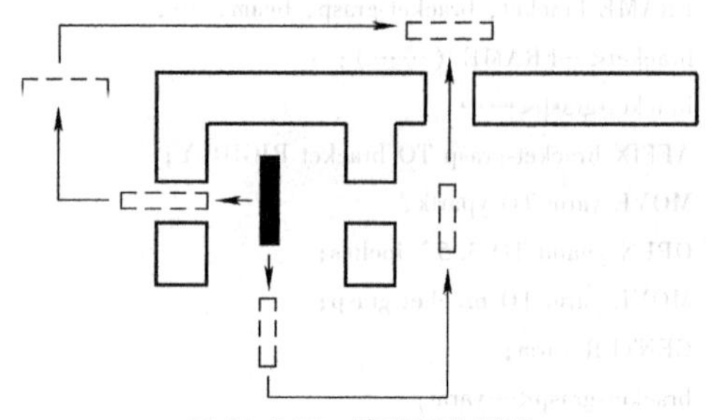
图 26.9-12　路径解的图示

3.2　行动规划

与其他机械比较，机器人的重大特征之一是有多个自由度，这意味着它在三维空间中可以自由地动作。反之，在希望机器人实际做某一动作时，必须从在空间中可以实现的多种动作中选出某些动作；而且对于所做的这种选择，当然应是既能够达到目标的动作，又能使其自身不和其他物体、其他机器人、其他移动物体发生碰撞的动作。

（1）机械手的避碰

为了控制机械手使其完成作业，必须借助机器人语言程序和动作示教，详细地指定作业动作。使用具有图形显示功能或干涉检查功能的模拟器，通过对话来规划机器人动作的方法尚在研究开发，但仍然需要大量的时间和人力，为了减轻人类的这种负担和进一步扩大机器人的适用范围，目前正在深入进行机器人自主动作规划的研究。

障碍物回避动作规划可以看作是在具有与机械手的自由度数相同维数的空间中的路径搜索问题。在这个过程中，具有复杂形状的三维立体间的碰撞检出计算已成为必要。至于这个问题的一般解法，在计算几何学的范围内，计算的复杂性已有理论评价。作为路径搜索的最坏情况的计算量的上限，不可能实行的阶数（order）已经能明确地指出来。

然而，在现实机械手的动作中，这种最坏的情况很少发生，但从实际的动作规划是可能的立场出发，已进行了种种研究。

在机械手动作的开始位置和目标位置已经给定时，一般可能存在多条路径。至于路径的最优性，存在最小能量、最短时间和最短距离等各种各样的评价标准。然而，取什么样的评价标准依赖于各自的作业内容。对于有6个自由度的机械手的路径探索，回避障碍物而到达目标是困难的问题。因此，还没有出现同时处理障碍物回避和最优化的研究。

障碍物回避动作规划方法可分为基于作业空间的局部信息法和基于全局信息的方法等两种。因为使用任何一种方法单独地求解具有现实复杂性的问题是困难的，所以正在研究将它们组合起来，并引入启发式（heuristic）方法。

利用近旁局部信息的避碰是为探索障碍物回避的路径，考察基于机械手近旁的空间结构，沿着没有碰撞的方向进行动作的方法。它适用于作业环境的域结构预先不知道的场合；当环境时刻发生变化时，基于分布于机械手各部分的传感器信息进行障碍物回避的场合，以及由于机械手的自由度很高使空间描述困难的场合。

典型的基于局部信息的避碰方法，有假想势场路径探索法，即定义从环境内的物体到机器人的距离的相应斥力和至目标位置的引力的假设势场（potential），这种方法若在三维作业空间中求出势场，即使机械手的自由度增加，这个势场也能照样适用；另一方面，具有现实复杂度的三维空间中的势场函数的定义和计算是困难的，并且有时会在斥力和引力平衡的点上停留下来，不能达到目标。对于前者，不再求取分布于机械手全体的悬挂力，而是对于构成机械手的各个连杆，仅仅求取各障碍物对其最近点的作用力并使其动作的解决方法；对于后者，现时还没有解决方法。另一途径是设法从全程观点给出所求的中间目标。

基于局部信息的方法是根据机械手与周围避碰物体两者间的距离的评价函数，与机械手接近作业目标的评价函数的加权之和来决定动作方向，因此，仅能规划一条路径。当这条路径不合适而实际发生碰撞时，为了规划其他路径，只有修正权重参数。还没有发现最优地决定这个参数的方法，当前人们是凭经验决定权重的值。

若能进行工作环境内物体的几何学描述，并显式地描述机械手与它们不发生碰撞而能够动作的空间（自由空间），则可以使用在该空间中的图搜索法等探索到达目标的路径。但是，一般的机械手是具有多自由度的连杆结构，而且由于各连杆具有复杂的三维形状，所以描述自由空间是不容易的。

作为开创性研究，实现由两个连杆组成的 Stanford Arm 的障碍物回避的自由空间描述是由 Udupa 完成的，该研究给出了如下做法：即在近似于机械手形状的基础上，借助于扩大周围障碍物和缩小机械手，将机械手姑且看作没有体积的线段，进一步的相对于机械手的前端连杆的长度扩大周围物体，从而可将机械手看作一点，图 26.9-13 所示为做二维运动的连杆机械手避碰动作的情况。就是说，这是一个分别用圆柱表示的臂和腕构成的机械手从出发点 S 开始向着目标点 G 移动的问题；将作业域内的所有障碍物扩大相当于圆柱半径的倍数，将机械手作为相连接的两条线段来处理。路径规划则利用两个连杆这一特点探索地进行。当连杆数增加时，这个方法便难于使用；其次只能发现局部的障碍物回避路径，不能选出从大局来看是比较好的路径，这是该方法的一个缺点。

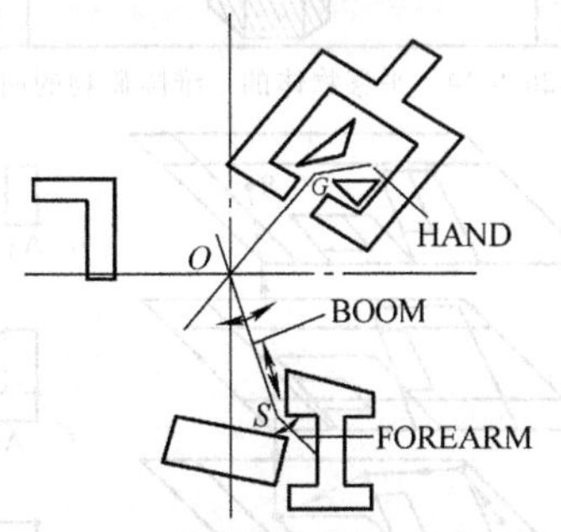

图 26.9-13 连杆机械手避碰动作的情况

对于多边形物体回避多边形障碍物且不带旋转的平移场合，lozano-perez 给出了求取其移动的最短路径的方法。图 26.9-14 所示为对象物体 A 从出发点 s 移动到目标点 g 时的最短路径，这条路径按照下述方法求得：首先，将对象物 A 的任意位置看作参照点 s，让 A 不旋转，一边保持与障碍物接触，一边围绕着各个障碍物平移，求取点 s 描出的图形（见图 26.9-14 的斜线部分）。这些图形［命名为 GOS（A）］可以看作禁止参照点 s 进入的区域。在考察移动路径的场合，利用这一结果可使对象物 A 缩小至 s 点，于是便可以从连接出发点 s，GOS（A）的顶点和目标点 g 的路径中选出不进入 GOS（A）且到达点 g 的 A 的最短路径，如图 26.9-14 所示。其次，考察 A 旋转的场合。这时，因为对应于 A 的旋转 GOS（A）也发生变化，所以求取 A 的移动路径的问题已构成三维问题。

这里为了易于问题的处理，提出下述方法。将 A 的旋转分为 m 个区间，求取各区间的旋转可能形成的图形，并各用一个包含它的多边形（第 i 个近

似多边形记为 A_i）来近似。用各个 A_i 得到的 m 个 GOS（A_i），求取近似的最短路径。图 26.9-15 所示为表示这个方法的一个例子。允许对象物从 A_1 旋转到 A_3，从点 s 移动到点 g。A_2 是由 0°到 90°旋转可能形成的多边形，以上是在二维平面内的移动。在对象物和障碍物是三维的场合，GOS（A）是立体的，所以最短路径不一定通过 GOS（A）的顶点，较多的情况是通过棱线，因此，应致力于在棱线上追加顶点而求取路径。其次，对象物的旋转自由度越是增加，就越成为更高维的问题，于是需要在更大范围内的近似，这种方法适用于各连杆用多面体表示的机械手的障碍物回避问题。

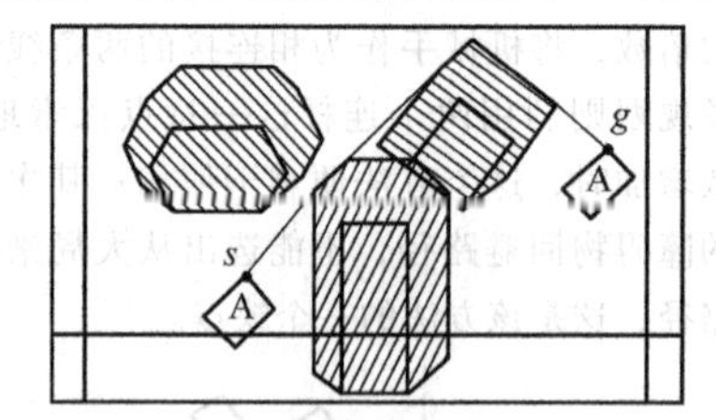

图 26.9-14　平移物体的二维障碍物的回避

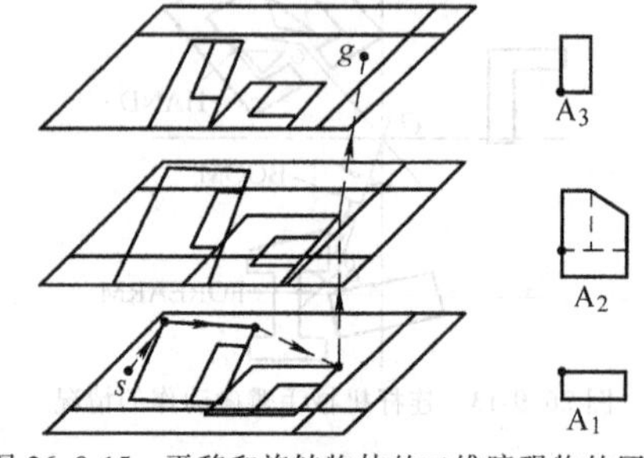

图 26.9-15　平移和旋转物体的二维障碍物的回避

（2）移动机器人的避碰

所谓路径搜索就是在给定的环境下，找出从初始点出发，避开障碍物而到达目标的路径。根据不同的场合，有时也要求该路径满足某种性质（最优性）。

很早以来，路径搜索问题就与移动机器人毫不相关地进行研究，开发了对应于问题状况的各种算法。将它们按照移动机器人的观点进行分类时，可以分为以下几类：

1）直观搜索法或者爬山法。这个方法适合于在几乎没有关于环境的信息的场合，其路径搜索的情形与人类没有地图要到未知的地域的搜索情况相似，即搜索路径的机器人在其出发点只具有目标点大体在那一个方向的信息，最初不管怎样，试着向接近目标的方向移动，而且基于由移动结果得到的新信息，借助于朝着认为比较接近目标的方向移动，而继续进行路径搜索。机器人反复执行这一过程直至达到目标点。

用这种方法得到的路径不一定是最短路径（最优路径），而且还存在由于环境的复杂而不能发现到达目标点的路径的情形。属于这个方法的最简单的情况是利用触觉信息向目标点前进，若接触到障碍物，就分析这些信息，决定下一步应该前进的方向。作为稍微进一步的成果是用人工视觉检出障碍物，基于其大小和斜面的倾斜度的信息生成避碰路径和检出障碍物间的间隙决定走向目标的方向。

2）图搜索法或者数学规划搜索法。在环境知识完全的场合，即存在于环境中的障碍物配置是预先知道的场合，或者是在机器人实地移动时借助于视觉装置等可以决定障碍物的整体配置，则可以运用更为有效的搜索法。在图 26.9-16 所示的用多边形表示障碍物的环境中，从出发点 S 开始，回避障碍物而到达目标点 G 的最短路径存在于连接障碍物的顶点的直线群的组合之中。这种问题可以作为计算几何学中的可视图法进行一般处理，最短路径对应于在可视图上求取从出发点到目标点的最短路径，借助于标号（labeling）法，设可视图形的顶点数为 n 时，其计算复杂度的阶数为 $0(n^2)$。

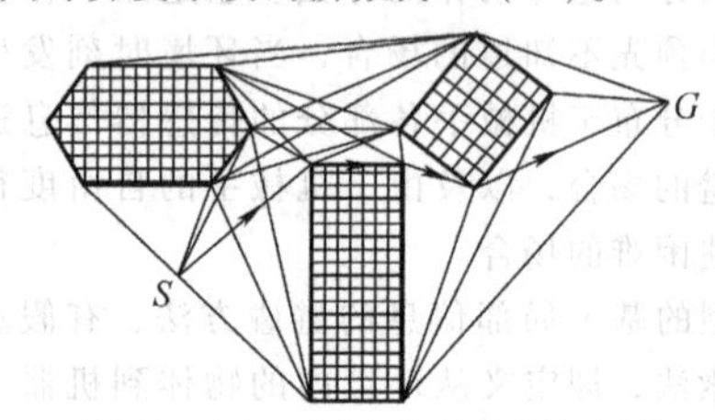

图 26.9-16　可视图问题的路径搜索

为了高速地求解这种问题，有的文献提出用超图层次地描述机器人能够动作的空间结构，实现路径搜索算法的高速化。为了尽量避免接触障碍物，也可以将由各障碍物大小决定的领域边界（计算几何学称其为 voronoi 图）作为路径的一部分来使用。有人提出了利用由障碍物的势场生成的势场的极小势场分布来决定路径的方法和利用距离变换的方法等。

另一方面，借助于将机器人的移动环境像棋盘格子一样分块而进行模型化，通过考察机器人在这些栅格中的移动而进行路径搜索的方法很早就开始使用。在这种场合中，以栅格间的移动所需的成本、与障碍物碰撞所造成的损失和在移动环境中观测存在的障碍物所需花费等为参数的评价函数，可以用动态规划法等数学规划法使其最小化，从而可以搜索到最优路径。图 26.9-17 所示为一边将观察到的障碍物的存在信息和关于机器人存在环境的信息并用，一边进行路径搜索的例子。为了提高这种栅格化环境中的路径搜索的精度和效率，也提出了使用树结构的层次化的空间描述的方法。图 26.9-18 所示为使用 4 叉树的层次化空间描述进行路径搜索的例子。从左下方的出发点 S 到右上方的目标点 G 的路径用画有斜线的方格表示。如图 26.9-18 所示，在障碍物少的范围内，使用了空间描述层次上边的栅格，即使用了粗大的栅格，在障碍物的近旁使用了层次下边的细小栅格。

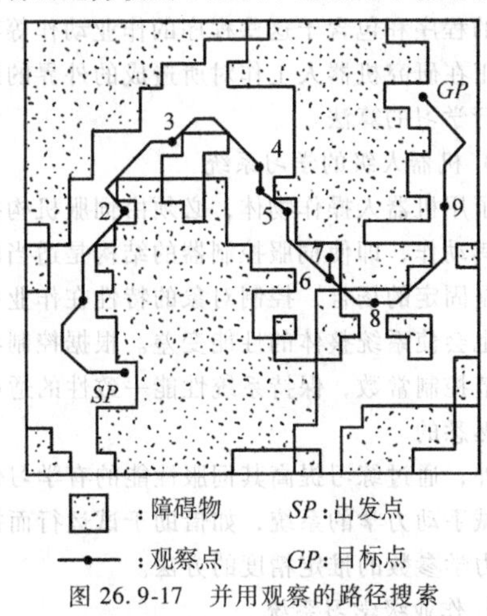

图 26.9-17 并用观察的路径搜索

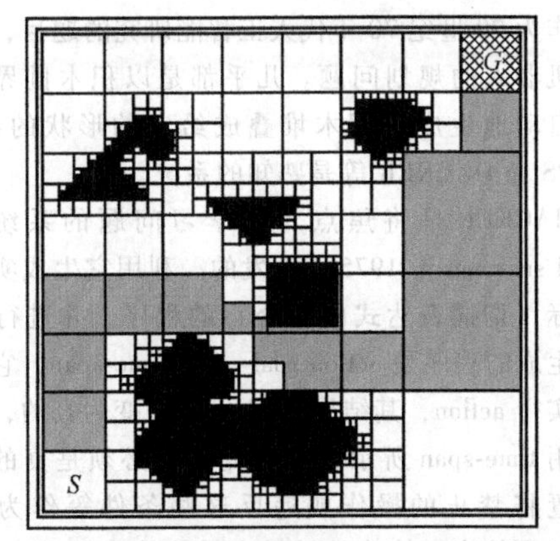

图 26.9-18 使用 4 叉树的层次化空间描述的路径搜索

这种基于图论或者数学规划法的路径搜索，不管环境怎么复杂，若只是追求计量上的最优性，则理论上一定可以求得最优解。但是实际上会出现组合爆炸等问题，必须经常进行必要的改善。

3）启发式或混合式的路径搜索法。若环境信息不完全，或者环境太复杂，进一步要求路径具有最优性而显得勉强时，有时就会出现用 1）的方法不能发现路径，用 2）的方法过于花时间，并会引起组合爆炸等情况。在这种场合下，使用某种启发方法，或将几种方法组合起来使用的混合法有时是起作用的。

启发方法中所用的启发知识是依赖于各个问题的，难于一般地讨论。作为在移动机器人的路径搜索中使用的启发知识，最简单而且经常使用的是：①从当前地点向着目标点，直至遇到障碍物一直前进；②若遇到障碍物，走向在当前地点可以看见的障碍物的边缘点中最近的一个；③沿着障碍物移动等。图 26.9-19 所示为使用这种启发知识搜索路径的例子。

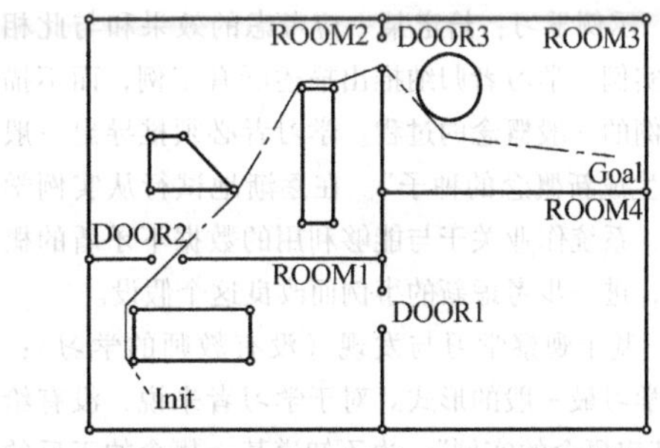

图 26.9-19 利用启发知识搜索路径实例

4 机器人知识的获取

在人类的学习能力中存在技能改善与知识获取两个侧面。技能改善就是通过反复练习无意识的水平调整。相对地，伴随新符号知识及其结构和心理模型的建立，知识获取是有意识的过程。在机器人领域也展开了同样的两类学习，即技能改善和知识获取的研究。

另一方面，机器人为了进行作业，实施作业及与实施作业有关的信息、作业对象和作业环境的信息是不可缺少的。这里分为“作业知识的学习”和“作业环境知识的学习”等两方面内容。

4.1 学习的分类

关于学习（leaning）的研究，可以按各种基准分类。以下介绍的是基于学习策略的分类，这种分类也是基于学习过程中的推理的量来分类。

1）记忆学习：程序和事实、数据等直接地由树部给定，并将其记住的学习，学习者不需要具备推理的能力。

2）示教学习：就是基于由教师或教科书一类系统的信息源预先给定的“一般概念”获取知识，将这种新的知识与原有的知识进行综合，使其能有效地运用的过程。为使学习者的知识逐渐增加而必须给予新的知识，而大部分新知识是由教师负责提供的。

3）类推学习：就是预先给出产生新概念的“概念种子”，利用这些“概念种子”将类似于要求新知识和技能的现有的知识和技能变换为在新的状况下能够利用的形式，从而获得新的事实和技能的过程。例如，会开轿车的人，在驾驶小型货车的新情况下，为了能适应，需修正自己掌握的技能，以获取新的技能的学习，这种学习功能被用于将最初不是为此而设计的程序变换为使其能够实现与此密切相关的功能的程序。

当前机器人学习的研究大部分属于上述三类的范畴。

4）示例学习：给定某一应考虑的效果和与此相关的正反实例，学习者归纳推出描述所有正例，而不描述任一反例的一般概念的过程。学习者必须推导出一般概念和“生成新概念的种子”。在逐渐地试行从实例学习的场合，系统作业关于与能够利用的数据不矛盾的概念的假设，进一步考虑新的事例而改良这个假设。

5）基于观察学习与发现（没有教师的学习）：这是归纳学习最一般的形式。对于学习者来说，没有给出“关于特定概念的实例”，也不知道某一概念的正反的实例，必须靠自身决定“将焦点放在什么概念上”，这是一种基于被动观察和主动观察的实验系统。

学习系统也可以根据其获取知识的形式进行分类。

代数式的参数：如调节表示控制策略的代数式的数值参数，而使其得到要求性能的系统。

决策树：获得区别对象的决策树。

形式文法：学习人类的语言，从其语言中的一串句子归纳出形式文法。

产生式规则：获得和改良用 IF…a…THEN…b…（若称为 a 的条件成立，则实行称为 b 的动作）形式表示的知识表示（规则）。用于改良的基本方法有下述 4 种：①创作，从外部获得或做成新的规则；②一般化，丢掉和放宽一些条件，使规则在更多的状况下能够适用；③特殊化，用附加新条件的方式加以限制，缩小适应状况的范围；④组合化，将两个以上的规则综合为一个大的规则，这可用删除条件和动作来实现。

基于形式逻辑的记法与相关形式、逻辑式的学习。

图与网络：改变和获取用图和网络表示的描述。

框架与模式（schema）：获取用这些知识表示法所描述的知识。

计算机程序：获得有效地执行特定过程的程序，多数自动编程系统属于这个范畴。

分类：用基于观察的学习，设定系统分类的基准，学习将对象描述分类。

也可以根据实现学习功能的方法进行整理，具有代表性的有以下两种。

演绎推理：从公理和法则发现和记忆新的事实和法则，是以数学和逻辑学方法为基础的方法。

归纳推理：与演绎推理相反，是由现实发现原则的方法，即对于还没有完全理解的事物，可以仅通过观察事例来进行学习。

4.2　作业知识的获取

这里以层次性的观点，将关于机器人实施作业的知识分为控制机器人动作级（机器人级）和处理作业的目标和效果级（作业级）等两部分知识来讨论。

1）机器人级信息的学习。学习控制机器人动作时必需的信息，将控制参数、机械手动力学、目标轨迹和控制策略等作为学习内容进行研究。

2）作业级信息的学习。学习与作业子目标、实施作业的程序和包含于这些程序的作业动作等有关的信息，正在研究机器人工作对所造成的外界的影响效果而进行学习的算法。

（1）机器人级的学习系统

为了用机器人操作物体，必须由伺服机构控制机械手使其动作，即使伺服控制器的结构是适当的，控制常数是固定的场合，控制对象的特性在作业中发生变化时也会使系统整体的性能变差。根据控制特性的变化调节控制常数，保持系统性能一致性的适应控制是大家熟悉的。

另外，通过练习提高其伺服性能的有学习伺服参数和机械手动力学的系统，如借助于试运行而提高机械手动力学参数的推定精度的方法。

（2）作业级学习系统

作为 20 世纪 70 年代人工智能研究的题目，经常提出机器人的规划问题。几乎都是以积木世界为对象，自动地生成将积木堆叠成给定的形状的程序。STRIPS 和 HACKER 等是熟知的系统。

HACKER 是将焦点对准学习问题的系统，是 Gerakl sussman 于 1975 年开发的。利用它生成实现给定目标（谓词表达式的集合）的程序，并进行了模拟。生成的程序是 action goal- state time-span，它表示应该实行 action，其结果 good-state 应变为真的，它意味着用 time-span 所示的程序完结时必须是真的。模拟装置将禁止的操作或违反这些条件等作为故障（bug）而检出。故障的种类和排除故障（debug）过程预先作为知识来描述，与模拟结果进行匹配而识别故障。对于引起故障的状况和相应的排除故障的过程，采用将常数变换为变数的一般方法并存储于程序库内。其次成功的规划也同样做一般化处理，并存储于子程序库内。在生成和改写规则时访问这些程序库。HACKER 是一个将作业规则制订阶段的逻辑故障的检出和学习进行模型化的系统。

Dufay 和 Latomb 提出了由经验归纳学习机械组装作业程序的系统，作为系统输入而给定的作业用对象物的初期状态和目标状态，以及零件的几何信息来描述。将它作为输入信息，学习则按以下两个阶段来实施：①在训练阶段，利用传感器多次实行相同的作业，收集两个以上不确定性和误差的起因不同的多个例子；②接着是归纳阶段，基于得到的实施例子，利用归纳学习做出在任意场合都能执行的一般策略程序。

以将棒插入孔内的作业为例，作业为“使棒的轴与孔的轴一致，将棒的一头直接插入孔的底部”。在训练阶段，首先规划员基于作业描述的规则生成机器人动作命令的序列，以后生成的动作命令序列借助于监视器逐个执行，利用传感器信息判断这些动作是否实现目标。若实现目标，则转移到下一个动作，否则，为使其达到希望的目标状态而修改最初的规划，并重新执行。这样做可以收集到包含棒在孔的边缘的场合的多个试行例子，这些试行例子可以用图 26.9-20 来描述，其中节点表示机器人的动作，弧则表示作业状态。在归纳阶段，利用图 26.9-20b 所示的综合与一般化规则，实施这些试行例子的综合与一般化，作出图 26.9-20c 所示的已被一般化的作业图。最后将这些变换为动作级的机器人语言 LM，从而得到一般的作业实行程序。

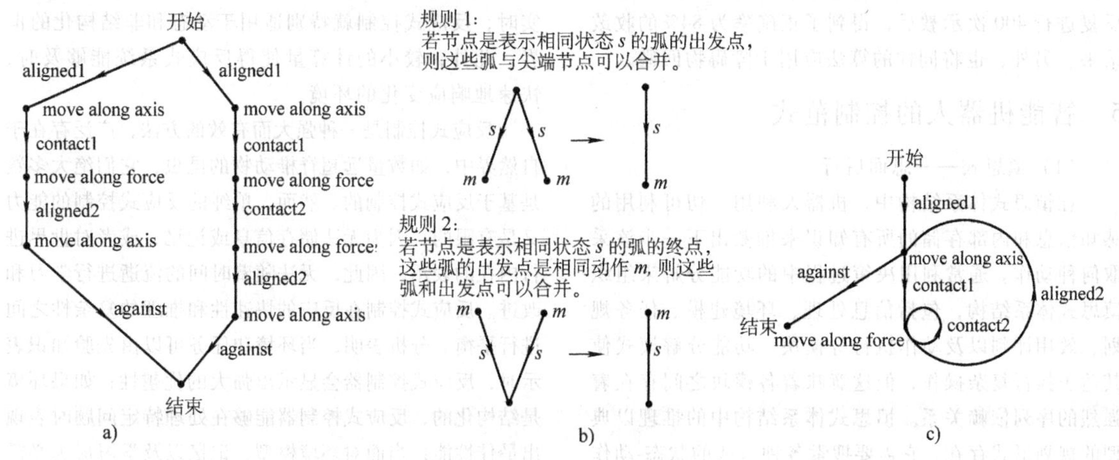

图 26.9-20　使棒通过垫圈并将其插入有孔方块的组装作业

a）由试行生成的图　b）学习所利用的综合与一般化的图的修正规则　c）由学习结果所得到的一般化作业图

4.3　图像理解与环境知识的获取

在学习作业对象的作业环境的信息场合，视觉起着重要的作用，在这里介绍有关视觉处理和图像理解的学习，以及利用视觉处理获取环境知识的方法。

（1）视觉处理的学习

机器人为了对用输送机送过来的零件实施作业，必须识别零件及其位置。RAIL 就是将基于对象物的特征群实施模式识别，同时测量零件的形状、损伤检查及其位置姿态的视觉处理，示教给机器人的编程语言已经被商品化。将在输送机上的机器零件的影像作为对象，由输入影像基于 Stanford 算法进行模式识别。对于输入图像的一个物体，或者是计算 49 个孔的特征值，其特点就是具有利用其特征值的学习功能和识别功能。对象物体的学习是反复输入其图像，求取特征值的平均值与标准差，将这些值与登录名一齐进行存储；自动识别就是将已登录的几个物体模型与摄像机摄取的物体进行比较，判定它是哪一个。RAIL 也称为具有借助于 Showing 的模式学习能力的视觉处理程序语言。

（2）环境知识的获取

广濑等人提出了将测距仪得到的三维信息构成适用于步行机械的地形图的系统 MARS。已在利用视觉信息制作凹凸地形的地图的场合，在地形的一部分生成所谓死角，不能得到该范围内的三维信息。因此，仅利用单纯的三维测量制作的地图是不完全的。为此，在 MARS 中，将地形图分为可视区和死角区，分别指出各个区地图的制作法。对于可视区，给出了使以前的测量值的权重变小，逐次存储信息的方法。借助于它，如在一边移动一边更新前方地图的场合，由于越是过去的测量值，就在距处理物体越远的地方被测量，所以可以使其权重变小，换言之可以给出“遗忘效果”。另外，关于制作死角区的地图所需的死角域推定法，给出了有效地利用过去得到的环境信息的方法。这就是记忆已测量过的物体的特征，也就是借助于学习，逐次地做成正确地图的方法。利用四足步行机械进行实验表明，对于可视域，可以实时地生成地形图。

铃木等人给出由视觉信息学习环境地图的应用例子，提出了使联想数据库自组织化的简单有效的方法，并将其应用于自主移动机器人。学习系统由预先规定的处理部分和在初期状态是空白的记忆部分构成。对于现时的输入信号，处理部分从记忆部分检索出与其相似的以前的输入信号，调出它的相关信息。若现时输入信号的附带信息与这个相关信息不一致，就将新的信息附加于记忆部分的数据库，其影响由下一次处理加以反映。像这样依赖于记忆状态和输入信号双方，数据库就自组织化地建立起来。当给出充分长的输入序列时，输入信号与相关信息的对应关系与标本序列的对应关系相等。在这种数据库的自组织化算法中，将摄像机图像看作为输入信号 x，将机器人位置 y 看作为由此得出的联想信息，若使其学习 x 和 y 的对应关系，则其后就可以由风景识别机器人的位置。将在走廊第几条支柱的地方是否有机器人记为人，将由使摄像机在水平面内旋转所得的影像做成的二值化全景（panorama）影像记为调，并进行实验，反复进行400次示教后，得到了正确率为84%的收敛结果。另外，也将同样的算法应用于障碍物回避。

5 智能机器人的控制范式

（1）慎思式——思而后行

在慎思式体系结构中，机器人利用一切可利用的感知信息和内部存储的所有知识来推断出下一步该采取何种动作。通常利用决策过程中的功能分解来组织慎思式体系结构，包括信息处理、环境建模、任务规划、效用评判以及动作执行等模块。功能分解模式使其适于执行复杂操作，但这意味着各模块之间存在着强烈的序列依赖关系。慎思式体系结构中的推理以典型的规划形式存在，它需要搜索各种可能的状态-动作序列，并对其产生的结果进行评价。规划是人工智能的重要组成部分，是一个复杂的计算过程，此过程需要机器人执行一个感知-规划-动作的步骤（例如，将感知信息融入世界地图中，然后利用规划模块在地图上寻找路径，最后向机器人的执行机构发出规划的动作步骤）。机器人制定规划，并且对所有可行规划进行评价，直至找到一个能够到达目标、解决任务的合理规划。第一个移动机器人 Shakey 就是基于慎思式体系结构来控制的，它利用视觉数据进行避障和导航。

规划模块内部需要一个关于世界的符号表示模型，这能够让机器人展望未来并预测出不同状态下各种可能动作对应的结果，从而生成规划。为了规划的正确性，外部环境的世界模型必须是精确和最新的。当模型精确且有足够的时间来生成一个规划，这种方法将使机器人能够在特定环境下选择最佳的行动路线。然而，由于机器人实际上是处于一个含有噪声，并且动态变化的环境中，上述情况是不可能发生的。目前，没有一个情境机器人是纯做慎思式的。为实现在复杂、动态变化的现实环境中快速做出恰当的动作，陆续有学者提出新的机器人体系结构。

（2）反应式——不想，只做

反应式控制是一种将传感器输入和驱动器输出二者进行紧密耦合的技术，通常不涉及干预推理。能够使机器人对不断变化和非结构化的环境做出快速的反应。反应式控制来源于生物学的刺激-响应概念，它不要求获得世界模型或对其进行维护，因为它不依赖于慎思式控制中各种复杂的推理过程。相反，基于规则的机器人控制方法不仅计算量小，而且无须内部表示或任何关于机器人世界的知识。通过将具有最小内部状态的一系列并发条件—动作规则（例如，如果碰撞，则停止；如果停止，就返回）进行离线编程，并将其嵌入到机器人控制器中，反应式机器人控制系统具有快速的实时响应特性。当获取世界模型不太现实时，反应式控制就特别适用于动态和非结构化的世界。此外，较小的计算量使得反应式系统能够及时、快速地响应变化的环境。

反应式控制是一种强大而有效的方法，广泛存在于自然界中，如数量远超脊椎动物的昆虫，它们绝大多数是基于反应式控制的。然而，单纯的反应式控制的能力又是有限的，因为无法储存信息或记忆，或者对世界进行内在的表示，因此，无法随着时间的流逝进行学习和改进。反应式控制在反应的快速性和推理的复杂性之间进行平衡。分析表明，当环境和任务可以由先验知识表示时，反应式控制器会显示出强大的优越性；如果环境是结构化的，反应式控制器能够在处理特定问题时表现出最佳性能；当面对环境模型、记忆以及学习成为必需的问题时，反应式控制就显得无法胜任了。

（3）混合式——思行合一

混合式控制融合了反应式控制和慎思式控制的优点—反应式的实时响应与慎思式的合理性和最优性。因此，混合式控制系统包括两个不同的部分，反应式/并发条件—动作规则和慎思式部分，反应式和慎思式二者必须交互产生一个一致输出，这是一项非常具有挑战性的任务。这是因为，反应式部分处理的是机器人的紧急需求，例如，移动过程中避开障碍物，该操作要在一个非常快的时间尺度内，直接利用外部感知数据和信号的情况下完成。相比之下，慎思式部分利用高度抽象的、符号式的世界内在表示，需要在较长的时间尺度上进行操作，如执行全局路径规划或规划高层决策方案。只要这两个组成部分的输出之间没有冲突，该系统就无须进一步协调，如果欲使双方彼此受益，则该系统的两个部分必须进行交互。因此，如果环境呈现出的是一些突现的和即时的挑战，反应式系统将取代慎思式系统。类似地．为了引导机器人趋向更加有效的和最佳的轨迹和目标。慎思式部分必须提供相关信息给反应式部分，这两部分的交互需要一个中间组件，以调节使用这两部分所产生的不同表述和输出之间的冲突。这个中间组件的构造是混合式系统设计所面临的更大挑战。

（4）基于行为的控制——思考行为方式

基于行为的搜索采用了一系列分布的、交互的模块，将其称为行为，将这些行为组织起来以获得期望的系统层行为。对于一个外部观察者而言，行为是机器人在与环境交互中产生的活动模式；对于一个设计者来说，行为就是控制模块，是为了实现和保持一个目标而聚集的一系列约束。每个行为控制器接受传感器或者是系统中行为的输入，并提供输出到机器人的驱动器或者到其他行为。因此，基于行为的控制器是一种交互式的行为网络结构，它没有集中的世界表示模型或控制的焦点，相反，个人行为和行为网络保存了所有状态的信息和模型。

通过精心设计的基于行为的系统能够充分利用行为之间相互作用的动力学，以及行为和环境之间的动力学。基于行为控制系统的功能可以说是在这些交互中产生的，不是单独来自于机器人或者孤立的环境，而是它们相互作用的结果。反应式控制可以利用的是反应式规则，它们仅需极少甚至不需要任何状态或表示。与此不同的是，基于行为的控制方式可以利用的是一系列行为的集合，此处的行为是与状态紧密相连的，并且可用于构造表示，从而能够进行推理、规划和学习。

上述每一种机器人控制方法都各有优缺点，它们在特定的机器人控制和应用方面都扮演着非常重要且成功的角色，并且没有某个单一的方法能够被视为是理想或绝对有效的。可以根据特定的任务、环境以及机器人，来选用合适的机器人控制方法。

6 智能机器人应用前景

在制造业领域，工业机器人的应用正向广、深发展。在非制造业领域，工业机器人随着智能化程度的提高，不断开辟新的用途，除操作机器人外，还有移动式机器人、水下机器人、空间作业机器人及飞行机器人等。在21世纪，将要实现的先进的智能机器人技术应用前景见表26.9-1。

表26.9-1 智能机器人技术应用前景

应用行业		智能机器人技术应用前景
制造业	食品	脱骨加工系统，冷冻室内加工系统
	纤维	自动缝制系统
	木制品	木制家具表面磨光及装配自动化
	造纸	产品在线自动检测
	化工	工厂设备监控、安全自动化
	石油	油罐清理、检查、涂装自动化
	陶瓷	烧成作业自动化
	橡胶	黏接剂涂抹自动化
	钢铁	压延自动化，炉体修补自动化
	通用机械	透平机翼、金属研磨自动化，水切割自动化，切边打毛刺自动化
	电子、电气机械	真空半导体及真空材料制造机器人，自动行走式清扫房间及搬运机器人，半导体等加工用微型机器人，一级清洁度用的机器人，总装自动化
	汽车	堆垛、拆垛，具有三维识别的插装机器人
	机械信息产业	自动仓库用自动命令上下架机构，车间内声控作业自动化，超高速DD（直接驱动）装配机器人，对移动物体进行三维识别的机器人，智能制造系统（IMS，Intelligent Manufacturing System），激光加工机器人
非制造业	畜牧	剪羊毛机器人，挤乳机器人，畜舍清扫机器人
	农林水产	摘果机器人，种植、施肥作业机器人，植物车间育苗机器人，喷洒农药行走机器人，整枝、间伐、采伐作业机器人，剔鱼肉，挑选鱼、包装自动化
	建设/建筑	钢筋组装自动化机器人，配钢筋机器人，耐火材料喷涂机器人，混凝土预制机器人，耐火材料喷涂机器人，混凝土预制机器人，混凝土地基铺设机器人，外壁抹灰机器人，装卸天花板、照明灯具及内装修机器人，装卸窗户机器人，混凝土外壁面清理、涂装、墙壁切断机器人，大楼外壁诊断机器人，贴瓷砖机器人，房间清扫、洁净度检查机器人，钢混凝土建筑物老化诊断机器人，桥梁涂装机器人
	土木工程	土质、地质调查自动化系统，小口径管道、地下电缆敷设作业、混凝土隧道喷涂机器人，隧道工事弓梁自动安装机器人，地下建筑拆卸机器人
	海洋	海底调查（地基、地貌）机器人，海底勘探、采矿机器人，水下工程、设施维护机器人，水下礁石清理机器人
	矿业	采矿、采煤自动化
	电力	配线作业，绝缘子清洗作业机器人，变电所巡查机器人，水压铁管检查机器人，火电厂排水路的点检、清扫机器人，输电铁塔升降机器人，核反应堆放射材料容器安全检查机器人，核反应堆拆卸机器人，核垃圾处理机器人

（续）

应用行业		智能机器人技术应用前景
非制造业	气、水管道	配管作业机器人，地下管道检查、检修机器人，容器检修、涂装机器人，下水道清洗机器人
	楼群物业管理	警卫、保安、消防机器人，清扫机器人，洁净度检查机器人，楼内引导服务机器人
	医疗	脑外科手术、卧病老人服务机器人，乳腺癌自动诊断机器人，内脏、血管检查手术机器人，角膜移植手术微型机器人，细胞操作微型机器人，病人引导、病历、病人运送机器人
	看护、康复机器人	卧病老人服务机器人（入浴、饮食等），老龄人轻度劳动辅助移动卧病老人服务机器人，残疾人助手系统（导盲犬卧病老人服务机器人、操作机器人），康复支援系统，动力假肢
	家政自动化	清扫，洗餐具，警卫，护理病人
	防灾	灭火（建筑、森林），警卫（大楼），救援（火灾、人埋入地下等），火灾避难导引作业，海面飘油防灾
	太空	宇宙构造物的组装、检查、修补机器人，卫星、自由飞行器的自动回收作业机器人，太空工厂作业机器人，空间检查，资源采集等

第 10 章　机器人工装夹具及变位机

机器人需要与工件的装卡、定位与变位协同工作。变位机多用于机器人焊接系统，也用于零部件的加工与装配工艺。具体应用有变位机与机器人配合工作、机器人作为变位机配合机器人工作等方式。本章介绍工件与工装夹具和变位机及其与机器人组成工作站的基本知识。

1　定位与工装夹具

1.1　定位方法及定位器与夹具体

1.1.1　基准的概念

基准又叫基准面（datum），它是一些点、线、面的组合，用它们来决定同一零件的另外一些点、线、面的位置或者其他零件的位置。根据用途，基准可分为设计基准和工艺基准，工艺基准可分为工序基准、定位基准、装配基准和测量基准。定位基准的选择是定位器设计中的一个关键问题，选择定位基准时应注意以下几点：

1）定位基准应尽可能与工件起始基准重合，以便消除由于基准不重合造成的误差。

2）应选用零件上平整、光洁的表面作为定位基准。

3）定位基准夹紧力的作用点应尽量靠近加工区或焊缝区。

4）可根据焊接结构的布置、装配顺序等综合因素考虑。

5）应尽可能使夹具的定位基准统一。

1.1.2　工件以平面定位

工件以平面作为定位基准，是生产中常见定位方式之一，平面定位常用的定位器包括挡铁、支承钉和支承板等。挡铁是一种应用较广且结构简单的定位元件，除平面定位外，常利用挡铁对板结构或型钢结构的端部进行边缘定位。支承钉和支承板主要用于平面定位。表 26.10-1 为平面定位用定位器。

表 26.10-1　平面定位用定位器

种类		简　图	说　明
挡铁	固定式	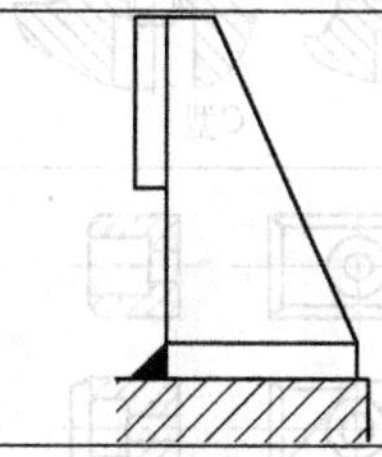	
	可拆式	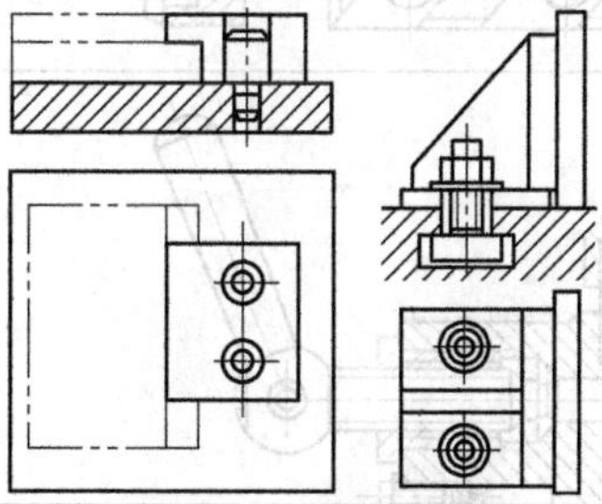	
	可退式	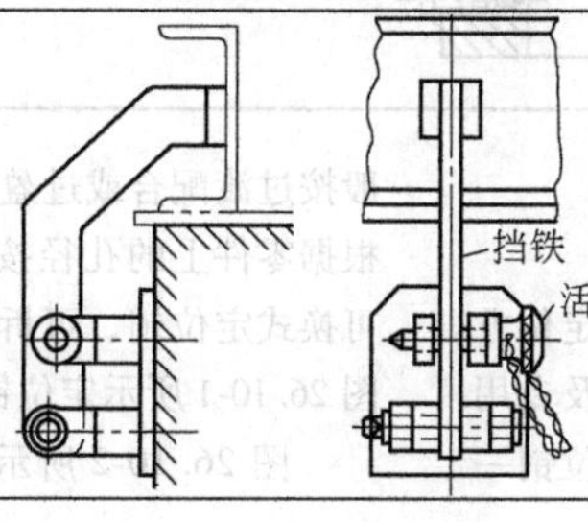 挡铁 活动销	

（续）

种类		简图	说明
挡铁	永磁材料及软钢制成的定位挡铁	80 160 a) 直角用 A 32 B 80 b) 多用 c) 应用示例	可装配铁磁性金属材料的焊接件，特别适用于中小型板材及管材的装配
支承钉和支承板	固定式支承钉	A型　B型　C型	分为平头支承钉、球头支承钉和带花纹头的支承钉
	可调式支承钉	A型　B型　C型	用于毛坯分批制造，其形状和尺寸变化较大的粗基准定位。也可用于同一夹具加工形状相同而尺寸不同的工件，或用于专用可调整夹具和成组夹具中。其参数在 JB/T 8026 中给出
	支承板	A型 B型	适用于零件的侧面和顶面定位
	自动调节支承		未装入工件前，支承栓在弹簧作用下，高度总是高于基本面

1.1.3　工件以圆孔定位

工件以圆孔为定位基准，也是生产中常见的定位方式之一。利用零件上的装配孔、螺钉孔或螺栓孔及专用定位孔等作为定位基准时多采用定位销定位。定位销一般按过渡配合或过盈配合压入夹具体内，其工作直径应根据零件上的孔径按间隙配合制造。有固定式定位销、可换式定位销、可拆式定位销和可退出式定位销几种。图 26.10-1 所示定位销的参数见 JB/T 8014.1-3。

图 26.10-2 所示的工件以孔缘在圆锥销上定位，

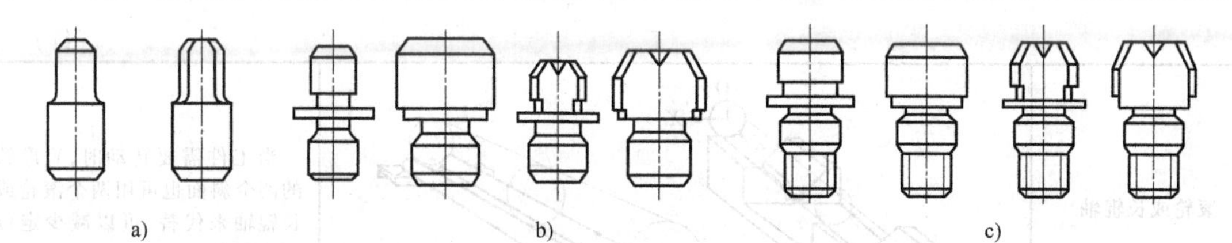

图 26.10-1　定位销

a）小定位销　b）固定式定位销　c）可换式定位销

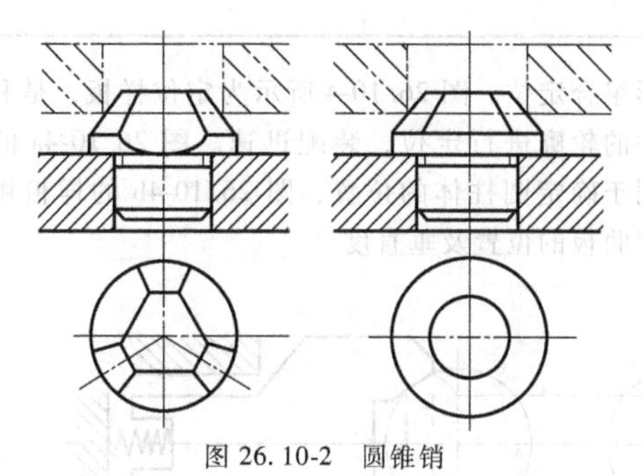

图 26.10-2　圆锥销

圆锥销相当于三个支承点。

1.1.4　工件以外圆柱定位

工件以外圆柱面作为定位基准是常见的定位方式，圆柱表面的定位多采用 V 形块。V 形块上两斜面的夹角 α 一般选用 60°、90°，120°三种，夹具中 V 形块的两斜面夹角多为 90°，有标准 V 形块、间断型 V 形块、可调节的 V 形块等几种形式。表 26.10-2 列出了工件以外圆柱定位。

表 26.10-2　工件以外圆柱定位

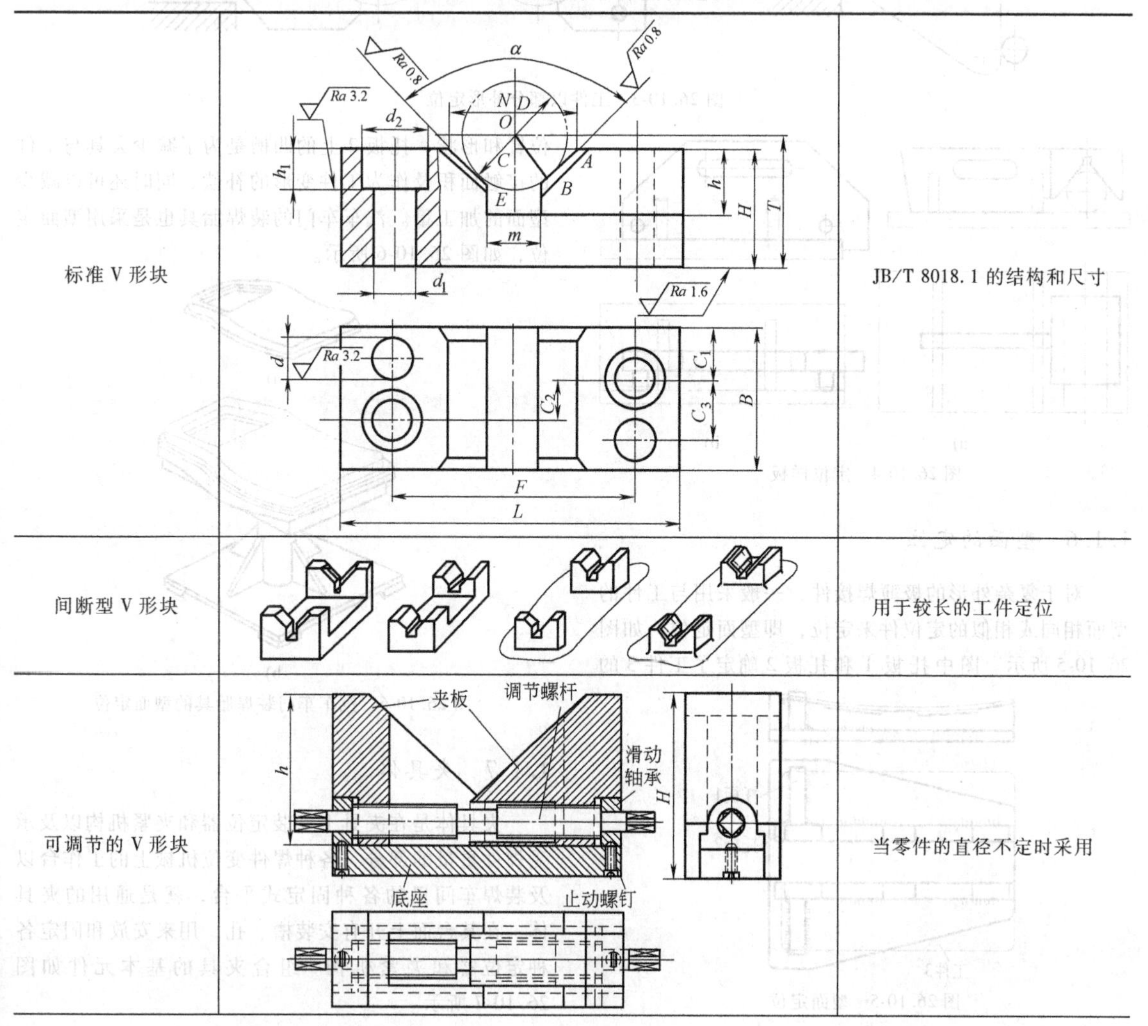

类型	图示	说明
标准 V 形块		JB/T 8018.1 的结构和尺寸
间断型 V 形块		用于较长的工件定位
可调节的 V 形块		当零件的直径不定时采用

（续）

滚轮或长辊轴	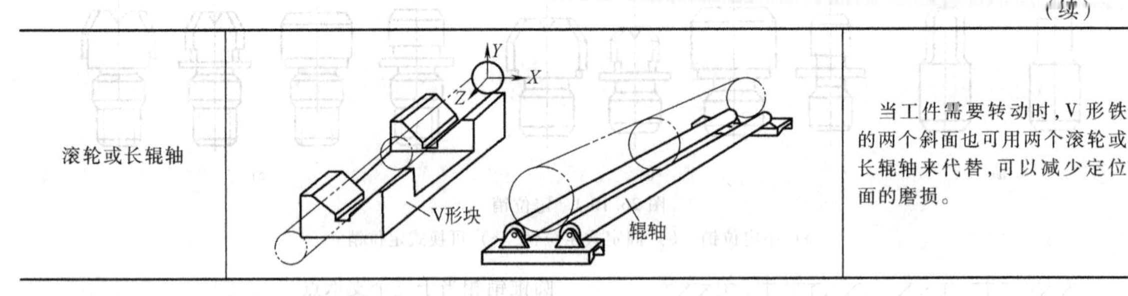	当工件需要转动时，V形铁的两个斜面也可用两个滚轮或长辊轴来代替，可以减少定位面的磨损。

1.1.5　组合表面的定位

以工件上两个或两个以上表面作为定位基准称为组合表面定位。例如，图26.10-3所示为工件以部分外形组合定位。图26.10-4所示为定位样板，是利用工件的轮廓进行定位，装配迅速。图26.10-4a的样板用于确定圆柱体的位置，图26.10-4b的样板用于确定肋板的位置及垂直度。

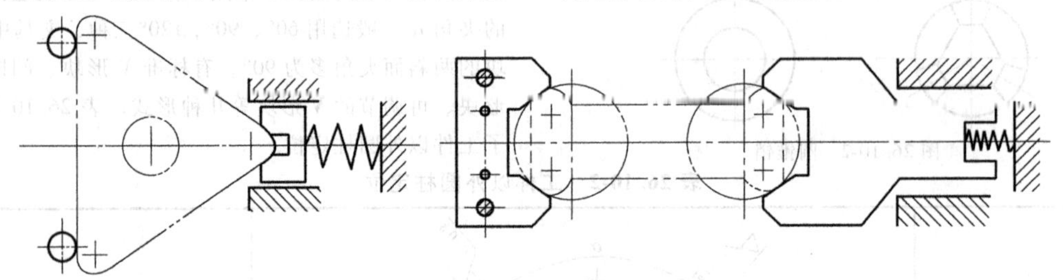

图26.10-3　工件以部分外形定位

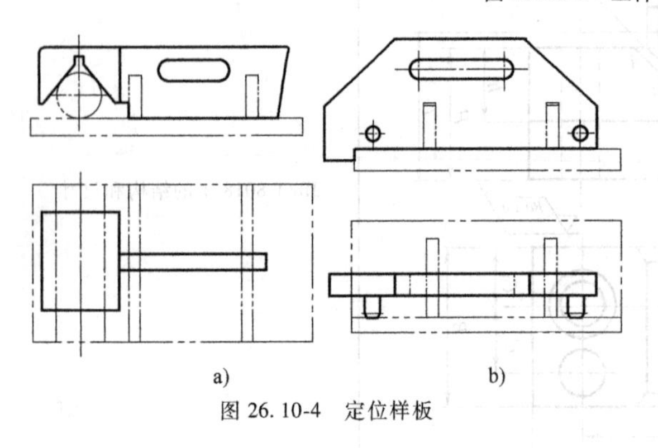

图26.10-4　定位样板

1.1.6　型面的定位

对于复杂外形的极薄焊接件，一般采用与工件的型面相同或相似的定位件来定位，即型面定位，如图26.10-5所示。图中托板1和托板2确定了工件3的位置和形状，托板2上的凹槽是为了减少夹具与工件的接触面积及作为工件变形的补偿，同时还可以减少型面的加工量。汽车车门的装焊胎具也是采用型面定位，如图26.10-6所示。

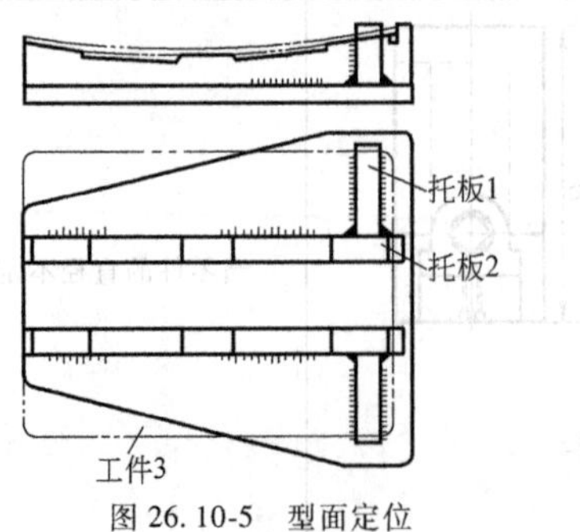

图26.10-5　型面定位

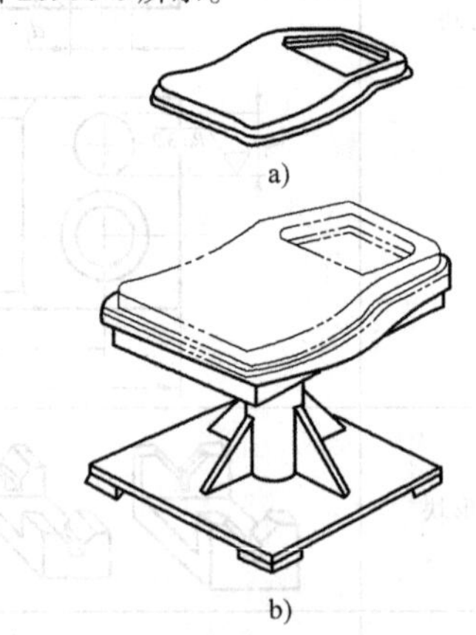

图26.10-6　汽车车门装焊胎具的型面定位

1.1.7　夹具体

夹具体是在夹具上安装定位器和夹紧机构以及承受焊件重量的部分。各种焊件变位机械上的工作台以及装焊车间里的各种固定式平台，就是通用的夹具体，在其台面上开有安装槽、孔，用来安放和固定各种定位器和夹紧机构。组合夹具的基本元件如图26.10-7所示。

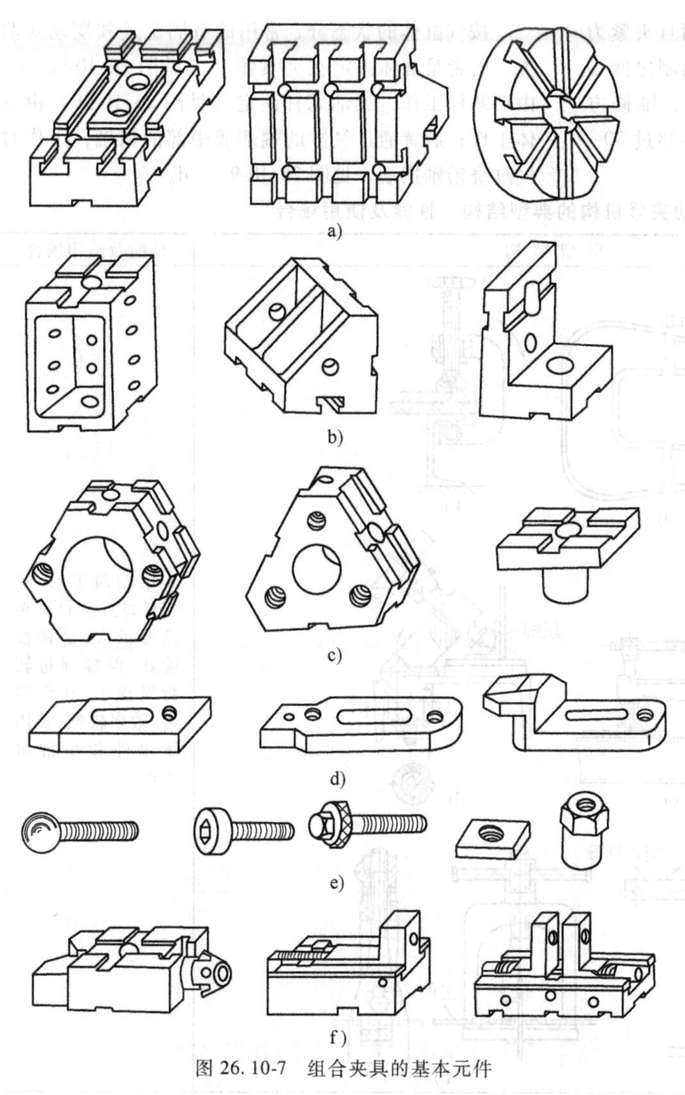

图 26. 10-7　组合夹具的基本元件

应注意防止因夹紧力的摩擦力而引起的转动或移动。图 26. 10-8a ~ 图 26. 10-8d 所示为在夹紧时因摩擦力而使工件发生转动或移动的一些例子，其相应的改进方法如图 26. 10-8e ~ 图 26. 10-8h 所示。

1.2　手动夹紧机构

手动夹紧机构是以人力为动力源，通过手柄或脚踏板，靠人工操作用于装焊作业的机构。它结构简单，具有自锁和将手动力成比例放大的功能，一般在单件和小批量生产中应用较多。手动夹紧机构主要有手动螺旋夹紧器、手动螺旋拉紧器、手动螺旋推撑器、手动螺旋撑圆器、手动楔夹紧器、手动凸轮（偏心）夹紧器、手动弹簧夹紧器、手动螺旋-杠杆夹紧器、手动凸轮（偏心）-杠杆夹紧器、手动杠杆-铰链夹紧器、手动弹簧-杠杆夹紧器和手动杠杆-杠杆夹紧器，其典型结构、性能及使用场合见表 26. 10-3。

1.3　动力工装夹具

在手动夹紧机构的基础上，配置动力装置构成动力工装夹具。其动力源包括电动机、气压和液压以及磁力、真空等。

1.3.1　气压和液压夹具

（1）气动夹紧装置的结构型式

生产中典型的气动夹紧装置如图 26. 10-9 所示。装置中使用的气缸，按其内部结构分有活塞式气缸（见图 26. 10-9a ~ d）和薄膜式气缸（见图 26. 10-9e）两类。

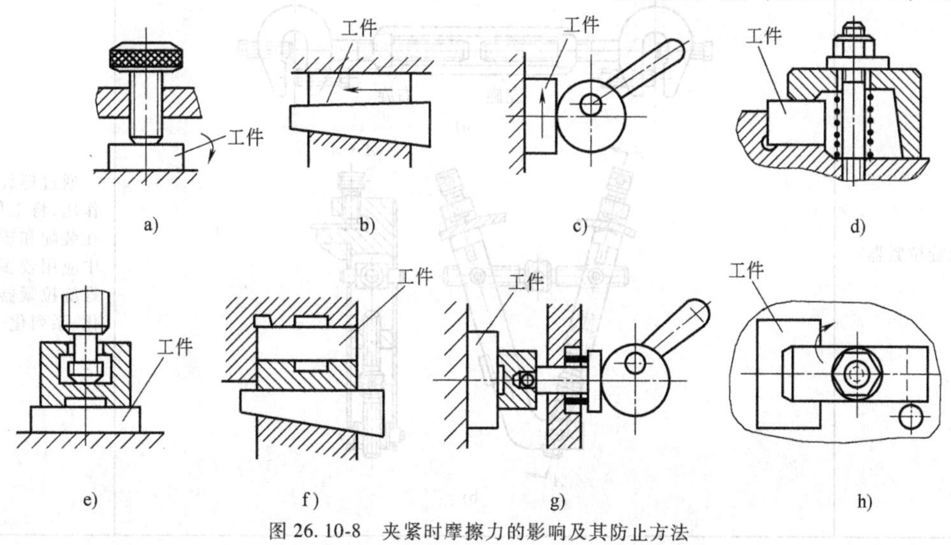

图 26. 10-8　夹紧时摩擦力的影响及其防止方法

活塞式气缸因夹紧的行程不受限制，而且夹紧力恒定，应用最广泛，但气缸尺寸较大，滑动副之间易漏气；薄膜式外形紧凑，尺寸小，易制造，维修方便，没有密封问题，但夹紧行程短，一般不超过 30~40mm，且夹紧力随行程增大而减小。

按气缸体的状态分，常用的有固定式和摆动式两类。前者是缸体固定在夹具体上（见图 26.10-9a、e）由活塞杆工作，或活塞杆固定（见图 26.10-9b）由缸体工作；后者通过气缸的端部或中部的销轴，工作时气缸绕销轴摆动，见图 26.10-9c 、d。

表 26.10-3 手动夹紧机构的典型结构、性能及使用场合

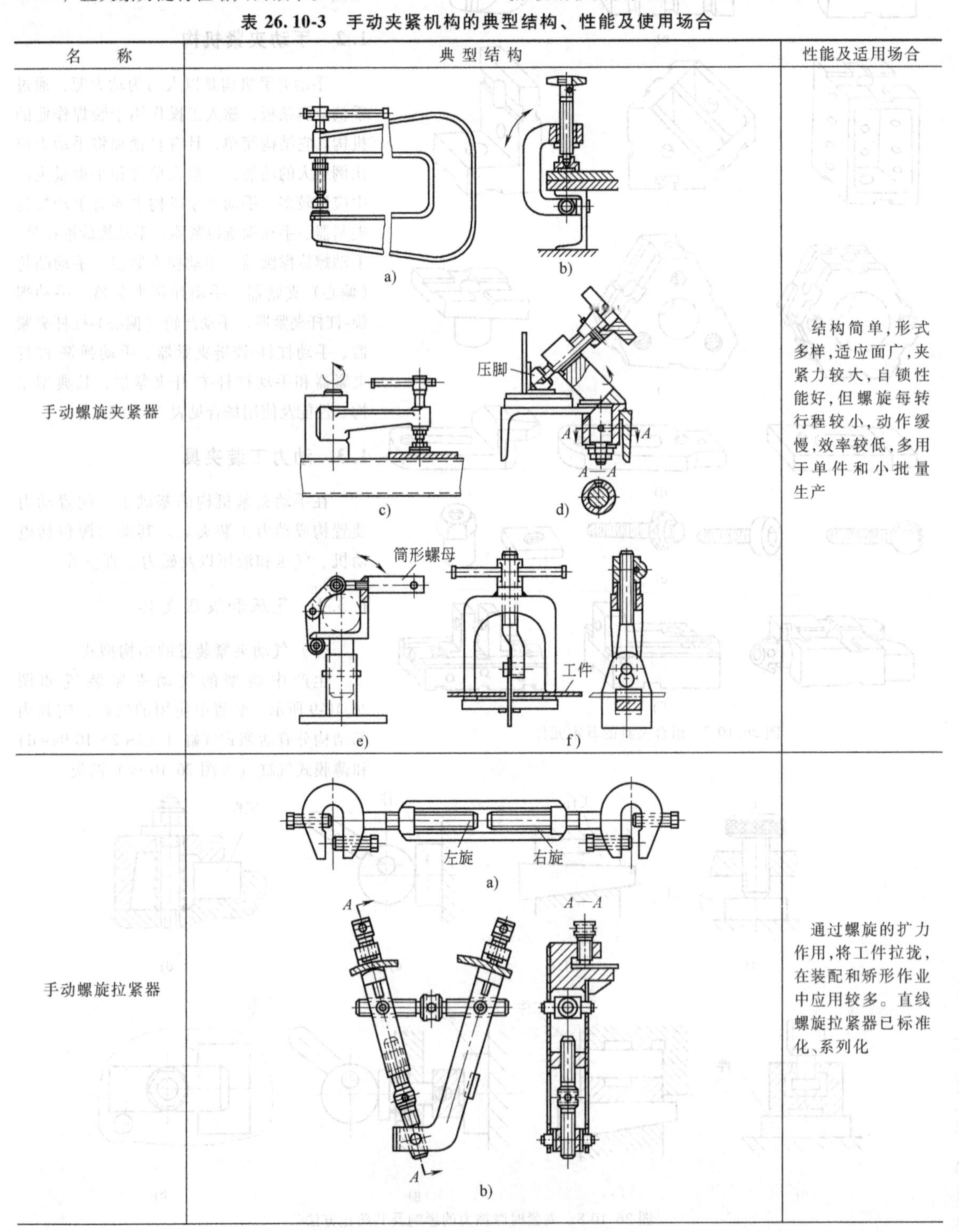

名 称	典型结构	性能及适用场合
手动螺旋夹紧器	a) b) c) d) e) f)	结构简单，形式多样，适应面广，夹紧力较大，自锁性能好，但螺旋每转行程较小，动作缓慢，效率较低，多用于单件和小批量生产
手动螺旋拉紧器	a) b)	通过螺旋的扩力作用，将工件拉拢，在装配和矫形作业中应用较多。直线螺旋拉紧器已标准化、系列化

（续）

名　　称	典 型 结 构	性能及适用场合
手动螺旋推撑器	a)　b)	用于支承工件，防止变形和矫正变形的场合
手动螺旋撑圆器	棘轮机构　摇柄　a)　b)	用于筒形工件的对接及矫正其圆柱度，防止变形或消除局部变形
手动楔夹紧器	圆楔　工件　a)　斜楔　工件　b)	简单易制，主要用于现场的装焊作业，为使楔在夹紧状态下既自锁可靠又便于退出，楔角应在 11° ~ 80° 内选取

（续）

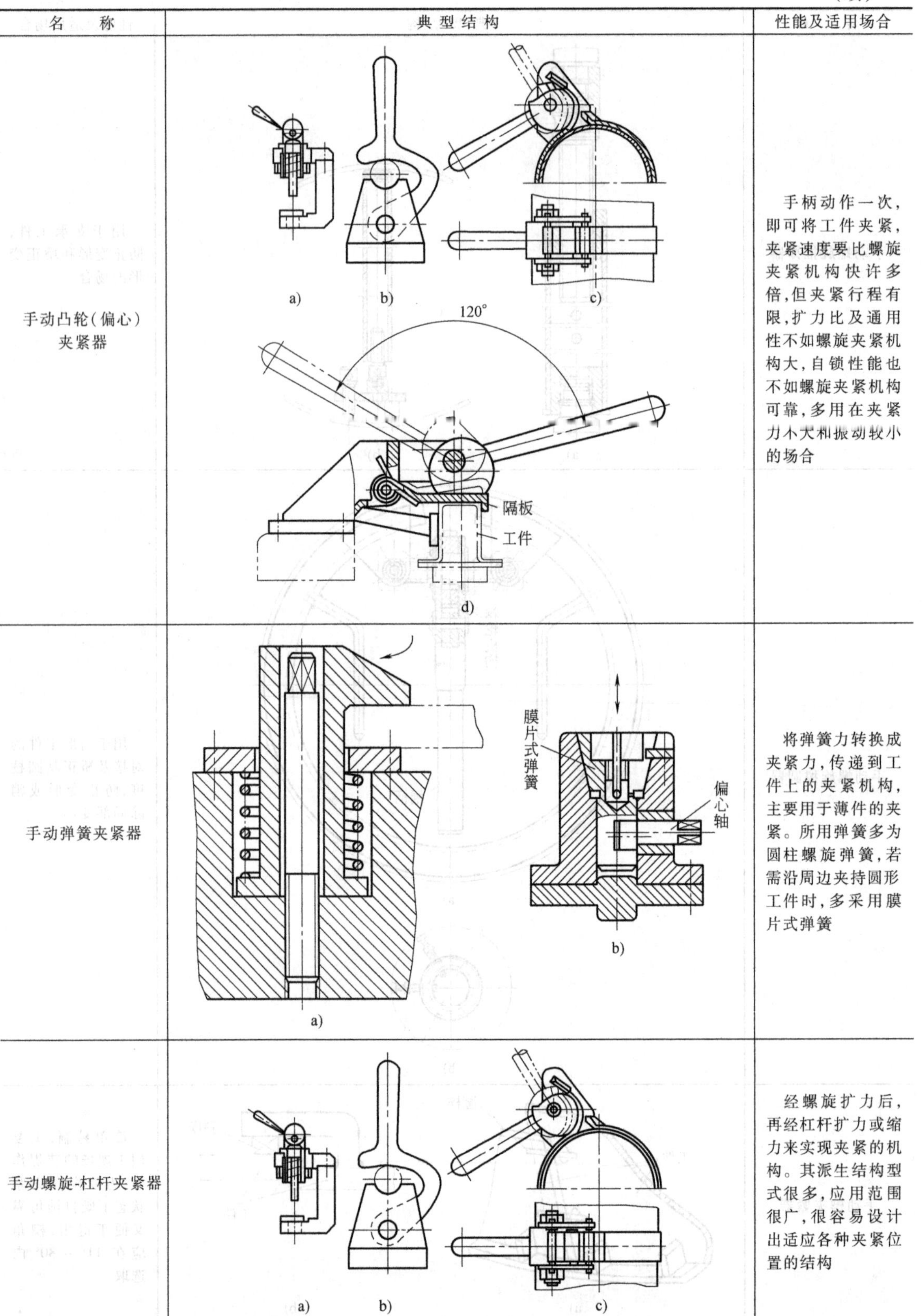

名　称	典型结构	性能及适用场合
手动凸轮（偏心）夹紧器	a) b) c) d)	手柄动作一次，即可将工件夹紧，夹紧速度要比螺旋夹紧机构快许多倍，但夹紧行程有限，扩力比及通用性不如螺旋夹紧机构大，自锁性能也不如螺旋夹紧机构可靠，多用在夹紧力不大和振动较小的场合
手动弹簧夹紧器	a) b)	将弹簧力转换成夹紧力，传递到工件上的夹紧机构，主要用于薄件的夹紧。所用弹簧多为圆柱螺旋弹簧，若需沿周边夹持圆形工件时，多采用膜片式弹簧
手动螺旋-杠杆夹紧器	a) b) c)	经螺旋扩力后，再经杠杆扩力或缩力来实现夹紧的机构。其派生结构型式很多，应用范围很广，很容易设计出适应各种夹紧位置的结构

（续）

名　称	典型结构	性能及适用场合
手动螺旋-杠杆夹紧器	120° 隔板 工件 d)	经螺旋扩力后，再经杠杆扩力或缩力来实现夹紧的机构。其派生结构型式很多，应用范围很广，很容易设计出适应各种夹紧位置的结构
手动凸轮（偏心）-杠杆夹紧器	垫板 a)　b)　c) A—A 压紧杠杆 A　A d)　e)	经凸轮或偏心轮扩力后再经杠杆扩力来实现夹紧的机构，动作迅速，但自锁可靠性不如螺旋杠杆夹紧器
手动杠杆-铰链夹紧器	a)　b)　c)	借助杠杆与连接板的组合，实现夹紧作用的机构。其夹紧速度快，夹头开度大，派生结构多，机动、灵活，使用方便，常用来夹紧薄板金属构件。在装焊生产线上应用较多

（续）

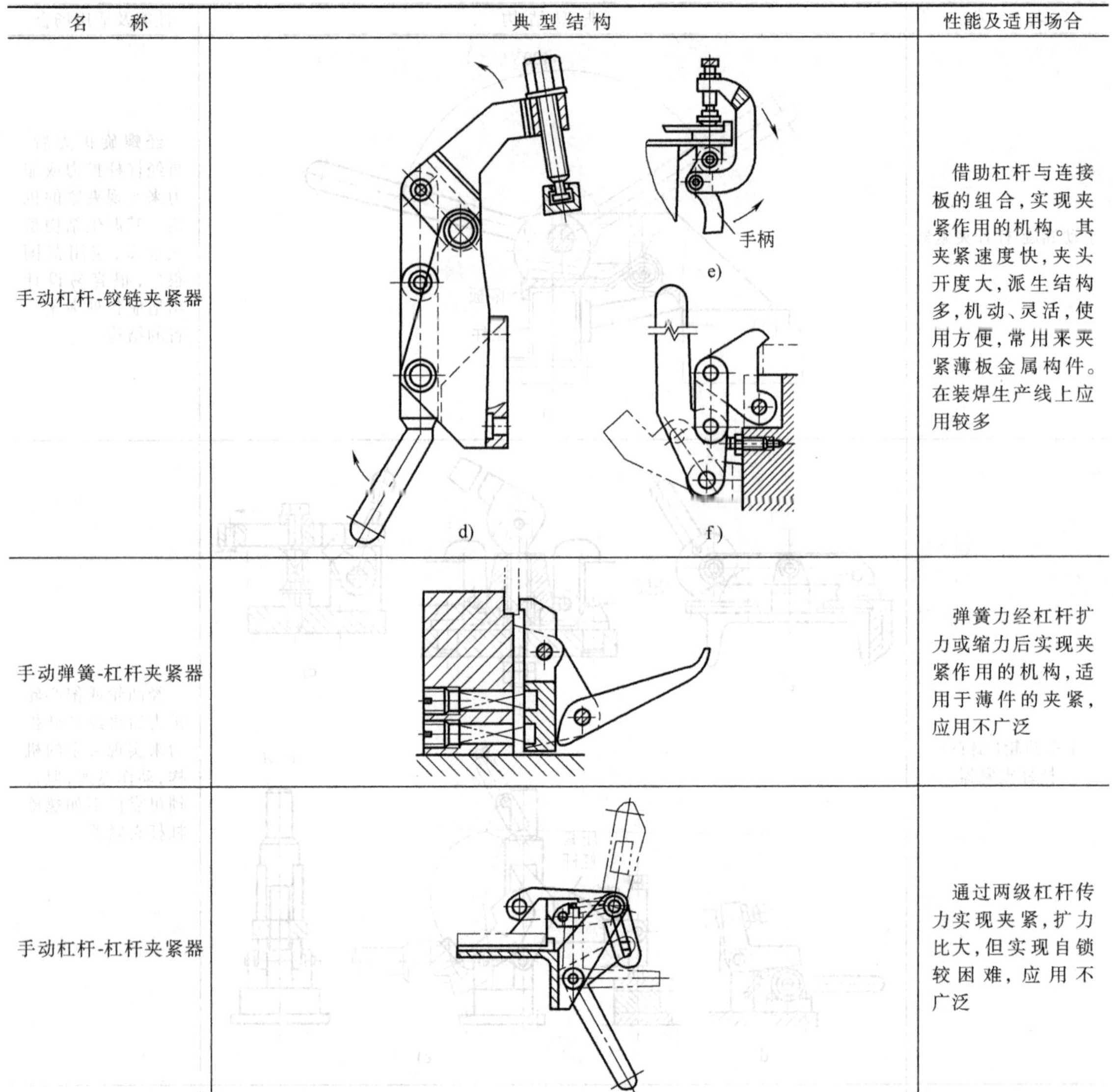

名　称	典型结构	性能及适用场合
手动杠杆-铰链夹紧器	d) e) f)	借助杠杆与连接板的组合，实现夹紧作用的机构。其夹紧速度快，夹头开度大，派生结构多，机动、灵活，使用方便，常用来夹紧薄板金属构件。在装焊生产线上应用较多
手动弹簧-杠杆夹紧器		弹簧力经杠杆扩力或缩力后实现夹紧作用的机构，适用于薄件的夹紧，应用不广泛
手动杠杆-杠杆夹紧器		通过两级杠杆传力实现夹紧，扩力比大，但实现自锁较困难，应用不广泛

按气缸进气情况分有单向作用和双向作用两种方式，图26.10-10所示为两个典型气缸内部结构。单向作用是从单面进气推动活塞（或薄膜）工作，当松夹排气时，靠弹簧推动活塞（或薄膜）退回原位，如图26.10-10b所示；双向作用是利用活塞两侧气体压力差进行工作，缸内无弹簧，如图26.10-10a所示。

（2）液压缸的类型

按运动形式分液压缸有直线运动式和摆动式两大类。在焊接工装中主要是使用直线运动式，它输出的是轴向力。直线运动类的液压缸常用形式有

1）活塞式。单活塞杆液压缸只有一端有活塞杆。

2）柱塞式。柱塞式液压缸是一种单作用式液压缸，靠液压力只能实现一个方向的运动，柱塞回程要靠其他外力或柱塞的自重。柱塞只靠缸套支承而不与缸套接触，缸套极易加工，故适于做长行程液压缸。工作时，柱塞总受压，因而它必须有足够的刚度。柱塞重量往往较大，水平放置时，容易因自重而下垂，造成密封件和导向单边磨损，故其垂直使用更有利。活塞仅能单向运动，其反方向运动需由外力来完成，但其行程一般较活塞式液压缸大。

3）伸缩式。伸缩式液压缸具有二级或多级活塞，活塞伸出的顺序是从大到小，而空载缩回的顺序则一般是从小到大。伸缩缸可实现较长的行程，而缩回时长度较短，结构较为紧凑。此种液压缸常用于工程机械和农业机械上。有多个依次运动的活塞，各活塞逐次运动时，其输出速度和输出力均是变化的。

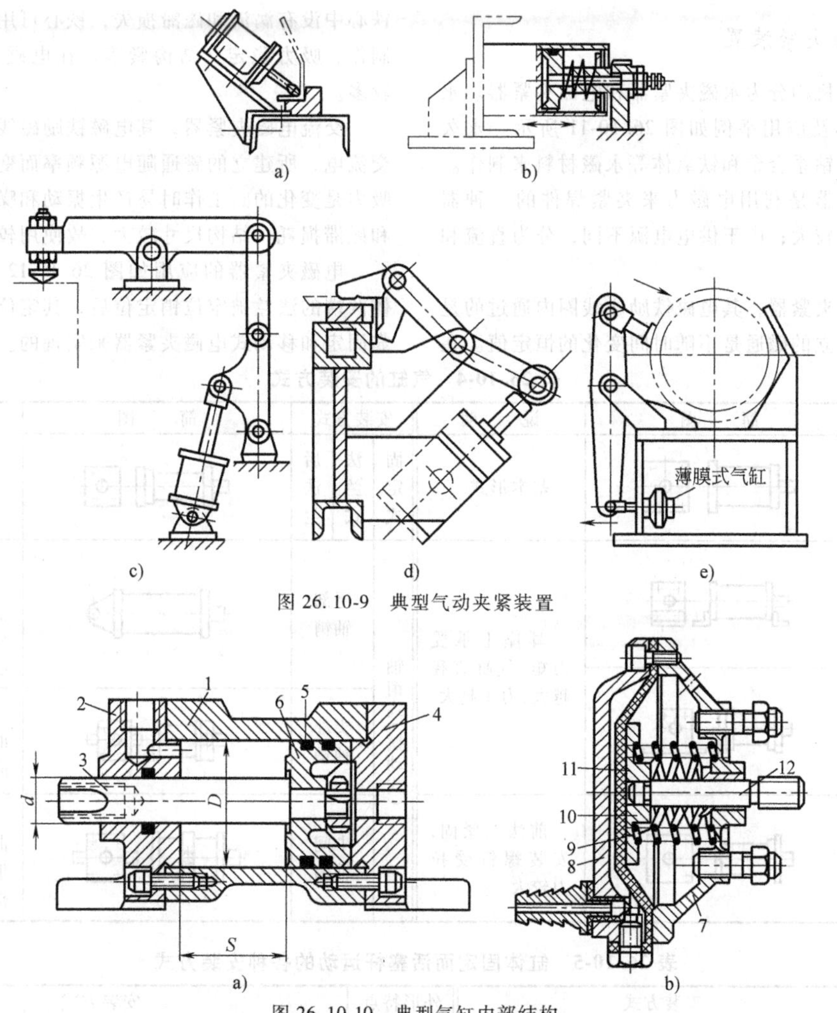

图 26.10-9　典型气动夹紧装置

图 26.10-10　典型气缸内部结构

a）双向作用活塞式气缸　b）单向作用薄膜式气缸

1、7、8—缸体　2、4—缸盖　3—活塞杆　5—密封圈　6—活塞　9—弹簧　10—托盘　11—薄膜　12—推杆

（3）选用气缸和液压缸的注意事项

在生产中，主要根据出力、活塞行程及安装方式来选用气缸和液压缸，注意事项如下：

1）根据外部工作力的大小，先确定活塞杆上的推力或拉力。液压缸的出力比较稳定，但气缸的出力随工作速度的不同而有很大的变化，速度增高时，则由于受背压等因素的影响，出力将急剧降低。通常应根据外部工作力的大小，乘以 1.15~2 的备用系数，来确定气缸的内径。

2）确定活塞杆的行程，即确定气缸或液压缸活塞所能移动的最大距离。行程的长短与使用场合有关，也受气缸和液压缸结构和加工工艺的影响，特别是采用小径长行程气缸和液压缸时，要充分考虑制造的可行性。

3）要根据夹具的结构型式、运动要求来确定气缸或液压缸的安装型式。气缸的安装型式有多种，表 26.10-4 列出了气缸的各种安装方式。表 26.10-5 列出了缸体固定而活塞杆运动的各种安装方式。

4）根据焊件的结构情况，选择有、无缓冲性能的气缸。对于几何尺寸较大、板材较厚、刚性较好的焊件，由于气缸夹紧时的冲击作用反应不太敏感，从经济实用的角度出发，应选用无缓冲型的气缸，反之，就要选用带缓冲性能的气缸。

5）尽最选用标准化的气缸和液压缸。目前一些生产厂家还推出了带开关、带电控阀以及二者全带的集成式气缸。带开关的气缸，缸筒外面装有磁性开关，可调节气缸的中间行程，使用方便；带电磁阀的气缸，使缸阀一体化，结构紧凑，节省气路，维修操作方便；二者全带的集成式气缸，不仅具有前二者的功能和优点，而且结构更加紧凑。在气动夹紧机构系统中，更便于实现自动化。

1.3.2　磁力夹紧装置

磁力夹紧机构分为永磁夹紧器和电磁夹紧器。永磁夹紧器外形及应用举例如图 26.10-11 所示。永久磁铁常用铝镍钴系合金和铁氧体等永磁材料来制作。

电磁夹紧器是利用电磁力来夹紧焊件的一种器具，其夹紧力较大；由于供电电源不同，分为直流和交流两种。

直流电磁夹紧器，其电磁铁励磁线圈内通过的是直流电，所建立的磁通是不随时间变化的恒定值。在铁心中没有涡流和磁滞损失，铁心可用整块工业纯铁制作，吸力稳定，结构紧凑，在电磁夹紧器中应用较多。

交流电磁夹紧器，其电磁铁励磁线圈内通过的是交流电，所建立的磁通随电源频率而变化。因而磁铁吸力是变化的。工作时易产生振动和噪声，且有涡流和磁滞损耗，结构尺寸较大，故使用较少。

电磁夹紧器的应用如图 26.10-12 所示。焊件筒体两端的法兰被定位销定位后，其定位不受破坏就是靠固定和移动式电磁夹紧器来实现的。

表 26.10-4　气缸的安装方式

安装方式	简图	说明	安装方式	简图	说明
固定式 / 通用气缸	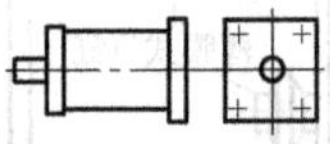	基本形式	固定式 / 法兰式 / 后法兰	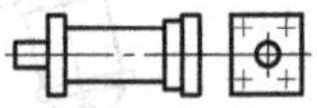	后法兰紧固，安装螺钉受拉力较小
固定式 / 耳座式 / 轴向耳座	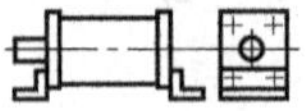	耳座上承受力矩，气缸直径越大，力矩越大	轴销式（摆动式） / 尾部轴销	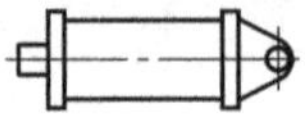	尾部轴销。气缸可以摆动，活塞杆的挠曲比头部轴销、中间轴销形式大
固定式 / 耳座式 / 切向耳座			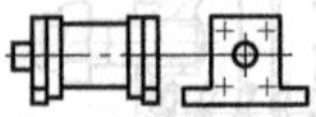 轴销式（摆动式） / 头部轴销	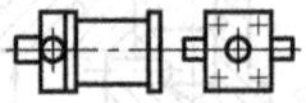	活塞杆的挠曲比尾部和中间轴销形式小
固定式 / 法兰式 / 前法兰	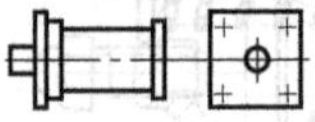	前法兰紧固，安装螺钉受拉力较大	轴销式（摆动式） / 中间轴销	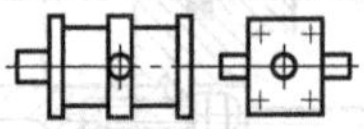	活塞杆的挠曲比尾部轴销形式小，而比头部轴销形式大

表 26.10-5　缸体固定而活塞杆运动的各种安装方式

外形特点	安装方式	外形特点	安装方式
通用外形	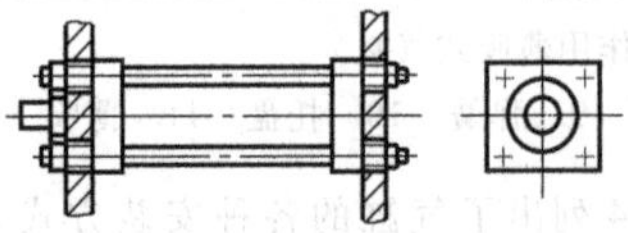	尾部外法兰	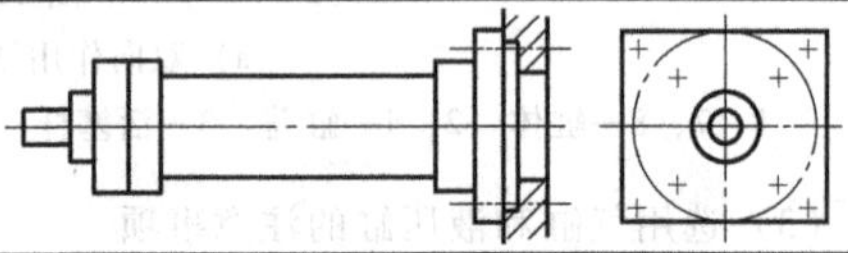
切向底座	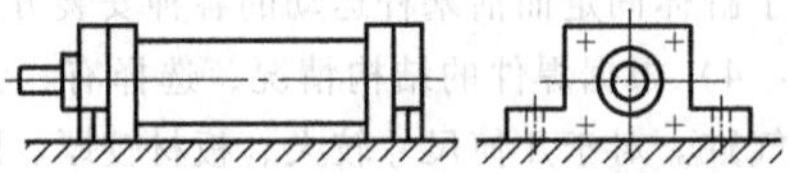	头部轴销	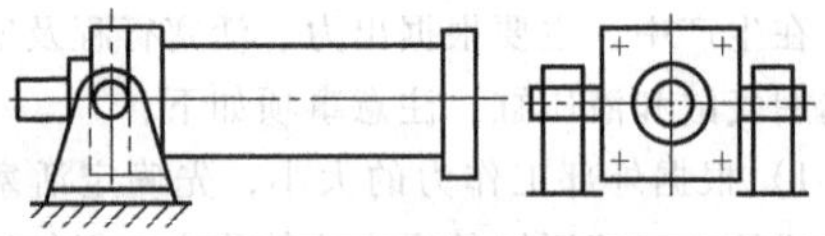
轴向底座	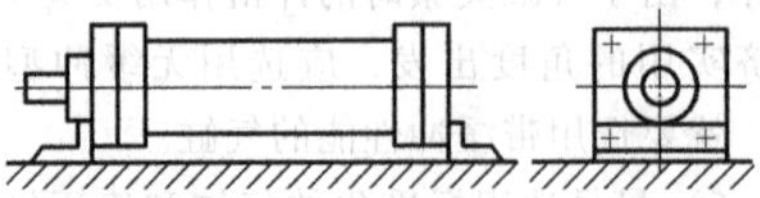	尾部轴销	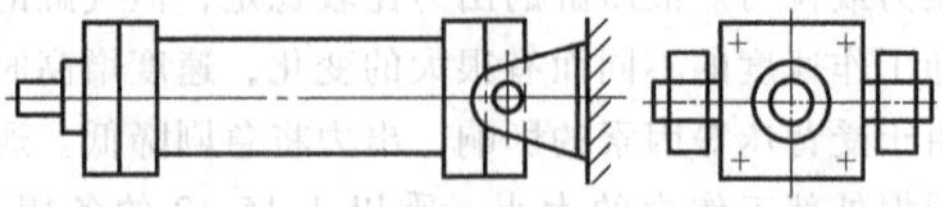
外部外法兰	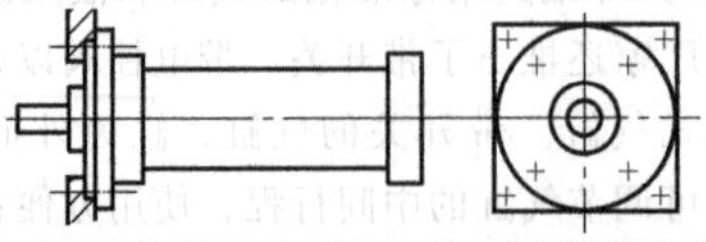	中部轴销	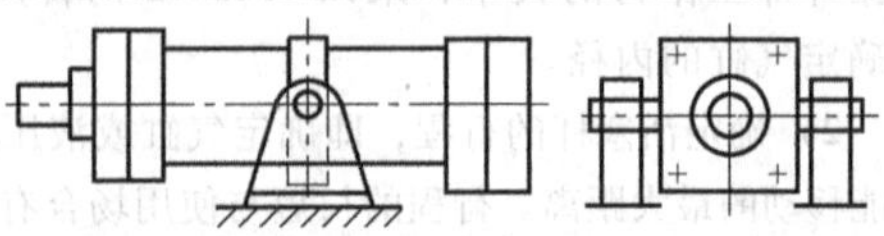
内部外法兰	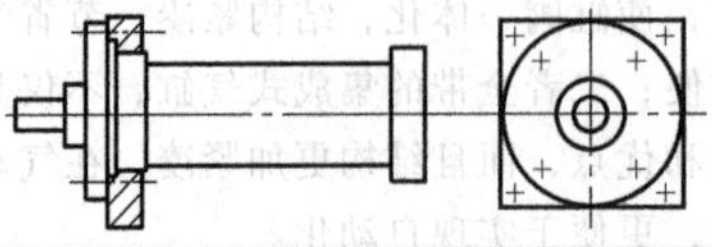	头部轴销	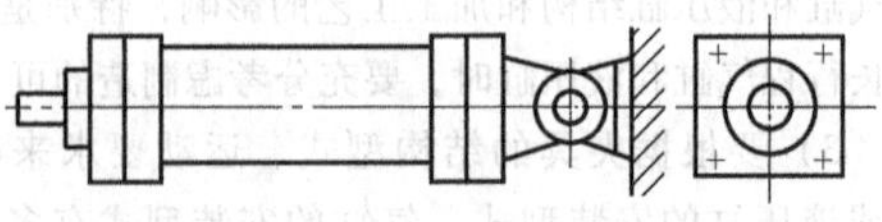

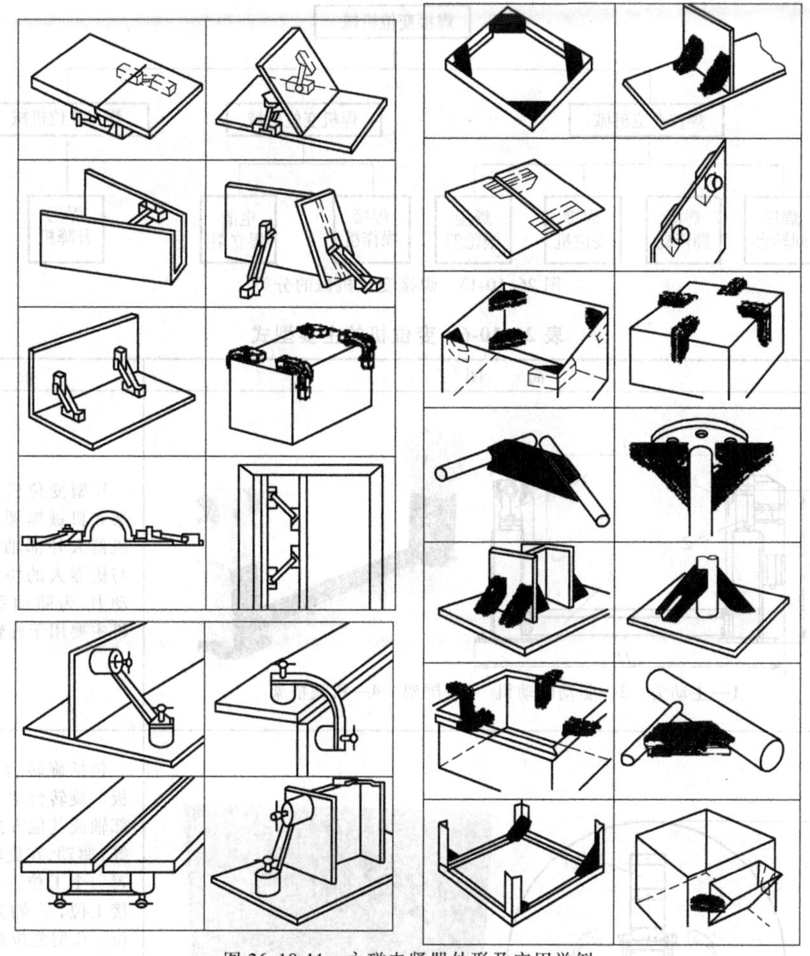

图 26.10-11　永磁夹紧器外形及应用举例

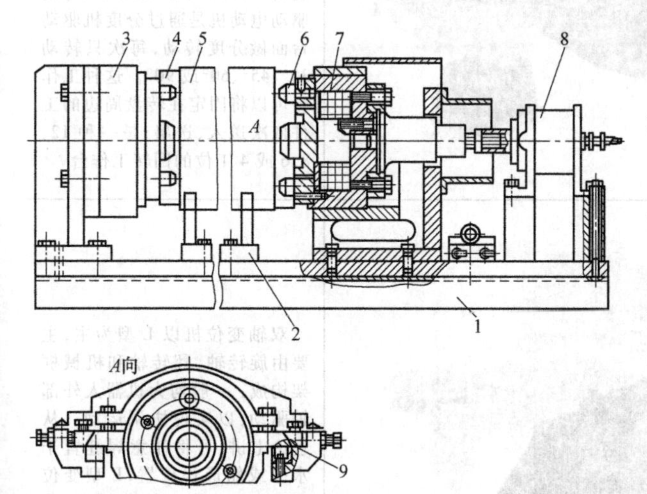

图 26.10-12　电磁夹紧器的应用

1—夹具体　2—V 形定位器　3—固定电磁夹紧器（同时起横向定位作用）　4—焊件（法兰）　5—焊件（筒体）　6—定位销　7—移动式电磁夹紧器　8—气缸　9—燕尾滑块

2　机器人变位机

2.1　变位机的种类

变位机作为机器人焊接生产线和柔性焊接加工单元的重要组成部分，其作用是将被焊工件旋转（平移）到最佳的焊接位置。在焊接作业之前和焊接过程中，变位机通过夹具来装卡和定位被焊工件，对工件的不同要求决定了变位机的负载能力及其运动方式。图 26.10-13 所示为焊接变位机械的分类。这里仅介绍和机器人协同工作的变位机。

变位机一般按照驱动电动机个数分为单轴变位机、双轴变位机、三轴变位机和复合型变位机等。表 26.10-6 列出了变位机的主要型式。单轴变位机一般分为 L 型和 C 型；双轴变位机以 C 型为主；三轴变位机一般分为 K 型和 R 型；复合型变位机是由各类变位机组合而成，表中仅给出 B 型和 D 型两类。

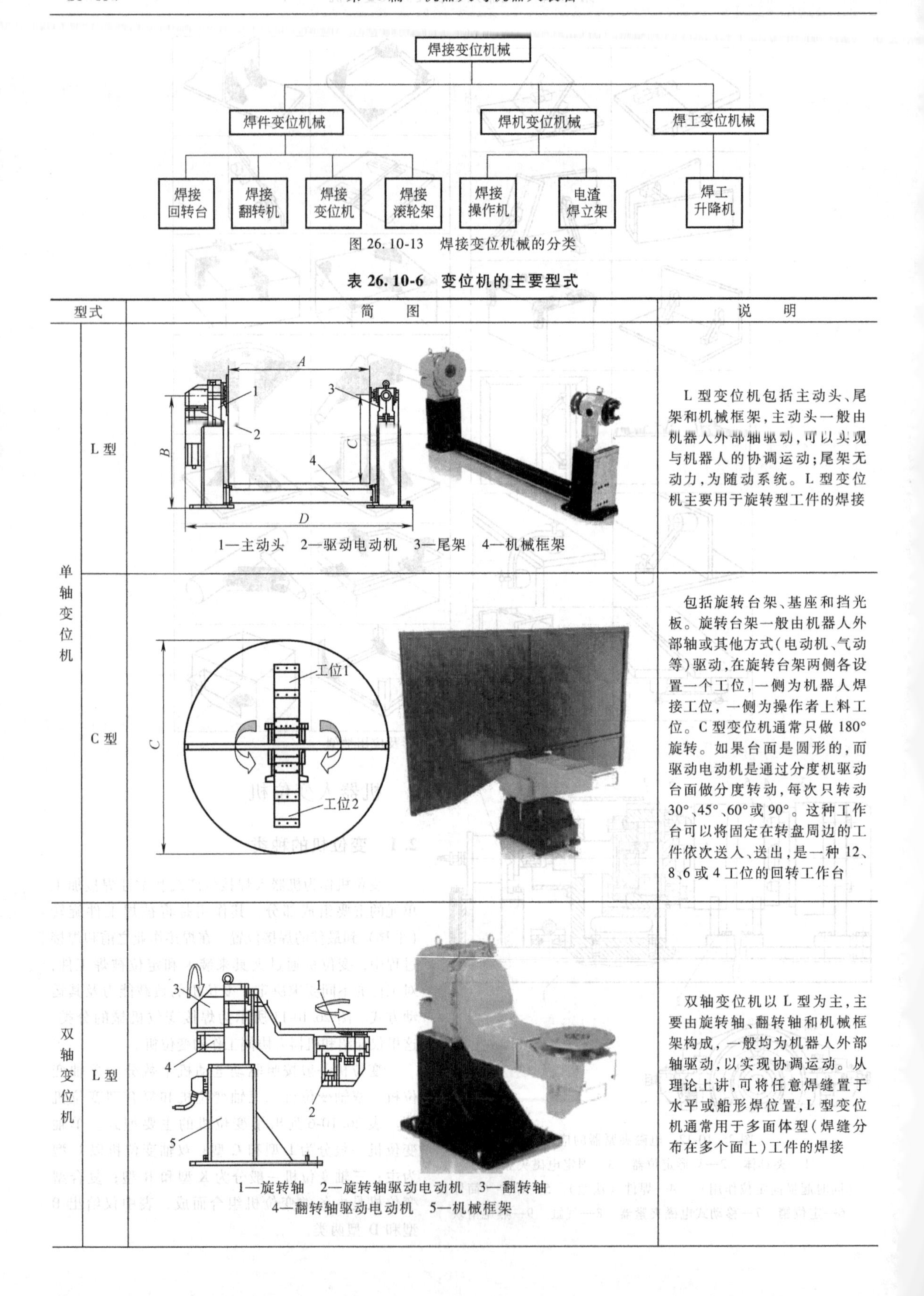

图 26.10-13　焊接变位机械的分类

表 26.10-6　变位机的主要型式

型式		简　图	说　明
单轴变位机	L 型	1—主动头　2—驱动电动机　3—尾架　4—机械框架	L 型变位机包括主动头、尾架和机械框架，主动头一般由机器人外部轴驱动，可以实现与机器人的协调运动；尾架无动力，为随动系统。L 型变位机主要用于旋转型工件的焊接
	C 型	工位 1　工位 2	包括旋转台架、基座和挡光板。旋转台架一般由机器人外部轴或其他方式（电动机、气动等）驱动，在旋转台架两侧各设置一个工位，一侧为机器人焊接工位，一侧为操作者上料工位。C 型变位机通常只做 180° 旋转。如果台面是圆形的，而驱动电动机是通过分度机驱动台面做分度转动，每次只转动 30°、45°、60°或 90°。这种工作台可以将固定在转盘周边的工件依次送入、送出，是一种 12、8、6 或 4 工位的回转工作台
双轴变位机	L 型	1—旋转轴　2—旋转轴驱动电动机　3—翻转轴　4—翻转轴驱动电动机　5—机械框架	双轴变位机以 L 型为主，主要由旋转轴、翻转轴和机械框架构成，一般均为机器人外部轴驱动，以实现协调运动。从理论上讲，可将任意焊缝置于水平或船形焊位置，L 型变位机通常用于多面体型（焊缝分布在多个面上）工件的焊接

（续）

型式		简图	说明
三轴变位机	K型	1—主旋转轴　2—旋转头A　3—旋转头B　4—机械框架	K型变位机包括垂直主旋转轴和另外2个旋转头（相当于L型变位机），一般均由机器人外部轴驱动，可以实现与机器人的协调运动。K型变位机主要用于旋转型工件的焊接。K型变位机的特点是变位运动主要占用垂直空间，节约水平空间位置
	R型	1—主旋转轴　2—旋转头A　3—旋转头B	R型变位机包括水平主旋转轴和另外2个旋转头（相当于L型变位机），一般均由机器人外部轴驱动，可以实现与机器人的协调运动。主要用于旋转型工件的焊接。R型变位机的特点是变位运动主要占用水平空间，节约垂直空间位置
复合型变位机	B型		B型变位机是由2个A型变位机和1个C型变位机组合，A型变位机各为一个工位，C型变位机用于工位切换
	D型		D型变位机是由2个双轴变位机和1个C型变位机组合，双轴变位机各为一个工位，C型变位机用于工位切换

2.2　变位机与焊接机器人组合的工作站

当变位机与机器人协调运动时，可以得到更加灵活的工作。应用最广泛的是变位机与机器人的组合，变位机在机器人工作中保持一定的姿态，变位时机器人处于非工作状态。

（1）回转工作台+弧焊机器人的工作站

图 26.10-14 所示为较简单的回转工作台+弧焊机器人工作站的示意图。这种工作站与简易焊接机器人工作站相似，焊接时，焊件并不变换姿态，只要转换位置。因此，选用两分度的回转工作台（1轴）只做正反 180°回转，可用伺服电动机也可用电动机驱动。台面上装有四个气动夹具，可以同时装夹四个焊件。用挡光板将台面分为两个工位，一个工位的焊件在焊接，另一个在装卸。焊完两个焊件后工作台旋转 180°，将待焊件送入焊接区，而把焊完的焊件转到装卸区，由于生产节拍的需要，本方案采用两台弧焊机器人分别焊接两个焊件的组合形式。如果对节拍要求不是很紧，也可以只用一台机器人来焊两个焊件。由于焊接两个焊件才转一次台面，比只焊一件就要转一次更能节省辅助时间。由于装卸和焊接是同时进行的，可提高效率，操作者也有充分的时间来装卸、检查工件。

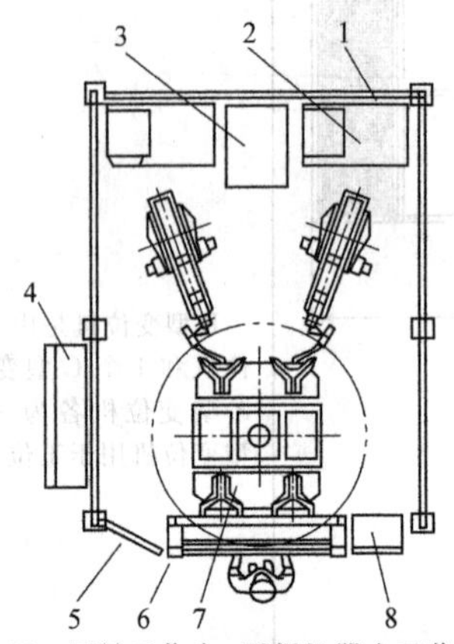

图 26.10-14　回转工作台+弧焊机器人工作站示意图
1—安全护栏　2—机器人控制柜　3—焊接电源
4—工作台控制柜　5—门　6—光栅栏及装卸工作窗口
7—回转台及工件　8—操作盘

回转工作台与焊接机器人都固定在一块共同的底板上。它们不仅用螺钉拧紧还打上销钉，防止在运输或使用中各相对位置发生窜动而使机器人焊出的焊缝偏离正确位置。这种用一块大的金属底板把机器人与外围设备固定在一起的方法，比分别用地脚螺钉直接固定在地面的方法更可靠，安装调试快捷。在其他型式的机器人工作站中也常采用这种方式。

（2）旋转-倾斜变位机+弧焊视器人工作站的结构型式

旋转-倾斜变位机与弧焊机器人组合的工作站如图 26.10-15 和图 26.10-16 所示，分别为两台变位机和一台五轴的双变位机组成的工作站。这两种方案都可以形成两个工位，但对由两台两轴变位机组成的工作站，操作者装卸工件时，需在两个变位机之间来回走动，每天要走许多路；而对于用一台五轴的双变位机的方案，就没有这个缺点，只是设备投资要较多些。无论哪一种组合方案，工件在焊接时都能做倾斜变位，又可做旋转（自转）运动，有利于保证焊接质量。

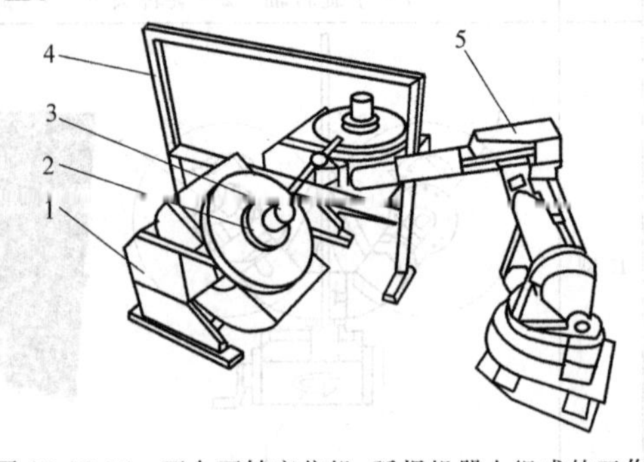

图 26.10-15　两台两轴变位机+弧焊机器人组成的工作站
1—旋转倾斜变位机　2—夹具　3—工件
4—挡光板　5—弧焊机器人

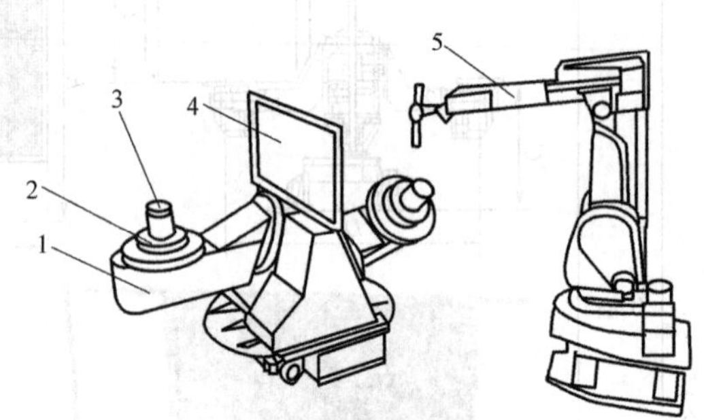

图 26.10-16　一台五轴双 L 型变位机+弧焊机器人组成的工作站
1—双 L 型变位机　2—夹具　3—工件
4—挡光板　5—弧焊机器人

（3）翻转变位机+弧焊机器人工作站

翻转变位机+弧焊机器人工作站可以选用任一种翻转变位机。图 26.10-17 所示为推土机台车架弧焊机器人工作站的示意图，采用两台翻转变位机形成两个工位。为了使机器人能达到两个翻转变位机上焊件的各个焊接位置，机器人安放在两个组成十字形的滑轨上，使之能沿焊件长度方向（x）和两个翻转变位机之间的方向（y）移动。因焊件较重、较长且重心偏向一侧，而且组装时只进行简单的定位焊，为了避免焊件翻转时受力过大使而定位焊点开裂，选用头座和尾座双主动的翻转变位机，使焊件在转动时不传递力矩。翻转变位机的转盘和机器人的十字滑轨都由交流伺服电动机驱动，编码器反馈位置信息，可以任意编程定位。

根据焊接工艺的需求，在翻转变位机上焊件要在-90°、-45°、0°、+45°、+90°和+180°等六个位置定位，使全部接头处于水平位置或船形位置，由机器人焊接。为了使机器人有良好的可达性和避免与翻转中的焊件发生碰撞，焊接机器人在焊接每一焊件时，需在 x 方向停四个位置，在 y 方向停三个位置，这种焊接机器人工作站，除机器人的六个轴外，其外围设备还有六个可编程的轴，而且每个翻转变位机的头座、尾座的一对转盘必须做同步转动。因此，整个工作站是一个共有 12 个可编程轴的复杂系统。

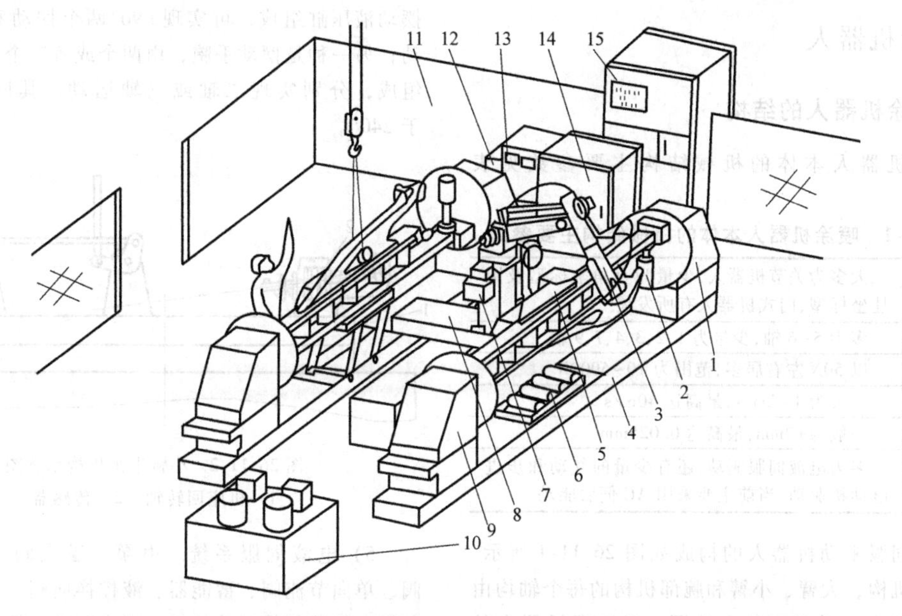

图 26.10-17　推土机台车架弧焊机器人工作站示意图

1—头座　2—液压夹具　3—弧焊机器人　4—底座　5—焊件　6—液压支承架　7—焊枪喷嘴清理器　8—机器人十字滑轨　9—尾座　10—液压站　11—安全围栏　12—电弧跟踪控制器　13—焊接电源　14—机器人控制柜　15—主控制柜

第 11 章　工业机器人的典型应用

工业机器人用途很广，型号达数百种。这里介绍常用的几种典型工业机器人的应用。

1　喷涂机器人

1.1　喷涂机器人的结构

喷涂机器人本体的机械结构主要参数见表 26. 11-1。

表 26. 11-1　喷涂机器人本体的机械结构主要参数

结构型式	大多为关节机器人，少量为直角坐标型及圆柱坐标型，门式机器人有所发展
轴数	多为 5~6 轴，少量为 1、2、3、4、7、9 轴
负载	以 50N 左右居多，范围为 10~5000N
速度	一般为 1~2m/s，最高达 40m/s
重复度	一般为±2mm，最高达 0. 025mm
驱动方式	多为电液伺服驱动，还有少量的气动和步进电动机驱动，当前主要采用 AC 伺服驱动

电液伺服驱动机器人的构成如图 26. 11-1 所示。其中回转机构、大臂、小臂和腕部机构的每个轴均由电液伺服控制，并带有独立油源，以实现机器人的驱动。

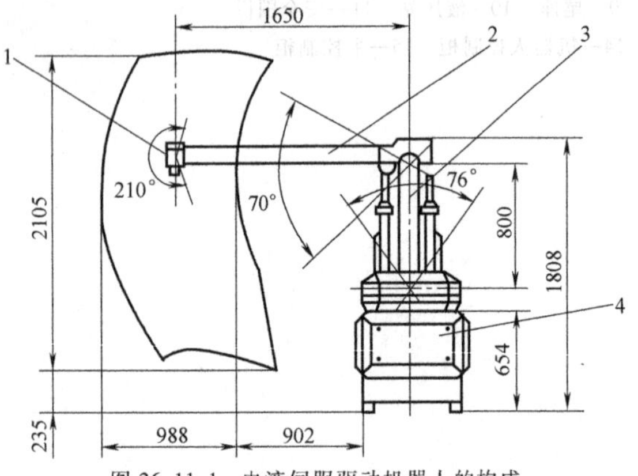

图 26. 11-1　电液伺服驱动机器人的构成

1—腕部　2—小臂　3—大臂　4—回转机构

1）回转机构。主要由回转支座和伺服机构组成。

2）大臂机构。主要由立臂、伺服机构、直线液压缸和平衡机构组成。

3）小臂机构。主要由横臂、伺服机构、直线液压缸和平衡机构组成。小臂平衡机构示意图如图 26. 11-2 所示。

4）腕部机构。一般有两种形式：一种是挠性手腕，由两个伺服机构的直线液压缸和一个伺服机构的摆动液压缸组成，可实现±90°两个摆动和绕轴线转动；另一种是摆动手腕，由两个或者三个摆动液压缸组成，分别实现二轴或三轴运动，其回转角度小于 240°。

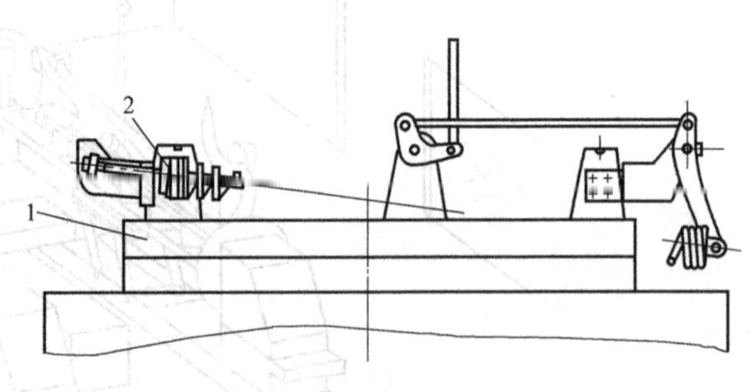

图 26. 11-2　小臂平衡机构示意图

1—机座回转轴　2—传感器

5）电液伺服系统。由泵、溢流阀、电磁换向阀、单向节流阀、蓄能器、液控换向阀、滤油器、伺服阀和短路阀等器件组成，用来驱动和控制三个直线液压缸和两个摆动液压缸，可根据需要增减控制液压缸的数量。

1.2　喷涂机器人控制系统

电液伺服喷涂机器人的控制系统工作原理框图如图 26. 11-3 所示。

电液伺服喷涂机器人的控制系统构成框图如图 26. 11- 4 所示。它具有实时多任务调度、实时控制函数插补计算、汉字菜单提示、故障检测、工件识别、多机通信、报警和人机对话等功能，是多 CPU 两级主从式计算机控制系统，采用准 16 位微处理器、STD 总线控制技术、模块化软件和硬件结构，以及 CP（连续）和 PTP（点位）两种示教方式，具有 CP 再现功能。

交流伺服电动喷涂机器人控制系统总体结构由主计算机、操作面板、手持示教盒、磁盘存储、接口控制、伺服系统、外设控制和电源系统等构成。系统具有二级 CPU 系统、中断控制、示教盒示教、隔离和安全保护等功能。

喷涂（包括涂胶、密封）机器人产品控制系统参数的统计情况见表 26. 11-2。

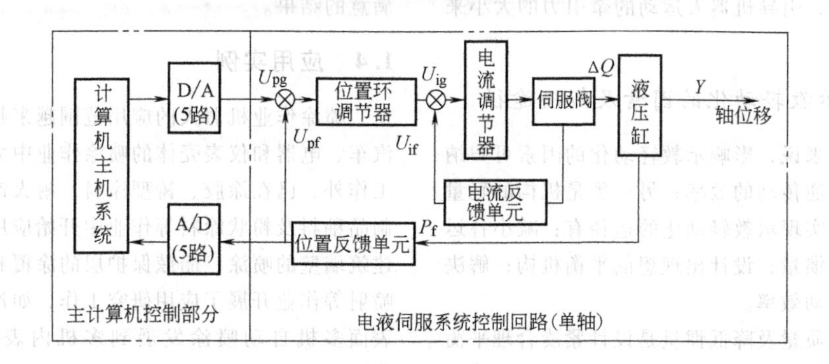

图 26.11-3　电液伺服喷涂机器人的控制系统工作原理框图

U_{pf}—位置环反馈电压　U_{pg}—位置给定电压　U_{ig}—电流环给定电压

U_{if}—电流反馈电压　P_f—位置反馈　ΔQ—液压油流量

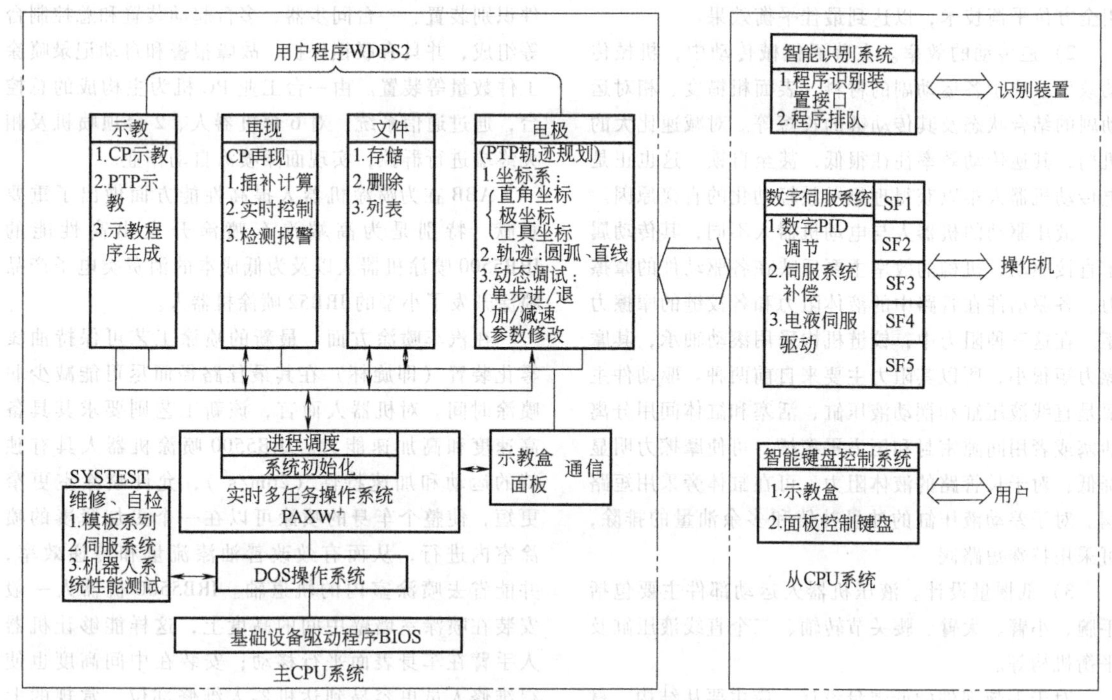

图 26.11-4　电液伺服喷涂机器人的控制系统构成框图

喷涂机器人采用的内部传感元件主要有旋转变压器、光电码盘和电位器等，已开始采用视觉和接近觉的外部传感元件。

表 26.11-2　喷涂机器人产品控制系统参数的统计情况

控制器	PLC、PF-Karel、STD 总线
示教系统	手把手引导、示教盒、离线
接口	RS232 为多，其他有 RS422、模拟、MAP、Parallel 和 IEEE 等
编程	用户菜单，控制台，离线编成
语言	CROCUS、ARLA、C、PARL、DARL、PASCAL 和机器代码，发展有直接英语，用户制定等

1.3　直接示教轻动化

示教轻动化在连续导引示教喷涂机器人中有特别的重要性，可使机器人获得平滑、准确和匀速的运动轨迹，既可以满足工艺要求，又可保证机器人可靠地进行工作。

1.3.1　示教轻动化的概念

示教轻动化是指手动牵引机器人末端示教时，机器人机构逆传动的实际效率及省力程度。它是以人手牵引机器人末端，引导机器人运动的牵引力的大小来描述的。

1.3.2 影响示教轻动化的因素及解决途径

对于机器人来说，影响示教轻动化的因素可归纳为两类：一类是逆传动的效率；另一类是机构的轻量化。由此可知，实现示教轻动化的途径有：减小各运动部件的质量和惯量；设计出理想的平衡机构；解决机器人机构逆传动效率。

减小部件的质量及降低惯量是设计紧凑合理平衡机构的基础。

1）平衡机构。大负载机器人多采用气缸平衡，小负载机器人则多采用弹簧机构平衡，个别机型也有采用伺服气缸来平衡负载力矩的。还有一些机器人采用全方位平衡技术，以达到最佳平衡效果。

2）逆传动的效率。在普通机械传动中，机械传动效率取决于各运动副的材料、表面粗糙度、相对运动副的结合状态及其传动链的长短等。对减速比大的机构，其逆传动效率往往很低，甚至自锁，这也正是电传动机器人难以获得理想示教轻动化的直接原因。

液压驱动的机器人与电动机器人不同，其传动属于直接驱动，机构的效率主要反映在各驱动件的摩擦力、各驱动件在管路中的液体阻力和各铰链的摩擦力矩。在这三种阻力中，铰链机构采用滚动轴承，其摩擦力矩很小，所以其阻力主要来自前两种。驱动件主要是直线液压缸和摆动液压缸，活塞和缸体间用分离活塞或者用间隙密封和压力平衡槽，可使摩擦力明显降低；对于长管路的液体阻力，可在缸体旁采用短路阀。对于差动液压缸的油量补偿和多余油量的排除，可采用特殊短路阀。

3）低惯量设计。液压机器人运动部件主要包括手腕、小臂、大臂、腰关节转轴、三个直线液压缸及平衡机构等。

对于手腕部件的低惯量设计，应主要从结构、材料着手，研制结构紧凑的摆动液压缸手腕部件和挠性手腕部件。

对于小臂、大臂和三个直线液压缸的低惯量设计，在保证刚度的前提下，一方面应从结构和材料着手减轻质量，另一方面应尽可能将其质心移回转轴的方式。

对于腰关节转轴的低惯量设计，在保证刚度的前提下，应尽可能减小外形尺寸及质量。

对于平衡机构的低惯量设计，主要是紧缩机构，尽可能把平衡机构设置在腰回转轴上等方法。

综上所述，解决示教轻动化，要从机械、液压等方面进行系统分析，综合处理好相关的问题才能获得满意的结果。

1.4 应用实例

喷涂作业机器人的应用范围越来越广泛，除了在汽车、电器和仪表壳体的喷涂作业中大量采用机器人工作外，已在涂胶、铸型涂料、耐火饰面材料、陶瓷制品釉料及粉状涂料等作业中开始应用，现已在高层建筑墙壁的喷涂、船舷保护层的涂覆和炼焦炉内水泥喷射等作业开展了应用研究工作，如汽车已由车体外表面多机自动喷涂发展到多机内表面的成线自动喷涂。

图26.11-5所示为东风汽车公司东风系列驾驶室多品种混流机器人系统喷涂线。它由4台PJ-1B、2台PJ-1A喷涂机器人、2台PM-111顶喷机、一台工件识别装置、一台同步器、多台起动装置和总控制台等组成，并具有联锁保护、故障报警和自动记录喷涂工件数量等装置。由一台工业PC机为主构成的总控台，通过通信系统，对6台机器人、2台顶喷机及相关终端进行群控，实现面漆喷涂自动作业。

ABB在为喷涂机器人提高性能方面做出了重要贡献，特别是为高端汽车喷涂开发出高性能的IRB5500喷涂机器人以及为低成本的消费类电子产品喷涂开发了小型的IRB52喷涂机器人。

在汽车喷涂方面，最新的喷涂工艺可保持油漆雾化装置（即旋杯）在其最佳路径而尽可能减少非喷涂时间。对机器人而言，该新工艺则要求其具备高速度和高加速能力。IRB5500喷涂机器人具有独特的运动和加速特性（$26m/s^2$），允许喷涂室更窄更短，使整个车身的喷涂可以在一个更加紧凑的喷涂室内进行，从而有效改善油漆流量和传递效率，并能省去喷涂室内的轨道轴。IRB5500机器人一般安装在喷涂室墙壁中间的高度上，这样能够让机器人手臂在车身表面平行移动；安装在中间高度也使得维修人员更容易到达机器人维修部位。常规的七轴机器人需要喷涂室宽度大约为5.5m，而该机器人能够在宽度为4.6m的喷涂室内工作。这样，它可以取代现有喷涂室内已安装的侧喷机和顶喷机，减小喷涂室宽度。

其编程方式有手动CP、PTP示教和动力伺服控制示教，以这三种形式组合编程，可实现最佳循环时间和连续喷涂手把手示教所不能实现的复杂型面。该线具有下列特点：

1）包括模块在内的每一个完整单元采用全集成化控制系统。

2）能喷涂车体所有部分，外部用专用设备，内部用机器人，具有柔性系统。

3）有开启发动机罩、车门和行李箱盖的机器人，该机器人能跟踪输送链并与之同步。有的开门机器人具有光学传感系统的适应性手爪，以适应多工位开门的需要。

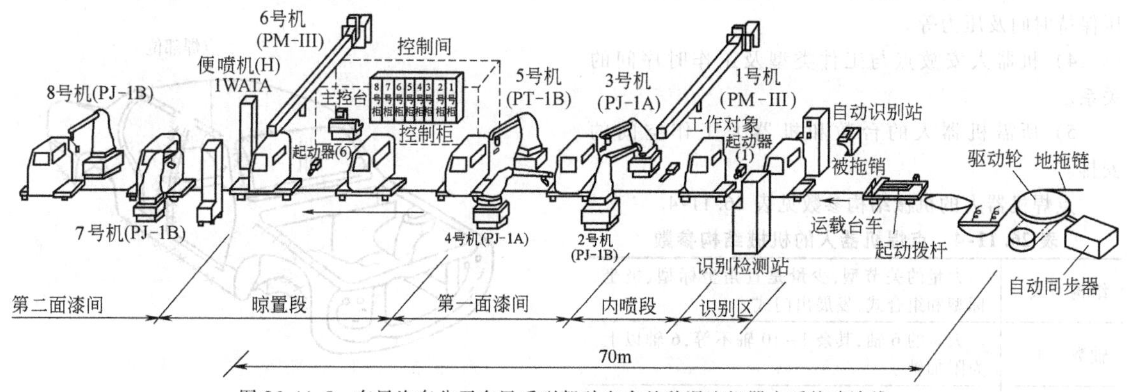

图 26.11-5　东风汽车公司东风系列驾驶室多品种混流机器人系统喷涂线

4）所有机器人及开门机器人都装在移动的小车上。

5）全线的控制功能。包括能控制多种机器人（开门机），机器人和开门机与输送链的同步，起动喷枪、换色、安全操作和人机通信等。

2　点焊机器人

2.1　点焊机器人的结构

点焊机器人要满足点焊工艺的要求，即：

1）焊钳要可到达每个焊点。

2）焊接点的质量应达到要求。

第 1 点意味着机器人应有足够的运动自由度和适当长的手臂，第 2 点要求机器人的焊钳所得的工作电流（对点焊来说是很大的）能安全可靠地到达机器人手臂端部，机器人焊钳的工作压力也达到要求。对于前者，本篇第 2 章 2 节中所列举的几种机器人的结构在原则上都是可行的，只要机器人的空间可达性可以满足被焊件的焊点位置分布，就可以用于点焊机器人。对于后者，点焊焊钳和点焊电源（即点焊变压器）的形式起了主要作用，而其形式又对机器人的承载能力提出了不同的要求（见表 26.11-3）。

表 26.11-3　点焊机器人及焊接系统分类

系统类型	分离式点焊机器人系统	内藏式点焊机器人系统	一体式点焊机器人系统
系统图示	功率变压器	二次电缆 点焊变压器	功率变压器
机器人载重要求（腕）	中	小	大
点焊电源功耗	大	大	小
机器人通用性	好	差	中
系统造价	高	中	低

点焊机器人所用的焊钳与点焊变压器的连接若是通过二次电缆相连，则点焊所需的 10kA 以上的大电流不仅需要粗大的电缆线，而且需要用水冷却。所以，电缆一般较粗且质量大。无论点焊变压器是装在机器人上还是装在机器人的边上，对焊钳来说都要影响其运动的灵活性和范围。这样的点焊变压器为了补偿导线损耗又必须做得容量较大，使其能耗大，效率低。这种结构的优点是对机器人的承载能力要求低。20 世纪 80 年代，国际上开始在工业中采用一体式焊钳，这种焊钳既不影响机器人的运动灵活性和范围，还有能耗低、效率高的优点，但其对机器人的承载能力要求比前者的高，使机器人的造价较高。

在引入点焊机器人时，应考虑以下几个问题：

1）焊点的位置及数量。

2）焊钳的结构型式。

3）工件的焊接工艺要求，如焊接电流、焊点加压保持时间及压力等。

4）机器人安放点与工件类型及工作时序间的关系。

5）所需机器人的台数和机器人工作空间的安排。

点焊机器人的机械结构参数见表26.11-4。

表26.11-4　点焊机器人的机械结构参数

结构型式	大量的关节型，少量是直角坐标型、极坐标型和组合式，发展出门式
轴数	大量的6轴，其余1~10轴不等，6轴以上为附加轴
重复度	大多为±0.5mm，范围为±(0.1~1)mm
负载	大多为600~1000N，范围为5~2500N
速度	2m/s左右
驱动方式	绝大多数为AC伺服，少量为DC伺服，极少量为电液伺服

2.2　点焊机器人控制系统

点焊机器人的控制系统并没有特殊的要求。需要指出的是：点焊机器人虽其工作特点是点到点（PTP）的作业，但由于在许多工业应用场合，往往是多台机器人同时作业，而它们的工作空间又互相交叉，为了防止碰撞，必须对它们的作业轨迹进行合理规划。因此，需要机器人有连续轨迹（CP）控制功能。

点焊机器人控制系统主要特征见表26.11-5。

表26.11-5　点焊机器人控制系统主要特征

控制器类型	RC20/41、MOTOROLA 68020（32位）、PLC等
语言	SRCL为多，其他有INFORMT、PDL2等
示教方式	示教盒，离线编程
自诊断功能	一般都有
焊点	300个左右

2.3　点焊机器人应用实例

这里介绍日本两家公司的应用实例，一个是NACHI-FUJIKOSHI公司的点焊机器人工作单元，另一个是川崎重工的点焊机器人生产线。

2.3.1　机器人工作单元

图26.11-6所示为这个机器人工作单元要完成的工件的焊点分布示意图。图26.11-7所示为这个单元的机器人所使用的一体化焊钳。这个单元里所使用的机器人是载重量为650N以上的垂直多关节型工业机器人。

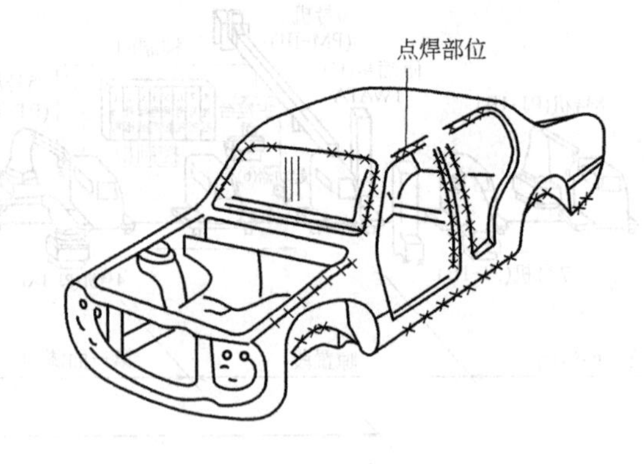

图26.11-6　工件焊点分布示意图

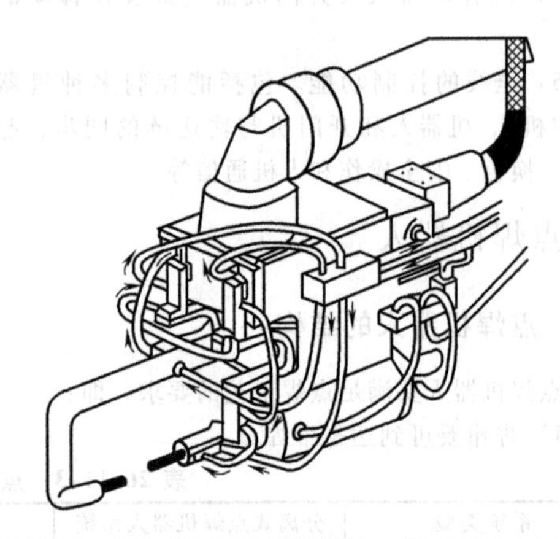

图26.11-7　机器人所用的一体化焊钳

2.3.2　机器人生产线

图26.11-8所示为这条点焊线要完成的汽车驾驶室焊点的分布图。图中数字为各区的焊点数。

这条点焊生产线采用的是可使用内藏式焊钳系统的极坐标型工业机器人。

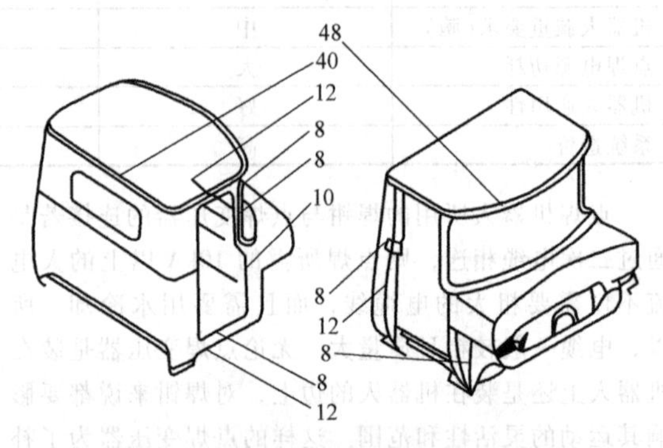

图26.11-8　汽车驾驶室焊点分布图

3　弧焊机器人

3.1　弧焊机器人的结构

与喷漆、搬运、点焊等机器人一样，弧焊机器人也是应用广泛的机器人类型之一。弧焊机器人的结构与上述机器人基本相似，主要的区别在于其末端执行器是焊枪。一些通用型机器人也可用于弧焊。弧焊机器人的机械结构特征见表 26.11-6。

表 26.11-6　弧焊机器人的机械结构特征

结构型式	空间关节型(见图 26.11-9)的,也有直角坐标型(见图 26.11-10)。关节型适用于焊接直线、弧形等各种空间曲线焊缝。20 世纪 90 年代发展出门式
轴数	一般 5~6 轴,最多达 12 轴(6 个附加轴)
重复度	±(0.1~0.2)mm 为多,范围为±(0.01~0.5)mm
负载	50~150N 为多,范围为 25~25000N
速度	1m/s 左右居多,范围为 0.09~11.8m/s
驱动方式	DC 伺服,AC 伺服驱动

弧焊机器人必须和焊接电源等周边设备协调使用，才能获得理想的焊接质量和高的生产率。图 26.11-11 所示为由弧焊机器人与焊接设备、夹具、控制装置及附属设备等组成的焊接工作站。

为了提高焊缝（特别是长焊缝）的精度，发展了一种先进的三维激光焊缝识别及跟踪装置（见图 26.11-12）。其工作原理是：将轻巧紧凑的跟踪装置安装在弧焊机器人焊枪之前，点弧前该装置的激光发射器对焊缝起始处进行扫描；引弧后，边前移焊接边横向跨焊缝扫描，由激光传感器获取焊缝的有关数据（如焊缝形式及走向、焊缝诸横截面各处深度等），将数据输入机器人控制装置中进行处理，并与存入

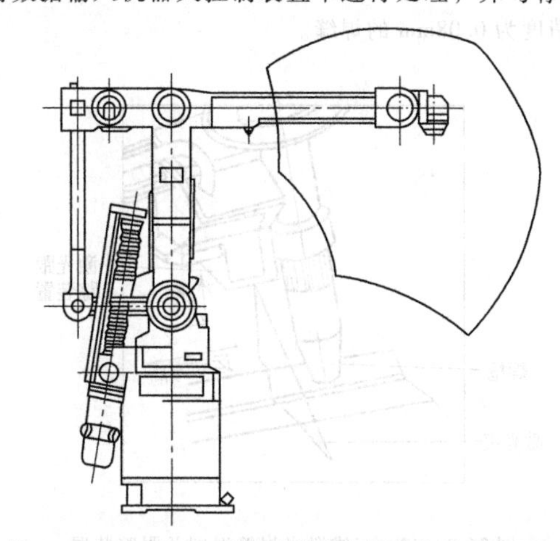

图 26.11-9　GJR-G1 型 6 自由度空间关节型弧焊机器人

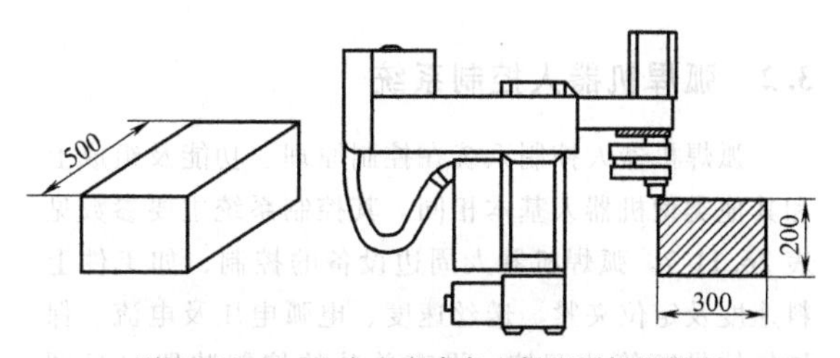

图 26.11-10　4 自由度直角坐标型弧焊机器人

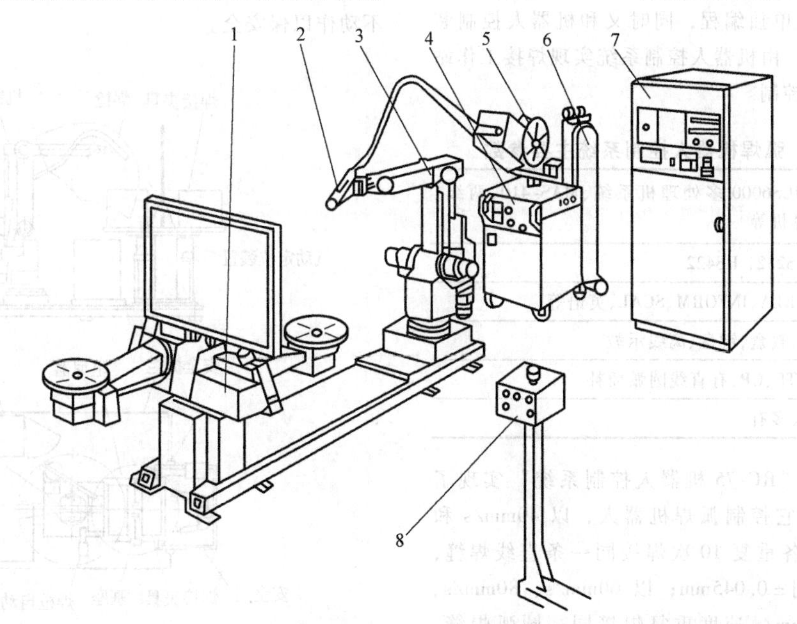

图 26.11-11　焊接工作站

1—多自由度焊接工作台　2—焊枪　3—弧焊机器人本体　4—焊接控制器及焊接电源
5—走丝机构　6—保护气体瓶　7—机器人控制装置　8—操作盘

数据库中的焊缝模型数据进行比较，把实时测得数据与模型数据之差值作为误差信号，去驱动机器人运动，修正焊枪的轨迹，以提高焊接精度。英国曾把激光视觉焊缝跟踪装置装在 Adept One 焊接机器人上，在直径为 2.8m、长度为 3m 火箭外罩的 TIG 焊接中获得精度为 0.08mm 的焊缝。

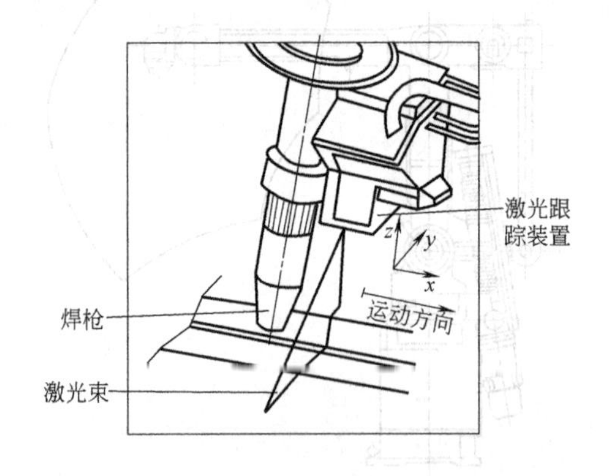

图 26.11-12　三维激光焊缝识别及跟踪装置

3.2　弧焊机器人控制系统

弧焊机器人控制系统在控制原理、功能及组成上和其他类型机器人基本相同。其控制系统主要参数见表 26.11-7。弧焊机器人周边设备的控制，如工件上料速度及定位夹紧、送丝速度、电弧电压及电流、保护气体供断等的调控，设有单独的控制装置（见图 26.11-13），可以单独编程，同时又和机器人控制装置进行信息交换。由机器人控制系统实现焊接工作站全部作业的协调控制。

表 26.11-7　弧焊机器人控制系统主要参数

控制器类型	MCS6000 多处理机系统、MAS-410、两级计算机等
接口	RS232，RS422
语言	ARLA、INFORM、SCAL、英语等
示教方式	示教盒，键盘、离线示教
控制方式	PTP、CP，有直线圆弧插补
焊缝跟踪	大多有

我国研制的“RC-75 机器人控制系统”实现了全部国产化，用它控制弧焊机器人，以 40mm/s 和 200mm/s 的速度各重复 10 次焊接同一条直线焊缝，位置重复度达到 ±0.045mm；以 60mm/s、80mm/s、100mm/s 和 150mm/s 速度重复焊接同一圆弧焊缝，位置重复度达到±0.067mm。图 26.11-13 所示为 RC-75 机器人控制系统的框图。

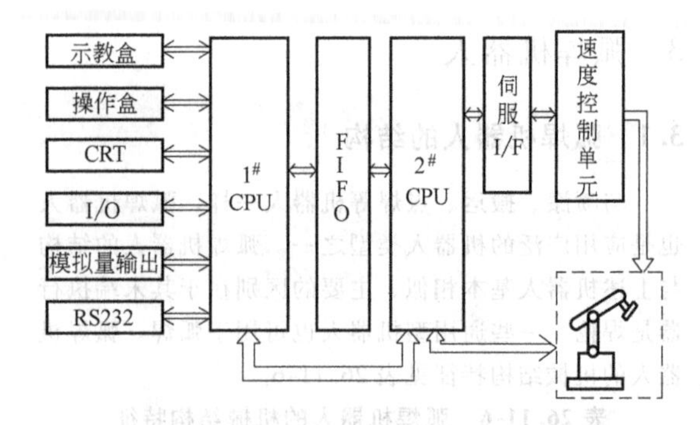

图 26.11-13　RC-75 机器人控制系统框图

3.3　弧焊机器人应用实例

在我国，弧焊机器人已应用在汽车、自行车、汽车千斤顶等大批量机械产品的自动焊接生产中。天津自行车二厂采用国产机器人焊接自行车前三角架，提高了产品质量，并获得了显著的社会效益和经济效益。

GJR-G1 型弧焊机器人及控制系统、双工位回转工作台及夹具、焊接设备及其他附属设备如图 26.11-14所示。

1）GRJ-G1 型弧焊机器人（结构见图 26.11-9）的技术参数见表 26.11-8。

2）双工位回转工作台，可手动操作回转 180°，中间加隔板，工人在一边上、下料，另一边机器人施焊。气动定位锁紧，回转夹具出现误动作时，机器人不动作以保安全。

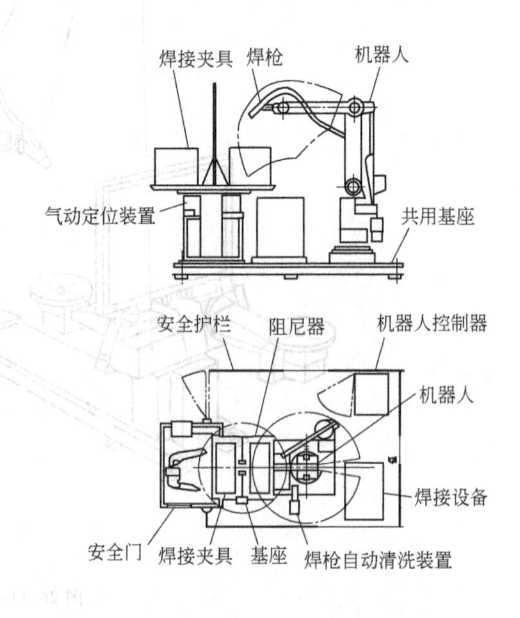

图 26.11-14　自行车前三角架弧焊系统

表 26.11-8 GRJ-G1 型弧焊机器人的技术参数

结构型式	自由度数	腕部最大负载	驱动方式	位置重复度	操作方法	位置控制方式
空间多关节式	6	50N	直流伺服电动机	±0.2mm	示教再现	PTP、CP

4 搬运机器人

搬运机器人主要从事物料的位置搬移或改变其放置姿态，在搬运大型零件和爆炸、腐蚀性物质时，大大改善了操作者的工作条件，提高了生产效率。

搬运机器人的驱动方式一般有电液伺服驱动、直流伺服驱动和交流伺服驱动。

4.1 搬运机器人的结构

搬运机器人的臂结构有直角坐标式、空间关节式、水平关节式和龙门式。表 26.11-9 是搬运机器人的主要技术参数。

表 26.11-9 搬运机器人的主要参数

结构型式	主要是关节型、门式、SCARA 型，其他型式各有少量
轴数	一般 4~6 轴，范围为 1~10 轴
重复度	0.05~0.5mm 约占 70%，范围为 0.01~2mm
负载	多为 100~1000N，范围为 10~25000N
速度	1~2m/s 居多，范围为 0.25~40m/s
驱动方式	DC、AC 伺服驱动约占 80%，电液驱动较少

1）空间关节式。图 26.11-15 所示为我国研制的 GJR-G2 机器人。这种机器人是空间关节式，结构紧凑，负载大，臂的平衡采用弹簧平衡和配重平衡。

主要技术参数为：控制轴为 6 轴；最大负载为 600N；位置重复度为：±0.5mm；驱动方式为交流伺服电动机；位置控制方式为 PTP。

2）水平关节式。日本 FANUC 公司制造的 M400 型机器人（见图 26.11-16）采用水平关节型臂结构。这种机器人结构较简单，便于制造，适合主体运动在平面内的搬运作业。其主要技术参数是：自由度数为 4；最大负载为 500N；位姿重复精度为 ±0.5mm；驱动方式为交流伺服电动机；搬运机器人的末端执行器由于搬运对象不同而不同，主要有钳爪式和吸盘式。

4.2 搬运机器人控制系统

根据搬运作业的特点，机器人搬运过程时的初始和要达到定位点的位置和姿态都要进行控制，两定位点之间的轨迹不需要控制。所以，一般搬运机器人采

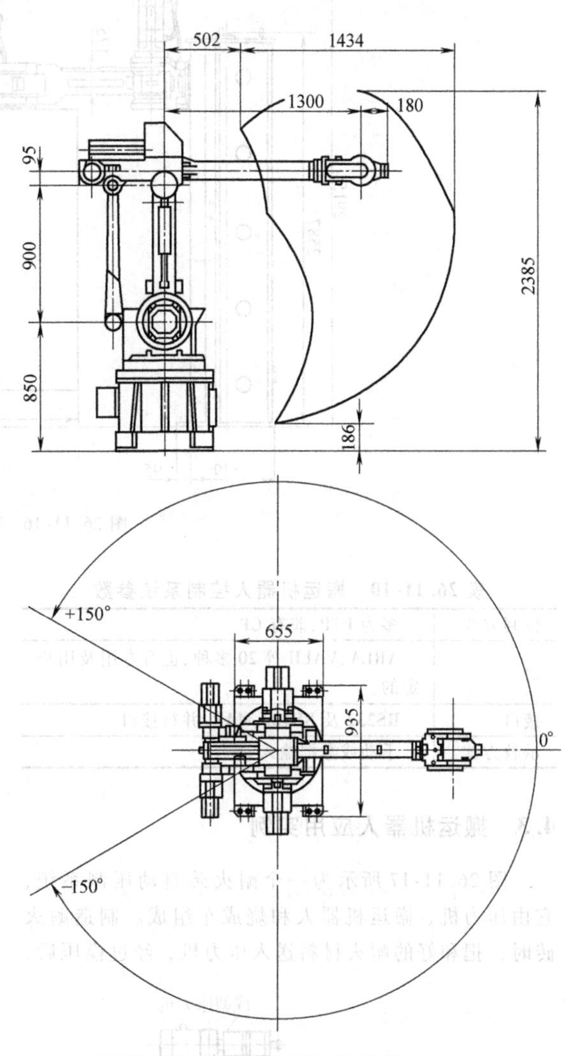

图 26.11-15 GJR-G2 机器人

用点位（PTP）控制。由于用户需要搬运的物料质量不同，机器人负载也不同，在机器人出厂前，无法把伺服系统调至最佳控制。因此，搬运机器人伺服系统配置数字 PID 调节器，用户可以根据搬运负载调整伺服系统参数，使伺服系统达到良好的动态品质和位姿精度。

搬运机器人的工作中有堆垛作业。堆垛有行堆和方堆两种方式，要实现这种功能，控制系统必须设计有根据几个示教参考点而完成有规则堆垛的控制程序。

搬运机器人工作时，必须与周边设备按相应的顺序工作。在控制系统有若干 I/O 控制接口时，通过这

些接口可实现顺序控制和与周边设备的互锁控制。搬运机器人控制系统参数见表 26. 11-10。

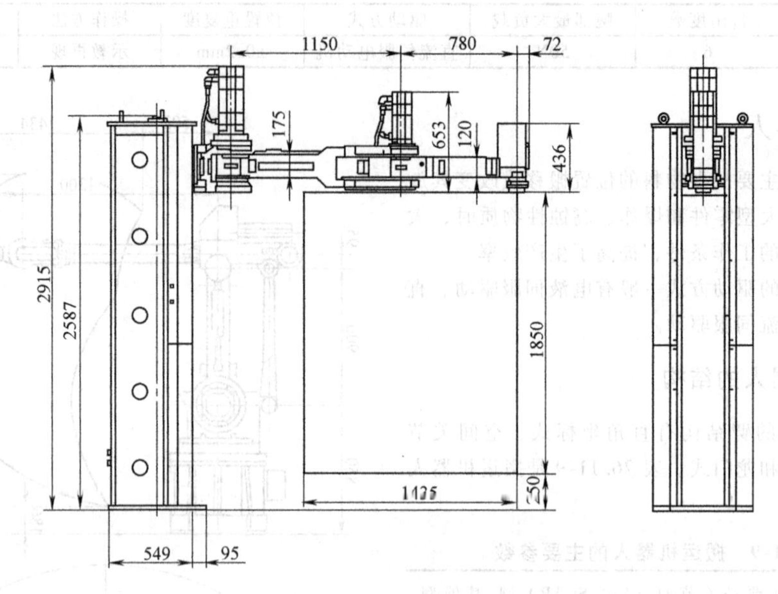

图 26. 11-16　M400 型机器人

表 26. 11-10　搬运机器人控制系统参数

控制方式	多为 PTP,兼有 CP
语言	ARLA、VALII 等 20 多种,也有专用及用户定的
接口	RS232 及 RS422、MAP、并行接口
示教方式	手动或数据输入

4. 3　搬运机器人应用实例

图 26. 11-17 所示为一个耐火砖自动压制系统，它由压力机、搬运机器人和烧成车组成。制造耐火砖时，把和好的耐火材料送入压力机，经过模压后，使耐火材料成砖的形状，搬运机器人从压力机中把砖夹出，在烧成车上堆垛，然后把烧成车同砖送入炉中烧烤。搬运机器人的主要作业是从压力机中取出砖块，按堆垛要求，把砖块堆放在烧成车上。机器人与压力机、烧成车按一定顺序作业，并保持一定的互锁关系。

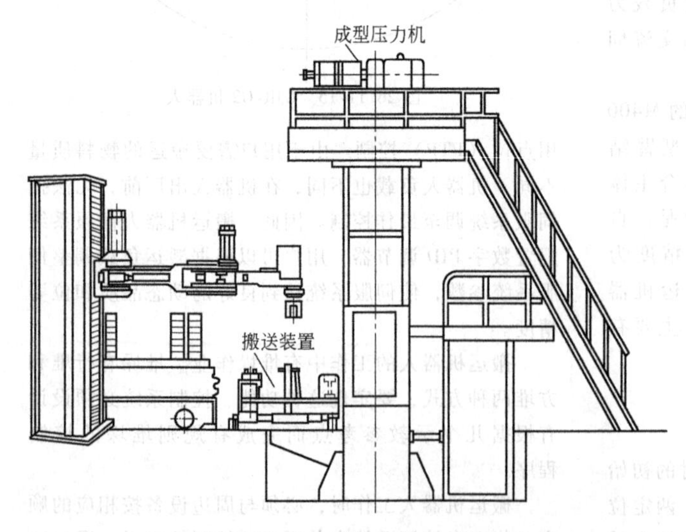

图 26. 11-17　耐火砖自动压制系统

耐火砖自动压制系统参数为：机器人型号，M400 型；成型压力机，10000kN 液压压力机；夹持装置，带平行夹持缓冲机构；耐火砖参数，18 种、50~170N/个；工作节拍，压制成形 30s；堆垛 19s；堆垛精度为±1mm。

搬运耐火砖过程中，要求机器人工作平稳，保证运行速度，柔性操作，并能适应由于砖厚、硅砂散布造成的尺寸变动。

5　装配机器人

5. 1　装配机器人结构

装配机器人的结构，主要是保证其有较高的速度（加速度）和较高的定位精度，包括重复度和准确度，同时要考虑装配作业的特点。由于装配作业的种类繁多，特点各不相同，所以装配机器人可以是典型工业机器人结构中的任意一种。

从装配作业的统计数字上看，与插装作业相关的作业占装配作业的 85%，如销、轴、电子元件脚等插入相应的孔以及螺钉拧入螺孔等。以装配作业为主的工业机器人是以直角坐标型和关节坐标型为主，其中关节坐标型又分为空间关节型和平面关节型，见表 26.11-11。

表 26.11-11 装配机器人的结构及参数

坐标形式		平面关节型	空间关节型	直角坐标型
典型结构简图				
性能参数及特点	重复精度	高，±(0.01~0.05)mm	中，±(0.05~0.3)mm	高，±(0.005~0.05)mm
	速度	高，2.2~11.3m/s	中，0.5~2.2m/s	低，0.5~1.5m/s
	工作范围	中、小，根据臂长决定	大，相对于臂长	大、中、小，根据臂长
	负载	小、中，10~100N	小，中(典型 50N)	大、中、小，根据结构
	编程控制	简单(运动学逆解简单)	难(运动学逆解复杂)	简单
	机械机构	简单	复杂	简单，中等复杂
	造价	低	高	中，高

SCARA 型结构是英文 selected compliance assembly robot arm 的缩写，意为"可选择柔性装配机器人手臂"，其特点为采用平面关节型坐标机构。机器人一般为四个自由度，其中两个自由度（手臂 1 和手臂 2，见图 26.11-18）θ_1、θ_2 的运动构成其平面上的主要运动；垂直方向的运动有两种不同的形式，如图 26.11-18 所示。SCARA 机器人安装空间小，易与不同应用对象组成自动装配线。其结构在平面运动上有很大的柔顺性，而在其垂直方向又有较大刚性（与一般空间关节型机器人相比），因此很适合插装作业。由于插装类作业占装配作业很大比例，所以 SCARA 机器人在装配机器人中也占了很大比例。

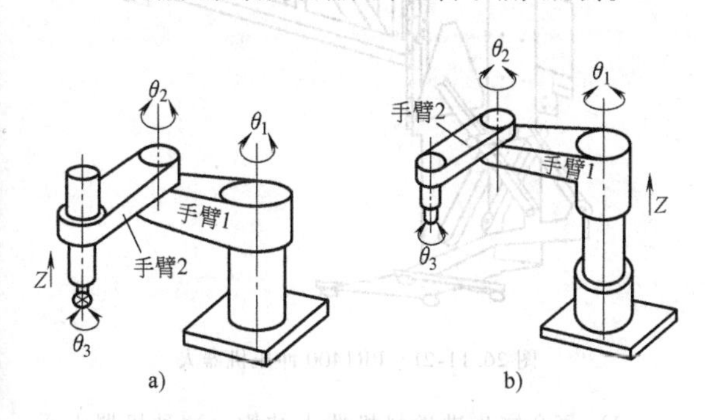

图 26.11-18 SCARA 型结构机器人
a) Z 向运动在末端 b) Z 向运动在腰部

5.2 装配机器人的驱动系统

装配机器人的控制精度要求比其他类型的工业机器人高，因此，装配机器人的驱动系统结构主要是要满足精度要求。另一方面，由于装配机器人比其他机器人要求更高的速度和加速度，所以驱动系统又要考虑能获得高速的要求，特别是离线编程技术的应用，对机器人提出了更高的要求。因此，由直接驱动电动机（DD 电动机）及其配套高分辨力编码器组成的驱动单元，在装配机器人结构中采用得越来越多，而且 DD 系统特别适用于 SCARA 结构。

装配机器人控制系统的特点主要有以下三个：

1）高速实时响应性。在装配机器人作业时，有各种各样的外部信号，要求机器人实时响应，如视觉信号、力觉信号等。

2）较多的外部信号交互通信接口。

3）与复杂的多种作业相适应的人机对话技术。与其他机器人相比，装配机器人由于其所对应的作业范围广，作业复杂，所以更需要较强的人机技术软件。

装配机器人都配备了机器人专用语言，这是由于装配机器人的应用范围广，作业对象复杂，机器人生产厂家必须对用户提供易学、易操作的控制、编程方式才行。

5.3 装配机器人应用实例

5.3.1 用机器人装配电子印制电路板（PCB）

日本日立公司的一条 PCB 装配线装备了各型机器人共计 56 台，可灵活地对插座、可调电阻、IFI 线圈、DIP-IC 芯片、轴向和径向元件等多种不同品种的电子元器件进行 PCB 插装。各类 PCB 的自动插装率达 85%，插装线的节拍为 6s。该线具有自动卡具调整系统和检测系统，机器人组成的单元式插装工位既可适应工作节拍和精度的要求，又使得线的设备利用率高，线装配工艺的组织可灵活地适应变化的要求。

5.3.2　用机器人装配计算机硬盘

用两台 SCARA 型装配机器人装配计算机硬盘的系统如图 26.11-19 所示。它具有一条传送线，两个装配工件供给单元，其中一个单元供给 A~E 五种工件，另一个单元供给螺钉。传送线上的传送平台是装配作业的基台，一台机器人负责把 A~E 五个工件按装配位置互相装好，另一台机器人配有拧螺钉手爪，把螺钉按一定力矩要求安装到工件上。全部系统是在超净间安装工作的。

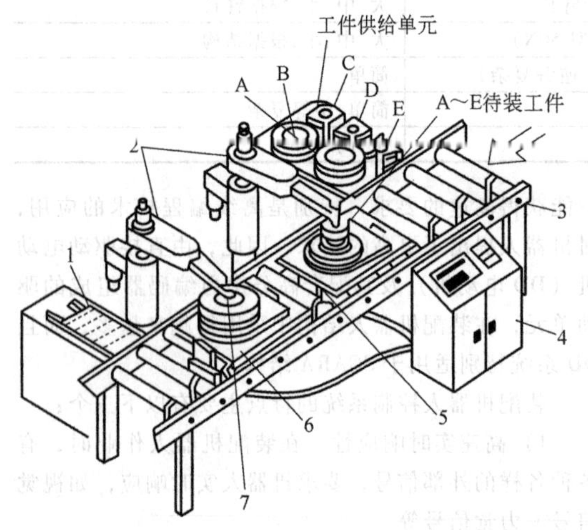

图 26.11-19　用机器人装配计算机硬盘的系统
1—螺钉供给单元　2—装配机器人　3—传送辊道
4—控制器　5—定位器　6—随行夹具　7—拧螺钉器

6　冲压机器人

6.1　冲压机器人的结构

6.1.1　臂结构

1）直角坐标冲压机器人结构。直角坐标机器人一般有水平和垂直运动两个自由度，适用于面积较大的板材的搬运，对水平、垂直运动可以进行编程控制，机器人一般挂装在压力机上。美国 Danly Machine 生产的 Danly 上料/下料机器人如图 26.11-20 所示。其主要性能参数为：最大负载为 890N；水平行程为 2794mm；垂直行程为 610mm；位置准确度为±0.13mm；驱动方式为伺服电动机。

2）曲柄连杆-曲线导轨冲压机器人结构。这种机器人通过伺服电动机驱动滚珠丝杠带动螺母往复运动，曲柄连杆使两组平行四连杆机构在曲线导轨的约束下运动，实现升起、平移和落下动作。这种机器人

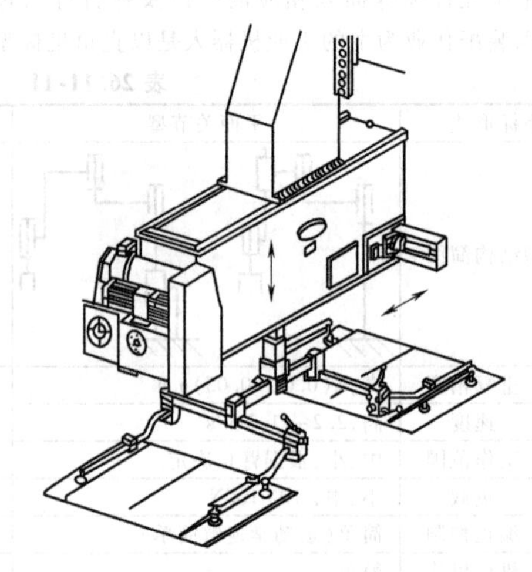

图 26.11-20　Danly 上料/下料机器人

的特点是结构简单，造价低，质量小，便于悬挂在压力机上工作。PR1400 冲压机器人（见图 26.11-21）采用了曲柄连杆-曲线导轨机构，这种机器人的主要性能参数为：额定负载为 245N；水平行程为 1400mm；垂直行程为 1800mm；工作频率为 15 次/min；位置准确度为±0.2mm。

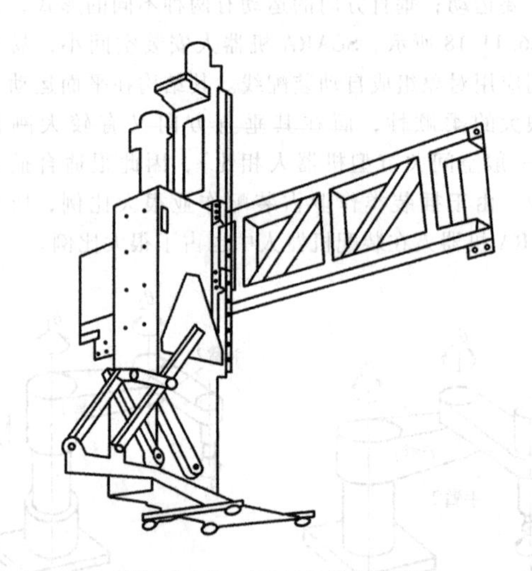

图 26.11-21　PR1400 冲压机器人

3）复合缸步进送料机器人结构。这种机器人采用双气缸复合增速机构，用双手爪步进送料。其特点是速度高，适合小板料冲压加工快速上下料。图 26.11-22 所示为这种机器人的机构。图 26.11-23 所示为用于电动机硅钢片冲压加工上下料作业的 CR80-Ⅰ型冲压机器人。

CR80-Ⅰ型冲压机器人主要技术参数为：额定负载为 10N；工作频率为 < 34 次/min；送料行程为 800mm；送料速度，1000mm/s；自由度数，2；抓取

方式，真空吸附；最大工件尺寸，$\phi325mm\times0.5mm$。

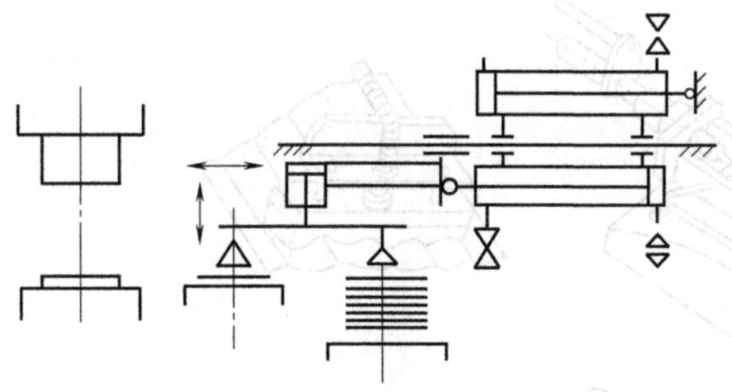

图 26.11-22　双气缸复合增速机构

6.1.2　末端执行器结构

冲压机器人的末端执行器（即手爪）一般采用吸盘式手爪。

（1）气吸式吸盘

1）真空吸盘。如图 26.11-24 所示，真空吸盘用真空泵把橡胶皮碗中的空气抽掉，产生吸力。其特点是吸力大，工作可靠，应用较普遍。由于这种吸盘需要真空泵系统，故成本较高。

2）气流负压吸盘。如图 26.11-25 所示，这种吸盘利用气流喷射过程中速度与压力转换产生负压，

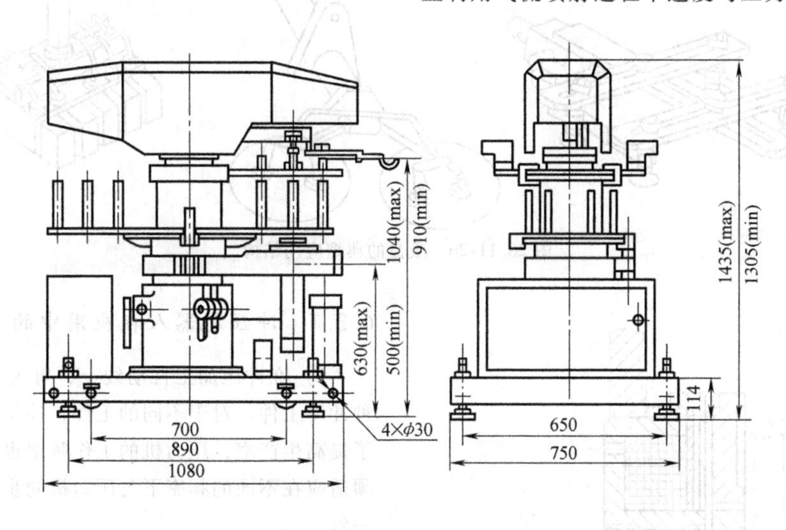

图 26.11-23　CR80-Ⅰ型冲压机器人

使橡胶皮碗产生吸力。关掉喷射气流，负压消失。其特点是结构简单，成本低，但噪声大，吸力小。图 26.11-26 所示为吸盘的典型应用结构。

（2）电磁吸盘

如图 26.11-27 所示，这种吸盘的特点是吸力大，结构简单，寿命长。其另一优点是能快速吸附工件。它的缺点是电磁吸盘只能吸附磁性材料，吸过的工件上会有剩磁，吸盘上会残存铁屑，妨碍抓取定位精度。

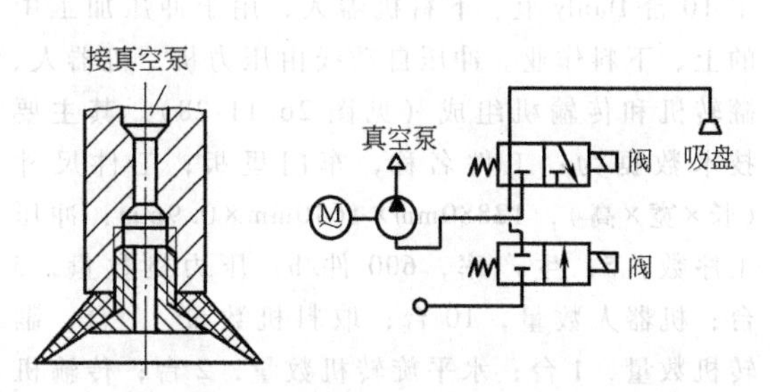

图 26.11-24　真空吸盘及控制原理

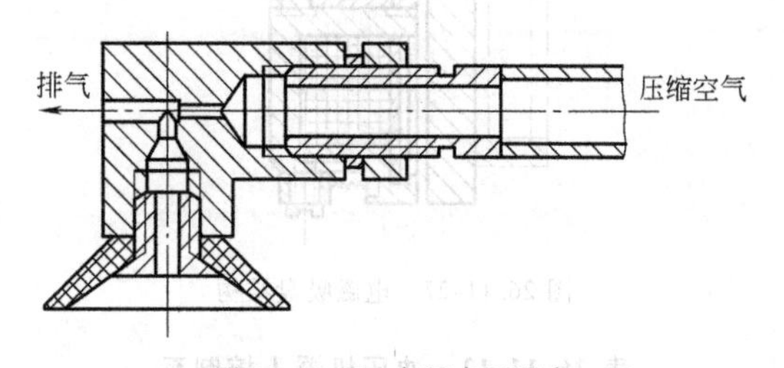

图 26.11-25　气流负压吸盘

6.2　冲压机器人控制系统

冲压机器人一般采用微型计算机控制，也有少数采用可编程序控制器（PLC）控制的。

冲压机器人控制系统及机械结构参数见表 26.11-12。

6.3　冲压机器人应用实例

冲压机器人可以用在汽车、电机、电器和仪表等行业中，与压力机构成单机自动化冲压和多机冲压自动线。

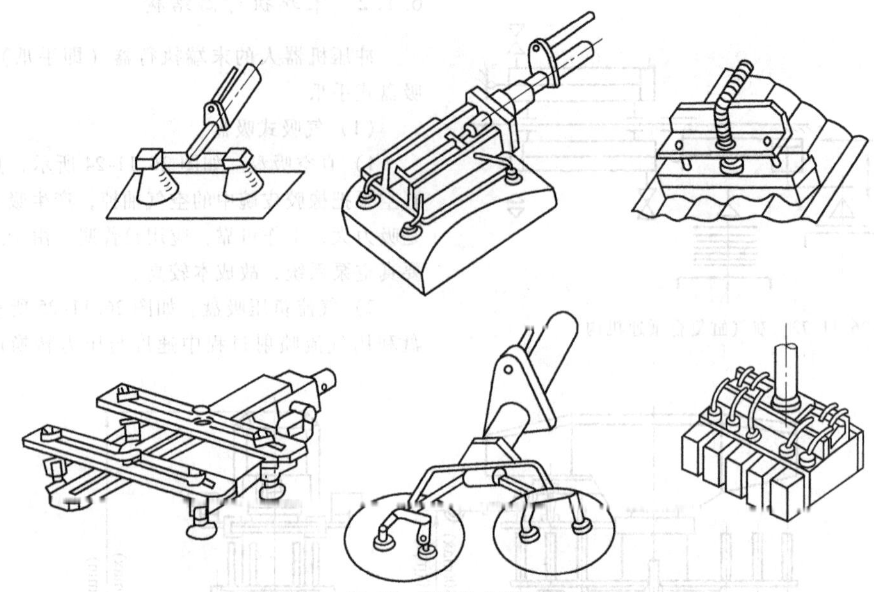

图 26.11-26　吸盘的典型应用结构

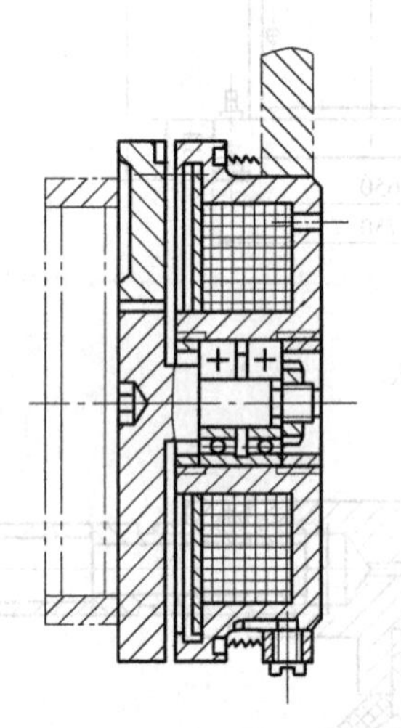

图 26.11-27　电磁吸盘结构

表 26.11-12　冲压机器人控制系统及机械结构参数

结构型式	关节式(占50%左右),门式
驱动方式	DC、AC 伺服驱动占 80%以上
轴数	5~6 轴为主,范围为 1~10 轴
重复度	一般为±(0.1~0.5)mm,范围为±(0.01~0.5)mm
负载	一般为 100~5000N,范围为 12~20000N
速度	多为 1m/s,范围为 0.25~15m/s
语言	ARLA、PASCAL、BASIC、汇编等 20 余种
控制方式	主要有 PTP、少量有 CP
控制器	主要用工业控制计算机及 PLC

6.3.1　冲压机器人在应用中的几个问题

1）在冲压加工自动线上，每天有可能更换 2~3 种冲压工件。对于不同的工件，冲压工作量不同，为了提高生产率，压力机的工作频率也不同。机器人必须适应在不同的频率下与压力机同步工作，保持节拍一致。

2）在冲压加工中，机器人的上、下料动作必须与压力机压下、抬起动作互相协调，并且要有一定的时间差，以保证机器人与压力机不干涉和碰撞；与压力机和辅助设备必须有互锁功能，以保证设备安全。

3）缩短上、下料时间是提高生产率的关键。机器人必须工作平稳，减少工件振动，快速定位，才能快速完成上、下料动作。

6.3.2　机器人在汽车工业冲压加工中的应用

美国克莱斯勒公司的一条车门冲压自动线采用了 10 台 Danly 上、下料机器人，用于冲压加工中的上、下料作业。冲压自动线由压力机、机器人、翻转机和传输机组成（见图 26.11-28）。其主要技术数据为：工件名称，车门里板；工件尺寸（长×宽×高），12880mm×1640mm×0.9mm；冲压工序数，5；生产率，600 件/h；压力机数量，5 台；机器人数量，10 台；取料机数量，1 台；翻转机数量，1 台；水平旋转机数量，2 台；传输机数量，3 台。

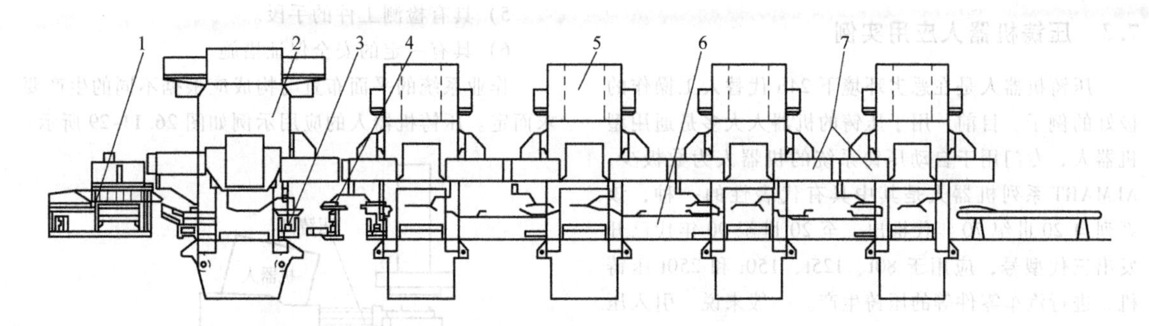

图 26.11-28　车门冲压自动线

1—取料机　2、5—压力机　3—水平旋转机　4—翻转机　6—运输机　7—机器人

7　压铸机器人

压铸生产过程是在高温高压下，将合金熔液注入金属型或压铸型以生产零部件。压铸工业已可成功地用机器人进行装料、淬火、卸料和切边等作业。

7.1　压铸机器人结构

压铸机器人属于搬运机器人的一种，但必须适应高温、多尘的作业环境。其机械结构型式与大多数搬运机器人类同，见表 26.11-13。

7.2　压铸机器人控制系统

压铸机器人控制系统的类型见表 26.11-14。

压铸机器人的其他性能指标参数见表 26.11-15。

表 26.11-13　压铸机器人的机械结构型式

结构类型	直角坐标型、球坐标型、圆柱坐标型和关节型，其他还有球坐标加关节型、圆柱坐标加关节型、直角坐标加关节型、SCARA 型（平面关节型）和龙门式等
轴数	1～11
机器人质量	11～3000kg
额定负载	10～15000N
定位装置	机械挡块、接近开关、编码器等
末端执行器类型	真空吸盘（垫、杯）、磁性、三点式夹持器、各类机械夹钳、夹爪、工具握持器、软接触夹持器、各类通用夹持器及按用户需求的专用夹持器
安装方式	地面安装占 90%以上，其他还有悬吊、墙壁安装等方式

表 26.11-14　压铸机器人控制系统的类型

控制系统类型	工业控制计算机、PLC 可编程序控制器，微处理器，其他还有小型计算机、继电器式、计算机数控、PLC、步进鼓以及专用控制系统等
控制方式	PTP（点位居多）、CP（连续轨迹少量）
示教方式	手持示教板（示教盒），其他有字母数字键入、自动读入、离线示教等
机器人语言	梯形图、汇编语言、计算机高级语言、VAL
驱动系统类型	气动、液压、DC 伺服，其他还有 AC 伺服、步进电动机驱动等
动力源	各类机器人自定
传感功能	零件检测、接近觉、视觉、轨迹跟踪、力反馈，其他还有移动选择、激光检查等
与环境同步	多数机器人具有此功能

表 26.11-15　压铸机器人的其他性能指标参数

分辨力	±(0.0001～2) mm，±(0.001″～3′)
准确度	±(0.005～2) mm，±(0.002″～0.040″)
重复度	±(0.001～2) mm，±(0.002″～0.020″)
工作空间	随机器人结构类型不同而不同
速度范围	0～11m/s，大多数压铸机器人速度可编程

7.3 压铸机器人应用实例

压铸机器人是在恶劣环境下24h代替人工操作的极好的例子。目前，用于压铸的机器人大多是通用型机器人，专门用于自动压铸系统的机器人为数极少，ALMART系列机器人是其中具有代表性的一种，该系列自20世纪70年代推出，至20世纪90年代已开发出三代型号，应用于80t、125t、150t和250t压铸机，进行汽车零件等的压铸生产。一般来说，引入压铸机器人的条件至少包括以下各项：

1）力求将自动浇注机、压铸机、机器人、切边压力机及堆垛装置连成一系统。

2）要有足够的工作空间，既不影响机器人的动作，又不妨碍更换金属型的作业。

3）机器人及系统的选择要满足生产节拍的要求。

4）除特殊要求外，夹持器应尽量通用化并具有适当强度（以防搬运中工件脱落变形）。

5）具有检测工件的手段。

6）具有一定的安全保证措施。

作业系统的平面布置与构成应根据不同的生产要求而定。压铸机器人的应用示例如图26.11-29所示。

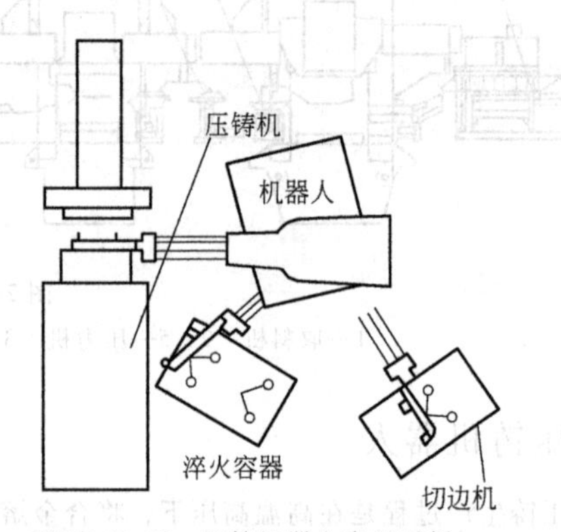

图26.11-29 压铸机器人应用示例——取工件、淬火和切边

第12章 服务机器人技术的新进展

1 概述

1.1 服务机器人的分类

国际机器人联合会（International Federation of Robotics，IFR）给出的服务机器人初步定义为：服务机器人是一种半自主或全自主工作的机器人，它能完成有益于人类的服务工作，但不包括从事生产的设备。在我国《国家中长期科学和技术发展规划纲要（2006～2020年）》中对智能服务机器人给予了明确定义：智能服务机器人是在非结构环境下为人类提供必要服务的多种高技术集成的智能化装备。

根据IFR报告，服务机器人按用途分为两大类：专用服务机器人和个人/家用服务机器人，一些典型的服务机器人举例见表26.12-1。

仿人机器人是机器人研究与开发的重要领域，图26.12-1所示为世界知名的仿人机器人。

表26.12-1 典型的服务机器人举例

分类名称		含义与举例
专用服务机器人	农业机器人	除草机器人、施肥机器人、伐木机器人和果/蔬采摘机器人等
	医疗机器人	外科手术辅助机器人、康复训练机器人、激光治疗机器人和口腔修复机器人等
	水下机器人	水下机器人实际上是一种潜航器，它可分为（载人、无人）有缆潜航器和（载人、无人）无缆潜航器。载人、无人有缆潜航器是通过电缆或光缆为水下机器人提供动力并对它进行控制。载人或无人无缆潜航器也称为自主式水下机器人，它完全靠自身完成自动驾驶、导航定位、故障诊断及作业处理等。水下机器人可以长时间地在水下侦察敌方潜艇和舰船的活动情况，也可在水下对潜艇和舰船进行攻击或检修
	空间机器人	空间机器人是为了考察月球、火星、金星、木星和水星等太阳系的行星及其卫星而研制的各种机器人。空间机器人一般是由（多个）机械臂及其机械手或装备有机械臂及其机械手的机器人车辆构成，它们可以在太空的各种环境中作业及导航
	抢险救援机器人	救援机器人、灭火机器人、除雪机器人
	反恐防爆机器人	排爆机器人、防化机器人
	军用机器人	机器人车辆、机器人士兵、无人机和支援机器人
	特殊用途机器人	管道机器人、管路探勘机器人、爬缆索机器人、深海探测机器人、室内保安机器人、室外巡逻机器人、汽车/飞机清洗机器人、井下救灾机器人、微型机器人、纳米机器人、公共场所服务机器人、餐厅服务机器人及核工业现场作业机器人等
个人/家用服务机器人	家政服务机器人	吸尘机器人、除草机器人、清洁机器人等
	助老助残机器人	医疗护理机器人、机器人按摩床、动力假肢和智能轮椅等
	休闲娱乐机器人	玩具机器人、教育培训机器人、娱乐机器人等

1.2 服务机器人的共性技术

从机构学的角度，机器人可划分为串联机构、并联机构、树状机构（串联与并联混合），如灵巧手、仿人机器人、双臂机器人、轮式机器人、履带移动机器人和步行机器人等均可看作为树状机构。虽然服务机器人的种类无以计数，但绝大多数的服务机器人多采用这些机构。从系统角度看，服务机器人技术是多技术集成，它的进步取决于其他领域的发展，特别是计算机、信息处理、传感器、驱动器、通信和网络等。服务机器人产业发展的共性技术主要包括如下几个方面。

（1）自主移动机器人平台技术

大量服务机器人通过自主移动机构实现在室内环境下的运动，尽管因其服务功能不同而需要在移动平台上配置不同的辅助机构，但自主移动机器人通常可以作为服务机器人的基础平台。在这类平台上存在一些共性问题，如控制器、驱动器和传感器的标准化问题，机器人操作系统的实时性问题，机器人内部通信总线的鲁棒性问题，机器人的集成开发环境问题等。在集成上述关键技术问题的基础上，开发开放式和标准化的移动机器人硬件和软件平台，可以为服务机器人提供直接有效的运动部件，适应对不同服务内容机器人的柔性需求。

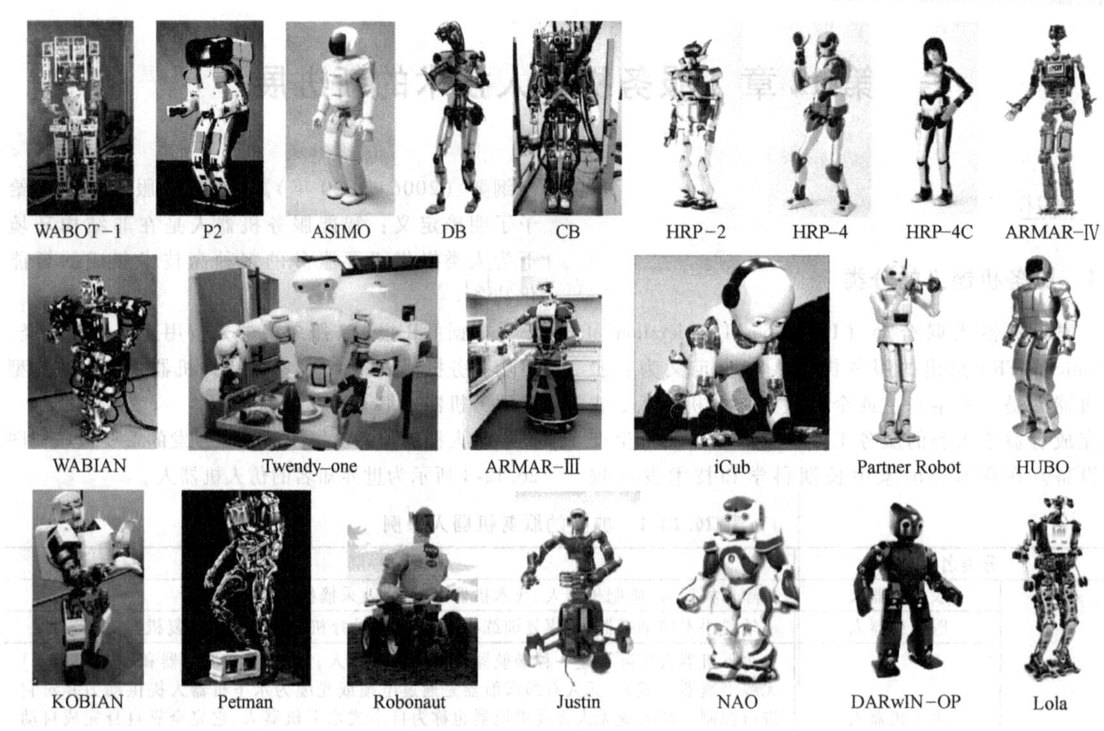

图 26.12-1　世界知名的仿人机器人

（2）机构与驱动

服务机器人在不同的作业环境下工作，需要不同类型的移动机构和作业机构。机器人的执行机构和驱动机构将朝着一体化的方向发展。开发具有真正操作能力的机器人，必须解决服务机器人的移动机构和作业机构对环境和不同作业任务的适应性问题。

（3）感知技术

传感器是服务机器人的关键部件，是其对环境做出准确、及时反映的信息基础。针对服务机器人对获取周围感知信息的需求，开发适合在应用环境内使用的传感器模块，提高现有传感信息处理的实时性和对环境变化的鲁棒性也是一个富有挑战性的课题。除了传统的超声波、红外、视觉等传感器外，新型的触觉传感器、位姿传感器等智能传感器的开发及基于这些传感器模块的感知综合，也将是服务机器人感知技术未来的发展方向。

（4）交互技术

服务机器人既以服务为目的，人们自然需要有更多、更方便、更自然的方式与机器人进行交互，这包括高层次的情感交互及低层次的力觉和触觉的交互等，而不再满足操纵键盘和按钮的方式。基于视觉和听觉的人机交互是该领域的发展方向，它受制于当前语音理解与合成技术和计算机视觉技术的研究水平。交互技术的目标是赋予机器人以情感，把人与人之间要依靠语音和视觉交互的习惯，逐渐延伸到人与机器之间的交互。

（5）自主技术

服务机器人的应用环境通常是非结构化环境，其执行的任务多样复杂。因此，对于各种实用性的服务机器人来说，如何提高其对变化环境和多种任务的适应性，提高自主服务能力，是一项具有平台性的关键技术。自主技术的目标是赋予机器人以思维，其主要包括任务规划、环境创建与自定位、路径规划、实时导航和目标识别等。

（6）网络通信技术

网络通信技术与机器人技术的结合促进了机器人技术的发展，也给机器人技术提出了挑战。为弥补当前智能机器人系统发展的不成熟，通过网络实现操作者对机器人的计算机辅助遥操作，是对智能机器人系统的一个很好的补充。但这也提出了一些挑战，如网络延时、丢包、乱序、透明度和临场感等。通过网络可以将机器人构成一个动态分布式系统。从机器人角度看，这就提出了分布式导航、定位、建模和协调控制等问题。

2　农业机器人

2.1　农业机器人的特点和分类

与工业机器人相比，农业机器人的特点主要体现在：

1）作业的季节性。由于农业机器人大都针对农业生产某一环节，功能单一。因此，农业机器人的使用具有较强的季节性，利用率较低，从而增加了农业机器人的使用成本。

2）作业环境的非结构性。由于农业生产环境多变且无法预知，农业机器人无法同工业机器人一样具有比较固定的作业环境。因此，农业机器人需具有适应不同环境的能力，并且能够在不同环境中智能化完成任务。

3）作业对象的娇嫩性和不确定性。农业机器人的作业对象主要是农作物，而农作物一般都软弱易伤，在对其操作时必须把握合适的力度，使农作物不被损坏。同时，农作物因为发育程度的不同导致形态各异，相互之间差异较大，并且需进行柔性处理。

4）使用对象的特殊性。农业机器人的使用者是农民，农民并不具备较高的机械电子知识水平，农业机器人必须操作简单、可靠；农业生产总体利润不高，农业机器人的价格不能超出一般农民的承受能力。

随着近年来国内外对农业机器人研究与开发的重视，目前已研发出多种农业机器人。根据解决问题的侧重点不同，农业机器人大致可以分为两类：一类是行走系列机器人，主要用于在大面积农田中进行作业；另一类机械手系列机器人，主要用于在温室或植物工场中进行作业。农业机器人的分类与功能简介见表 26. 12-2。

除上述两大类别农业机器人外，还有一些特殊用途的机器人，包括剪羊毛机器人、挤奶机器人、放牧机器人等，也都得到了很好的应用。

表 26. 12-2　农业机器人的分类与功能简介

类别	名称	功 能 简 介
行走系列机器人	耕作机器人	在拖拉机上增加传感系统与智能控制系统，实现自动化、高精度的田间作业
	作业机器人	利用自动控制机构、陀螺罗盘和接触传感器，从而自动进行田间作业
	施肥机器人	根据土壤和作物种类的不同，自动按不同比例配备营养液，实现变量施肥
	除草机器人	采用图像处理系统、定位系统实现杂草识别及定位，从而根据杂草种类、数量自动进行除草剂的选择和喷洒
	喷雾机器人	采用病虫害识别系统与控制系统，可根据害虫的种类与数量进行农药的喷洒
机械手系列机器人	嫁接机器人	用于蔬菜和水果的嫁接，可以把毫米级直径的砧木和芽胚嫁接为一体，提高嫁接速度
	采摘机器人	通过视觉传感器来寻找和识别成熟果实
	育苗机器人	把种苗从插盘移栽到盆状容器中，以保证适当的空间，促进植物的扎根和生长
	育种机器人	采用机械手对种子进行无损切削，并进行基因分析，指导育种过程

2.2　农业机器人应用实例

（1）采摘草莓机器人

图 26. 12-2 所示为日本国家农业和食品研究所发明的能够采摘草莓的机器人。该机器人装有一组摄像头，能够精确捕捉草莓的位置，还有配套软件能根据草莓的红色程度来确保机器人采摘的是成熟的草莓。该机器人每 8 秒钟就能采摘一个草莓果实，并能运用其自身的 3 个摄像头确定哪些草莓已成熟，并将采摘下来的草莓放到篮子里。日本温室草莓通常都种植在高架花盆中，2m 高的机器人在草莓丛中的轨道上移动，机器人通过两个数码摄像头观察草莓的颜色并计算成熟度和与采摘果实的距离，以便准备靠近采摘果；然后第 3 个摄像头给水果拍摄清晰照片，便于进行采摘前最后的计算。

图 26. 12-2　日本摘草莓的机器人

（2）剪羊毛机器人

西澳大利亚大学 1987 年研制了剪羊毛机器人。图 26. 12-3 所示为剪羊毛机器人和羊的固定装置。首先，操作者将羊仰放在移动台车上，头部、前后足都用夹具固定好；然后，台车自动向机器人的下方移动，机器人边剪羊毛边转动羊体，移动位置，以便剪净羊全身各处的毛。固定头部的夹具上有遮目装置，以防因机器人动作造成羊的挣扎动作。因羊的体形、大小不同，需将羊的体形、大小等数据输入计算机，同时操作时要通过机器视觉确认羊体大小，修正数据。图 26. 12-4 所示为横卧的羊和机器人。

图 26. 12-5 所示为羊毛推剪的末端执行器，为推剪

组件，包括驱动电动机、随动放大器。为了不伤到羊的皮肤，还装有检测推剪和皮肤之间的距离传感器。对末端执行器动作的要求是剪毛动作重叠区域小，不剩毛，不进行第二次推剪，所以需要在计算机中对每头羊设计出最高效的剪毛步骤。更进一步，该机器人系统在剪毛过程中还可以认识并记忆羊体的形状，然后更新原来存入的形状数据。24min 内可剪取全身 95% 的羊毛，但研究人员认为速度还需要进一步提高。

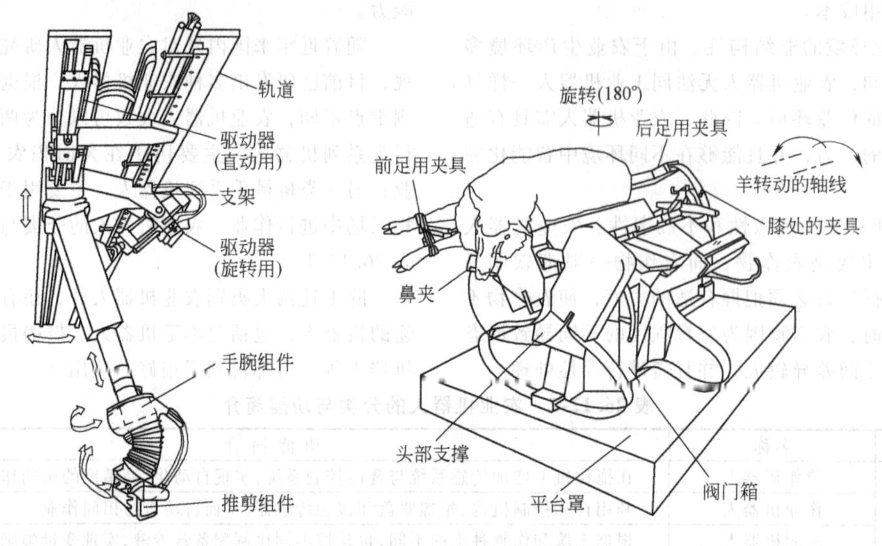

图 26.12-3 剪羊毛机器人和羊的固定装置

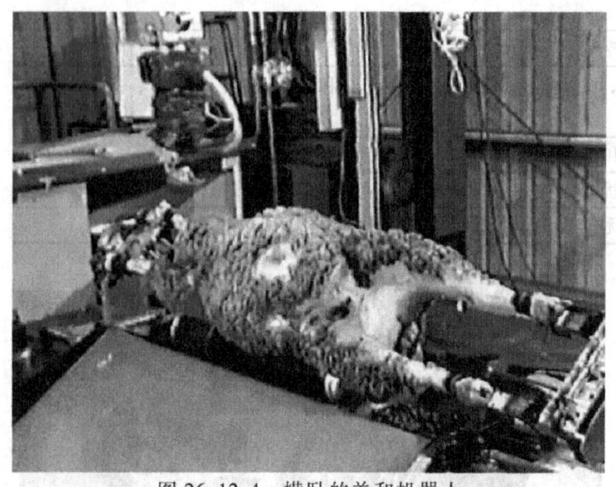
图 26.12-4 横卧的羊和机器人

图 26.12-5 羊毛推剪的末端执行器

Merino Wool Harvesting 公司为了提高剪毛速度开发了图 26.12-6 所示的系统。它采用了与以前不同的移动台车，羊在台车上的姿势如同骑自行车，调整踝关节处金属套环的位置可固定不同大小的羊。作业中为了使羊安静，给其口中含有电极，固定头部的夹具上装着“帽檐”，使羊看不到机器人。机器人为六轴垂直多关节型，两台机器人分别剪左、右半身的毛，同时开始，从头至尾、自上而下剪毛。这种方式可使羊处于自然姿势，不用仰卧，也不用旋转，对羊不造成负担，速度大大提高，剪毛时间只需 1.5min，为人工作业的 1/5 左右。缺点是只能剪取身体外侧的羊毛，内侧和腹部的毛还需要人工剪。

(3) 挤奶机器人

挤奶机器人采用的挤奶方法和挤奶机采用的方法类似：将由不锈钢制外筒和橡胶制内筒组成的挤奶杯装在乳头上，利用外部真空泵的负压吸引，周期性地吸、停动作，刺激乳头，进行挤奶。挤奶动作的周期性切换由脉动器控制。实用化的挤奶机器人都是以在牛舍等放养（不拴系）的牛为对象的，牛自己走到放有饲料的挤奶栏挤奶。在挤奶栏对牛进行识别、清洗乳头、装上挤奶杯、检测奶的质与量、卸下挤奶杯、给乳头消毒和将牛从挤奶栏赶出等一系列操作，同时计算机进行数据管理。乳头检测有激光、超声波、光电等方式。乳头检出后，由机械臂将挤奶杯装上。

图 26.12-6　利用 2 台机器人剪羊毛

图 26.12-7 所示为挤奶机器人，图 26.12-8 所示为从牛的左侧看到的机器人。牛从图 26.12-8 所示的右侧的门进入栏内，挤奶后从左侧门出去。进入栏内后，激光测距仪检测出乳头的位置，机械臂将图 26.12-9 所示的四个挤奶杯装上后开始挤奶。

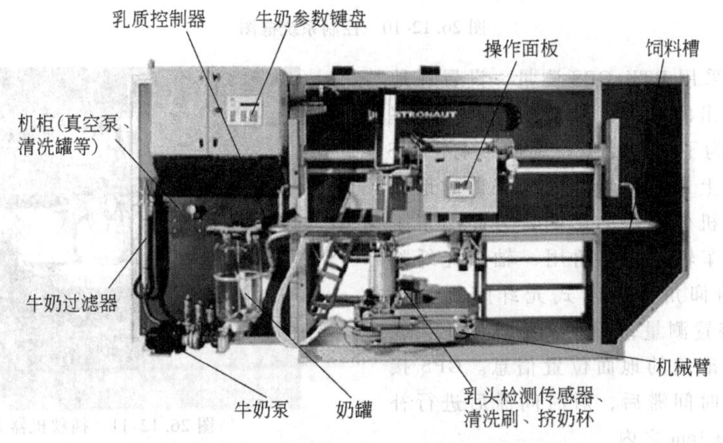

图 26.12-7　挤奶机器人

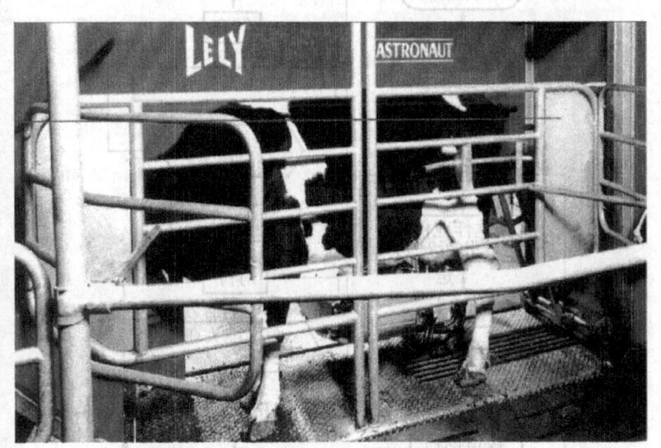

图 26.12-8　从牛的左侧看到的机器人

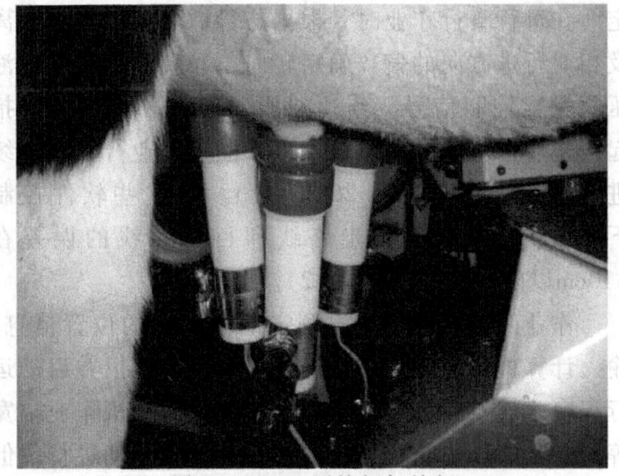

图 26.12-9　用挤奶杯挤奶

（4）插秧机器人

日本中央农业研究中心开发的插秧机器人是以乘坐式插秧机为基础改造成的，为实现自动行走，在节气门、变速机构（CVT）和作业机械离合器的操作上采用了直流伺服电动机，转向控制采用了液压比例阀，左右制动器、离合器和作业机械的升降控制采用了液压电磁阀，对车辆还进行了其他必要的改造，以满足计算机自动控制的需要。测量和控制通过输入输出接口（RS-232C 等）由同一台计算机完成（见图 26.12-10）。

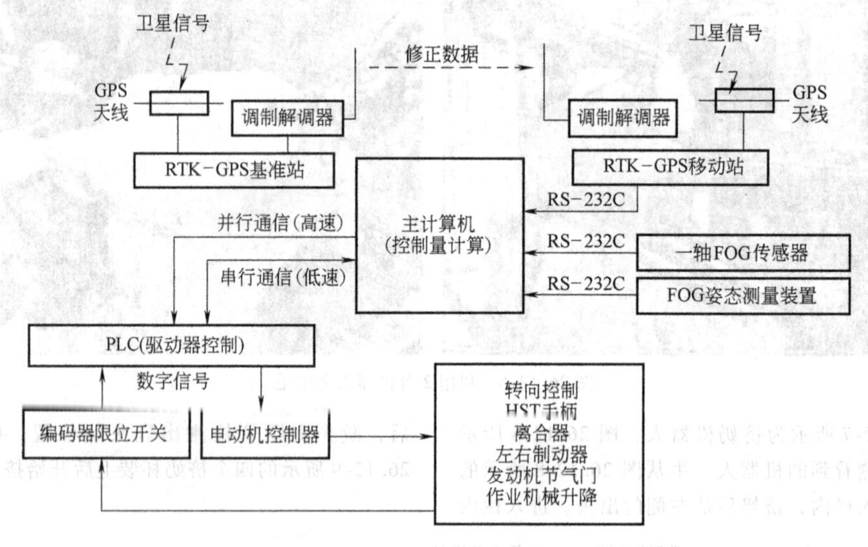

图 26.12-10　控制系统框图

插秧机的位置采用 RTK-GPS 测量，设置在地块附近的基准站发出的修正信号借助专用小功率调制解调器获得。为了避免受障碍物的影响，GPS 天线设置在插秧机上最高位置。由于获得的地面的位置信息会受到机体倾斜的影响，为此测量了车辆的姿态信息，车辆的偏航角用一轴式光纤陀螺仪、滚动角和俯仰角用三轴式光纤陀螺仪式（FOG）姿态测量装置测量，用以上信息修正天线获得的数据以得到准确的地面位置信息。GPS 接收机输出的数据有时间滞后，对时间滞后进行补偿后的测量误差在±3cm 之内。

发动机的转速和作业速度根据位置数据自动设定。在进行直行作业时，根据与目标路线的横向偏离及相对行进方向的偏离确定转向角和转向速度，向液压阀发出控制信号。到达地头的时候，作业机械抬起，先后退一下，再调头进入下一个作业行程，继续进行插秧作业（见图 26.12-11）。在这些软件控制下，插秧机器人的行走路线和目标路线的误差在±10cm以内（见图 26.12-12）。

作业路线规划要事先测定地块四角的位置信息，输入计算机作为初始数据。插秧机开到地里并启动运行程序之后，计算机根据地块面积、插秧机作业幅宽等自动生成作业路线。秧苗的补给必须手动进行，但如果采用长毡式水培苗，则中途不用补充苗，可以每 20min 插 $0.1hm^2$ 的速度连续作业 $0.3hm^2$（见图 26.12-13、图 26.12-14）。

图 26.12-11　插秧机器人在作业

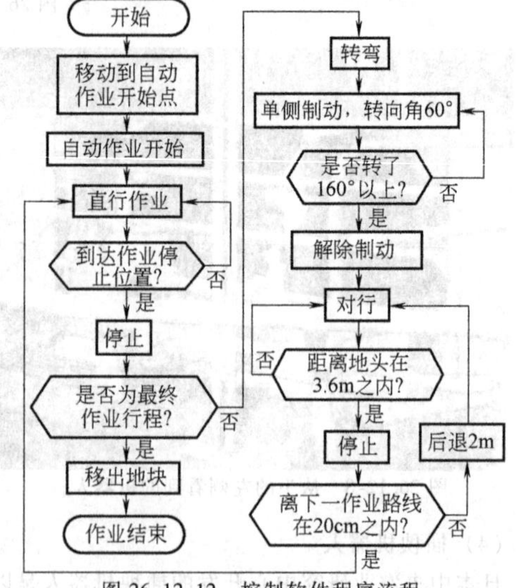

图 26.12-12　控制软件程序流程

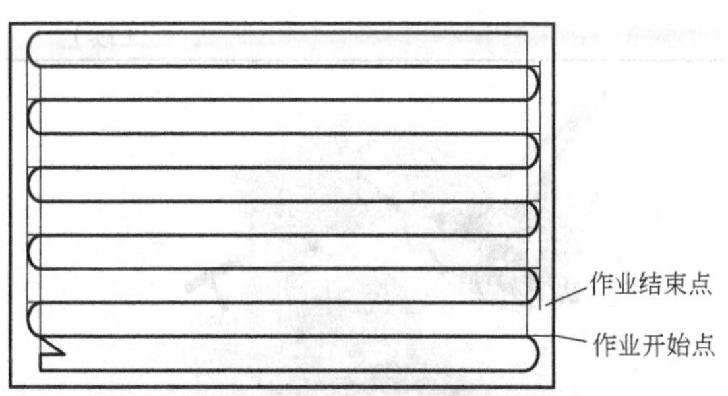

图 26.12-13　作业轨迹

图 26.12-14　使用长毡式水培苗插秧

3　医疗机器人

医疗机器人是指各种用于外科手术、医学培训、康复治疗、假体和残障人士辅具等的机器人设备。根据服务对象的不同，医疗机器人可分为医疗外科机器人、康复机器人和助老助残机器人等。医疗机器人是目前国内外机器人研究领域中最活跃、投资最多的方向之一，其发展前景非常看好，美、法、德、意、日等国家学术界对此给予了极大关注，研究工作蓬勃发展。根据医疗机器人的功能和用途将医疗机器人分为神经外科机器人、骨科机器人、腹腔镜机器人、血管介入机器人、假肢外骨骼机器人、辅助康复机器人和胶囊机器人。目前已经对医疗机器人进行了广泛而深入的研究，这里仅介绍已经商用化的机器人系统。

3.1　神经外科机器人

在神经外科手术中，机器人主要用于对脑部病灶位置精确的空间定位以及辅助医生夹持和固定手术器械等。目前已投入商业化应用的典型的神经外科机器人见表 26.12-3。已经商用化的神经外科机器人都采用术前医学图像导航的方式对机器人进行引导定位，由于脑组织在手术过程中会因颅内压力变化而发生变形和移位，这就不可避免地引起定位误差。因此将现有的定位机构与术中导航方式相结合是神经外科机器人研究的主要方向。

表 26.12-3　神经外科机器人

英国 Renishaw 公司的 NeuroMate：NeuroMate 除了用于开展活检手术外，还可完成深脑刺激、经颅磁刺激、立体定向脑电图和内窥手术操作。在基于体外标记物红外导航定位手术中均方根值误差为 1.95mm±0.44mm	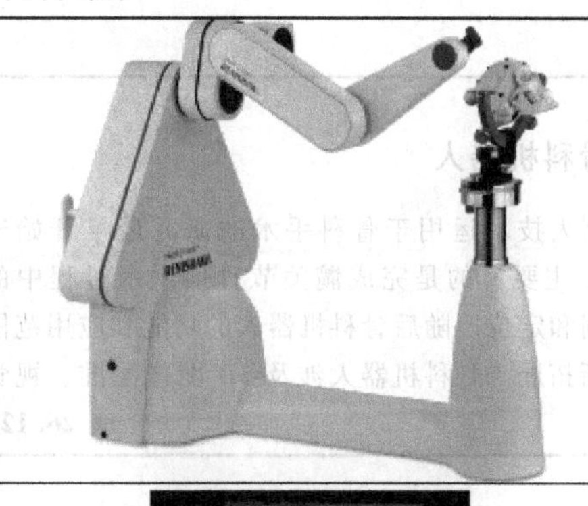
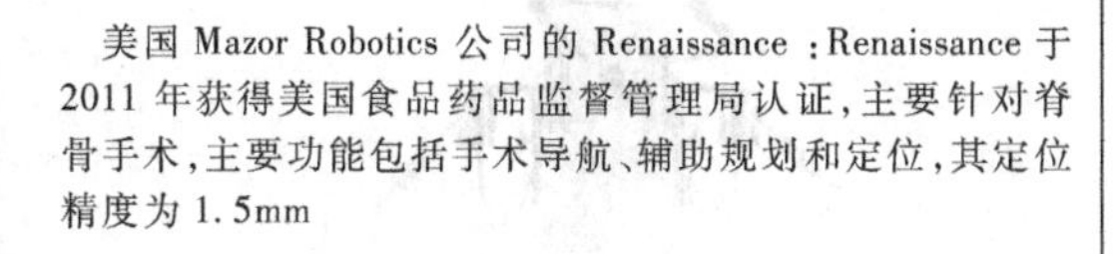 美国 Mazor Robotics 公司的 Renaissance：Renaissance 于 2011 年获得美国食品药品监督管理局认证，主要针对脊骨手术，主要功能包括手术导航、辅助规划和定位，其定位精度为 1.5mm	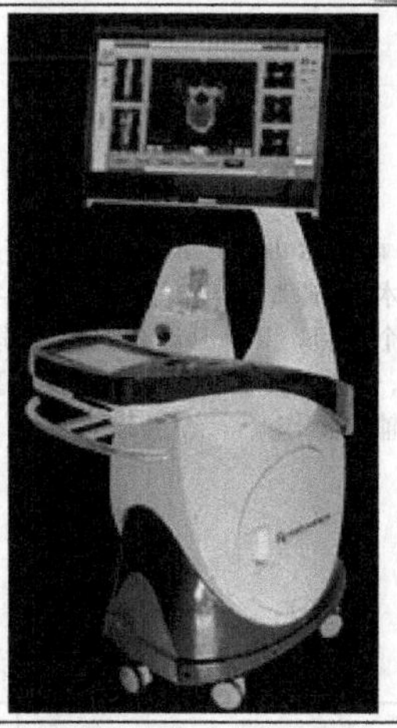

（续）

美国 Pathfinder Technologies 公司的 Pathfinder：Pathfinder 用于完成常规的脑外科立体定向手术，医生通过设置靶点位置和穿刺路径，机器人即可完成定位。研究者采用不同的配准方式测试了 Pathfinder 的定位精度，2003 年，英国诺丁汉大学的研究人员采用三角形标记物，将摄像头固定在机器人上，完成对球形靶点定位和测试，结果表明 Pathfinder 精度为 2.7mm。2010 年英国的研究人员采用非线性辨识技术对摄像头进行了重新标定，使 Pathfinder 末端针尖定位精度达到亚毫米级别	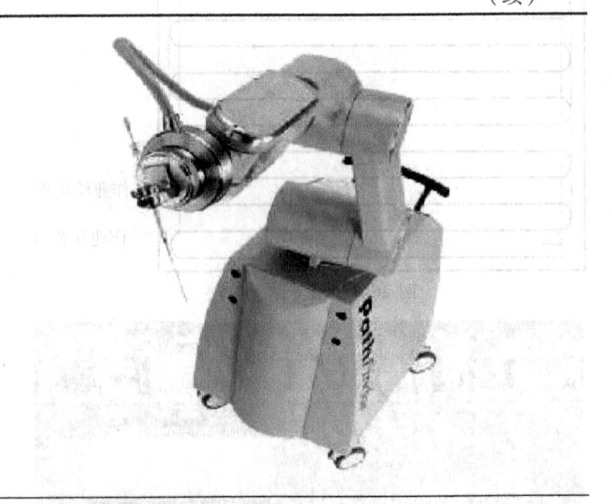
法国 Medtech 公司的 Rosa：Rosa 是一款功能较全的神经外科机器人，能完成活检、深脑电极放置、立体定向脑电图等操作。Rosa 首次商用化实现了无框架、无标记物、无接触和无医生干预的自动注册方式	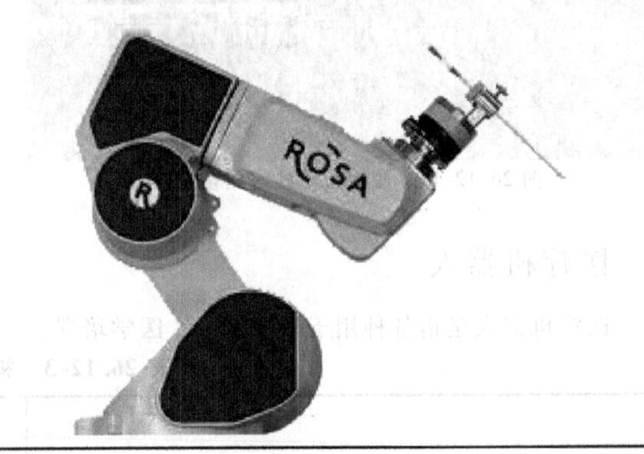

3.2 骨科机器人

机器人技术运用于骨科手术的研究最早开始于 1992 年，主要目的是完成髋关节置换手术过程中的手术规划和定位。随后骨科机器人的功能和应用范围得到不断拓展。骨科机器人涉及 3D 图像配准、视觉定位与跟踪、路径规划等关键技术问题，为了获得较高的定位精度，手术过程中常常采用侵入式的方式对病患组织进行固定，这在一定程度上也增加了病人的伤痛，延迟了手术恢复时间。因此在保证定位精度的同时，改进固定和配准方式，进一步减少创伤是当前研究的主要方向。表 26.12-4 列出了骨科机器人。

表 26.12-4 骨科机器人

美国 Curexo 公司的 Robodoc：Robodoc 主要用于膝关节和髋关节置换手术，其原型最早产生于 1998 年 IBM 和加州大学合作的一个项目。RoboDoc 包括两部分：手术规划软件和手术助手，分别完成 3D 可视化的术前手术规划、模拟和高精度手术辅助操作	

（续）

美国 Mako Surgical 公司的 RIO：RIO 主要面向膝关节和髋关节置换手术，2013 年被美国医疗器械制造商 Stryker 收购，结合 Stryker 在关节重构、手术导航和手术器械方面的经验，RIO 将会得到进一步的发展	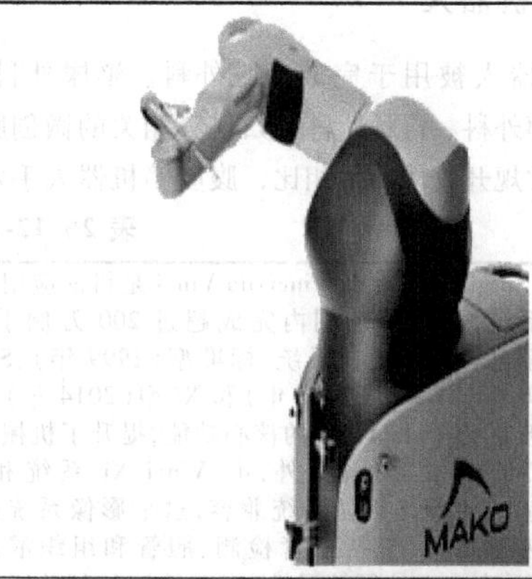
iBlock 是一款全自动的切削和全膝关节置换的骨科机器人，它可以直接固定在腿骨上，从而保证了手术的精度。另外，与其他骨科机器人不同的是，它不需要术前 CT 和 MRI 的扫描	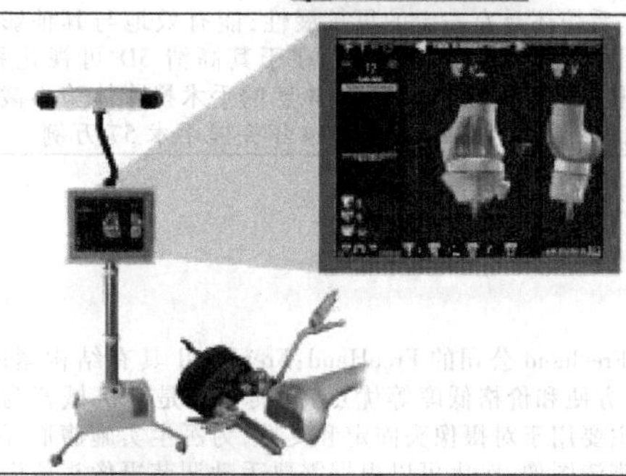
Sculptor RGA 于 2013 年获得了美国食品药品监督管理局的认证，用于部分关节植入手术。Sculptor RGA 利用机械臂辅助医生操作切削工具，并通过设置安全区域以保护该区域不被切削，植入物根据病人实际情况个性化定制，借助术前 CT 图像保证植入物与切削面完全配合。对于体外试验，股骨均方根值误差为 0.8mm 和 1.6°，胫骨均方根值误差为 1.2mm 和 1.6°。对于临床病例试验，股骨均方根值误差为 1.2mm 和 2.6°，胫骨均方根值误差为 1.3mm 和 2.4°	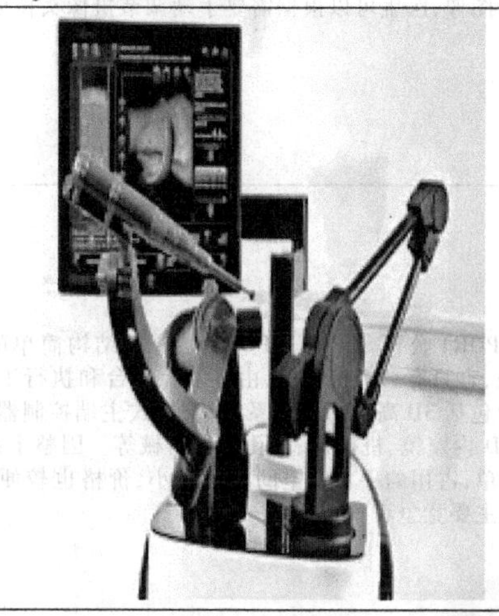
Navio 是一种手持式的膝关节置换机器人，不需要术前 CT 扫描进行手术规划，它借助红外摄像头实施术中导航。在单髁膝关节置换术测试中，Navio 的全方位均方根角度误差为 1.46°，全方位的均方根平移误差为 0.61mm	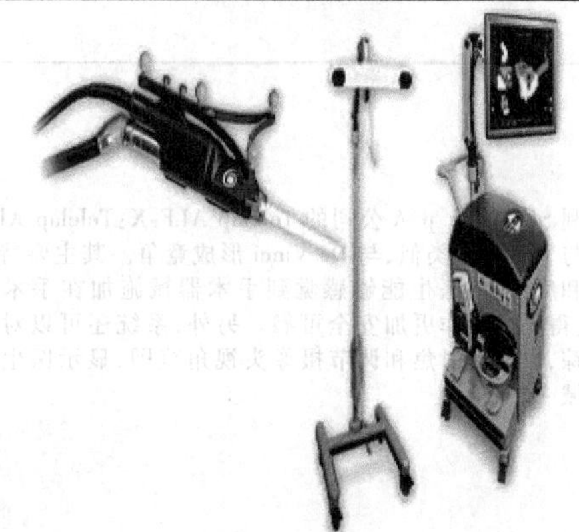

3.3　腹腔镜机器人

腹腔镜机器人被用于完成心脏外科、泌尿外科、胸外科、肝胆胰外科、胃肠外科和妇科等相关的微创腹腔镜手术。与常规开放性手术相比，腹腔镜机器人手术有效地减少了病人创伤、缩短了病人康复时间，同时可以减轻医生疲劳。但由于手术过程中医生不能直接接触病人和手术器械，也不能直接观察手术区域，医生所获取的信息相对减少，这需要医生对手术操作方式和经验进行转变。表 26.12-5 列出了腹腔镜机器人。

表 26.12-5　腹腔镜机器人

美国 Intuitive Surgical 公司 da Vinci：da Vinci 是目前应用最为广泛的医疗机器人系统，在全球范围内完成超过 200 万例手术，售出 3000 多台。目前已开发出五代系统：标准型（1999 年）、S 型（2006 年）、Si 型（2009 年）、Si-e 型（2010 年）和 Xi 型（2014 年）。最新的 Xi 型系统进一步优化了 da Vinci 的核心功能，提升了机械臂的灵活性，可覆盖更广的手术部位；此外，da Vinci Xi 系统和 Intuitive Surgical 公司的萤火虫荧光影像系统兼容，这个影像系统可以为医生提供实时的视觉信息，包括血管检测、胆管和组织灌注等。da Vinci Xi 系统还具有一定的可扩展性，能有效地与其他影像和器械配合使用。da Vinci 的核心技术在于其高清 3D 可视化系统，高度灵活的末端执行器和机械臂，临床感的手术操作体验。截止到 2014 年，全球装机量达到 3266 台，2014 年完成手术 57 万例	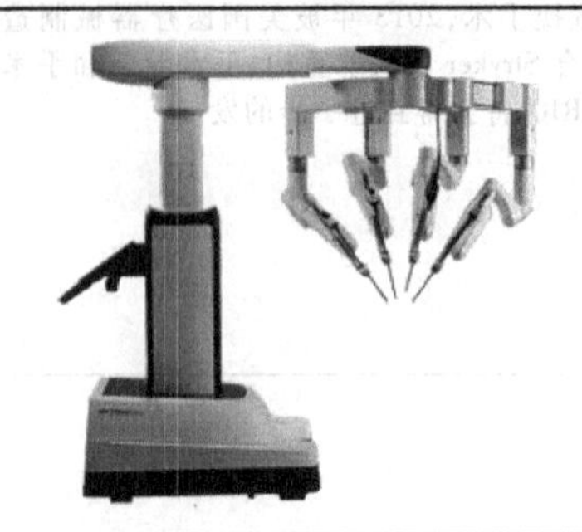
英国 Freehand 公司的 FreeHand：FreeHand 具有结构紧凑、体积小巧、安装方便和价格低廉等优点，但其不足是其机械臂为被动式设计。它主要用于对摄像头固定和支撑，为医生实施腹腔手术过程提供实时高清图像，医生可以根据需要手动调节摄像头位姿	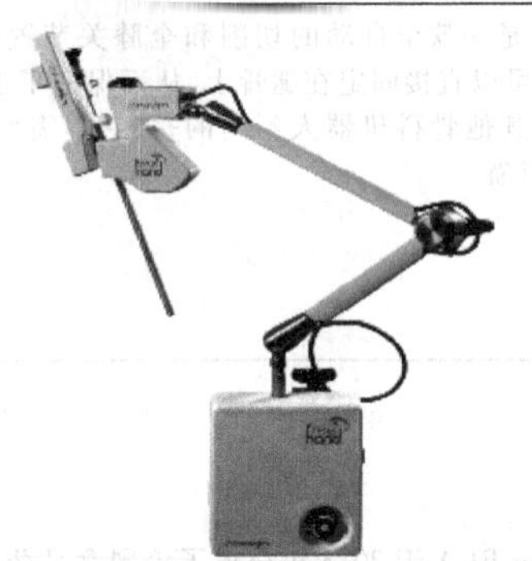
加拿大 SPORT 公司 SPORT：SPORT 是一款结构简单的腹腔手术机器人系统，它只有一个机械臂，由主端控制台和执行工作站组成。主端控制台包括 3D 高清可视化系统、交互式主端控制器；执行工作站提供了 3D 内窥镜、机械臂、单孔操作器械等。因整个系统结构较 Da Vinci 简单，占用的手术室空间相对较小，价格也较便宜，是目前 Da Vinci 的主要竞争者	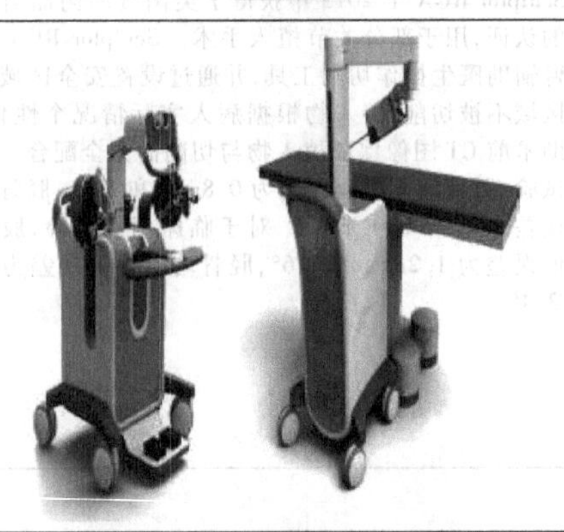
意大利 SOFAR S. p. A 公司的 Telelap ALF-X：Telelap ALF-X 的手术功能与 Da Vinci 类似，与 Da Vinci 形成竞争。其主要特点在于力觉感知和反馈，使医生能够感觉到手术器械施加在手术组织上的力，这使得手术操作更加安全可靠。另外，系统还可以对医生眼球进行追踪，以自动对焦和调节摄像头视角范围，显示医生眼睛感兴趣的区域	

3.4　血管介入机器人

血管介入手术是指医生在数字减影血管造影成像（DSA）系统的导引下，操控导管（一种带有刚性的软管，内有导丝）在人体血管内运动，对病灶进行治疗，达到溶解血栓、扩张狭窄血管等目的。与传统手术相比，无须开刀，具有出血少、创伤小、并发症少、安全可靠和术后恢复快等优点，但同时，该手术也存在明显的缺点：医生需要在射线环境下工作，长期操作对身体伤害很大；另外，由于手术操作复杂、手术时间长，医生疲劳和人手操作不稳定等因素会直接影响手术质量。这些缺点限制了血管介入手术的广泛应用，而机器人技术与血管介入技术有机结合是解决上述问题的重要途径。

相比较脑外科、骨科、腹腔镜机器人，血管介入机器人的研究起步较晚，上个世纪末才刚刚开始。经过十几年的发展，已出现一些商用化的血管介入机器人系统。美国 Hansen Medical 公司的 Sensei Xi（见图 26.12-15a）用于心血管介入手术，医生通过操作力觉反馈设备，控制远程的导管机器人完成对导管的推进，导管末端装有力觉传感器，可以让医生感触到导管对血管壁的作用力，以实现对导管的操控。美国 Stereotaxis 公司的 EPOCH（见图 26.12-15b）通过磁力推进一种特殊的柔性导管，来实施血管介入手术。柔性导管的使用使得血管介入手术更加安全，降低了血管被捅破的危险。

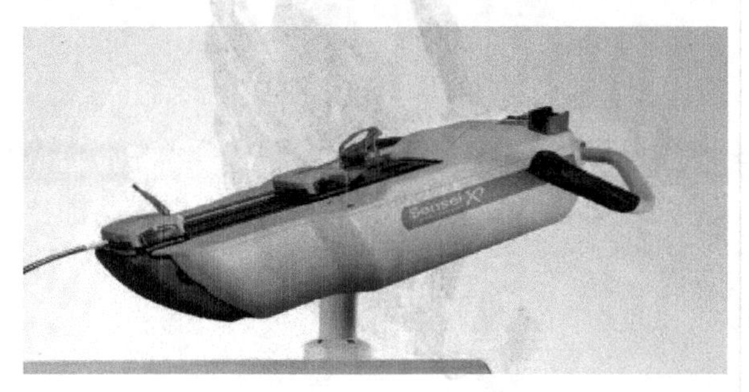

a)

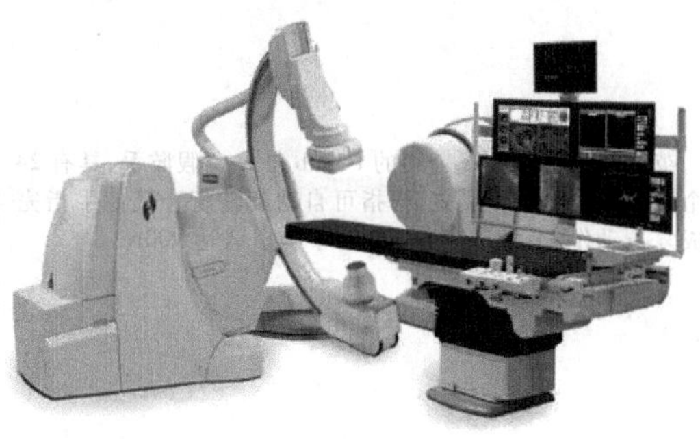

b)

图 26.12-15　血管介入机器人
a）Sensei Xi　b）EPOCH

3.5　假肢和外骨骼机器人

外骨骼（exoskeleton）原指为生物提供保护和支持的坚硬的外部结构，外骨骼机器人（exoskeleton robot）可理解为一种结合了人的智能和机器人机械能量的人机结合可穿戴装备。外骨骼机器人技术在许多领域有着很好的应用前景：在军事领域，外骨骼机器人可以使士兵携带更多的武器装备，其本身的动力装置和运动系统能够增强士兵的行军能力，可以有效提高单兵作战能力；在民用领域，外骨骼机器人可以广泛应用于登山、旅游、消防和救灾等需要背负沉重的物资、装备而车辆又无法使用的情况；在医疗领域，外骨骼机器人可以用于辅助残疾人、老年人及下肢肌无力患者行走，也可以帮助他们进行强迫性康复运动等，具有很好的发展前景。随着新型材料和微处理器的发展，假肢和外骨骼机器人的体积变得更加轻巧、负载能力不断提升，功能更加丰富。表 26.12-6 列出了假肢和外骨骼机器人。

表 26.12-6　假肢和外骨骼机器人

冰岛 Össur 公司的 Rheo 适用于大腿残肢或膝关节离断的截肢患者。使用者体重可达 125kg，其内部微处理器实时检测腿部运动信号，频率可达 1000 次/s，具有极高的地形适应能力	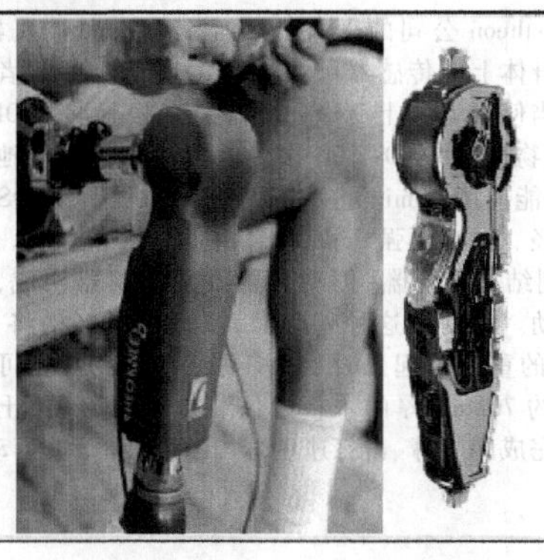

（续）

德国 Otto Bock 公司的 C-leg 框架由碳纤维材料制造，内置微处理器自动调节膝盖弯曲时动态特性和稳定性，使用者甚至可以参加体育运动	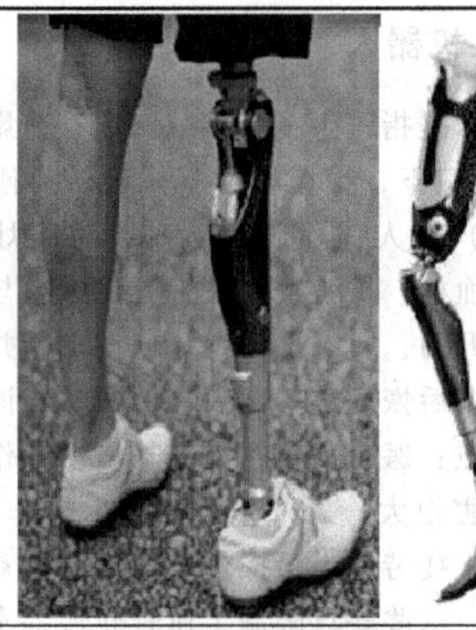 
英国 Touch Bionics 公司的 i-limb 是一台假肢手，具有 24 个快速反应的动作模式，拇指可自动旋转配合其他手指完成复杂动作，手指负载为 320N，手腕负载达 900N	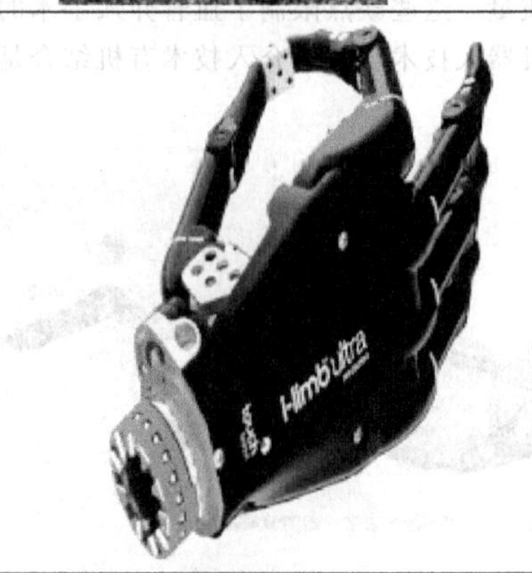
美国 Argo Medical Technologies 公司的 ReWalk 已于 2014 年获得美国食品药品监督管理局认证，是一款外骨骼辅助机器人，能帮助使用者完成站立、坐下、行走和上下楼梯等日常活动，其自带的电源能维持全天的基本运动，系统适用于身高 1.6~1.9m、体重小于 100kg 的使用者	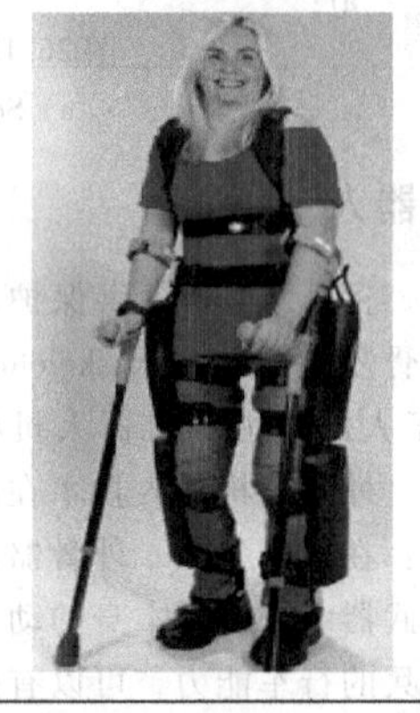 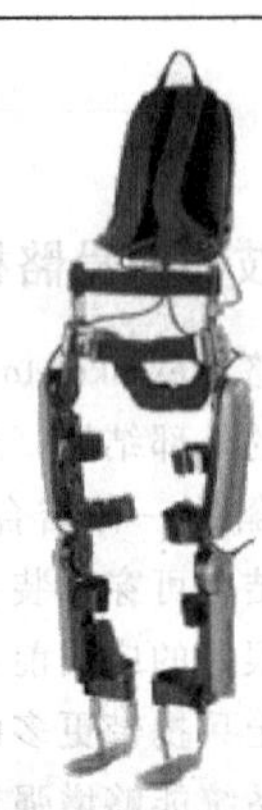
美国 Raytheon 公司的 XOS-1 为全身式外骨骼机器人，利用附在身体上的传感器可快速有力地响应穿戴者的行为动作。当使用者穿上 XOS-1 时，能轻松地将 200lb（约 91kg）的重物连续举 50~500 次。该装备以自带电池为动力源，但只能使用 40min。第二代外骨骼机械人 XOS-2 比第一代更轻、更快、更强，同时将耗电量降低了 50%。XOS-2 由一系列结构传感器、传动装置以及控制器构成，由高压液压驱动。借助于这种外骨骼，佩戴者可轻松将 200lb（约 91kg）的重物举起几百次而不会感到疲劳，还可重复击穿 3in（约 76mm）厚的木板。该装置十分轻便，士兵穿着它可以完成踢足球、击打速度球、爬楼梯和下坡等动作	

3.6 辅助、康复机器人

辅助机器人用于帮助行动不便或丧失运动能力的人完成日常基本活动，如吃饭、洗漱、上厕所等。辅助机器人的研究难点在于其机构的设计，如何使其满足日常生活中复杂多变的功能要求，如何根据不同患者的身体状况配置不同的功能是研究人员要解决的关键问题。表 26.12-7 列出了辅助、康复机器人。

表 26.12-7　辅助、康复机器人

英国 Rehab Robotics 公司的 Handy1 开发于 1987 年，是最早商业化应用的辅助机器人。Handy1 的运动部分由一个 5 自由度的 Cyber 310 机械臂和一个夹持器组成，能够辅助使用者完成吃饭、喝水、剃须、刷牙、绘画和游戏等简单的日常活动，可根据使用者不同的需求对其功能进行简单的配置和调整	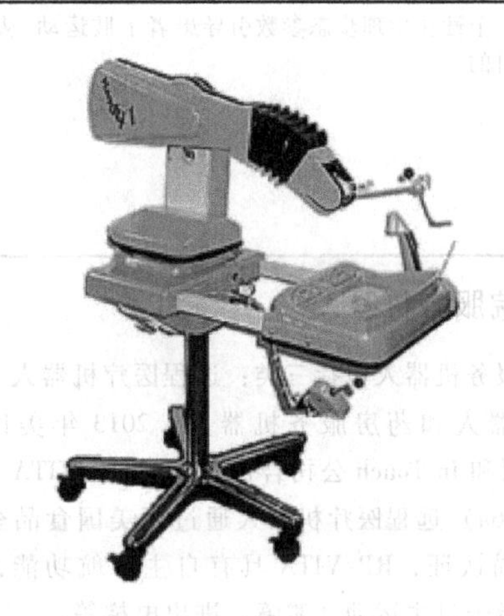
荷兰 EXACT Dynamic 公司的 iARM，其末端为双手指型的夹持器，整个机器人安装在电动轮椅上，使用者可通过手柄控制机械臂的运动。借助于移动平台，iARM 的功能得到进一步扩展，使用者能够独立完成更多的日常任务	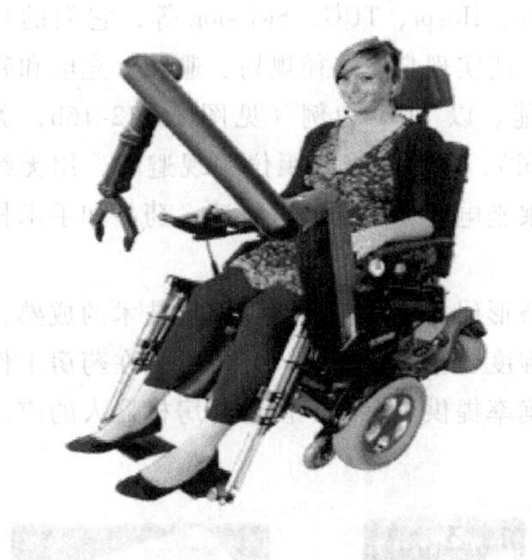
美国 Myomo 公司的 MyoPro 是专为中风、肌萎缩侧索硬化症、脑脊髓损伤和其他神经肌肉疾病的患者设计的可穿戴的肌电上肢康复机器人。它将使用者肌体信号反馈作为运动信号，从而不断激励障碍肢体以达到恢复的目的	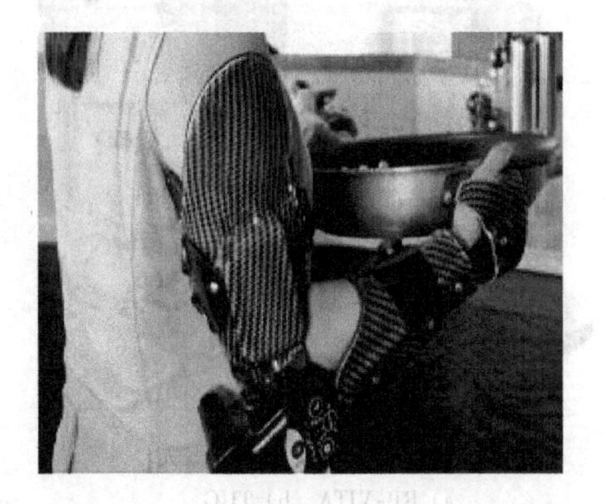

（续）

瑞士 Hocoma 公司的 Lokomat 用于下肢恢复，由机器人步态矫形器、重量支持系统和一个跑步机组成，根据预先编程设置的个性化生理步态参数引导患者下肢运动，从而达到恢复目的	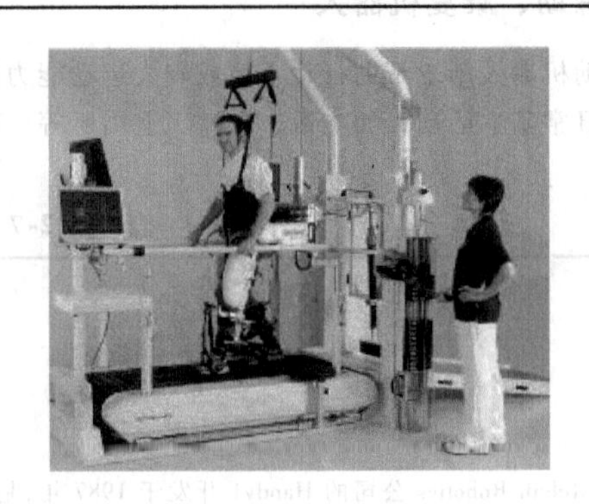

3.7　医院服务机器人

医院服务机器人包括三类：远程医疗机器人、物品运输机器人和药房服务机器人。2013 年美国的 iRobot 公司和 In Touch 公司合作开发的 RP-VITA（见图 26.12-16a）远程医疗机器人通过了美国食品药品监督管理局认证，RP-VITA 具有自主导航功能，能根据远程指令自主运动、避障、进出电梯等。

已有很多商用化的物品运输机器人在医院使用，如 Helpmate、Hospi、TUG、Swisslog 等，它们的功能基本类似，能实现自主路径规划、避障、充电和物品运输等功能。以 TUG 为例（见图 26.12-16b，美国 Aethon 公司），它用激光测距仪实现避障，用无线通信的方式乘坐电梯，用于输送血液、药品和手术耗材工具等。

随着条形码、二维码和射频识别技术的成熟，药房数字化程度也在不断提升，为机器人在药房工作的效率和正确率提供了保障，使得药房机器人的应用更容易普及。

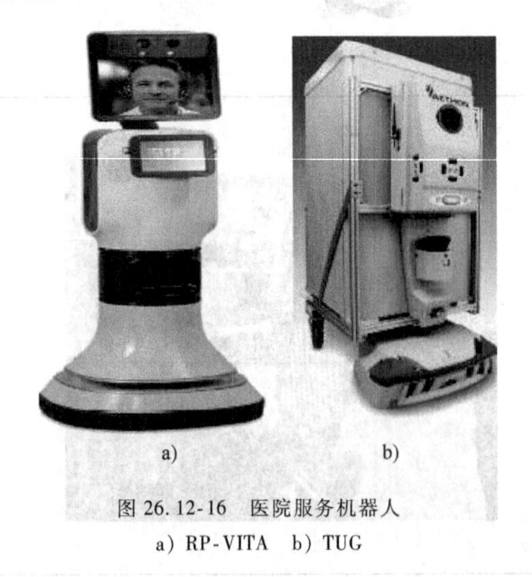

a)　　　b)

图 26.12-16　医院服务机器人
a) RP-VITA　b) TUG

4　水下机器人

4.1　水下机器人的定义与分类

水下机器人也称作无人水下潜航器（Unmanned Underwater Vehicles，UUV），它并不是一个人们通常想象的具有类人形状的机器。而是一种可以在水下代替人完成某种任务的装置。由载体结构、控制系统、导航系统、能源系统和推进系统等系统和设备组成。水下机器人的研究最早出现于 20 世纪 60 年代，许多沿海国家，尤其是发达国家都致力于水下机器人的技术研究和产品开发，如美国、加拿大、英国、日本、俄罗斯以及中国等。

1）按用途可分为作业用、观测用和测量用水下机器人。作业用水下机器人多带有机械手，用于海中救援、打捞、电缆敷设及海洋石油生产系统的操作维护等水下作业；观测用水下机器人与作业用水下机器人基本相同，但它主要用于测定所调查对象的参数；测量用水下机器人则是利用测量装置，如视觉传感器、声呐等观测海底地形、地貌或搜寻水下沉物。无人水下潜航器也是当代军事领域的重要装备。

2）按照水下机器人与母船之间有无电缆分为有缆水下机器人和无缆水下机器人：

① 有缆水下机器人，或者称作遥控水下机器人（Remotely Operated Vehicle，ROV），ROV 需要由电缆从母船接受动力，并且 ROV 不是完全自主的，它需要人为的干预，通过电缆对 ROV 进行遥控操作。电缆对 ROV 像“脐带”对于胎儿一样至关重要，但是由于细长的电缆悬在海中成为 ROV 脆弱的部分，大大限制了机器人的活动范围和工作效率。

② 无缆水下机器人，常称作自主式水下机器人或智能水下机器人（Autonomous Underwater Vehicle，AUV），AUV 自身拥有动力能源和智能控制系统，能够依靠自身的智能控制系统进行决策与控制，完成人

们赋予的工作使命。AUV 是新一代的水下机器人，由于其在经济和军事应用上的远大前景，许多国家已经把智能水下机器人的研发提上日程。

3）按运动方式可分为浮游式、履带式和步行式。浮游式水下机器人呈零浮力（或较小的正浮力），依靠所装的推进器在水下三维空间运动；履带式水下机器人多用于海底施工，利用步行机构在海底行走的水下机器人尚处于研究阶段。

4.2 典型水下机器人

表 26.12-8 列出了典型水下机器人。

表 26.12-8 典型水下机器人

美国的伍兹霍尔海洋研究所的深海无人潜航器 Nereus，长约 4m，宽约 2.5m，空气中重约 2.8t。其最大潜深为 11000m，航速 3 节，续航时间为 20h。它具有一种混合式操控系统，集两种操作模式于一身，既可以自主地进行海洋探测任务，也可以通过遥控来完成工作。该潜航器于 2009 年 5 月 31 日下潜至西太平洋的马里亚纳海沟，潜深达到了 10902m	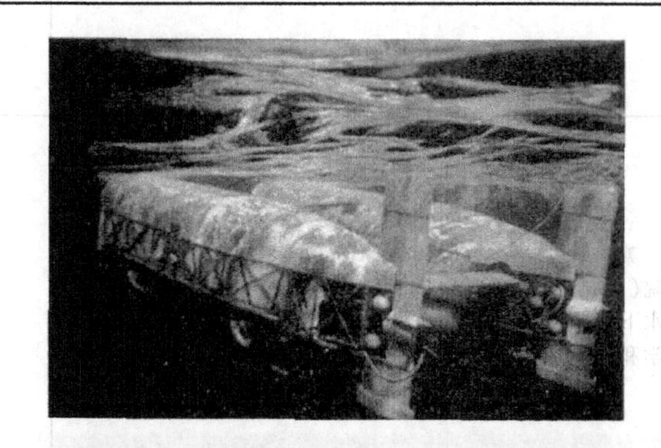
美国夏威夷大学的 ODIN（Omni-Directional Intelligent Navigator）是一个圆形体，这在水下机器人中是不多见的。它有 8 个推力器，可以以 6 个自由度运动。ODIN 采用 Motorola 68030 中央处理器，在陆地上以图形工作站监视水下机器人的姿态和位置，它们之间通过 RS232C 串行传输数据，主要用途为海底地貌观测	
美国 Nekton 公司的巡逻兵（Ranger），总长为 0.92m，直径为 0.09m，质量为 4.5kg，工作时间为 8.4h。巡航航速为 2 节，最大航速为 4 节，工作范围为 30km。装有温盐深、叶绿素、含氧量等传感器，主要用于海洋环境监测及多水下探测器的协调控制研究	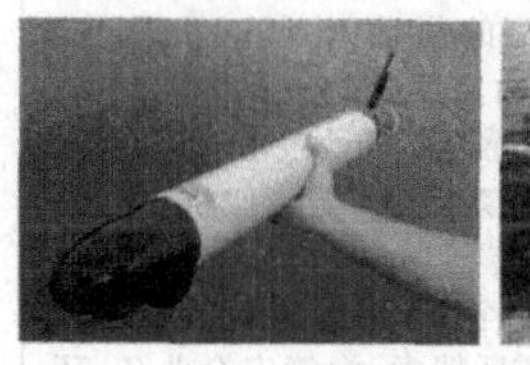 
丹麦制造的 Martin 号，目的是为 UUV 开发水声导航系统，可用于环境研究和海底安装的监视。开发了基于声呐信号的探测和识别，能够用于避开未知的水下物体	

（续）

法国ECA公司研制的Alister水下机器人，最大工作深度为300m，长约4.5m，空气中重约0.9t，巡航速度为4节，最大航速为8节，续航力为12～20h，能够进行自主导航。通过搭载相应的传感器，该水下机器人可以自主完成目标区域监视和绘图等任务	
美国斯坦福大学（Stanford ARL）与蒙特利湾水源研究学院（Monterey Bay Aquarium Research Institute）合作开发的水下机器人OTTER是为了让无人无缆水下机器人成为科学和工业界在开发海洋中常用的一种工具	
日本东京大学的Tam-Egg总长为1.22m，宽为0.58m，高为0.50m，质量为131kg，潜深为100m，采用镍-镉（Ni-Cd）电池，持续工作时间为3h，由四个100W的推力器推进，装备有磁罗经（TCM2）、压力（深度）传感器、光纤陀螺、两台摄像机、四个声学搜索传感器和两台LED照明灯。研制该探测器的目的是发展一种用于海底复杂结构（如沉船）探查的微小型探测器	
REMUS-100是由美国Hydroid公司开发的被公认为是当今知名度最高也是最成功的微小型水下机器人。REMUS-100标准装备有多普勒速度计、侧扫声呐、长基线、超短基线、传导率和温度传感器，压力传感器。可选装备包括声学modem、声学图像系统、水下摄像机、惯导、GPS、荧光计、照明灯和混浊度传感器等。其配套设备包括网关联系浮标，最多可允许4个REMUS进行多机器人合作。设计目的为水文调查、雷区搜索、海湾安全业务、环境监测、飞机残骸探查、搜索和海中救助、渔业业务、科学采样和标图	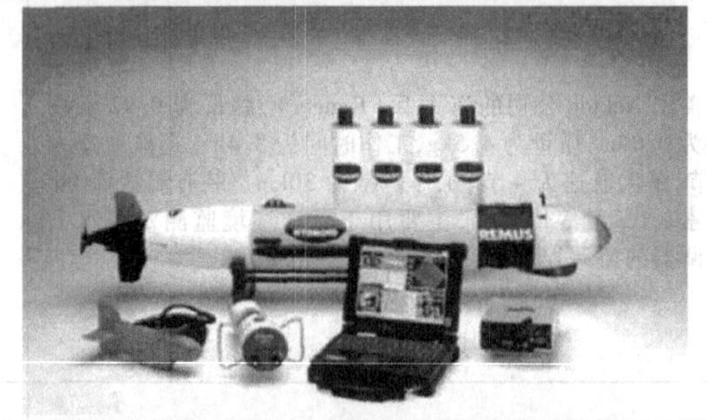
哈尔滨工程大学的微龙-I，总长为0.95m，排水量为76kg。躯体为扁圆截面，长方形外壳，非水密部分为玻璃钢材质，内置双圆柱铝合金水密耐压壳体。躯体的长宽比为2∶1，采用可充电锂离子电池为能源，安装有左右布置的两个主推进器、可调攻角水平舵和垂直稳定翼，组成航行和操纵执行系统，配备的传感器有水下TV、探测声呐、超短基线水声定位系统、磁罗经和深度计等	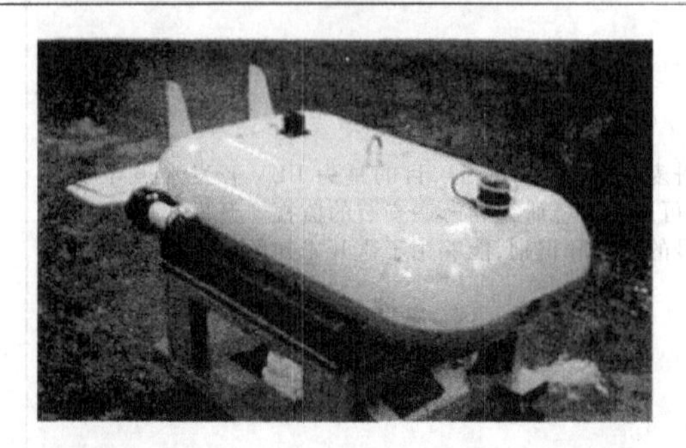

（续）

中国蛟龙号载人潜水器，“蛟龙号”的长、宽、高分别为8.2m、3.0m与3.4m，空气中重不超过22t，最大荷载是240kg，最大速度为每小时25海里，巡航每小时1海里，当前最大下潜深度为7062.68m，最大工作设计深度为7000m，理论上它的工作范围可覆盖全球99.8%海洋区域。“蛟龙号”具备深海探矿、海底高精度地形测量、可疑物探测与捕获及深海生物考察等功能，可以开展对多金属结核资源进行勘查，可对小区地形地貌进行精细测量，可定点获取结核样品、水样、沉积物样和生物样，可通过摄像、照相对多金属结核覆盖率、丰度等进行评价等；对多金属硫化物热液喷口进行温度测量，采集热液喷口周围的水样，并能保真储存热液水样等；对钴结壳资源的勘查，利用潜钻进行钻芯取样作业，测量钴结壳矿床的覆盖率和厚度等；可执行水下设备定点布放、海底电缆和管道的检测，完成其他深海探询及打捞等各种复杂作业	

5　空间机器人

5.1　空间机器人的定义和分类

空间机器人是应用在宇宙空间中的一类特种机器人。空间机器人有多种分类方法。按照用途的不同，空间机器人可以分为舱内/舱外服务机器人、星球探测机器人和自由飞行机器人3种。

（1）舱内/舱外服务机器人（intravehicular/extravehicular robot）

空间站舱内使用的舱内服务机器人主要用来协助航天员进行舱内科学实验以及空间站的维护。舱内服务机器人可以降低科学实验载荷对航天员的依赖性，在航天员不在场或不参与的情况下也能对科学实验载荷进行照管。舱内服务机器人要求质量轻、体积小，且具有足够的灵活性和操作能力。

空间站（或者航天飞机）舱外使用的舱外服务机器人主要用来提供空间在轨服务，包括小型卫星的维护、空间装配、加工和科学实验等。太空环境是非常恶劣的，如强辐射、高温差和超真空等，这些因素给人类宇航员在太空的生存和活动带来很大的影响和威胁；同时出舱作业的费用是相当昂贵的。因此，舱外服务机器人的研究和试验工作非常重要。

（2）星球探测机器人（planetary exploration robot）

星球探测机器人用来执行星球和月球表面的探测任务。在星球探测中，机器人用来探测着陆地点，进行科学仪器的放置，收集样品送行分析等。为了满足探测任务要求，与其他用途的空间机器人相比，星球探测机器人应具有更强的自主性，能够在较少地面干预的情况下独立地完成各项任务。

（3）自由飞行机器人（free flying space robot）

自由飞行机器人是指飞行器上搭载机械臂的空间机器人系统，由机器人基座（卫星）和机械臂组成，具有自由飞行和自由漂浮两种工作状态。自由飞行机器人用于卫星的在轨维护和服务，也可在未来的空间战争中攻击敌方卫星。自由飞行机器人的运动学和动力学存在耦合，当工作在自由漂浮状态时，机械臂运动对基座产生的反作用力将改变机器人基座的位置和姿态，此时采用地面固定基座机器人的控制技术难以完成规定的操作任务。

5.2　空间机器人实例

表26.12-9列出了典型空间机器人实例。

表26.12-9　典型空间机器人实例

加拿大的移动服务系统MSS用于国际空间站的搭建和维修等任务，属舱外服务机器人。主要由活动基座系统（Mobile Base System，MBS）、空间站遥控机械臂系统（Space Station Remote Manipulator System，SSRMS）以及专用灵巧机械臂（Special Purpose Dexterous Manipulator，SPDM）组成。空间站远程操作臂系统SSRMS是7自由度机械臂系统，长为17.6m，最大载荷质量高达110000kg，具有很高的灵巧性。SPDM是一	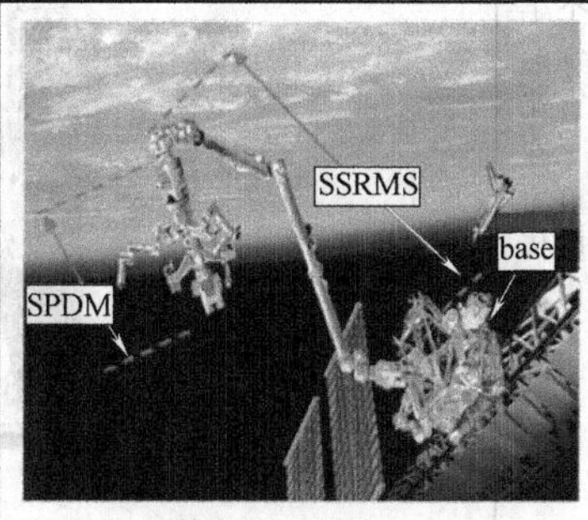 a) 移动服务系统	 b) 空间站遥控机械臂

（续）

<table>
<tr><td>个双臂机器人系统，可安装在空间站遥控机械臂系统SSRMS的末端，长度约为3.5m，载荷质量为600kg，能够实现对载荷的灵巧操作。航天员根据反馈的实时视频图像，通过机器人操作台RWS(Robot Work Station)操作面板、手柄等设备实现对MSS的操作控制。对于部分常规例行检查任务，MSS主要通过地面遥操作的方式进行控制，减轻航天员工作负担。MSS的操作对象上安装了视觉靶标，属于合作目标操作</td><td>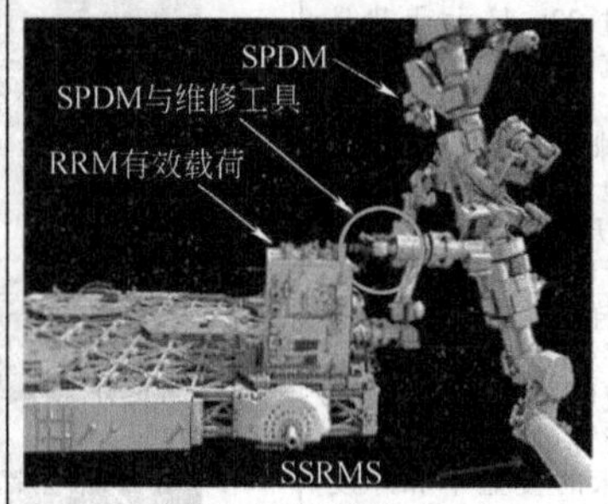
c) 专用灵巧机械臂

d) 机器人操作台</td></tr>
<tr><td>类人型双臂机器人航天员系统R2(Robonaut2)为舱内服务机器人，由NASA与通用汽车公司联合开发。R2是目前智能化程度最高的空间机器人系统，上肢具有42个自由度，颈部具有3个自由度，R2拥有两个对称的7自由度机械臂，机械臂末端安装了仿人灵巧手，每只手有5个手指，共有12个自由度，具有强大的环境感知和灵巧操作能力。为了能够给R2提供必要的机动能力，NASA目前已安装2个7自由度的仿人型下肢</td><td>
a) R2系统

b) 操作任务面板
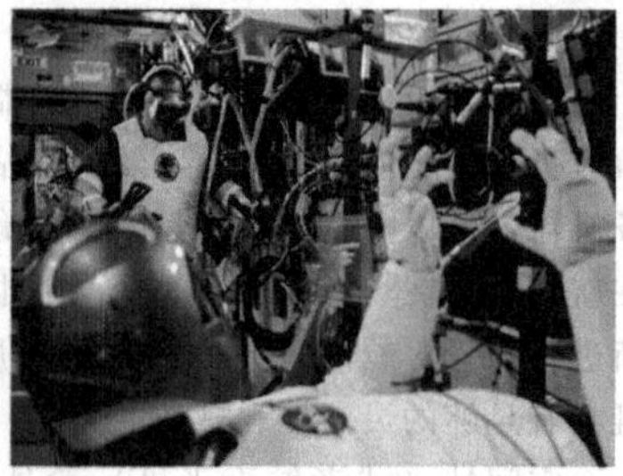
c) 在轨遥操作</td></tr>
<tr><td>DLR/HIT I灵巧手，由4个完全相同的手指组成。整个手共有13个自由度，每个手指有3个自由度，拇指有1个相对于手掌运动的自由度。关节驱动系统采用无刷直流电动机、齿形带、谐波减速器和带轮等。在每个手指中集成有关节位置传感器、关节力矩传感器、6维指尖传感器、电动机速度传感器和温度传感器等，其目的是用于舱内服务的机器人</td><td>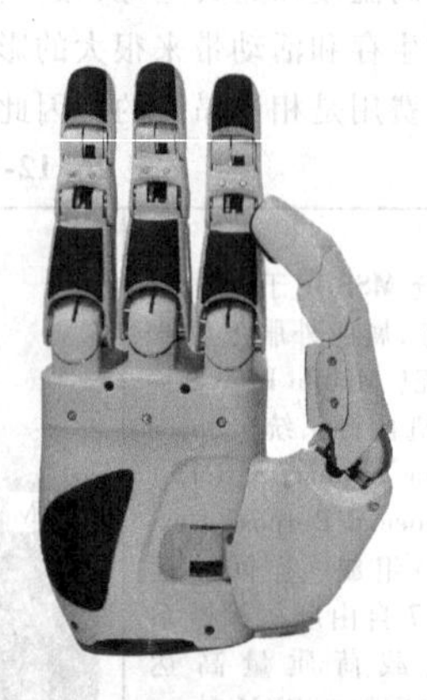</td></tr>
</table>

（续）

好奇(Curiosity)号火星探测器是一个汽车大小的火星遥控设备,是 NASA 的第 7 个火星着陆探测器。第 4 台火星车,也是第一辆采用核动力驱动的火星车,其使命是探寻火星上的生命元素。其长度为 3.0m(不包括机械臂),宽度为 2.8m,最高处高度为 2.1m;臂长为 2.1m,车轮直径为 0.5m。其上设有隔热板、天空起重机和桅杆相机等设备	
东芝公司生产的 ETS-VII 是世界上第一个真正的自由飞行空间机器人系统,于 1997 年发射升空。其主要目的是科学实验:两颗卫星的交会对接实验和对空间机器人做各种操作实验。星上机器人系统主要包括机器人手臂、视觉系统、星上机器人控制系统以及包括 ORU、任务板、目标卫星操作工具(TSTL)等在内的机器人手臂载荷等几个组成部分。ETS-VII 空间机器人具有 6 自由度;长为 2.4m,重约 150kg;第 1 关节与最后关节处分别安装有照相机。ETS-VII 遥操作系统由星上机器人系统和地面控制系统组成	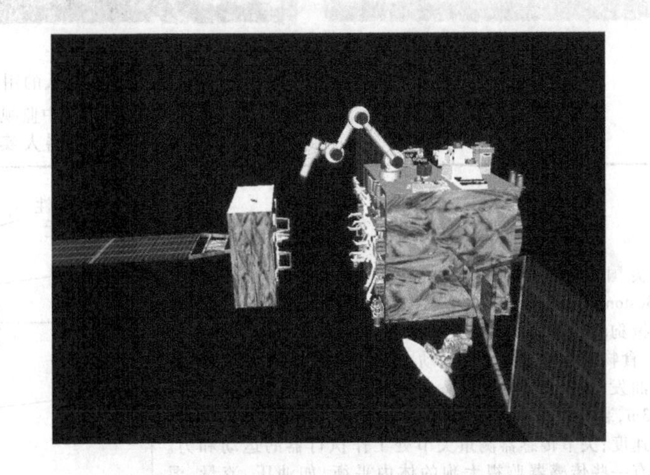

6　军用机器人

6.1　军用机器人的含义与分类

军用机器人是一种用于完成以往由人员承担军事任务的自主式、半主式或人工遥控的机械电子装置。它是以完成预定的战术或战略任务为目标，以智能化信息处理技术和通信技术为核心的智能化武器装备。

军用机器人是机器人中极为重要的分支。它们外形千态，尺寸大小不一，军用机器人按照军事用途可以分为地面军用机器人、空中机器人、水下机器人（见本章第 4 节）和空间机器人（见本章第 5 节）。

（1）地面军用机器人

主要是指智能或遥控式和履带式车辆。它又分为自主车辆和半自主车辆。自主车辆依靠自身的智能导航，躲避障碍物，独立完成各种战斗任务；半自主车辆可在人的监视下自主行驶，在遇到困难时操作人员可以进行遥控干预。

（2）空中机器人

这是一种有动力的飞行器，它不载有操作人员，由空气动力装置提供提升动力，用自主飞行或遥控驾驶方式，可以一次性使用或重复使用，并能够携带各种任务载荷。广义的军用无人机系统不仅仅指一个飞行平台，它是一种复杂的综合系统设备，主要由飞行器、任务载荷、数传/通信系统和地面站四个部分组成，空中机器人不仅应用于军事，图 26.12-17 所示为空中机器人的用途。

6.2　军用机器人实例

表 26.12-10 列出了军用机器人实例。

图 26.12-17　空中机器人的用途

a）搜索救援　b）地图测绘　c）大坝巡视　d）空中监视　e）协助追捕　f）航空摄影

表 26.12-10　军用机器人实例

美国 BIGDOG 机器人是由波士顿动力学工程公司（Boston Dynamics）专门为美国军队研究设计，是一种形似机械狗的四足机器人。在交通不便的地区为士兵运送弹药、食物和其他物品。它的动力来自一部带有液压系统的汽油发动机。大狗机器人重 109kg，长和高约 1m，宽约 0.3m，装有约 50 个传感器。内部传感器测量身体姿态和加速度；关节传感器测量关节处工作执行器的运动和力。还有一些传感器监视大狗的体内平衡，如油压、流量、温度、引擎转速和温度等	陀螺仪/惯性矩测量单元、热交换器、发动机/泵、髋关节、计算机、膝关节、执行器、踝关节、腿部弹簧、足部、力传感器
TALON 机器人是一种动力强大且续航力强的轻型履带式车辆，可应用于爆炸物处理、侦查、通信、探测、警戒、防御与救援等各种任务。它们便于人员携带，可在全天候、昼/夜、两栖及各种地形环境下使用。自 2000 年 TALON 机器人成功地在波斯尼亚完成了转移并处理爆炸物的任务后，它们一直都积极地从事各项军事任务。在“9·11”事件发生后，机器人被用于执行搜寻和援救伤员的任务。2002 年，在对付塔利班组织时，特种部队将首批机器人部署于阿富汗	

（续）

美国 MATILDA 机器人是一款小型履带式用于侦察和防爆的无人地面车辆，采用 Mesa Robotics 公司设计的遥控军用机器人技术。MATILDA 机器人能执行各种遥控任务，包括防爆处置、后勤补给、侦察、道路清除、监视和 CBRN 探测等	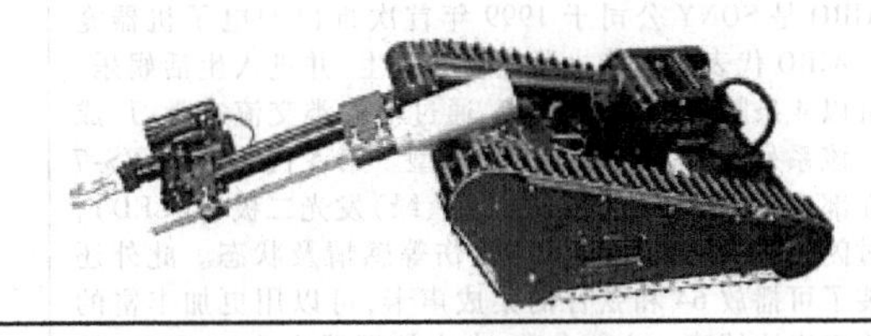

7　家用服务与娱乐机器人

家用服务机器人主要从事家庭服务、维护、保养、修理、运输、清洗、监护和娱乐等工作。家用服务机器人包括吸尘机器人、除草机器人、清洁机器人等；助老助残机器人包括医疗护理机器人、机器人按摩床、动力假肢和智能轮椅等（此类机器人与医疗机器人中的辅助、康复机器人类似，只是使用地点的不同）；休闲娱乐机器人包括玩具机器人、教育培训机器人、娱乐机器人等。家用服务机器人还包括智能化的传统家电产品，如智能冰箱、数字化衣柜，甚至智能住宅等。表 26.12-11 列出了家用服务与娱乐机器人实例。

表 26.12-11　家用服务与娱乐机器人实例

吸尘机器人是一种智能的家庭清洁工具，具有防缠绕、防跌落、定时清扫、自动回去充电、可以记住房间的布局以提高清扫效率等智能特性。吸尘机器人具有真空吸力，可以吸取灰尘和微粒，主要用途也是打扫房间的灰尘和污物，特别是墙角和床底等不易打扫的区域，吸尘机器人都可以打扫的干净。吸尘机器人利用了超声波测距原理，通过向前进方向发射超声波脉冲，并接收相应的返回声波脉冲，对障碍物进行判断；与此同时，其自身携带的小型吸尘部件，对经过的地面进行必要的吸尘清扫。目前已有多家公司推出了商品化吸尘机器人	
QUIRL 是德国 Fraunhofer IPA 设计的窗户清洁机器人。机器人的主要功能（如清洁、储存和移动）都集成到一个部件中。两个真空吸盘通过通用框架相连，由两个电动机分别驱动。通过改变真空吸盘的速度和旋转方向可以控制其运动模式，实现旋转、直线运动与曲线轨迹。真空吸盘上设置有清洁装置与工具	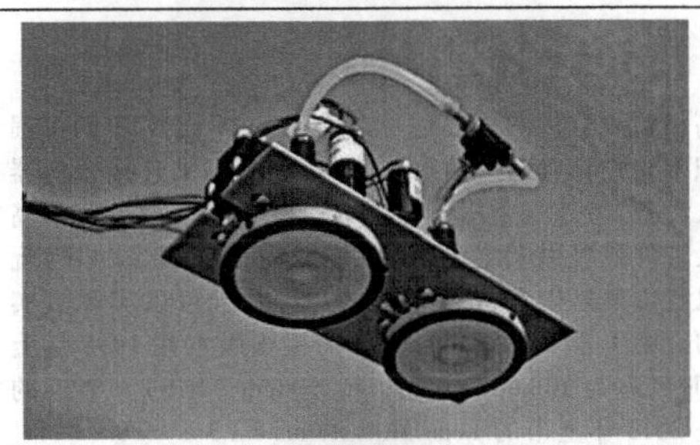
Care-O-bot 4 家用机器人是 Fraunhofer IPA 研制的第 4 代家用机器人，它采用模块化设计，主要由全方位移动底座、躯干、手臂和手抓、传感器环和头部 5 个模块组成。每个模块都可根据需求进行更换。其外形最大尺寸为 72cm×72cm×152cm。其自由度多达 31 个，使其实现各种各样的姿态。提供多模式用户输入，包括触摸屏、麦克风和扬声器。摄像机支持基于图形用户界面和手势识别人的机器人的交互的解决方案。机器人的状态可通过 LED 灯、声音、激光笔、身体姿势、文本或语音发出信号给用户，并提供开放的机器人操作系统（ROS）	

（续）

AIBO 是 SONY 公司于 1999 年首次推出的电子机器宠物。AIBO 代表了智能机器宠物的诞生，并进入生活娱乐。它可以 4 条腿行走，表达感情，通过与人类交流来学习、成长。该系列机器人大致有 5 代机型。第 5 代 AIBO ERS-7 的面部内置 28 个 4 色（白、红、蓝、绿）发光二极管（LED），通过闪亮模式来表达高兴与忧伤等感情及状态。此外还安装了可播放 64 和弦音的集成声卡，可以用更加丰富的音响来表达情感。主要参数：中央处理器为 64bit RISC 处理器，工作频率 576MHz；主要储存容量为 64MB SDRAM；内置储存器为 AIBO 专用 Memory Stick；关节数量为腭部 1 个、颈部 3 个、脚部 3×4 个、耳部 1×2 个和尾部 2 个，共计 20 个；图像输入为 35 万像素 COM 1 个；声音输入为微型立体声话筒 2 个；声音输出为微型扬声器头部 1 个；内置感应器为温度感应器、红外线测距感应器、加速感应器、振动感应器和压力感应器。2006 年退出市场，索尼的技术支持提供到 2013 年	
机器人足球赛的主要类型分为半自主型（MIROSOT）、全自主型（ROBOSOT）、类人型（HUROSOT）和仿真型（SIMUROSOT）四种类型。足球机器人比赛的场地按国际的规定大小为 1.5m×1.3m。场地上有中线，有门区。每个足球机器人的车体按国际的规定不超过 7.5cm×7.5cm×7.5cm，（微型机器人比赛）机器人小车负责把红色的高尔夫小球撞进球门。在赛场的上方有摄像头，摄像头把得到的信息上传到计算机中。经计算机的特定程序处理，得到场上双方的态势，再经过决策系统的处理，输出相应的数据。经通信系统发送与接收，控制机器人小车在场上的运动	
乐高机器人套件的核心是一个称为 RCX 或 NXT 的可程序化积木。它具有六个输出输入口：三个用来连接感应器等输入设备，另外三个用于连接电动机等输出设备。乐高机器人套件最吸引人之处，就像传统的乐高积木一样，玩家可以自由发挥创意，拼凑各种模型，并且可以实现真实的运动。第 1 个 Lego Mindstorms 的零售版本在 1998 年上市，当时名称为 Robotics Invention System（RIS）。最近的版本是 2013 年上市的 Lego Mindstorms EV3	

8 特种服务机器人

特种服务机器人涉及人们生产与生活的各个方面，不夸张地说，所有现有机械装置和机电一体化产品都存在机器人化的趋势。例如管道机器人、管路探勘机器人、爬缆索机器人、深海探测机器人、室内保安机器人、室外巡逻机器人、汽车/飞机清洗机器人、井下救灾机器人、微型机器人、纳米机器人、公共场所服务机器人、餐厅服务机器人和核工业现场作业机器人等。表 26.12-12 列出了特种服务机器人实例。

表 26.12-12 特种服务机器人实例

Skywash sw33 飞机表面清洗机器人由 Fraunhofer IPA 设计，普茨迈斯特公司制造。该清洗机器人的主要组成部分有机械系统、计算机、组合传感器、机器人控制器及液压系统，其核心部件是 AEG 公司的 IRC250 机器人控制器和道尼尔公司的激光器。清洗机器人的机械操作臂有 9 个自由度，它的机械臂向上可伸 33m 高，向外可伸 27m，且清洗机器人可以走近飞机，可以清洗任何类型的飞机。它能覆盖所有类型飞机表面的 85%，只有机身下面等少数机器人达不到的部位或用机器人清洗不经济的部位需要用手工补擦	
德国 IBAK 机器人由控制器、电缆、机器人三部分组成。管道检查范围为 5~220cm，摄像头具有自动摇头、镜头旋转、光学变焦功能，可 360°全方位扫描摄像，具有激光测距功能，最小可检测 150mm 管径。2 个内置激光测距功能。10 倍光学变焦和镜头能够自动提供始终正立图像的摇头-倾斜式成像系统。镜头本身配备 light-emitting diodes 灯，电缆有效长度可达 200 米，连接上位机与机器人。车体自身带倾斜角传感仪、管道探伤仪器及直径测量设备，压力监测与防爆可选。并可以根据客户的要求，配置不同的设备，来满足不同环境功能的需要	
AndrosF6-A 排爆机器人是美国 REMOTEC 公司的产品。外形尺寸：132cm×44.5cm×112cm；重量：159kg；运行速度：0~95m/min；爬坡能力：45°台阶/斜坡；越障能力：攀越 46cm 高台、跨越 46cm 宽壕沟；最大抓重：完全伸展时，11kg；伸展 46cm 时，27kg；伸展距离：水平 122cm、垂直 213cm；最大旋转度：机械臂±210°。配有三个低照度 CCD 摄像机，可配置 X 光机组件（实时 X 光检查或静态图片）、放射/化学物品探测器、霰弹枪等。可用于排爆、核放射及生化场所的检查及清理，处理有毒、有害物品，特警行动和机场保安	
Packbots 遥控机器人是美国 iRobot 公司的产品。PackBots 510 机器人是达到军用级别的炸弹探测识别机器人，在核弹事件之后的广岛，以及在伊拉克和阿富汗都有使用。每个 PackBot 机器人重约 65lb（约 13.6kg），携带 4 个摄像头和一个 6 尺（2m）长的望远镜手臂，机械臂可负载 30lb（约 29.5kg）。主要负责炸弹探测和拆弹，也可以用机械臂的末端的剪钳进行切割。机器人可以上楼梯，在水中行走，行走速度可达 6mile/h（约 9656m/h），比大多数成人慢跑的速度还快	
美国 Howe and HoweTechonologies 公司 2012 年开发了一款全新的消防机器人 Thermite。这款机器人高 4.5ft（约 1.37m），重 1640lb（约 744kg），每分钟可喷出 600USgal（约 2271L）的水。作业时，其软管上的喷嘴既可水平喷射，也可竖直喷射。这款履带式机器人可以在火灾中通过一些障碍物，可解决在列车脱轨事故中出现的由核燃料以及化学燃料产生的火灾。它可在 0.25mile（约 402m）的范围内进行远程操作。安装在喷嘴上的摄像头则可以帮助消防人员更加清楚地观察到火灾现场的情况	

9　服务机器人前沿关键技术

服务机器人关键技术可从产业与前沿创新两个方面进行划分，服务机器人产业发展共性关键技术包含产品创意与性能优化设计，模块化/标准化体系结构设计，标准化、模块化、高性能、低成本的执行机构，传感器、驱动器、控制器等核心零部件制造，高功率密度能源动力，信息识别与宜人化人机交互，人机共存安全，系统集成与应用，性能测试规范与维护技术等方面；服务机器人前沿创新技术包含仿生材料与结构一体化设计、精密微/纳操作、多自由度灵巧操作、执行机构与驱动器一体化设计、非结构环境下的动力学与智能控制、生肌电激励与控制、非结构环境认知与导航规划、故障自诊断与自修复、人类情感与运动感知理解、人类语义识别与提取、记忆和智能推理、多模式人机交互、多机器人协同作业等方面。

（1）仿生材料与结构

自然界中的生物经过亿万年长期进化，其结构与功能已达到近乎完美的程度，实现了机构与功能的统一，局部与整体的协调和统一。服务机器人作为机器人的一个重要分支，从仿生学角度出发，吸收借鉴生物系统的结构、性状、原理、行为以及相互作用，能够为机器人的功能实现提供必要的技术支撑，其中仿生皮肤、人工肌肉及结构驱动一体化设计是当前及未来服务机器人发展的重要课题。

（2）模块化自重构

模块化自重构机器人通过对多个单一的模块化智能单元进行可变构形设计、运动规划及控制，以达到提升机器人运动能力、负载能力及对环境适应能力的效果。自重构机器人的核心问题主要体现在模块的几何拓扑分布及相应的整体刚度。

（3）复杂环境下机器人动力学控制

随着人类探索空间的扩大及对任务需求的提高，未来服务机器人的工作环境将是复杂多变的，高动态性、高适应性、高负载能力是服务机器人特别是户外机器人发展的方向之一，以机械臂为代表的工业机器人必须满足对高负载及高速的双重需求，但是高负载与高速将给机器人带来额外的影响，一方面是对外部运动生成器提出更高的要求，其生成的指令必须是内环伺服控制器能够有效执行的；另一方面，高负载与高速运动引起内部摩擦等非线性因素放大。如此，传统的动力学将不适合这种情况，对控制器的设计将提出更高要求。

（4）智能认知与感知

智能认知与感知是机器人与人、机器人与环境进行交互的基础，目前与服务机器人密切相关的智能认知感知技术包括脑生肌电认知、城市环境下移动机器人对环境的感知与识别以及智能空间等三个方面。在脑生肌电认知方面，研究者主要是希望通过脑波、肌肉神经信号帮助残障人士操作智能轮椅、假肢等器具，以恢复其肢体功能；在城市环境下移动机器人对环境的感知与识别方面，主要是为提高无人系统的自主能力提供技术支持；智能空间是以传感器网络为基础，目前主要是为医护人员实时监测在一个固定空间内活动的老年人或病人的身体状况提供技术支持。

（5）多模式网络化交互

机器人多模式网络化交互，主要体现在两个方面：一是机器人之间的组网协调，包括单一类型机器人群体及多类型机器人群体协作问题；另一方面是MEMS 技术、应用软件及网络通信新技术的发展催生出的新型人机交互模式。

（6）微纳系统

服务机器人的一个重要应用是希望其能够在狭小空间里开展探测或执行任务。目前，微纳型医疗机器人及军用侦察机器人正成为服务机器人研究的一个热点，而其核心技术在于创新并集成多功能、低功耗传感及驱动模块。

参考文献

[1] 机械工程手册编委会. 机械工程手册：第9卷［M］. 2版. 北京：机械工业出版社，1997.

[2] 闻邦椿. 机械设计手册：第5卷［M］. 5版，北京：机械工业出版社，2010.

[3] 日本机器人学会. 新版机器人技术手册［M］. 宗光华，等译. 北京：科学出版社，2007.

[4] 日本機械学会. 產業用ロボットその应用［M］. 東京：技報堂出版，1984.

[5] 宋伟刚，柳洪义. 机器人技术基础［M］. 2版. 北京：冶金工业出版社，2015.

[6] 白井良明. 机器人工程［M］. 王棣棠，译. 北京：科学出版社，OHM社，2001.

[7] 林尚扬，陈善本，李成桐，等. 焊接机器人及其应用［M］. 北京：机械工业出版社，2000.

[8] 王纯祥. 焊接工装夹具设计及应用［M］. 2版. 北京：化学工业出版社，2013.

[9] 熊有伦. 机器人学［M］. 北京：机械工业出版社，1993.

[10] 蔡自兴. 机器人学［M］. 2版. 北京：清华大学出版社，2009.

[11] 蒋新松. 机器人学导论［M］. 沈阳：辽宁科学技术出版社，1994.

[12] 龚振邦，汪勤悫，陈振华，等. 机器人机械设计［M］. 北京：电子工业出版社，1995.

[13] 刘宏，刘宇，姜力. 空间机器人及其遥操作［M］. 哈尔滨：哈尔滨工业大学出版社，2012.

[14] 吴振彪. 工业机器人［M］. 武汉：华中理工大学出版社，1997.

[15] 徐德，谭民，李原. 机器人视觉测量与控制［M］. 2版. 北京：国防工业出版社，2011.

[16] 徐斌昌，阙志宏. 机器人控制工程［M］. 西安：西北工业大学出版社，1991.

[17] 张福学. 机器人学-智能机器人传感技术［M］. 北京：电子工业出版社，1996.

[18] 邹慧君，高峰. 现代机构学进展：第2卷［M］. 北京：高等教育出版社，2011.

[19] 中国焊接协会成套设备与专用机具分会，中国机械工程学会焊接学会机器人与自动化专业委员会. 焊接机器人实用手册［M］. 北京：机械工业出版社，2014.

[20] 近藤直，门田充司，野口伸. 农业机器人—II. 机构与实例［M］. 孙明，李民赞，译. 北京：中国农业大学出版社，2009.

[21] Bruno Siciliano, Oussama Khatib. 机器人手册［M］.《机器人手册》翻译委员会，译. 北京：机械工业出版社，2012.

[22] Bruno Siciliano, Oussama Khatib. Springer Handbook of Robotics［M］. 2nd ed. Berlin：Springer，2016.

[23] Fu K S, Gonzalez R C, Lee C S G. 机器人学：控制-传感技术-视觉-智能［M］. 杨静宇，李德昌，李根深，等译. 北京：中国科学技术出版社，1989.

[24] Lenarcic J, Castelli V P. Recent Advances Robot Kinamatics［M］. Dordrecht：Kluwer Academic Publishers，1996.

[25] Paul R P. 机器人操作手：数学、编程与控制［M］. 郑时雄，谢存禧，译. 北京：机械工业出版社，1986.

[26] Shimon Y. Handbook of Industrial Robotics［M］. New York：John Wiley & Sons，1985.

[27] Xin-Jun Liu, Jinsong Wang. Parallel kinematics——Type，Kinematics，and Optimal design［M］. Berlin：Springer-Verlag，2014.

[28] Merlet J P. 并联机器人［M］. 2版. 黄远灿，译. 北京：机械工业出版社，2014.

[29] 柴虎，侍才洪，王贺燕，等. 外骨骼机器人的研究发展［J］. 医疗卫生装备，2013，34（4）：81-84.

[30] 柯冠岩，吴涛，李明，等. 水下机器人发展现状和趋势［J］. 国防科技，2013，34（5）：44-48.

[31] 刘宏，蒋再男，刘业超. 空间机械臂技术发展综述［J］. 载人航天，2015，21（5）：435-443.

[32] 倪自强，王田苗，刘达. 医疗机器人技术发展综述［J］. 机械工程学报，2015，51（13）：45-52.

[33] 王儒敬，孙丙宇. 农业机器人的发展现状及展望［J］. 中国科学院院刊，2015，30（6）：803-809.

[34] 王田苗，雷静桃，魏洪兴，等. 机器人系列标准介绍——服务机器人模块化设计总则及国际标准研究进展［J］. 机器人技术与应用，2014（4）：10-14.

[35] 王田苗，陶永，陈阳. 服务机器人技术研究现状与发展趋势［J］. 中国科学：信息科学，2012，42（9）：1049-1066.

[36] 徐玉如，李彭超. 水下机器人发展趋势 [J]. 自然杂志，2011，33 (3)：125-132.

[37] Saridis G. Intelligent Robotic Control [J]. IEEE Trans on Automation Control, 1983, AC-28 (5): 547-553.

[38] Slotine J E, Weiping Li. On the Adaptive Control of Robot Manipulators [J]. The Inter Journal of Robotics Research, 1987, 6 (3): 49-59.

[39] Luh J Y S. Conventional Controller Design for Industrial Robots-A Tutorial [J]. IEEE Transactions on System, Man, and Cybernetics, 1983, SMC-13 (3): 298-316.